美国
食品安全与监管

河南省食品药品监督管理局　组织编写

U0298742

中国医药科技出版社

内 容 摘 要

美国食品安全管理一直以科学、全面和系统的特点而著称，依据风险分析框架应对和处理食品安全问题的美国食品安全管理体系代表着当今世界最为先进的食品安全管理水平。本书详细介绍了美国食品安全监管的发展历史和监管体系、美国食品安全监管法律法规体系、美国食品安全监管组织管理体系、美国食品安全质量管理体系、美国食品安全风险管理体系、美国食品安全监管方式方法、美国企业食品安全管理情况以及美国食品安全管理的具体实践等，同时还结合实际提出了对中国食品安全工作的启示，可供广大食品安全工作者作为了解美国食品安全与监管情况的参考资料，亦可作为食品安全教学研究的参考用书。

图书在版编目（CIP）数据

美国食品安全与监管 ／ 河南省食品药品监督管理局组织编写. —北京：中国医药科技出版社，2017.8

ISBN 978-7-5067-9507-4

Ⅰ. ①美… Ⅱ. ①河… Ⅲ. ①食品安全－监管制度－概况－美国 Ⅳ. ①TS201.6

中国版本图书馆 CIP 数据核字（2017）第 195738 号

美术编辑 陈君杞
版式设计 张 璐

出版 **中国医药科技出版社**
地址 北京市海淀区文慧园北路甲 22 号
邮编 100082
电话 发行：010-62227427 邮购：010-62236938
网址 www.cmstp.com
规格 710×1000mm 1/16
印张 32¾
字数 395 千字
版次 2017 年 8 月第 1 版
印次 2017 年 8 月第 1 次印刷
印刷 三河市万龙印装有限公司
经销 全国各地新华书店
书号 ISBN 978-7-5067-9507-4
定价 **55.00 元**

序

随着经济社会的快速发展，人民生活水平日益提高，公众对尽快提升食品安全保障水平的要求越来越迫切。2013 年以来，我国通过整合监管机构、修订法律法规等措施，在健全食品安全监管体制机制和推进食品安全保障能力建设等方面，持续探索并取得了明显成效。

如何解决食品安全问题，保护公众身体健康和生命安全，已成为摆在世界各国政府面前的一项重要战略任务。美国是在食品安全监管领域起步最早、发展最快的国家之一。美国的食品药品管理局（FDA）已成为世界范围内食品安全监管的权威机构。100 多年的发展历程使得美国在食品安全方面积累了丰富的经验，也建立了科学、完善、系统的食品安全监管体系，值得我们学习借鉴。

本书系河南省食品药品监督管理局在组团赴美国实地考察学习的基础上，广泛收集资料、认真与美方开展研讨，并组织有关大学专家学者编写的一本系统、全面介绍美国食品安全与监管工作的专著。全书以"美国食品安全与监管"为主题，详细介绍了美国食品安全监管的发展历史和监管体系、食品安全监管法律法规体系、食品安全监管组织管理体系、食品安全质量管理体系、食品安全风险管理体系、食品安全监管方式方法、企业食品安全管理情况以及食品安全管理的具体实践等，同时还结合实际提出了对中国食品安全工作的启示。

他山之石，可以攻玉。该书可供食品安全监管工作人员、高等院校食品专业师生及食品生产经营从业人员学习研读使用。可以相信，以人为本，知往鉴今，洋为中用，就一定能够探索出一条有中国特色的食品安全监管与保障道路。

河南省食品药品监督管理局局长

2017 年 7 月

目录

第七章

第一章 | 美国食品安全监管概述

第一节 美国食品安全法律法规及监管机构

一、美国食品安全法律体系概况

1. 美国食品安全法律体系的组成

美国食品安全监管及法律法规体系实行执法、立法、司法三权分立的管理体系，由美国国会按照国家宪法的规定制定相关的食品安全法规，美国国会和各州议会作为立法机构，主要负责制订并颁布与食品安全相关法令；并委托给美国政府机构的相关执法部门来强制性执行该项法规，执法部门包括美国农业部（USDA）、美国食品药品管理局（FDA）、美国环境保护署（EPA）遵循国会的授权为法令制订实施细则，并有权对现行法规进行修改和补充以应对施行中新情况的出现，修改或补充的法规每年发布在美国《联邦法规汇编》上；司法部门则负责对强制执法部门的一些监督工作或者就食品法规引发的争端给予公正的审判（图1-1）。

美国食品法律法规是由联邦和各州制定的适用于食品从种植、养殖、加工、包装、运输、销售和消费各个环节的一整套法律规定，其中

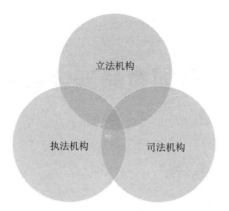

图 1–1　美国食品安全法律体系的管理体系

　　食品法律和由职能部门制定的规章是食品生产、销售企业必须强制执行的，而有些标准、规范为推荐内容。美国的食品安全法律法规被公认为是较完备的法律法规体系，目前以《联邦食品药品和化妆品法》（FD&CA）为核心，包括《禽类及禽产品检验法》（PPIA）《联邦肉类检验法》（FACA）《蛋类产品检验法》（EPIA）《联邦杀虫剂、杀真菌剂和灭鼠剂法》（FIFRA）《食品质量保护法》（FQPA）《公共卫生服务法》（PHSA）共七部法令，这些法律从一开始就集中于食品供应的不同领域，法规的制定是以危险性分析和科学性为基础，并拥有预防性的措施。

2. 法律法规的制定历程

　　美国的法律法规来源主要有两个方面，一是通过议会制定的法案，称为法令。美国将建国以来二百多年的历史里由国会制定的所有立法加以整理编纂，按 50 个类目系统地分类编排，命名为《美国法典》（简称 USC），其中第 21 部（Title）是关于食品和药品的法律，此部分内容共有 27 章，2252 个小节；二是由权力机构根据议会的授权所制定的具有法律效力的规则和命令，如政府行政当局颁布的法规。美国关于食品的法律法规有《联邦食品、药物和化妆品法》（FD&CA，1938 年）、《联邦肉类检验法》（FMIA，1906 年）、《蛋类产品检验法》（PPLA，1970 年）、《禽类及禽产品检验法》（EPIA，1957 年）、《联邦杀虫剂、杀真菌剂和灭鼠剂法》（FIFRA，1947 年）、《食品质量保护法》（FQPA，1996 年）、《公共卫生服务法》（PHSA，1944 年）、《反生物恐怖法》（2002 年）及《FDA 食品安全现代化法案》（FSMA，2011 年）等（图 1-2）。这些法律法规为保障食品安全确立了指导原则和具体操作标准与程序，使食品质量各环节的监督、疾病预防和事故应急都有法可依。

3. 美国食品安全的监管机构

美国政府十分重视食品安全问题，已经建立由总统食品安全管理委员会综合协调，卫生和公众服务部（HHS）、农业部（USDA）、环境保护署（EPA）等多个部门具体负责的综合性监管体系。该体系以联邦和各州的相关法律及生产者生产安全食品的法律责任为基础，通过联邦政府授权管理的食品安全机构的通力合作，形成一个相互独立、互为补充，综合、有效的食品安全监管体系，保证美国食品是全世界最安全的国家之一。

美国采取"以品种监管为主、分环节监管为辅"和多部门协调的监管模式。联邦食品安全监管机构和地方政府食品安全监管机构组成了美国食品安全监管主体。以品种监管为主，按照食品种类进行责任划分，不同种类的产品由不同的部门管理，一个部门负责一个或者数个产品的全程监管工作，各部门分工明确，在总统食品安全管理委员会的统一协调下，对食品安全进行一体化监管。

美国涉及食品安全监管的机构超过十个，如图 1-3 所示，其中最主要的有 4 个，分别是卫生和公众服务部（Department of Health and Human Services，HHS）下属的食品药品管理局（Food and Drug Administration，

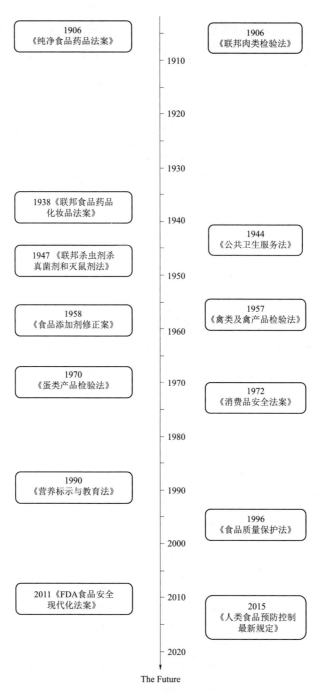

图 1-2　美国食品安全法律法规的发展历程

FDA），美国农业部（United States Department of Agriculture，USDA）下属的食品安全检验局（Food Safety and Inspection Service，FSIS）、动植物卫生检验局（Animal and Plant Health Inspection Service，APHIS）以及环境保护署（Environmental Protection Agency，EPA）。食品药品管理局执行《联邦食品药品和化妆品法》《公共卫生服务法》等。农业部执行《联邦肉类检验法》《禽类及禽产品检验法》《蛋类产品检验法》等，环境保护署执行《清洁水法》《安全饮用水法》等，这种划分是相对的，不是一概而论的。在实际执行中存在交叉。

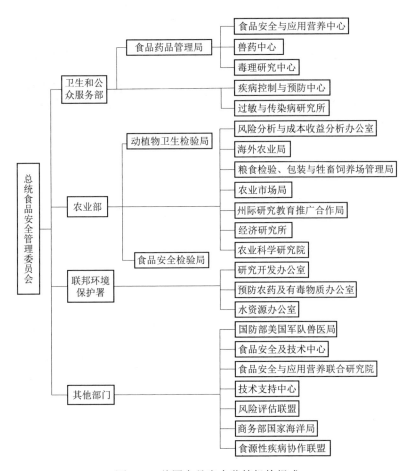

图1-3 美国食品安全监管机构组成

二、美国食品法律体系及食品安全监管发展的时代背景

1865 年，美国南北战争结束，美国在表面上成为了一个完整的国家，但这只是初步解决了南北资本家的矛盾。战争结束后，美国国内依旧是矛盾重重，资本主义经济并没有得到大规模发展，联邦政府对各州的领导力并不是很强，各州在各方面依旧各行其是，与食品有关的商业贸易大多限于各州境内。所以当时的情况是，州政府负责对食品的生产和销售活动进行监督，而联邦政府主要负责管理食品出口。直到 20 世纪，除了曾短暂施行过的《1813 年疫苗法》（Vaccine Act of 1813），联邦政府几乎没有能够对国内生产的食品和医疗产品进行监管的联邦法律。因此，市场上充斥着不可计数的随意更改食品和药品成分的现象，但当时也只能由州法律中的相关规定来管理，这些规定杂乱无章，标准不一，严重影响食品安全和各州之间正常的食品交易。在美国食品安全监管史上，有人称该阶段为"自由竞争阶段"。

19 世纪末期，美国商业欺诈愈演愈烈，食品的造假、腐败已经到了登峰造极的程度。当时曾曝出一起与"中国三鹿奶粉"事件类似的"泔水牛奶"事件：不法生产商为了削减成本，不给奶牛喂食鲜草，而是把它们关在牛棚里，用酿酒厂酿完酒剩下的酒糟残渣直接喂奶牛。这些饲料含有大量水分，奶牛吃后产奶量很高，但毫无营养价值。当地的居民在购买这种牛奶喂养婴儿后，婴儿的死亡率奇高。据说，"泔水牛奶"事件从发生到被披露再到最终解决，前后一共延续了 50 多年。重大食品安全危害事件的不断出现使民众逐渐觉醒，在社会进步团体、进步人士的积极推动下，公众对食品改革和制定法规的呼声越来越大。当时，大多数消费者都不清楚他们购买的商品质量到底如何。实际上，美国食品行业的质量标准出奇得低。有道德的厂商为了在竞争中生存，也只能追随奸商的做法，不择手段地大幅降低成本。

在美国食品安全法律法规建设的一百年走过的路途中，《屠场》《寂静的春天》及《快餐帝国》三本书扮演了重要角色，它们的出版在美国引起巨大的社会舆论，推动了政府与公众的良性沟通与互动，促使美国食品安全状况不断迈上新台阶，在某种程度上甚至推动了美国食品安全监管法律及制度的改革。社会性管制的法律变革，往往和危机时刻所发生的灾难性事件密不可分，"磺胺酏剂事件""反应停事件"所衍生出的灾难，使对 1906 年《纯净食品和药品法》的修订峰回路转，最终促成了 1938 年《联邦食品药品和化妆品法》的通过和法案赋予 FDA 监管的实权。

1.《屠场》《纯净食品和药品法》及食品药品管理局的成立

19 世纪的美国，联邦政府对食品的卫生指标、纯度指标、农药残留量以及标签的真实性等方面没有统一的规定，市场上的食品质量非常不可靠。随着商品流通领域的扩大，生产厂家间接地面对消费者，客户也不再是他的邻居或者与他同住一州的人，因此可以大规模地制造伪劣食品而不用承担任何风险，欺诈变得十分容易且非常有利可图。他们使用化学物质保鲜，掩盖食品腐烂痕迹，降低食品成本，伪造食品的纹理和颜色。虽然这些食品外观不错，但是其中变质、掺假、腐烂等现象比比皆是。

从当时的一份官方食品问题报告我们可以看到其中的食品安全乱象，这份报告描述了一系列降低食品成本所采用的化学成分、颜料和防腐剂，这些物质可以在人感官觉察不到的情况下，达到改变伪劣食品的味道、气味和外观的目的，如：苯甲酸钠能抑制西红柿腐烂，硫酸铜能使发蔫的蔬菜重新变绿，硼砂能去除火腿装罐时的变质臭味，三硬脂酸甘油能延长动物油的贮存时间等。当时防腐剂大行其道，食品添加剂问题在南达科他州的表现最为严重，该州"90%的肉类市场都靠冷凝剂、

'牛肉粉'等化学防腐剂保存食品……食品生产商与经销者在牛肉干、熏肉、罐装烤肉以及罐装牛肉中添加硼酸；80%的罐装蘑菇在加工过程中加入了硫化物；70%的可可和巧克力都掺了假"。美国当时没有相关的规章制度要求检验这些化学物质对人体健康是否有影响。销售掺杂大量化学物质的食品不会受到任何处罚，于是生产和销售防腐剂成为一个新的行业。这些大部分是经过稀释的防腐剂，比如：苯甲酸、亚硫酸盐、甲醛、水杨酸、硼砂等，对人身体有一定的危害。

除了想方设法掩盖变质的食物，新的化学技术也给伪造品提供了机会。一点褐色染料加上一只死蜜蜂或者一点蜂窝，放到一瓶实验室制造的葡萄糖里，就成了厂家廉价销售的蜂蜜。褐色染料加上一点调料，就可以把葡萄糖变成枫糖浆。一勺甘草种子，加上一点调色用的苹果皮浆，就能把葡萄糖变为草莓酱。由于大多数食品是按重量出售，厂商便在商品中加入价格低廉的虚假成分。如在巧克力中加入辗碎的肥皂和蚕豆，为了恢复掺假以后巧克力的颜色，厂商又把色泽是红色但可能致人死命的氧化汞添加到掺假的巧克力里。

常见的比如售价较高的胡椒中通常掺入价格低廉但与胡椒外观差不多的亚麻籽和芥菜籽；在牛奶加工过程中，厂商经常把牛奶用盐、水和苏打水来稀释；面包制造商经常混合面粉和一些较为便宜的土豆粉来制作面包，甚至更有黑心的制造商为节省面粉，在制作面包的过程中加入尘土、粉笔末和融水石膏。连日常食用的猪油里都被黑心的食品制造商掺入了口感差劲的棉籽油。

在北美市场上有两种受欢迎的饮品，一种是茶叶，此时茶叶在北美已经广为流行，是民众喜爱的饮品，但由于英国政府对进口茶叶阻碍性的高关税，造成北美茶叶价格较高，经销茶叶的利润很高，极为有利可图。这不仅造成了茶叶商人大量走私茶叶，更加剧了茶叶掺假的现象。

不法茶叶商人从咖啡馆、旅馆和富人家的仆人那里收集已经用过的茶叶，之后用一种树胶使得泡软的茶叶变硬并用染料给茶叶上色。这样的茶叶口感和功效已经大打折扣，但是凭借较为低廉的价格还是有一定市场的。

另一种更受欢迎的饮品——咖啡，也难逃掺假的厄运。一些商人在咖啡中掺加了炭灰，但当时咖啡中添加的主要掺假物是菊苣根粉，可以为咖啡添加味道，但会在一定程度上降低其营养价值，影响人体健康。历史学家托马斯·杨在文章中描述："臭鸡蛋和假奶酪用特殊方法处理后，当做正常的商品销售给消费者，价格可以压得很低很低……这给生产新鲜鸡蛋和新鲜奶酪的农民造成了极大打击。如果没有法律法规对其进行监管，恶性竞争会迫使人们采取最无耻最卑鄙的手段，最终损害消费者的权益。"

1904 年，美国社会学作家厄普顿·辛克莱决定写一本揭露工厂残酷剥削和压榨工人的小说，基于搜集素材的需要，辛克莱在芝加哥一家大型屠宰场工作了七周。他用三个月时间，泪水伴着痛苦完成了纪实小说《屠场》（The Jungle）（图 1-4）。1905 年开始在一家杂志上连载，1906 年编著成书。辛克莱是抱着揭露资本主义黑暗的初衷写这本书的，无意揭露美国的食品安全问题，但美国公众似乎并未理解作者书中的阶级立场，让他们惊愕的是屠宰场的肮脏和不堪，引起了美国公众对食品安全和卫生的强烈反响。《屠场》在全美引起了的轰动，书中描绘道：

工人用脚在肉上踩踏、吐痰，留下成亿的肺结核细菌；也有些肉大堆大堆地存放在房间里，雨水从屋顶的破洞滴下来，成千上万的老鼠在上面乱跑。库房里潮湿黑暗，肉堆上到处充满了鼠粪干。工人用掺了毒药的肉和面包放进大漏斗里去捕捉讨厌的老鼠，这并不是童话故事，也不是笑话。工人把肉一铲一铲地铲进车上，铲肉的时候即使看见了死老鼠，他们也不肯花时间去把它捡出。香肠里面还有的是别的东西，一只死老鼠只不过九牛之一毛罢了。工人们在吃饭之前没有地方洗手，常常在将要舀进香肠里去的水里去洗……

这样一幅令人作呕的场景，描绘的是芝加哥某肉类食品加工厂鲜为人知的内幕和细节。据说当时的美国总统西奥多·罗斯福在白宫吃早餐时读到小说这个片段，罗斯福大叫一声，跳了起来，把口中的食物吐了出来，又把盘中剩下的香肠扔出窗外。《屠场》以立陶宛来美移民的日格斯一家在肉联厂务工的凄凉生活为主要线索，披露了当时肉联厂工人非人道的劳动场景，揭开了美国食品安全问题的冰山一角。此书一经问世，在社会上产生了很大的反响，美国国内肉类及肉类食品的销售量急剧下滑，欧洲削减了一半从美国进口的肉制品，整个美国畜牧业产业链陷入了困境。书中暴露的美国肉品加工行业的种种问题在新生城市中产阶级中更是引发了对食品安全和卫生问题的空前反响和关注。令作者没有想到的是，本想打动公众的心，不料却击中了他们的胃，《屠场》对现实和社会的影响远远大于其文学上的贡献。

图1-4 小说《屠场》及其作者厄普顿·辛克莱

正是在 1906 年《屠场》的面世，辛克莱在其中以极大的篇幅，对当时美国肉制品污秽不堪的生产过程予以披露，引起了公众特别强烈的反响。于是西奥多·罗斯福总统下令对肉类加工业进行彻底调查，并将调查报告中揭露的诸多骇人听闻的事实公诸于众。在 1879 年 1 月至 1906 年 6 月期间，美国国会关于规范食品和药品法案的动议有 190 次之多，但却屡遭失败。在美国社会学作家辛克莱小说《屠场》的影响下，暴露了美国当时肉类食品安全的混乱，引起了强烈的民愤，直接促使了美国第一部关于食品综合性和全国性的法案《纯净食品药品法案》（Pure Food and Drug Act）的颁布。美国总统西奥多·罗斯福签署通过了《纯净食品药品法案》。1906 年 6 月 30 日，美国颁布了第一部《纯净食品药品法案》，它的出台标志着美国联邦全面监管食品和药品安全的开始。

同年制定的《联邦肉类检验法》（Federal Meat Inspection Act，FMIA），美国国会经过商议将食品安全监管的职能交给农业部。美国农业部将《纯净食品药品法案》和《联邦肉类检验法》的执行权分别给予了农业部下属的化学局和畜牧工业局，现在又把职权移交给卫生与公共事业部下属的食品药品管理局和农业部下属的食品安全检验局，一直延续至今。

1906 年颁布的《纯净食品药品法案》和《联邦肉类检验法》对美国食品行业有着极其重要的意义，是美国食品药品安全史上的里程碑。它是联邦政府制定的第一部对食品药品进行管制的法案，标志着联邦政府主动承担保障食品安全的责任，为美国后续食品法案立法奠定了基础，更为以后联邦政府制定食品药品管理政策提供了基本法律依据，为管理混乱的州、州与州之间贸易提供了统一的法律规范。法案通过之后，执法权最初分散在农业部、财政部和商务部三个部门，授权农业部化学局具体执行法案。随着形势的发展和化学局管制范围的增大，经国会批准决定在化学局原机构的基础上进行改进，创立新的机构，即食品药品杀虫剂管理局（FDIA）负责专门执行管理功能，1931 年更名为食品药品

管理局（FDA）。在《纯净食品药品法案》的推动下，美国联邦政府创
设了第一个管理食品和药品的机构——美国食品药品管理局（FDA），
从此美国有了更加专业化的食品和药品监管机构，打击了食品药品行业
罔顾消费者生命财产安全的制假和污染行为，相比以往消费者有了较为
安全的食品市场环境，合法权益得到了一定程度的保护，在美国历史上
开创了消费者权益保护的新篇章。在美国食品安全监管史上，有人称该
阶段为"大乱到小治阶段"。

2."磺胺酏剂"事件及《联邦食品药品和化妆品法》的颁布

《纯净食品药品法案》颁布后，由于法律并不完善，政府监管机构也
没有很强的监管力度，市场上假冒伪劣产品依然随处可见。FDA 新任局
长沃尔特·坎贝尔和农业部部长助理雷克斯福德·塔克威尔为此十分忧
心，他们对 1906 年法案的修订发挥了极为重要的作用。坎贝尔在 1921
年被任命为 FDA 的新任局长，他曾对这一时期新闻媒体和文学作品所披
露的事实做了调查，他认为劣质产品对消费者造成了极大伤害，呼吁扩
大 FDA 的管辖权，并修改制定一部新的立法。以此为契机，FDA 局长坎
贝尔着力论述了法律的不完备与药品灾难之间的关联，论述了对《纯净
食品药品法案》进行修订的必要性。塔克威尔对坎贝尔提出的扩大 FDA
机构权力的计划极力赞同，在他的说服下富兰克林·罗斯福总统对 1906
年法规的修订也表示支持。在得到富兰克林·罗斯福总统的批准之后，
塔克威尔开始组织法律修订小组负责起草一个法案，以修正现存法律的
缺陷。这个小组从 1933 年 5 月起，开始了长达五年的法律修订之路。

>>> "磺胺酏剂"事件：

1932 年德国发现了磺胺类药物的杀菌作用，人们首次有了治疗诸如
肺炎等疾病的药物。1937 年，美国一家公司的主任药师瓦特金斯（Harold

Wotkins）为使小儿服用方便，用二甘醇（Diethylene glycol），又名 2,2'–氧代二乙醇（2,2'–Oxydiethanol）代替乙醇做溶媒，配制色、香、味俱全的口服液体制剂，称为磺胺酏剂，未做动物实验进行了投产，全部进入市场，用于治疗感染性疾病。药物使用期间的同年 9～10 月间，美国南方一些地方开始发现患肾功能衰竭的病人大量增加，共发现 358 名病人，死亡 107 人（其中大多数为儿童），成为 20 世纪影响最大的药害事件之一。

二甘醇的毒性作用与机制目前尚不清楚，从动物实验数据看，二甘醇的急性毒性并不高，但实际临床观察有很强的肾毒性，二甘醇进入体内后，可迅速分布到各器官，其中以肾脏浓度最高。大部分二甘醇以原型从尿中排出，但部分二甘醇在醇脱氢酶的作用下氧化为 2-羟基-乙氧基乙醛，然后在醛脱氢酶作用下氧化成 2-羟基-乙氧基乙酸。对二甘醇的毒性有以下几点共识：首先不是原型即母体药物所致，是由其代谢产物诱发；其次，代谢产物主要是 2-羟基-乙氧基乙酸（HEAA）。二甘醇及其代谢产物见图 1–5。

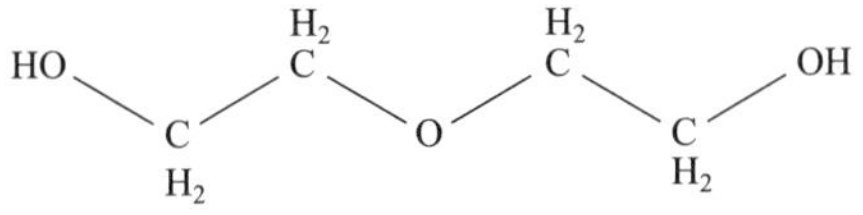

二甘醇

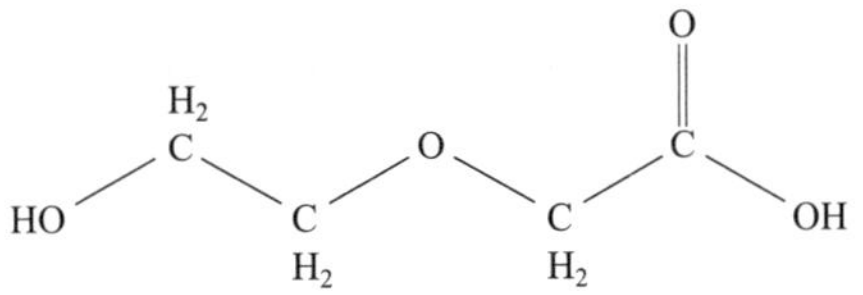

2-羟基-乙氧基乙酸

图 1–5　二甘醇及其代谢产物分子结构式

美国医学会实验室很快分离出了药品中的毒性成分二甘醇，随即FDA采取了强硬的姿态，要求马森基尔公司立即收回所有售出药品。这一过程中FDA出动了239名监督员和化学家，以确保所有上市的磺胺酊剂都能被收回。FDA官员通过药品的运输和销售记录按图索骥寻找药品。最后，马森基尔公司生产的240加仑磺胺酊剂，被收回了234加仑。但未被收回的那部分，却造成了至少107人死亡，其中大多数是儿童。"磺胺酊剂"事件发生后，与此相关的一系列事件成为当时媒体追踪的焦点，公众的情感变得前所未有的炽热。

当时的美国法律是许可新药未经临床试验便进入市场的。按照当时的法律，对于该公司的指控仅仅只能是：使用"酊剂"这一名称，意味着含有乙醇，而实际上二甘醇并不是乙醇。而对于缺乏安全检测造成的死亡，生产厂家并不用承担法律责任。这个法案赋予了FDA更多的监管权力。最重要的是，它开始了影响深远的"新药申请"流程（NDA）。按照这一流程，任何新药都必须经过FDA批准才能上市。为了获得批准，生产者必须向FDA提供充分的信息，以使得审查员可以判断：这种药物是不是安全、有效；用药的收益是否大过了风险；厂家起草的标注是不是恰当；以及厂家的生产流程和质量控制方案是否能够充分保证药品的质量。

这一事件对社会的震动是巨大的。虽然开发这个磺胺酊剂的药剂师选择了自杀以谢天下，但是保证安全毕竟还是要从制度上着手。1938年5月5日，未经任何争论，众议院就通过了代号为H.R.9341的法案，之后该法案在参议院也获通过。1938年6月25日，富兰克林·罗斯福总统签署了《联邦食品药品和化妆品法》，成为今后美国食品药品法规的基本框架，此后美国食品药品法规都是在此法基础上的补充。尽管在1938年《联邦食品药品和化妆品法》的出台前一年，塔克威尔便辞去农业部长职位，但是因为他对修正案的通过起着至关重要的作用，以至后来通过的法案被称为"塔克威尔法案"。《联邦食品药品和化妆品法》的颁布与"磺胺酏剂"事件密切相关。

1938 年《联邦食品药品和化妆品法》是美国食品药品监管历史上最重要的一部法案，新法最大可能地弥补了 1906 年法案的不足，形成了今天美国食品药品法律的基本框架，这一法律沿用至今，是此后出台的《食品质量保护法》《蛋类产品检验法》等法律法规的基础。这些法律法规提供了食品安全的指导原则和具体操作标准与程序，使食品质量各环节监管、疾病预防和事故应急反应都有法可依。新法受到企业和消费者普遍欢迎，企业发展进入较科学合理的现代化发展阶段，消费者无疑得到进一步的保护，联邦机构也通过这部法案扩大了监管的权限，这部法案在美国法律史上也留下了浓墨重彩的一笔。在美国食品安全监管史上，有人称该阶段为"小治到大治阶段"。

3. "反应停事件"及食品药品管理局（FDA）的发展

1938 年 6 月 25 日，富兰克林·罗斯福总统签署通过了《联邦食品药品和化妆品法》。这个法案赋予了 FDA 监管的实权，从此 FDA 才算摆脱了重重钳制，开始大放光彩。1940 年 FDA 从农业部转移到联邦安全局（FSA 成立于 1938 年）。之后国会决定设立一个部门来承担联邦安全局（FSA）的功能，1953 年 FDA 也相应加入了卫生教育和福利部（简称为 HEW）。1968 年 FDA 成为健康教育和福利部下属的公共健康部的一部分。1980 年教育部从 HEW 中脱离出去成为一个单独的部门，HEW 就成为美国卫生和福利部（HHS）。FDA 的建立和调整使得对法案的执行有了一个更合理的机构，与完善的法律一起确保美国的食品安全。1959 年，参议员埃斯蒂斯·基福弗（Estes Kefauver）要求进一步加强FDA 监管权限，以阻止那些说不清自己疗效的药物上市。这样的要求被国会拒绝。但一种在欧洲流行的新药所造成的严重副作用，最终让国会低头。那就是药物史上，或者现代科学史上，著名的反应停事件。

>>> 反应停事件：

"反应停"即沙利度胺（thalidomide）。联邦德国 Chemie Gruenenthal 制药公司于 1956 年将"反应停"作为非处方安眠药正式推向市场，当时的联邦德国药品监管才刚刚开始，将未经验证的药品拿到市场上销售是轻而易举的事情。Chemie Gruenenthal 公司宣称沙利度胺有很强的镇静效果，低毒，无依赖性，克服了巴比妥酸盐类安眠药可以成为自杀工具的缺点，被公认是"安全的催眠药"。最重要的是它可以减轻孕妇在怀孕初期常见的呕吐反应，是"孕妇的理想选择"（当时的广告语），因此被命名为"反应停"。由于其疗效确实不错，很快在欧洲、南美洲、加拿大及其他国家和地区上市。

1960 年，美国 Richardson Merrell 公司与 Chemi Grunenthal 制药公司签订了销售协议，开始将"反应停"向 FDA 申报在美国上市。当时刚到 FDA 任职的弗兰西斯·凯尔西（Frances Kelsey）博士负责审批该项申请。凯尔西既是医学博士，又是药理学博士，"反应停"是她审批的第一个药物。她注意到，"反应停"对人有非常好的催眠作用，但是在动物试验中，催眠效果却不明显，这是否意味着人和动物对这种药物有不同的药理反应呢？有关该药的安全性评估几乎都来自动物试验，是不是靠不住呢？凯尔西在审评中认为其提交的临床试验和动物试验的数据很不充分，个人证词多于科学证据，研究时间都不足一年，因此要求 Merrell 公司提交更详尽的数据。尽管沙利度胺在全球被广泛使用，并且该公司不断施压要求 FDA 批准。凯尔西博士顶住压力，拒绝其上市申请，理由是没有足够证据证明药物的安全性，她的拒绝也获得 FDA 的支持。她还注意到，有医学报告说该药会导致病人周围神经病变，而药物对神经系统产生损害意味着药物可能会导致婴儿先天畸形。于是，凯尔西要求 Merrell 公司拿出能证明"反应停"对孕妇无损害的证据，但是 Merrell 公司拿不出来。因此，凯尔西暂时没有批准"反应停"在美国上市，引起了 Merrell 公司的不满，对她横加指责和施加压力，甚至威胁要 FDA 局长调动她的工作。

就在这一次又一次的拉锯战中，美国著名医学杂志《柳叶刀》刊登了澳大利亚产科医生威廉·麦克布里德的报告——"反应停"能导致婴儿畸形。在麦克布里德接生的产妇中，有许多人产下的婴儿患有一种自然情况下出现概率很小的畸形症状——海豹肢症（phocomelia），手臂和腿部没有长骨，也就是说，手、脚或者手指脚趾直接从躯干上长出来，短的就像海豹的鳍足。患有海豹肢症的婴儿还常常没有肛门、耳朵、眼，或者肠道不连贯，而这些产妇都曾经服用过"反应停"。实际上，早在1957年，联邦德国就出现了第一例海豹肢症婴儿，到了 1961 年在欧洲和加拿大已经发现了 8000 多名海豹肢症婴儿，麦克布里德第一个把他们和"反应停"联系起来。根据联邦德国卫生部对此事件的调查结果，这些海豹肢症婴儿病例为服用反应停所致畸形。据估计，在使用反应停之前联邦德国海豹肢症婴儿的出现率约为十万分之以一，但是到了1961 年，海豹肢症婴儿的出现率已经上升到了五百分之一，比正常水平高出 200 倍。当时的联邦德国卫生部于 1961 年立即发布命令，禁止出售"反应停"。科学家证实，海豹儿是由于孕妇服用"反应停"所致。此时，全世界已经诞生了上万名海豹儿，欧洲舆论一片大哗。因弗兰西斯·凯尔西博士的怀疑，众多美国妈妈们逃过一劫。但当时的 FDA 没有权限限制这些药物登陆美国进行临床实验。因此该公司以做初步临床实验名义已向上千名美国医生分发了 250 万药片。虽然迅速召回了剩下的药物，但仍然有 17 个孕妇生下了海豹儿。1961 年 11 月起，"反应停"在世界各国陆续被强制撤回，Merrell 公司也撤回了在美国上市的申请。

1962 年 7 月 15 日,《华盛顿邮报》的一篇文章报道了凯尔西在反应停申请中的表现,认为如果不是她的智慧与坚持,阻止了一场悲剧的发生,会有成千上万的美国婴儿出生缺陷。一夜之间,凯尔西从默默无闻一名公务员成为美国的英雄,当年被授予给予联邦的最高荣誉"优异联邦公民服务总统奖"(图 1–6),成为美国最著名的公务员之一。随着 FDA 被赋予了更多的权力,凯尔西博士着手与这家监管机构的同事撰写药物测试的规章,这些规章首创了临床试验必须经过 3 个完全分开的阶段,并加强了对人类的保护和利益冲突方面的规则。这些规章已被全世界采用。就像历史学家卡朋特博士所讲的那样:"在确定现代临床科学条款和次序方面,她和 FDA 发挥了巨大作用。"这一悲剧增强了人们对药物毒副作用的警觉,也完善了现代药物的审批制度。

图 1–6　弗兰西斯·凯尔西及"优异联邦公民服务总统奖"

反应停事件迫使国会再次增加了 FDA 的监管权限。1962 年,国会正式通过《Kefauver-Harris 药品修正案》,该法案赋以了 FDA 极大的权力。其中最关键的一条就是,新药的上市申请都必须包含对于药物有效性的"实质性证据",作为对之前申请中安全性论证的一种补充。此时FDA 的主要框架才基本达成。

美国的食品安全在完善加强阶段已经达到了相对成熟的阶段,在立法、监管、监督等方面都取得了巨大的成功,为世界各国树立了模范形象,甚至很多国家的食品安全管理都参照了美国模式。但美国食品安全依旧存在很多挑战,食品安全的进步有赖于科技的发展和立法监管制度的完善。

4.《寂静的春天》、环境安全和美国环境保护署(EPA)

《寂静的春天》(Silent Spring)(图 1-7)是美国女作家蕾切尔·卡森的代表作,该书以寓言形式起始,向读者描绘了一个美丽村庄的骤变。卡森从陆地到海洋,从海洋到天空,完整和详尽地揭示了化学农药给环境带来的危害,是一本公认的开启了世界环境保护事业的奠基之作;它既贯穿着严谨求实的科学理性精神,又洋溢着敬畏生命的人文情怀,是一本赏心悦目的旷世之作。

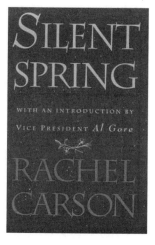

图 1-7 科普经典名著《寂静的春天》及其作者蕾切尔·卡森

众所周知，食品均是在一定的环境中自然生长和加工生产的，环境安全与食品安全密切相关，但当时这一点在自然科学发达的美国也不是立即认识到的。告诉人们这一真理的正是美国生物学家和作家蕾切尔·卡森。《寂静的春天》在全世界敲响了滥用化学杀虫剂的警钟。这本书引起了争论，激起了人们对环境污染问题的广泛兴趣。早在 1945年，卡森就接触到了大量有关合成化学农药滴滴涕（DDT），化学名称为双对氯苯基三氯乙烷（dichlorodi- phenyltrichloroethane，DDT）副作用的记录。据统计，到 1958 年全美超过 100 万英亩的农田被喷洒了强杀虫剂 Dieldrin 和 Heptachlor（两种有机氯农药）。1958 年 1 月，卡森接到一封女友的来信，信中描述了一个小镇的春天呈现出不同寻常的寂静无声，既听不到了鸟鸣声，也感受不到任何自然的气息，这更让她坚定了写这本书的决心，经过 4 年充分的准备工作，终于在 1962 年完成了书稿。和《屠场》当年的命运相似，没有出版社愿意出版这本书。在朋友的帮助下，当时从 1962 年 2 月份开始在《纽约客》（NewYorker）杂志上连载，直到同年 10 月才正式以书的形式出版。

书中数据和论点客观详实，批判性地揭露了人类毫无选择地滥用农药、杀虫剂和除草剂等化学合成制剂的现象，这将会危害野生生物，并通过污染土壤、水源、空气和食品，直接威胁到人类的健康和生存。她还呼吁人类应该认识和处理与自然界的关系，认识到科学家的社会责任和技术进步的两面性。卡森试图从生态学的角度提出解决问题的方案，即便如此，这本后来被誉为"现代环境保护主义的基石"的书一经出版就在国内引起了强烈的争议。20 世纪 50、60 年代的美国正处于经济高速发展期，今天被大众普遍接受的环境保护的理念在当时还属于"惊人之语"。加之卡森主张减少化学合成制剂的使用，直接触动了化学工业巨头的既得利益。他们不惜花数十万美元雇用科学家发表文章，猛烈攻击、挖苦和嘲笑卡森的观点，诋毁她的权威性和可信度。

在媒体激烈争议中，该书受到了当时的美国总统约翰·肯尼迪的重视，并邀请卡森于 1963 年出席了国会的听证会，并在国会上讨论了这本书，授意总统科学顾问委员会（PSAC）对农药等问题展开专门调查。调查结果证实了卡森关于农药潜在危险的警告，一些企业和官僚遭到起诉。美国国会开始重视农药带给环境的危害，成立了第一个农业环境组织。这本书禁止了美国国内生产和使用农药 DDT（但是仍然可以在海外销售），促使了相关立法。但是，因为 DDT 在土壤和食物中的半衰期较长，即使是在美国禁用多年以后，仍不时报道在某些动物体内甚至人体器官中检测到它的存在。

1970 年，美国国会通过了国家环境政策法案（the National Environmental Policy Act），成立了美国环境保护署（Environmental Protection Agency，EPA），使环境保护不仅有法可依，也有了肩负这一使命的国家机构。实际上，这本书直接推动了美国民间的环保运动，推进了公众知情权概念的普及。在卡森去世 6 年后，环保人士倡议了地球日（Earth Day），每年的 4 月 22 日，全世界的环保组织筹划各种形式的活动增强人们的环境意识。

5.《快餐帝国》(Fast Food Nation)、食品健康和构想中的食品安全局

食品安全法律法规经过一百多年的规范执行，美国食品安全的问题表面上好像得到较好地解决。但有一个不能忽略的事实，美国有三分之一的成人超重和三分之一的儿童肥胖。食品问题逐渐演变成为突出的公共健康问题。病原体、生长激素和各种食品添加剂开始出现。在食品诱人的外表下面，食品安全仍是一个疑问。2001 年出版的《快餐帝国》（图 1-8）一书充分继承了传统扒粪新闻写作的特点，作者艾瑞克·施洛瑟描写到随着美国食品工业垄断的加深，工业化程度达到了登峰造极

图 1-8 《快餐帝国》封面

的程度，高热量的加工食品直接刺激了肥胖症的流行，肥胖和心血管疾病给公共健康带来了威胁，使美国公共医疗和保险体系不堪负重。

全书详细讲述了麦当劳成功的神话，对美国快餐文化给予了很大的剖析。伴随美国西部大开发、高速公路网的延展和大工业农业的发展，以麦当劳为代表的美国快餐文化在市场上占据一席之地。1979 年，麦当劳公司的主席弗里德·特纳灵感凸现地创造了无骨的麦乐鸡（McNuggets），一改过去吃鸡过程繁琐的弊端，使吃鸡成为一件方便快捷的事情。

如果说《屠场》促使公众关注禽肉动物如何被屠宰和加工的环节，到《快餐帝国》的年代，食品大工业化生产达到新的高度，快餐文化成为美国文化的代表，美国公众平均将 90% 以上的食品支出花在购买加工食品上。看似简单的"吃什么"问题背后，隐藏着巨大的利益对决。快餐食品的低价完全不反映真实成本，每年仅肥胖造成的损失就相当于快餐业全部收入的两倍，强加于社会的其他损失才使快餐连锁店的利润成为可能，它将对公众健康、环境和廉价劳工的成本都转化为由社会来承担。

但食品生产工业巨头们为了维护自身利益，不惜花费巨资砸在各种广告和公关活动上，甚至不断将目光投向消费力渐涨的未成年人身上，诱发其冲动型购买行为。《快餐帝国》的出版，引发了美国公众对快餐文化和食品安全问题的深刻反思。近年来日益普及的健康饮食膳食理念，引导着美国公众向更健康的饮食结构转变，推动美国的食品安全迈上更高台阶。纵观美国食品安全法律法规建设走过的世纪之路，这三本书在每一个关节点上都绽放理性和社会关怀的光辉。美国国会应该成立单一的食品安全机构，这一机构应该有足够的权利保护公众健康。新的食品安全机构应该有权在整个生产周期中跟踪商品，从牧场开始直至超市和餐馆销售，使在美国吃再也不是一种高度冒险行为，而更值得赞许的是美国公众舆论与政府及立法机构的良性互动对世界食品安全法律法规建设的贡献。

三、美国食品安全问题产生的原因分析

对于美国 19 世纪末 20 年里出现的诸多食品安全问题，原因是多方面的，与我国现阶段出现的诸多食品安全问题的原因是类似的。

（一）市场规模的扩展使综合管理难度增加

蒸蒸日上的工业革命大大推动了美国的城市化进程，随着城市规模的扩大，人口的聚集，加大了人们对食品药品市场的需求，而食品市场规模的扩张又加大了政府对食品药品市场进行综合管理的难度。在此之前，依靠建立在熟人社会基础上的信任和责任基础，依靠社区的自我监督与管理就能够规范食品和药品市场的大部分造假行为，但随着城市化的延伸拉大了相关市场主体之间的距离，食品生产和加工大规模的产业集聚造成制造者与消费者的远离，利用传统监管方式对食品药品市场进行监管就失去了原有效力。在 19 世纪 70 年代之前，美国还是一个以农业为主的国家，农业仍然在社会中占据主要地位，这样就使得美国大部分居民的食品能够实现自给自足，自己不能生产的食品可以直接向本地商人购买，实现快捷的物资交换。食品生产、加工、运输和出售的过程是在消费者可见范围内进行的，食品行业在其监督之下，促使食品制造

者、小商人诚实经营，不敢肆意妄为，因为他们未来的商业前途与食品的清洁卫生生产带来的良好声誉息息相关。即使出现不良商人置当地舆论于不顾的情况，城镇居民也可以通过当地的相关食品管理机构和治安法令惩治不诚实的食品商，规范当地的商业活动。随着美国城市化进程的加快，出现了琳琅满目的商品，人们开始追求物质生活，原先的自给自足和对市场小程度的依赖就逐渐消失了，越来越多的美国人养成了直接从市场购买罐装和方便食品的习惯。特别是在美国内战之后，工业的迅猛增长，铁路交通网络遍布全国，为食品企业在整个国家生产、运输产品提供了极为便利的条件。于是，食品、饮料、药品企业越来越倾向于在大城市郊区设立工厂，依靠于大城市便捷的交通，将食品、药品等商品轻易地流通于各个地方。这就使得其生产、加工和运输过程脱离了城镇社区的监督和控制。大型食品企业的兴起对之前食品小生产进行了彻底的颠覆，使得食品生产业、加工业完全控制在制造者手中，消费者失去了直接监督的权力，使得利欲熏天的商人不再关心食品的卫生和质量问题。与此同时，随着集中化的日益加深，运输链的延长，食品的存储时间大大增加，为了使食品在存储期间不出现食品变质的情况，就直接催生了防腐剂的诞生。工业化和城市化的迅速发展使得食品药品行业的掺假行为没有能够得到立竿见影的控制，掺假行为急剧增多，安全事故频频发生。

（二）科学技术带来的负面作用

科学技术在为食品行业的发展提供技术支持的同时，也为不法商人在食品和药品中的掺假行为提供了机会。科学技术的发展增加了食品药品的复杂性，使得人们对掺假食品药品的辨别水平跟不上制假掺假的速度，同时也增加了政府对食品药品行业监督管理的难度。科学技术的蓬勃发展一方面极大地丰富了食物选择，食物加工制造技术越来越成熟，食品企业在加工、贮藏、包装和运输等方面的技术水平相应提高，能灵活地根据市场的需求控制供给，并满足消费者需求。如，冷藏车的发明增加了水果、蔬菜、肉类和其他易腐食物的保存期限，冷藏库则巧妙地操控了产品流。另一方面，科学水平和材料工业的发展，也加剧了食品和药品行业的掺假情况。隔离和辨别细菌、霉菌和病毒的新技术被用来掩盖食品腐烂的迹象，新发现的防腐剂被用于食品储藏；大公司开始着手聘用工业化学家开发除臭剂给腐烂变质的鸡蛋和发臭的黄油进行除臭，开发色素和增味剂来调节食品的颜色和味道，研究新技术来软化果酱中的芫菁和增加泡菜的保鲜时间。公众的日常饮食没有了基本的健康质量保证，慢性疾病增加，食品检验技术却跟不上辨认真伪的脚步，对政府的监管能力和专业人员的工作能力提出了更高的要求。

（三）食品安全监管部门职责划分不明确、协调运作不协调

导致食品和药品安全问题日益严重的一个重要原因在于美国联邦政府和州政府对食品药品市场的监督不力、权责不清以及自由放任等，从而导致市场无序。一方面，美国政府在 20 世纪以前信奉以亚当·斯密为代表的自由经济政策，基本理念在于管的最少的政府就是最好的政府，在市场管理上秉承自由放任的思想，联邦政府和地方州政府都对经济活动不加控制，依靠市场自身来调节。而竞争激烈的市场天生倾向于放纵人性的贪婪，缺乏对个体的关心，资本的逐利性使得资本家及商人几乎不会关心普通民众的利益，政府对市场秩序的约束和强制力保障的缺乏，使得市场经济的弊端暴露无遗。另一方面，美国是最典型的联邦制国家，联邦政府和各州权力制衡，各州拥有相当大的权力。各级政府在管理经济活动中各有复杂的法律体系，各州都依据自己的商业政策和贸易法规管理市场，没有形成统一的商业政策和商业立法。联邦和各州之间，各州和各州之间的商业市场管理政策也存在很大的差异，甚至有

点相互矛盾。所以，即使某个州政府想整治市场，但也只能管制本州的商人，对外州制造商的管制无能为力，这也为不法商人提供了掺假、造假的缝隙。

（四）媒体的虚假宣传和推波助澜

19 世纪中期以后，印刷技术的提高和广泛应用使得美国的媒体宣传行业兴旺发达，报纸和杂志在美国社会覆盖日益广泛，这就为食品和药品的广告宣传提供了机会。伪劣食品和药品生产企业凭借其雄厚的经济实力，利用媒体广告的形式大肆进行虚假宣传。在发放全国性广告上占据各行业之首，遥遥领先。1858 年，新英格兰一份报纸所做的研究显示，报纸版面的四分之一，所有广告版面的二分之一，都充斥着专利药品。在虚假广告铺天盖地的宣传下形成的虚假食品药品的理论攻势很快就吸引了消费者的眼球，扰乱了他们对食品药品的判断力。

（五）社会诚信和责任感的缺失

19 世纪的美国，伴随着社会财富快速增长而来的，是利益至上、金钱至上的竞争观念以及由其带来的道德约束的缺失、社会责任心的沦丧等社会行为和商业行为。人性的自私自利、公共精神的缺失、社会诚信与道德的沦丧、社会责任心涣散使一些食品制造商为了发财不择手段，这是导致食品安全问题的社会基础和根源所在，也是食品监管的缺口所在。可以看出，美国食品安全问题是很早就存在的，甚至可以追溯到殖民地时期，在进行工业革命之后，随着美国工业化和城市化的迅速发展，新市场的出现和科学技术水平突飞猛进的发展，媒体宣传的大范围覆盖，社会诚信与道德的沦丧，政府在食品药品市场上的监管缺陷日益突出，使得食品药品安全问题也逐渐暴露。食品药品行业的混乱状况已经到了政府不得不出手管理的境地，当地政府早期顺其自然的态度开始逐步转变，相应的各州也纷纷对食品安全问题进行立法和管制。

（六）现行法律的不完善

在《纯净食品药品法案》和《联邦肉类检验法》颁布后，这两部法律在实际执行中，暴露出越来越多的缺陷。例如，虽然法律上明令禁止不得将带有虚假标签的食品运出州外，但如果在标签上不标明该食品实际含有的成分，则可以运出州外。除了标签存在问题以外，在制定法律上来自食品行业的阻力，使得未能对风险评估和食品安全标准等问题作出规定，据此食品商仍然可在制造食品时随意加入其他原料。如受 1906 年法律保护的对治疗糖尿病毫无用处的"Banbar"；使许多妇女双目失明的睫毛燃料"Lash-Lure"；导致用户慢性死亡的放射性溶液"Radithor"；错误声明能治疗肺结核和其他肺部疾病的"Wilhide Exhaler"。一名记者将该产品展示称之为"美国恐怖产品陈列室（the American Chamber of Horrors）"，这种说法其实并不夸张，因为所有展示的产品根据 1906 年法律都是合法的。当时，美国虽然有了全国性和综合性的法律，但是与食品相关的安全事件却常有发生。

鉴于此，美国国会于 1938 年颁布了《联邦食品药品和化妆品法》（Federal Food、Drug and Cosmetic Act，FD&CA），该法案从议员提议到最终颁布处于美国经济大萧条来临之际，这部法案的形成过程多少显得有些寂寥，并且公众对其内在形成过程毫不知情，媒体的惜墨如金，产业界的针砭反对，官僚机构间的明争暗斗，国会里的纵横捭阖，直至 1937 年"磺酰胺酏剂"事件的发生，才使得该法案的得以真正形成。于 1938 年 6 月 25 日富兰克林·罗斯福总统在国会签署了《联邦食品药品和化妆品法》。

新法案不仅将化妆品和医疗器械纳入监管范围内，同时要求药品进行正确标示，以实现安全使用。此外，新法案要求所有新药在上市之前要进行审批，生产商在药品上市销售之前必须向 FDA 证明该药是安全的。新法规定，严禁对药品疗效进行错误声明，法律规定应由联邦贸易委员会对药品广告进行监管。《联邦食品药品和化妆品法》还在食品包装盒方面纠正了标准滥用行为，并确定了准确的食品包装标准。对于某些必须使用的有毒物质，必须标明安全耐受限度。该法还授权 FDA 对工厂进行检查，并增加了法院禁令救济的处理措施。

第二节　美国食品安全监管法律体系

一、法律体系的构成

由美国众议院制定公布的《美国法典》共 50 卷，与食品安全有关的主要是第 7 卷（农业）、第 9 卷（动物与植物产品）和第 21 卷（食品与药品）。美国食品药品管理局和美国农业部依据有关法规，在科学性与实用性的基础上，负责制定《食品法典》，以指导食品管理机构监控食品服务机构的食品安全状况以及零售业（如餐馆、超市）和疗养院等机构以预防食源性疾病。

美国食品安全法律是美国食品安全监管体制存在的重要基石，它决定着美国各食品安全监管机构的职能划分和执法范围，从而在制度上根本保障了美国的食品安全。历经百年，美国建立了几乎覆盖所有食品种类和食品流通环节的监管体制，这离不开美国政府"与时俱进"的立法理念。随着食品安全问题的不断变化和科学技术的发展，美国政府十分注重对食品安全监管体制进行实时更新和调整。目前，美国食品安全法律条例有 40 种之多，基本覆盖了所有种类的食品，包含了食品安全各方面的标准和监管程序。这些法律大体可分成以下五类。

（一）综合性法律 Keywords

美国众多食品安全法律的核心是《联邦食品药品和化妆品法》。它是美国有关食品安全的法律法规的核心，通过法律细则构建了美国食品安全监督管理工作的基本框架，赋予了食品安全监管各责任方应有的职责与权限。该法案是美国历史上第一部联邦管制食品、药品和化妆品的综合性法案，是美国食品和药品监管进程中的一个重要里程碑，为后续立法提供了模板。自1938年制定以来，FD&CA历经多次的修改，与时俱进，成为了美国食品安全法律体系最为重要的基本法。此外还包括对新型动物药品、加药饲料和所有可能成为食品成分的食品添加剂的销售许可和监督。该法禁止销售须经FDA批准但未获得批准的食品、未获得相应报告的食品和拒绝对规定设施进行检查的企业生产的食品、禁止销售由于卫生条件不达标而引起品质下降的食品、禁止出售带有病毒的食品，并要求食品必须在卫生设施良好的车间生产。美国食品案全监管法律组成见图1-9。

1944年，美国国会颁布了《公共卫生服务法》（Public Health Service Act，PHSA），该法是致力于为美国民众提供良好健康卫生服务的联邦法律。该法的颁布使美国朝着更好的卫生健康服务迈出重要一步，其中更是规范了预防传染病传播的相关条例，该法确定了严重传染病的界定程序，并制定了传染病控制条例，规定了检疫官员的职责，同时对来自特定地区的人员、货物、有关检疫站、检疫场所与港口、民航的检疫等均做出了详尽规定；此外还对战争时期的特殊检疫进行了规范。它要求FDA负责制定防止传染病传播方面的法规，并向州和地方政府相应机构提供有关传染病法规的协助。

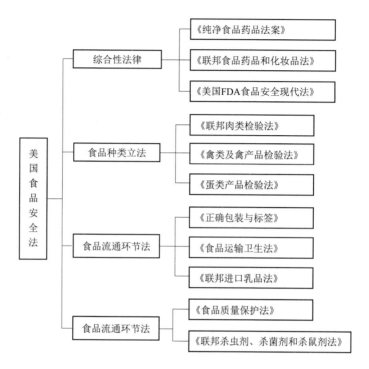

图 1-9　美国食品安全监管法律组成

（二）各类食品安全监管法律

《联邦肉类检查法》《禽类及禽产品检验法》《蛋类产品检验法》规定农业部下属的食品安全检验局（FSIS）的职责主要是规范肉、禽、蛋类制品的销售，确保给消费者的肉类、禽类和蛋类产品是合乎卫生标准的、不掺假的，并进行正确的标记、标识和包装，盖有美国农业部的检验合格标记后才允许销售和运输。这 3 部法律还要求向美国出口肉类、禽类和蛋类产品的国家必须具有等同于美国检验项目的检验能力。这种等同性要求不仅仅针对各国的检验体系，而且也包括在该体系中生产的产品质量的等同性。

（三）食品流通各个环节监管法律

1966 年，《合理包装和标签法案》（Fair Packaging and Labeling Act，FPLA）颁布，该法案规定"凡是在美国生产销售的食品标签均应该以有利于消费者作出比较的方式载明食物信息"，主要要求食品标签应标注准确的信息，而且要便于价格比较。对标示位置和格式、含量声称的内容、净含量要附加说明，要求州之间贸易中的所有消费品必须有内容详细的标识。1990 年，美国食品药品管理局制定新的《营养标签与教育法案》约束性法规，新食品标签法规定制造商必须在加工食品的包装上，按照固定的标准格式，准确标明多种营养成分的含量和食用量建议，确定消费者每次食用量的大致计量，以及这一数量与包装内食品总量的比例，确定出每次食用量中含有的各种成分的绝对值及占每天摄入量的建议值的百分比。规定热量、脂肪、碳水化合物、钠等主要项目必须标注。新的标签对制造商在食品广告中和标签上的措辞进行了限制，不允许在没有普遍公认科学依据支持的情况下，声称其产品能给消费者带来健康效益。

2016 年 4 月 6 日，FDA 发布《人类和动物食品卫生运输法规》（Sanitary Transportation of Humanand Animal Food）。该法规是美国《FDA 食品安全现代化法案》的配套法规之一，通过确立食品运输的卫生标准（如规范、条件、培训和记录），确保在运输期间的人类和动物食品安全，推进 FDA 保护食品从农田到餐桌的过程安全无害的工作。该法规以 2005年《食品卫生运输法》中设想的防护措施为基础，旨在避免在运输期间会带来食品安全风险的做法。主要适用于美国境内通过机动车或铁路车辆或通过船只或飞机运输食品的托运人、收货人、装运人和承运人，不论食品是否被提供用于或进入洲际贸易。

（四）与食品生产投入相关的法律标准

美国国会 1947 年通过了《联邦杀虫剂、杀真菌剂和灭鼠剂法》，该法与《联邦食品药品和化妆品法》联合赋予国家环境保护署对用于特定作物的杀虫剂的审批权，并要求环保署规定食品中最高残留限量；保证人们在工作中使用或接触杀虫剂、食品清洁剂和消毒杀菌剂时是安全的。

1996 年美国国会通过了《食品质量保护法》（FQPA），该法是对 FD&CA 和 FIFRA 的有效补充，该法案对应用于所有食品的全部杀虫剂制定了一个单一的、以健康为基础的标准，为婴儿和儿童提供了特殊的保护，对具有较高安全性的杀虫剂进行快速批准，要求定期对杀虫剂的注册和容许量进行重新评估，以确保杀虫剂注册的适时更新。《食品质量保护法》通过对《联邦杀虫剂、杀真菌剂和灭鼠剂法》和《联邦食品药品和化妆品法》的修改，对农药监管提出了新要求。其中《联邦食品药品和化妆品法》《联邦肉类检验法》《禽类及禽产品检验法》《蛋类产品检验法》《食品质量保护法》《联邦杀虫剂、杀真菌剂和灭鼠剂法》和《公众卫生服务法》七部法律被称为美国食品安全法律体系主要组成部分。

2011 年 1 月 4 日美国总统贝拉克·奥巴马签订《FDA 食品安全现代化法案》（FDA Food Safety Modernization Act），这是自 1938 年《联邦食品药品和化妆品法》签署以来美国政府对其的重大修订，也是美国食品安全监管法律法规体系的重大创新。该法案扩大了美国食品药品管理局的执法管理范围，扩充了对国内食品和进口食品安全监管的权限，尤其在监管进口的食品方面，提出了更为严格的国家食品供应安全新要求。

2015 年 9 月 17 日，美国食品药品管理局通过官网发布了《食品现行良好操作规范和危害分析及基于风险的预防控制》（Current good manufacturing practice and hazard analysis and risk-based preventive controls for human food）。该法规是美国于 2011 年 1 月 4 日生效的美国《FDA 食品安全现代化法案》的重要配套法规之一，其目的是采用现代化的、预防性的、基于风险的方法构建食品安全管理体系。

这些法律法规为食品安全确立了指导原则和具体操作标准与程序，使食品质量各环节的监督、疾病预防和事故应急反应都有法可依。

从《纯净食品药品法案》开始，一个世纪以来美国联邦政府共制定和修订了 35 部与食品安全有关的法律法规，为制定监管制度、检测标准以及质量认证等相关工作提供了法律依据（表 1–1）。其中直接相关的主要法律有 7 部《联邦食品药品和化妆品法》《联邦肉类检验法》《禽类及禽产品检验法》《蛋类产品检验法》《食品质量保护法》《联邦杀虫剂、杀真菌剂和灭鼠法》《公共卫生服务法》，这些法律法规构成了现有的美国食品安全监管体系。

表 1–1 法律法规颁布时间、监管机构及主要内容

颁布时间	法律名称	监管机构	法 律 内 容
1906	《纯净食品药品法案》（Pure Food and Drug Act）	美国食品药品管理局（FDA）	① 《纯净食品药品法案》禁止在生产、销售和运输中贴假标签；② 禁止在美国国内制造和运输食品时在食物、药品、酒类、饮料中掺假；③ 禁止运输从美国境外或哥伦比亚特区外任何国家和地区在生产中掺假和运输中贴假标签的食物和药品；④ 要求所有的肉类产品在包装运输前必须进行全面的检查；⑤ 赋予当时的美国财政部、农业部、商务部和劳动部共同制定统一的法律法规去限制上述条令的实施

续表

颁布时间	法律名称	监管机构	法 律 内 容
1906	《联邦肉类检查法》（Federal Meat Inspection Act）	农业部下属的食品安全检验局（FSIS）	《联邦肉类检查法》包括在加工、包装、设备和设施等各方面的检验、规范肉类加工厂的卫生条件，对肉类产品进行安全性监管
1938	《联邦食品药品和化妆品法》（Federal Food、Drug and Cosmetic Act）	美国食品药品管理局（FDA）	该法案是美国关于食品和药品的基本法律，为食品安全的管理提供了基本原则和框架、检验和获得相应报告的物品。并且这部法律规定包括除肉类、家禽以外的食品、药品、化妆品等在进口和出口时必须附有英文说明及可信的标识。除此之外，所有从其他国家进口的食品必须符合美国国内的法律标准
1944	《公共卫生服务法》（Public Health Service Act）	美国食品药品管理局（FDA）	该法涉及了十分广泛的健康问题，包括生物制品的监管和传染病的控制。该法保证了牛奶和水产品的安全，保证了食品服务业的卫生及州际交通工具上的水、食品和卫生设备的卫生安全。该法对疫苗、血液和血液制品作出了安全性规定，还对日用品的辐射水平制定明确的规范
1947	《联邦杀虫剂、杀菌剂和杀鼠剂法》（Federal Insecticide Fungicide and Rodenticide Act）	美国环境保护署（EPA）	明确规定食品中农药最高残留限量，保证人们在使用或接触杀虫剂、食品清洁剂和消毒杀菌剂时是安全无害的，避免环境中的其他化学物质以及空气和水中的细菌污染物威胁食品供给安全
1948	《清洁水法案》（Clean Water Act）	美国环境保护署（EPA）	包含了目前最切实可行的技术（BPT）和经济实惠的最先进的技术（BAT），适用于工业污染源的各类别的污水排放标准（如钢铁制造、有机化工制造业、石油炼制等）
1957	《禽类及禽产品检验法》（The Poultry Products Inspection Act）	农业部下属的食品安全检验局（FSIS）	本法规定了联邦和州对禽产品检验的合作计划，官方检验的种类，禽产品的标签和包装容器标准，相关违反情况，储藏和运输过程中的规则，禽产品的进口限制，检验程序和要求等
1958	《食品添加剂修正案》（Food Additives Amendment Act）	美国食品药品管理局（FDA）	要求所有食品添加剂必须经过安全认证才可以使用，禁止使用任何可能致癌的添加剂
1960	《食品色素添加剂修正案》（Food Pigment Additives Amendment Act）	美国食品药品管理局（FDA）	明确如果在食品中使用色素添加剂，在上市前必须经过美国食品药品管理局的批准

续表

颁布时间	法律名称	监管机构	法 律 内 容
1970	《蛋类产品检验法》（Egg Products Inspection Act）	农业部下属的食品安全检验局（FSIS）	本法规定了蛋产品的卫生操作规范、标签要求、记录要求、违法情况以及没收或定罪权限范围、进口要求、州或地方的相关规定、相关财政费用等
1990	《营养标示与教育法》（Nutrition Labeling and Education Act）	美国食品药品管理局（FDA）	要求食品包装必须带有营养标示，所有在美国市场销售的包装食品必须明确标示其营养信息
1994	《膳食补充剂健康教育法》（Dietary Supplement Health and Education Act）	美国食品药品管理局（FDA）	确定了膳食补充剂和膳食成分的范畴。为了确保膳食补充剂的安全而建立了完整的框架，并且明确要求食品在生产包装、加工、销售时用文字标识出有关功能、成分及营养标签等说明
1996	《食品质量保护法》（The Food Quality Protection Act）	美国环境保护署（EPA）	其主要是就美国在几十年内形成的农药（杀虫剂）和食品安全相关法律体系进行科学定位、清理和系统规范
2002	《反生物恐怖》（The Bioterrorism Act）	美国食品药品管理局（FDA）	将进口食品的安全与"反恐"联系起来，对进口食品进行严格的检查
2011	《美国 FDA 食品安全现代化法案》（FDA Food Safety Modernization Act）	美国食品药品管理局（FDA）	推动食品药品监督管理局改革；加快医疗器械改革；监督已批准的药品、医疗器械和广告
2015	《食品现行良好操作规范和危害分析及基于风险的预防控制》	美国食品药品管理局（FDA）	是《食品安全现代化法》的重要配套法规之一，其目的是采用现代化的、预防性的、基于风险的方法构建食品安全管理体系
2016	《人类和动物食品卫生运输法规》（Sanitary Transportation of Human and Animal Food）	美国食品药品管理局（FDA）	该法规是《FDA 美国食品安全现代化法案》的配套法规之一，通过确立食品卫生运输的标准，确保在运输期间的人类和动物食品安全，推进 FDA 保护食品从农田到餐桌的过程安全无害的工作

二、联邦及州政府重要法律法规介绍

（一）《联邦食品药品和化妆品法》

《联邦食品药品和化妆品法》的立法基础是 1906 年颁布的《纯净食品药品法案》，它对《纯净食品药品法案》法有了极大的扩充，扩大了之前的监管范围。经过多次修改后于 1938 年发布，是一系列法案的总称，赋予美国食品药品管理局监督监管食品安全、药品以及化妆品的权力。该法案主要是由 RoyalS.Copeland 写成。为美国食品安全管理提供了基本原则和主要框架。FD&CA 致力于规范在美国销售的食品、药品及化妆品的安全性、卫生性以及生产卫生、包装和标签的可信性。在食品方面的主要内容有 5 条：①食品的定义与标准；②食品中有毒有害成分的规定限量；③农产品中农药的残留剂量；④食品进出口规定；⑤法律禁止行为的处罚。

FD&CA 规定不得在美国市场上销售及进口伪劣或标识错误的食品、药品和化妆品，还不得向公众销售需经 FDA 批准但未获批准的物品，以及未能获得相应安全报告的物品和拒绝对规定设施进行检查的厂家生产的产品。所有进出口产品必须与国内产品的安全与卫生标准保持一致。进口食品必须是卫生、完整和安全的，并在卫生条件下生产、加工、包装和运输；药品和器械必须安全有效；化妆品必须是安全无害的，所含组分需经过批准；放射性器械不得违反规定的标准；并且产品均须带有英文说明资料和信服的标记。所有生产热加工的"低酸罐头食品和酸化食品"的企业，均需在食品药品管理局对此类产品进行注册登记和资料归档，并获得相应的表格。登记和归档是美国有关部门及向美国出口这类食品的国家所要求的。

1. 对食品掺假的规定

以下情况均属掺假行为：

（1）食品中有毒有害物质的浓度超过规定的标准；

（2）食品腐烂变质、包装不卫生、含有患病的或未经屠宰而死亡的禽畜的肉及容器含有有害物质；

（3）食品运输时不符合运输卫生规范；

（4）使用了未经批准的色素；

（5）糖果食品中含有酒精或没有营养价值的物质；

（6）黄油或人造奶油含有变质或者不卫生的物质等；

（7）按照标识的建议或者由于提供信息不足，而带来严重疾病和危害的膳食补充剂及膳食组成；

（8）在准备、包装或存储的情况下，不符合现行良好生产规范的膳食补充；

（9）食品配方中省掉了重要成分、采用了代用品、隐瞒了缺陷、用添加物来增加食品体积、重量或改善外观。

2. 标示不当的说明

下列情况均属标示不当：

（1）错误或者误解性的标识；

（2）使用其他食品的名称；

（3）仿制其他食品，除非在标签上的标注是仿制品；

（4）不标明生产厂商、包装厂商以及销售商的名称和地址；

（5）不注明产品的通用名称及组成；

（6）冒用其他食品的识别标准；

（7）信息令人费解；

（8）食品质量和容量与标注不相符；

（9）声称具有特殊食疗效果，但没有按法规规定提供证明；

（10）误导性的容器；

（11）法律相关要求的声明信息在标识上不突出；

（12）没有声明其中含有人造香料、人造色素或化学防腐剂；

（13）营养信息错误。

3. 食品标准的类别

食品标准是执行食品法不可或缺的依据,该法规已制定 13 大类 200

多种食品标准，并以法规形式固定下来，包括：巧克力及可可制品、粮谷及其制品、各种面条、焙烤食品、奶与奶油、干酪及干酪制品、冷冻甜食、食用香精、罐头水果与罐头果汁、果酱果脯、贝类、金枪鱼罐头、人造黄油。

4. 执法

FDA从不公开可允许的误差值，以免厂家钻法规空子；如果查出了掺假，内容物与标签不符或不符合标准等违法行为，第一次罚款1000美元或一年的监禁或两者并罚。如果违法第二次或明知故犯，重则10 000美元加3年有期徒刑。

5. 对卫生的要求

不得销售带有病毒病菌的食品，并要求生产和加工食品的设施必须是安全卫生的。

6. 禁止规定

该法禁止销售由于不卫生的储藏条件而引起的含有污物或者变质的食品。污物包括鼠类和其他动物的毛发、昆虫及昆虫的一部分和昆虫排泄物、寄生虫、人类和动物排泄物引起的污染，以及被不知情者食用或使用的其他异物。如果这些食品中含有污物，无论是否表现出对健康有害，均被视为伪劣掺杂食品。

(二)《联邦肉类检验法》

肉类和肉类加工食品是美国食品供应的重要来源之一，也是重要的战略物资。在全国范围内均有消费，并且很大一部分是在州和国际贸易中流通。公众利益最基本一条就是保护消费者的健康，确保供应给消费者的肉类和肉类加工食品是安全的、卫生的、没有掺杂的，并且含有正规标注标记、正规包装的。不卫生、掺杂、贴假标记或者假冒包装的商品以低价出售，与正规包装商品进行不公平竞争，从而损害消费者和一般公众的利益。因此，《联邦肉类检验法》适用于防止或消除在肉类产品贸易中出现以上所述问题，并可有效规范肉类产品贸易，保护消费者健康权益。主要内容有 9 条：①肉和肉类食品的检验；②肉类加工产品检验员任命和职责；③标识、标记以及容器要求；④禁令；⑤对图案、标记、标识、证书和仿制品的规定；⑥免检；⑦进出口动物的检疫；⑧存储和加工的规定；违规；非联邦管辖工厂的免检；⑨卫生检验和屠宰包装工厂的规范。

1. 肉和肉类食品的检验

对肉类的检验集中在两个方面：①屠宰前的动物检验；②屠宰后的畜体检验。

（1）屠宰前的动物检验：为防止食品贸易中销售有伪劣的肉类及肉类产品，危害消费者，官方委派检验员，在牛、绵羊、猪、山羊、马及其他马科动物进入屠宰包装、肉类罐头制品加工、炼油等制备成产品之前实施宰前的检验。如果在检验中发现牛、绵羊、猪、山羊、马及其他马科动物有疾病症状，应及时与其他动物隔离，实施单独屠宰，屠宰后，要按照由官方制定的标准对上述牲畜的畜体进行认真的检验。

另外，屠宰牲畜要按照人道屠宰的要求，符合人道屠宰条例。官方委派专门的检验员，按照本章的规定，对以上所述动物的屠宰方法以及与屠宰相关的处理方法进行检验监督。如果检验员发现以上所述动物的屠宰方式和与屠宰相关的处理方法不符合 1958 年 8 月 27 日法令（72 Stat.862；7 usc1901–1906）的规定，则有权停止对其的检验，直到屠宰场确保所有的牲畜屠宰方法和相关处理方法符合规定才可对其恢复检验。

（2）屠宰后的畜体检验：官方委派专业的检验人员，对屠宰后的畜体或畜体部分实施宰后检验，检验对象包括将进入屠宰包装、肉类罐头加工、炼油或其他类似屠宰加工的牛、绵羊、猪、山羊、马及其他马科动物等肉类。这些动物的畜体或畜体部分不得掺杂，应有"检验合格"的标记、标识或盖章；同时，检验员应该通过标记、盖章或贴标签等方法在所有掺杂的畜体或畜体部分，标明"检验不合格"的标识。在检验人员的监督下，屠宰场应将检验不合格的畜体销毁。同时，官方对不按照规定销毁不合格畜体的屠宰场，取消该加工厂加工肉类产品的资格；在第一次检验之后，如检验员认为必要的，可实施二次检验，以确定第一次检验的畜体或畜体部分的结果是否准确，是否有遗漏。

上述的所有规定适用于牛、绵羊、猪、山羊、马及其他马科动物的畜体或畜体部分以及屠宰、肉品灌制、腌渍、加工、炼油或肉类加工产品的检验，其检验应在畜体、畜体部分进入肉类食品加工环节之前实施。官方有权限制执行上述检验不合格的企业购入畜体或畜体部分、肉和肉产品以及其他原料的权利。

2. 肉类加工产品检验员

基于以上目的，官方应委任专门的检验人员对屠宰场、肉制品加工以及其他肉类产品加工场所实施检验。为了落实检验，检验人员可随时对该工厂任何场所实施检验。经检验后，产品如未发现掺杂，检验人员应对产品进行标注、盖章或贴标签，标明"检验合格"。对掺杂的伪劣产品标注、盖章或贴标签，进行"检验不合格"的标注，不合格的肉类加工产品应按上文的所述方法进行销毁，不得流通于市场。对拒绝销毁伪劣产品的食品厂，官方有权将检验人员从该工厂撤出，禁止没有经检验员标明"检验合格"的产品进入市场。对于出口商品，检验员在企业生产和加工过程中未发现违反出口国法律时，检验员可以按照出口国客户所提供的规格及指标实施检验，则不必执行本章有关条例。但是，如果这些为出口而生产的产品实际上是在美国国内销售，则仍需按照本章要求进行检验。

3. 标识、标记及容器要求

（1）合格的肉类产品容器标识在商业流通前，对经过检验合格的肉、肉制品用铁罐、锅、锡罐、帆布或者其他材料的容器进行包装。在检验员的监督下进行包装的个人、公司或者企业，在以上所述容器贴标签，标签上应标明该产品已经通过检验并且检验合格。按照本章规定检验的工厂的肉或肉类产品，检验员的监督下将这些肉类或肉类加工产品密封或者包装封入上述容器之前，和装入容器的过程中，都必须对其进行检验。

（2）商品或容器上的信息。检验合格的肉类产品，应按照要求在商品出厂时直接在商品上或者外包装上以简明的形式标明本章所要求注明的信息。

（3）不同商品的标签类型、尺寸等的一致性。官方有权为保护公众利益，必要时进行以下规定：①为避免本节中的商品和其他节中的商品在标注的过程中发生错误或者最终误导消费者，所以商品上所贴的标签不得与商品的实际类型及尺寸相矛盾；②在本法案中所叙述的商品的特性、成分的定义和标准以及该商品的容器填装标准不得违背《联邦食品药品和化妆品法》（21 U.S.C.301）所制定的标准。在与本章所涉及商品相关的法案所制定标准颁布之前，应先与卫生部进行沟通、商讨，以免与其法案所涉及相同内容的标准不一致，使公众无法准确参考。

（4）标注错误的商品不得销售给消费者个人，公司或者企业禁止销售或提供有错误商品名称、易使人误解的标识、容器形式和大小易产生误解的商品。销售给消费者的商品，必须标明官方批准的商品名称、标记、标签和包装容器。

（5）错误标记、标识或者容器的处理办法。官方有权命令禁止使用商品的标记、标识，容器的形式和大小有错误或者易产生误解的地方。在官方做出禁止使用的决定时，如果使用或准备使用该标记、标识和容器的个人、公司或企业不接受官方的判决，可提出诉讼。上述当事人必须三十天内向其主营业点所在地区的美国地区法院提出上诉，否则按照官方的决定终止使用。

4. 禁令

从事肉类或肉制品加工的个人、公司和企业必须遵循以下法令。

（1）屠宰动物或者生产可食用的商品。如果个人、公司和企业没有执行本章规定的内容，不得屠宰动物或者生产供人类食用的食品。

（2）人道屠宰。根据 1958 年 8 月 27 日所颁布的法令（72 Stat.862；

7 U.S.C. 1901–1906）的相关条例规定的屠宰方式以及屠宰相关的处理，对动物进行人道屠宰。

（3）销售、运输及其他事务。禁止在商业贸易中，个人、公司和企业销售、运输（或者提供销售和运输服务）或接受：①掺杂的或者贴假标记的商品；②未按照本章要求检验的商品。

（4）掺杂或贴假标记。对于供人类食用的食品，在商业销售和运输过程中个人、公司和企业不得有掺杂的或贴假标记的行为。

5. 对图案、标记、标识和证书以及仿制品的规定

（1）图案应得到官方授权。未经官方授权许可，图案制造商、印刷商、个人、公司或企业不得私自出版、印刷或制造含有官方标志或模仿官方标志的图案；或制作具有这些标志的标记或任何形式的官方证书或其模仿品。

（2）其他不正当行为。任何个人、公司和企业不得有：①伪造任何官方图案、标志或证书的行为；②未经官方授权，使用或仿造官方图案、标志和证书，或修改、拆分、丑化或毁坏官方图案、标志和证书的行为；③违背官方制定的法律法规，错误使用或拆分、丑化、毁坏官方图案、标志或证书的行为；④不能在及时上报官方的情况下，有目的的使用官方图案或伪造的、仿造的和不正当修改过的官方证书或图案，以及在畜体及其加工产品上使用印有伪造的或者不正当修改过的官方标志的标识的行为；⑤故意在官方或非官方证书的使用上隐瞒实际情况的行为；⑥将未按照相关法规实施检验的或者免检的食品故意说成是已通过检验的或是免检食品的行为。

6. 免检

（1）为个人、家庭等家庭聚会所进行屠宰：本章对于在商业性工厂屠宰动物、加工肉和肉类食品的要求不适用于以下情况，对以下情况进行免检：①仅供给自己食用或家庭食用而屠宰自养动物，以及自己加工处理的肉类和肉类食品的行为给予免检；②个人、公司或者企业所承接的牛、羊、猪、山羊、马和其他马科动物的屠宰，这些动物的整个或部分畜体、肉类和肉类食品的加工和商业运输，仅供这些动物的所有者本人或者其家庭成员在其家庭内部食用的行为给予免检；③个人将自己饲养的猪、羊等动物屠宰后或者将其捕猎所得动物，交由个人、公司或者企业进行食品加工和商业运输，但仅供给这些动物的所有者本人或者其家庭成员食用的行为给予免检。官方要确保承接此类加工和商业运输的个人、公司或者企业的营业场所是安全卫生的，并对其营业场所进行检验，而不用对这些屠宰动物的场所或者加工处理肉类食品的场所进行检验；④除此之外，承接此类肉类食品加工的场所，只有在其符合官方授权发布的规定，才能免于本节所述的检验。其中，按照官方授权规定，要确保所承接的畜体、畜体部分或加工肉类和肉类食品，或包含此类物品的容器或者包装，与加工销售的分离开来，而且所有此类商品都应在加工完成后，清楚地标有"非卖品"的标记，而且标记一直保存到将其送交给它的所有者为止。承接此类业务的加工营业场所的维护和运营必须符合卫生条件。

（2）地区免检：当一个地区的卫生条件达到相关法律法规的要求时，但没有设立专门管理当地销售机构时，官方应根据此类情况，免除本章的检验要求，给予免检资格，由个人、公司和企业所进行的动物屠宰、整个或部分畜体、肉和肉类食品的加工可以免检。为贯彻本章宗旨，官方可随时根据实际情况对此免检决定进行取消或者更改。

（3）掺杂和错假标签同样适用于免检物品。除了对检验图章的要求之外，本子章关于掺杂和贴假标签的规定，同样适用于免检的或者根据本节内容无须检验的食品。

7. 进口

（1）严禁掺杂或贴假标签：一旦发现进口的牛、猪、绵羊、山羊等动物的可以被人类食用的整个或者部分畜体、肉类及肉类食品有掺杂或错贴标签等情况，则不得进入市场，除非经过处理后，直到符合相关检验以及本章中的其他规定，并符合美国国内商业领域对于这类食品的要求；除非相关的掺杂或贴错标签的牛、牲畜是按照 72 Stat.862；7 U.S.C. 301（1958 年 8 月 27 日）屠宰和处理后，这些畜体、部分畜体、肉类及肉类食品才可以进口至美国。所有进口食品运至美国后，将按照本章及《联邦食品药品和化妆品法》（21 U.S.C. 301）的规定对其按照国内商品来对待：该类进口食品必须按照法案规定的要求进行标记和分类标识；同时本节中的所有内容均不适用于消费者在美国境外购买的肉类或者肉类食品。

（2）销毁的条件：官方应规定有违反本节规定的进口食品的销毁条件，但以下情况不予以销毁：①在官方规定的时间内由收货人将食品出口；②在食品仅仅是因为贴错假标签而不符合本章规定的情况下，而在官方授权的代表的监督下经过修改符合了本章规定。

（3）违反本节规定产生的相关费用：进口食品所有人或者收货人承担违反本节规定的存储、货车运输和劳务的费用。如不承担费用，官方则可以对这些商品以及食品所有人或收货人以及后来进口的食品进行留置。

（4）检验和其他标准的适用性：进口商品牛、绵羊、猪、山羊、马或其他可以被人类食用的马科动物的畜体、肉以及肉制品等进入美国市场，必须遵循美国国内生产的相应产品的检验、物种鉴定方法，并且要符合相关质量、卫生标准、残留量等相关标准。如果有任何不符合这些标准的情况都不得准许进入美国境内。官方将按照以下方式对这一规定进行实施：①强制接受随机的关于动物物种的鉴定和残留检验；②按照官方批准的方法，由出口国在屠宰点对畜体的内脏和脂肪组织作随机取样和残留检验。如果一个国家要向美国出口肉类食品，其企业都必须获得由官方签发的证书，来证明该国具有一个由可靠分析方法和可信的验证程序共同建立的机制，可以用来判定是否满足美国关于该肉类商品残留标准。如果无官方签发的证书，任何国家的肉类商品都不得进口到美国。官方应该定期检查这些证书，如果确定相应出口国不再具有一个通过可靠分析方法证实肉类食品满足美国关于该残留标准的程序的情况下，应撤销出口国食品企业相应的证书。关于任何本节中提及的经由官方的证书应用以及证书的检验，应该包括对单个企业的检验以确保相关国家的检验程序满足相应的美国标准。

（5）兽药或抗生素管理：官方应该规定相应的条款和条件，禁止进口含有在美国禁止使用的兽药或抗生素的牛、绵羊、猪、山羊、马等动物用以屠宰和人类食用。任何人不得违反本节中官方颁布的规定，私自进口牛、绵羊、猪、山羊、马等其他动物。

（三）《禽类及禽产品检验法》

家禽和禽类产品是公众日常食品重要的组成部分。这类食品的安全、卫生、无掺杂以及正确的标识、标签和包装是保证消费者权益的基本要素。不安全、掺杂以及错误标识的禽产品会损害禽产品贸易的公平性，给合格禽产品的经营者造成一定的经济损失，破坏健全的市场环境，进而损害消费者的权益，打击消费者对于禽产品的信心，从而造成恶劣的影响。

美国国会于 1957 年 8 月 28 日发布了《禽类及禽产品检验法》(PPIA)主要调整在美国行销的禽产品的安全和卫生以及正确标识。主要内容有7 条：①家禽和禽产品的检验；②厂房、工具和设备操作的要求；③标签和容器标准；④禁止行为；⑤各项活动应该符合规章制度；⑥进口；⑦检验服务及检验费用。

以上内容主要涵盖了禽类及其加工产品包括检验、加工、销售以及阻止不合格产品流通于国内外，并致力于消除由不合格禽产品给贸易中带来的不利影响。目的是通过科学的逻辑、充足的资料和完备的标准，来判定家禽及其产品是否为不合格产品。

1. 家禽和禽产品的检验

为防止给贸易活动带来负面影响，对供人类食用的禽产品，官方可以对禽产品加工厂中加工或者销售的禽产品按照本章的规定，要求检验人员进行宰前检验。在进行生产加工过程中，官方也可以对禽体进行宰后检验，如有需要，可在任何时间对禽产品加工厂加工或销售的禽产品或场所进行检疫、隔离和复查。

应对含有掺杂的禽的畜体及其产品宣布废弃，如对废弃判决无疑问，则应在检验人员的监督下销毁，不得作为人类食品。如果对官方判决有异议，可向当地法庭提出上诉，则在上诉完成前对食品进行适当标记并隔离。如法庭认为此上诉是轻率的，则由申诉人承担相关费用。如果法庭依然做出废弃的决定，维持官方的原判，则畜体及其产品应在检验员的监督下销毁，不得流通于市场以防误食。被发现有问题的产品经过处理后，不再发现有掺杂，则不必宣布废弃或销毁。

2. 厂房、工具和设备操作的要求

每个进行屠宰、加工和销售禽产品的禽产品加工厂应有适当的厂房、齐全的工具和完善的设备，并按照相关安全、卫生规范进行操作。如加工厂的厂房、工具或设备，或在操作过程中操作人员不按照本节的卫生要求操作，应拒绝为该加工厂进行检验，责令其停止生产活动。

3. 标签和容器标准

任何禽产品加工厂生产的禽产品，在经相关机构检验后发现无掺杂、无伪劣，且符合要求时，在离开工厂时应在容器或者运输容器上标有清晰且易读的标签，标明"检验合格"。另外，为保护民众的健康权益，可要求在非消费包装畜体离厂时，也要按照相关规定标上清晰易读的标记以区分正常的禽产品。如果商品名称或标签错误或对消费者产生误导等，则个人、公司或企业都不得进行销售；所起的贸易名称、标记、标签或容器由相关部门审批后使用，不得伪造或令消费者误解。

如果官方有权判定任何正在或准备使用的标记、标签、容器的尺寸和形状有错误或令消费者误解的地方，可以直接进行行政扣留，除非标签、容器按照相关要求进行修改后不再有错误或令消费者误解的地方。如使用错误标签或容器的个人、公司或企业不接受官方的决定，可要求上诉，但商品应在上诉结束和官方做出最终决定之前进行扣留。对于标签的要求如下。

（1）为避免销售时发生错误或者误解，标签的形式和大小应与相关包装材料一致。

（2）如果本章对标签的定义、成分或条目以及容器装载标准与《联邦食品药品和化妆品法》相关条款（21 U.S.C. 301 et seq.）不一致时，农业部在发布此标准前应与卫生部进行协商，以免影响标准的一致性和损害《联邦食品药品和化妆品法案》的有效执行。同时还应该在发布前与相关顾问委员会进行协商，以免因在一定范围内可行，却与联邦和州的标准不一致。

4. 禁止行为

（1）任何人不得：①在符合本章要求以外的商业加工厂内从事屠宰家禽或加工禽产品；②在商业活动中，销售、运输、提供销售或运输、接受运输含有掺杂或贴错标签的禽类产品及未进行检疫和尚未通过检疫的加工场所生产的所有禽类产品；③从事有可能引起或促使掺杂或错假标签的行为出现；④违反官方制定的规章制度，在商业贸易或从禽类产品加工厂销售、运输、提供销售和运输已屠宰禽类的血液、羽毛、爪头或内脏；⑤为了自身的利益，未经联邦政府或各州或其他有相关职能的政府部门的授权代表的同意，或不按照法庭的指令，向他人提供受本章所保护的商业机密。

（2）未经官方授权的图案制造商、印刷厂或个人不得浇铸、出版、印刷或制造其中含有任何官方标志或模仿官方标志的图案。

（3）任何人不得：①仿造任何官方图案、标记或证书；②未经官方授权而使用官方图案、标记、证书、仿真物，或更改、分析、损毁官方的图案、标记或证书；③没有按照官方提出的规章制度，而使用、分拆或破坏任何官方的图案、标记或证书；④在提供给官方的发货证明材料、其他非官方或官方的证明材料上做虚假的陈述；⑤故意声称根据本章规章制度，对食品进行检验，并宣称食品通过检验，但事实上，并没有经过或通过检验，也没有获得免检资格。

5. 各项活动应符合规章制度

（1）不供人类食用的食品不实施检验。在本章节所指的禽类产品食品厂内，对不作为人类食品的屠宰后的家禽、家禽块或其产品，无需进行检验；但是在进行商业销售或运输前，如果本来是可食用的食品，就必须经过由官方指定的变性处理或其他鉴定、处理方法，以防止其作为人类食品流通于食品贸易之中。

（2）记录保存的要求。农业部部长按照相关法律法规要求指定相关人员保存样品记录，以便能够有效地执行本章要求抽取相关样品检查记录，确保不会有掺杂或贴错、假冒标签的伪劣家禽产品销售给公众，这些记录保存人员负责相关工作的时间通常不会超过两年，如果官方认为其表现出色，可延长其责任年限，检察人员要检查工厂设备、仓库存货和记录、复印等类似工作的记录，对存货取样要付给相应的费用。

相关责任人：①所有从事家禽屠宰、加工、冰冻和包装的人员。对出售的即作为人类食品或动物食品的畜体、部分畜体或产品进行标注的人员；②所有从事买卖，如家禽产品经销商、批发商或其他人，在商业运输、储存、进口屠宰后的家禽或部分家禽或产品的人员；③所有从事商贸，或从事买卖、商业运输，进口死的、濒死的或患病的家禽、非屠宰死亡的家禽部分畜体的人员。

（3）企业、个人和商业名称的注册。该法案规定，如果企业或者个人未向农业部注册登记其姓名、企业名称及营业地点、企业开展的贸易的名称，则不得从事禽产品经纪人、实施人或动物食品加工等相关商业活动，不得从事食品的公共仓储、食品买卖、商业运输；不得从事任何家禽畜体或部分畜体的批发商，不论是否是作为人类食品，不得从事买卖、商业运输或进口非屠宰死亡的、濒死的、伤残的或患病的所有家禽及其部分畜体的活动。

（4）个人和企业不得从事进口不健康的禽类产品。任何从事食品贸易的个人或企业按照农业部官方指定的规章制度，不得买卖、运输、提供销售或运输或接受商业运输业务、进口非屠宰死亡的、濒死的、伤残的或患病的家禽及其部分畜体，以此确保此类家禽及其产品不能作为人类食品使用。

6. 进口规定

进口到美国的所有禽类及其产品，都必须是健康卫生的，符合人类食用的要求，确保其中没有不健康或者不卫生的成分，且符合农业部官方制定的标准以确保其符合本章的要求。所有符合上述法规的屠宰后禽类及其产品在进入美国后即被与国内产品同等对待，同时符合《联邦食品药品和化妆品法》和本章的规定以及其他相关法规。

官方有权为执行本章内容而制定相关法律法规。在法规中，上述产品的收货人需将货物在限定的时间内运出美国，否则官方可要求对被拒绝进入美国的屠宰后禽类及其产品按照相关条款和条件进行销毁，任何按照本节规定而被拒绝的进口产品，产生的储藏、运输和劳务费用，包括利息应由货主或收货人承担。

（四）《蛋类产品检验法》

蛋产品是国家重要的食品供应来源，以各种各样的形式应用于食品，在国内外贸易中占主要部分。此类食品的安全、卫生、无掺杂、正确的标识、标签和包装是消费者的健康权益得到保障的重要因素。

美国国会于 1970 年 10 月 29 日颁布了《蛋类产品检查法案》(EPIA)主要调整在美国行销的蛋产品的安全和卫生以及正确标示。

主要内容有 5 条：①蛋产品的检查；②官方企业的卫生操作规范；③蛋产品的巴氏消毒和标签；④禁止行为；⑤蛋类的进口。

此法案的主要内容是通过规范蛋产品的检验、对鸡蛋品质的限制、鸡蛋标准的统一性等来调节蛋产品的加工、配送以防止掺假、错标或违反本章的蛋产品出售供人食用。

1. 蛋产品的检查

（1）任何错标或掺假的可作为人类食用的蛋产品，应防止其进入、流通、运转于贸易中，农业部官方认为无论何时加工操作都应该被管理和进行持续的检查以符合在本章发布的加工蛋产品和工厂加工蛋产品的贸易的规定。

（2）对于作为人类食品的蛋及蛋制品，农业部官方有对食品保留、隔离和复验的权利。

（3）如果在官方注册企业的蛋及蛋产品中发现了掺假，要给予没收，如果企业没有对此上诉，这样的产品都应该在检查员的监督下进行销毁；如果产品在检查员监督进行回收处理后，不含掺假物质，将不会被没收或者销毁。如果蛋及蛋产品经过上述处理，在完成申诉之前应该进行适当的标记和隔离。如果官方认为这次上诉是轻浮的，挑衅的，那上诉人应承担相关的上诉费用。如果上诉维持原判，检查员应把蛋及其产品销毁。

（4）官方有检查交易场所、设施、存货清单、操作、蛋类处理记录及其他需要记录的权力，以确保蛋及其产品适合人类食用。

（5）包装时鸡蛋冷藏温度低于华氏 45 度（1 华氏度=17.22 摄氏度），且标识需注明冷藏保存。

2. 官方企业的卫生操作规范

每家官方注册企业必须遵守相关卫生规范，具备农业部规章要求的场地、设施和设备并遵循农业部关于隔离和处置限制食用蛋类的要求。否则农业部应拒绝为其提供服务。

3. 蛋产品的巴氏消毒和标签

经检查确认未掺假的蛋类在出厂之前需进行巴氏杀菌，并在集装箱或直接接触容器上标记清晰和易读的标签，内容包括蛋类产品生产企业的官方检查标记、官方企业代码及其他农业部要求需标记的信息，并确保该产品不含虚假和误导性的标签。

如果是虚假、带有误导性或按照官方要求的规定未获批准的标识或容器不得应用于蛋产品；如果官方认为标识、不同大小或形式的容器在蛋产品中使用是错误的或者误导性的，可以直接扣留，除非标识或容器重新按照官方规定的形式进行修正以符合规定。如果个人或公司的标识或容器形式没有按照官方的决议使用或提议使用，这种情况下，个人或者公司将会接到听训，在听训期间和最终官方决议之前将会被扣留。在收到任何像这种决定性决议通知的 30 天之内，个人或公司有权向联邦法院提出上诉。

4. 禁止行为

（1）在商业贸易中：①任何人不得购买、出售或运输，或提供购买或运输限制性蛋作为人类食品使用。除非根据官方授权，确定这类蛋适合作为人类食品并用于特殊的目的才可以用来销售或运输，或提供购买或运输；②在制作人类食品的过程中，任何蛋产品加工者不得使用或怀有目的去使用任何限制性蛋。除非有官方的授权去确定这类蛋适合作为人类食品并用于特殊的目的来使用。

（2）不符合本章的要求，任何工厂不得加工任何蛋产品。①在商业贸易中任何人不得购买、出售或运输，或提供购买或运输在本章下需要检验但未检验的蛋产品；②在注册厂里的操作人员不得将掺假或错标的蛋产品从工厂里移出作为人类食物食用。

（3）根据官方发布的规章制度，蛋产品操作者将蛋包装交给消费者之前，应该在制冷条件下贮藏和运输，且温度不超过华氏 45 度（1 华氏度=17.22 摄氏度）。

（4）任何人不得：①私自制造、铸造、印刷、平版印刷或使用任何包含官方标志的设备从而误导消费者；除非根据官方的授权，任何标签中带有这样的标志或仿制；或任何形式的官方证书或仿制，都不得带有这样的标志而出售给消费者；②伪造或更改官方设备、标记或证书；③没有官方的授权，使用任何官方设备、标志、证书或仿制、分离，或破坏任何官方设施和标志，或使用任何标识或容器，根据规定，在最终司法确认或根据本章上诉结束前将会被扣留；④违反官方制定条例，对任何官方设备、标志或证书进行分离、破坏或摧毁；⑤没有及时通知官方和官方的代表，故意拥有任何假冒、仿制、伪造或不当更改官方证书或任何设备和标签。或蛋和蛋产品带有假冒、仿制、伪造和不当的官方标志；⑥根据官方规定条例的托运人证书，或非正式或正式证书中故意使用错误声明；⑦在本章下，任何物品故意表现出已经被检查或被免除；⑧拒绝访问，根据本章的要求，在合适的时间，农业部官方和卫生与公众服务部（HHS）的官方代表，在任何工厂和商业场所都可以进行检查。

5. 蛋类的进口

（1）能够作为人类食品的受限蛋不得进口到美国，除非根据官方条例授权；作为人类食品的鸡蛋不能进口到美国，除非在原产地国经过连续性的监测系统下进行加工并且贴上相应标签，并且符合美国的标准和标签，包装后进口到美国；未经包装的鸡蛋不得进口到美国，除非有证明保证鸡蛋是在不超过 45℉环境下贮藏和运输的；根据本章的其他规定，所有这样进入美国的进口物品作为国货对待。根据进境物品规定提供他们所需的标签；进一步提供，本条款的任何规定不适用于任何为他和他的家人的个人消费和未付费的客人和雇员在美国之外购买的蛋或蛋产品。

（2）货主和收货人需负担储藏、运输和工人的费用；违约不付款将扣押该批进口货物；

（3）任何违反本规定的食品禁止进口到国内市场。

（五）《食品质量保护法》

《食品质量保护法》（FQPA）通过对《联邦杀虫剂、杀真菌剂和灭鼠剂法》（FIFRA）和《联邦食品药品和化妆品法》（FD&CA）相关农药方面的修改，在农药安全方面提出了新要求。食品质量保障法建立了食品中农药残留的新安全标准，确保"无害的、合理的"，对评估危害婴儿和儿童潜在的风险给予特殊的考虑。

《食品质量保护法》中最重要的一点莫过于建立了风险评估机制，将风险评估技术渗透到该法案的每一个方面，使得法案的内容得以科学体现和贯彻落实。美国环保署负责具体执行《食品质量保护法》，其目的是对美国在近几十年来形成的农药体系进行系统整合、科学定位以及准确规范。

所以本章节重点讲述《食品质量保护法》中的风险评估制度，主要内容有：①蓄积性和累积性评估；②针对幼儿的 FQPA 保护系数；③致癌物的风险研究；④内分泌干扰的风险研究；⑤小作物农药的使用。

1. 蓄积性和累积性评估

《食品质量保护法》在制定残留允许限量时首先要考虑的问题是真实风险来源于不同人群，通过包括膳食（饮用水）摄入、呼吸道吸入以及皮肤接触等多种暴露途径，且同时摄入不同农药的毒性机制、剂量和剂型的不同。与此同时，环保署根据《食品质量保护法》引用了"风险杯"（risk cup）的概念来描述相关问题，并将其定义为蓄积性（aggregate exposure）为多途径摄入单一农药，累积性（cumulative exposure）为单一途径摄入具有相同毒性机制的多种农药的风险。对于蓄积性评估，美国环保署考虑从膳食摄入、皮肤接触、吸入等多个方面来研究。对于累积性评估，美国环保署的做法是将具有相同毒性机制（胆碱酯酶对神经系统损害作用等）、毒效终点（神经毒性、生育毒性及致癌性等）等的农药归为一类，然后评估该类农药暴露的几率，如果有暴露则进行蓄积性和累积性评估。

2. 针对幼儿的 FQPA 保护系数

在允许残留限量制定时，通常使用 100 倍的安全系数来分别修正种类和种间差异。而《食品质量保护法》要求在此基础上增加 10 倍安全系数（FQPA 系数），用于保护婴幼儿（除非有可靠的和允许的数据资料证实对婴幼儿无危害或危害可忽略不计）。

3. 致癌物的风险研究

在《德兰尼法》之前，食品中残留的农药被认为是食品添加剂，按照《德兰尼法》第 409 节的要求，如食品添加剂（包括农药和杀虫剂）会诱发人体或动物体产生癌变，则将其归为致癌物，并禁止使用该类物质。致癌物风险研究的提出是由于美国曾经将许多重要杀菌剂归类为 B2 致癌物。而后《食品质量保护法》更改了《德兰尼法》中对此项的规定，改为通过设定残留允许限量来界定致癌或疑似致癌农药，并对其进行风险控制。农药残留不再认为是食品添加剂，因此不再受监督于德兰尼条款。《食品质量保护法》建立了一个健康标准，同时适用于初级农产品加工和农药监管政策。这个健康标准是 EPA 建立和维持一个安全食品中残留允许限量，这意味着接触农药残留不会造成伤害。

4. 内分泌干扰的风险研究

《食品质量保护法》认为与农药的接触对人体内分泌功能有潜在影响，要求美国环保署开发一套筛选系统，对农药中可能存在的内分泌干扰作用，包括协同效应、临界水平和剂量–反应模型等一系列问题做出研究，以验证农药是否对人体内雌激素、雄激素以及内分泌系统产生干扰。当时，美国研究内分泌干扰作用的信息不充分，使用的方法也不能很好支撑其推广应用到具体农药残留允许限量标准的制定过程中，而目前环保署对内分泌干扰作用的研究也只停留在初始阶段。可以预计，未来研究农药残留对人体内分泌干扰作用的影响是风险评估的重要发展方向。

5. 小作物农药的使用

美国农业部、环境署和小作物种植者已经开始关心小作物行业。相比于其他大规模栽种作物农药，生产小作物农药的经济效益较低，农药行业并不倾向于为小作物生产农药。《食品质量保护法》第一次清楚明确了在美国小作物农药的使用不足 30 万英亩。《食品质量保护法》为促使小作物农药的生产提供了一些激励措施。这些激励措施一般集中在提交数据和农药登记上，如加快审查。此外，环保署根据《食品质量保护法》建立了使用小作物的所需程序来协调使用小作物的各项活动。1997年 9 月，EPA 成立了个小团队，旨在提供一个能有效协调小作物农药使用的问题。该团队的目标在三个方面：①促进风险评估信息的收集和有效利用；②促进与使用小作物农药的社区的开放对话；③致力于发展应用于小作物更安全的农药。

（六）《联邦杀虫剂、杀真菌剂和灭鼠剂法》

1947 年，美国国会颁布了《联邦杀虫剂、杀真菌剂和灭鼠剂法》（FIFRA），《联邦杀虫剂、杀真菌剂和灭鼠剂法》与《联邦食品药品和化妆品法》共同赋予美国环保署对用于特定农作物的杀虫剂的审批权，并要求美国环保署制定食品中杀虫剂、杀真菌剂等最高残留容许限量标准，以确保人们在工作或食用食品时接触到的杀虫剂和消毒剂是对人体无害的，避免环境中的其他化学物质以及土壤、空气和水源中的污染物威胁食品安全。

该法在 1972、1975、1978、1988 年作了修订。1972 年的修正案中要求使用农药时必须保证对环境的影响是"可接受的"，一种农药在不同农作物上使用时必须进行再次登记注册，产品标签中须说明批准的使用量、安全使用的注意事项，高毒农药只有有经验、有资质的人员才能使用。1972 年修正案要求对市场上流通的约 40 000 种农药进行注册登记，但环保署当时无法完成如此繁重的任务，因此，在 1978 年修订案中，要求对约 600 种农药中使用的活性成分进行登记注册。

1988 年的修正案要求环境保护署在 1997 年之前，对所有在 1984 年前注册的农药重新进行注册，注册费用由农药生产商负担。但这一注册登记工作进展十分缓慢，主要是注册成本高，风险和收益分析较为复杂，而且这些评估工作还必须由环保署负责。特别是对那些生产面积较小的蔬菜、水果和观赏植物的专用农药，由于生产量小，生产商根本无法承担注册费。1990 年，乔治·布什政府提议简化注册程序，建立定期的评估制度。比尔·克林顿政府也曾提议对所有农药进行定期评估（间期 15 年），对毒性低、用量小的农药实行简化注册程序，在生物类农药进行所有测试之前，可以给予有条件的注册。而在 1996 年 8 月颁布的《食品质量保护法》（FQPA）顺应时代要求，美国环保署立即采用新的、更加科学的方法检测食品中杀虫剂、杀真菌剂等化学物质的残留。

美国环保署负责规定食品或谷物中任何可以检测出的允许杀虫剂残留量。一般来说，根据注册资料、消费方式、年龄组、运动方式、化合物的化学性质、毒性数据、植物与动物的生理状况、毒理数据和危险，评估确定允许量。当美国环保署确定允许量后，食品药品管理局通过对食品（大多数是农产品）采样并分析以实施这些法规。农业部负责家禽和畜类产品的采样分析。

1. 规定

为了考虑农药使用的安全性和实际有效性,FIFRA 建立了一系列的农药法规如下。

(1) FIFRA 建立了所有农药的注册程序,只有经过一段时间的数据收集来确定其用途、合适的用量和危险的特殊材料的实际效力。当注册登记时,建立一个标签来指示用户正确使用材料。如果用户忽视了标签上的说明,用户承担所有任何负面的后果。标签的设计是最大化产品的有效性,同时保护工具、消费者和环境。有评论人士指出,标签完全是由产品制造商自行生产并粘贴,没有检查其标签准确性。另一方面,一些人认为这个过程太过严格,通常需要花费数百万美元和几年时间来注册一个农药,这就限制了只有大生产商才能生产。同样许多使用范围较小或专业性使用的农药没有注册,因为考虑到投资潜力不值得注册。

(2) 只有少量的农药可供公众使用。大多数农药在普遍使用时太过危险并限制其认证申请。FIFRA 对在个人和商业层面的申请者建立了审查和认证体系。限制性农药的分布同样受到监控。

(3) EPA 对三种类别的农药有不同的审查过程。抗菌素、生物农药和传统杀虫剂,这三类农药有类似的认证过程,但是有不同的数据需求和评估政策。根据农药的种类,审查过程可能需要数年。农药在 EPA 登记注册后,需要考虑进行国家注册的需要。

(4) 除了美国环保署的规章制度外,美国政府也会提供额外的农药注册时的规定和要求。还要求从农药用户获得年度使用报告。

除了 FIFRA,2003 年的《农药注册改进法案》修正了某些农药的授权费用,评估的过程中收集维护费用,并决定在审查过程中批准农药。《农药注册改进法》的目的是确保农药法规的顺利实施。

2. 进口和出口

进口到美国的农药,在通过美国海关和边境保护局时需要到货通知书,如果到货通知书与产品不符合,将不会使它通过海关。到货通知书列出产品的身份、包内数量、到达日期,还有哪个位置可以检查。条件如下:

(1)必须符合美国各杀虫剂法律法规的标准;

(2)农药必须在 EPA 注册,除了在豁免名单上;

(3)不能掺假;必须有适当的标签;产品必须带有在 EPA 每年的注册的文件。

出口到其他国家(美国以外)的农药在一定条件下不需要注册,条件如下:

(1)国外买家必须向环境保护署提交一份声明证明知晓该产品未经注册,并且不允许在美国境内销售;

(2)农药必须包含一个标签,即"没有在美国注册使用";

(3)标签必须包含英语和所接受国家的语言;

(4)农药必须遵守 FIFRA 建立的注册和报告要求;

（5）它必须符合 FIFRA 记录需求。

3. 农药的注册

在一个公司向 EPA 提交农药注册之前，必须知道 EPA 在 FIFRA 下考虑的是什么。

（1）物质中含有的成分是用来预防、破坏、排斥或减轻虫害；

（2）物质含有的成分是作为植物生长调节剂、脱叶剂和干燥剂；

（3）"农药"产品不包括任何液体化学消毒剂产品。

申请人必须证明农药的活性成分、农药产品或新提出注册的农药不会对人类健康和环境带来的不利影响。不合理的不利影响如下。

（1）考虑农药对社会、经济、环境成本和收益的风险的影响对人和环境都是不合理的。

（2）任何饮食的风险可能是食品中使用的农药与在《联邦食品药品和化妆品法》408 节下所列出的标准缺乏一致性的结果。在 EPA 的指导下，申请人必须提供 100 多种不同的组合测试的科学数据，进行评估潜在的、不利的短期或长期的影响。

在《联邦食品药品和化妆品法》408 节下，对 EPA 在食品、饲料项目或农药残留许量等进行了规范，无论直接食品消费还是非专业资源，从接触到残留建立一个"安全"层次，意味着"合理的没有危害"。对于粮食作物，EPA 需要建立一个"容忍"水平、农药的最大"安全"水平或特定的食品或饲料商品。EPA 也可以选择提供一个豁免对建立容忍水平的要求，只要豁免符合 FD&CA 安全标准，可以允许在食品和饲料中有一定量农药残留。成功注册的杀虫剂必须符合批准的用途和使用条件，注册人信息必须在标签上。

4. 农药的再注册

在 1972、1988、1996 年修正案的指导下大多数已注册的农药需要重新注册，以满足当前的健康和安全标准、标识需要和风险监管与节制。《食品质量保护法》（FQPA）修改 FIFRA 要求所有老的农药不会对婴儿、孩子和敏感人群造成危害。通过再注册，如果老农药有一个较完整的数据库，且不会导致健康和环境风险，是可以获得注册的。《食品质量保护法》还要求环保署在 15 年内对所有的农药进行审查，以确保所有的农药符合当代的安全和监管标准。

5. 受管制的非农药产品不需要注册

佐剂是一种化学物质，它的添加是为了提高性能、效力或改变杀虫剂的物理性质，超过 200 种在 EPA 注册的农药，其中特殊添加一种或多种佐剂在农药中来提升整体性能。公认为"其他材料"，EPA 同样为佐剂建立了容忍水平，但其不需要注册。佐剂包括：酸化剂、缓冲剂、消沫剂、消泡剂、湿润剂、染料和增白剂、相容剂、作物油浓缩物、油的表面活性剂、沉淀剂、漂移控制剂、泡沫标记、除草安全剂、填充剂、中和剂、悬浮剂、水软化剂、增效剂、抗蒸腾剂、乳化剂、分散剂、渗透剂、黏附剂、水吸附剂、胶凝剂。

6. 实施

在 FIFRA 下，个人不得销售、使用和分发没有在环保署注册的农药。少数免除农药登记要求。且必须在农药产品上有标签对产品进行描述，详细说明如何安全使用。在该法案下，环保署必须确定每个农药是"通用""限制使用"，或两者都有。"通用"标记农药可供任何人使用。那些标记"限制使用"需要特定的凭证去通过 EPA 认证。

在 FIFRA，第 14 节规定要对违法行为进行民事和联邦处罚，这些行为包括以下内容：

（1）分发、销售或提供任何未注册的农药；

（2）广告中虚称在注册声明中没有的；

（3）销售不符合标签数据的任何注册农药；

（4）在注册时提交任何测试相关虚假信息或数据；

（5）销售掺假或错标农药；

（6）分离、涂改、丑化或破坏一个容器或标签的任何部分；

（7）拒绝记录或有许可证授权的环保署的检查；

（8）作担保而不是用标签说明；

（9）对受限制农药广告不进行分类；

（10）限制使用的农药用非认证的工具（除了法律规定）及未按农药标签规定的方式使用。

（七）《公共卫生服务法》

1944 年，美国国会颁布了《公共卫生服务法》（PHSA），该法案是致力于向美国公民提供公共卫生服务的联邦法律。《公共卫生服务法》是朝着更好的国家卫生的重要一步，美国公共卫生署，是联邦安全局的重要组成，一直以来，以极其优异的成绩保护着国民健康。

PHSA 赋予了当局在公共卫生领域及其相关的领域对公共或私人的机构进行资助的权力，它授予增加拨款来加强美国普通公共卫生工作。它加强了公共卫生署部队在战争或和平时期的巨大任务。授予参与公共卫生健康服务的护士和陆军和海军护士同样的待遇。该法案还涵盖了多个方面，如对医院、医疗考试、医疗护理的要求，对药物定价、医学研究生教育、生物制剂许可、临床实验室基本条件、传染病的隔离和检查，对国家相关研究机构进行介绍，社会援助服务，还有各种各样的服务国民健康的项目等，涵盖了国家卫生的方方面面。在本部分重点介绍与食品相关的传染病的隔离与检查。

该法规定了严重传染性疾病的界定程序，制定传染性疾病控制条例，明确检疫官的职权，同时对来自特定地区的人员、货物、运输车辆，和有关检疫站、检疫场所与港口，民航的检疫等均做出了详细的规定，此外还对战争时期的特殊检疫进行了规范，要求 FDA 负责制定控制传染病传播方面的法规，并对州和地方政府相应机构提供有关传染病控制法规的协助。

1. 传染病控制条例

（1）本条例由美国卫生局局长颁布与实施：为防止传染病从境外输入到美国境内，或者从一州传入到另外一州，美国卫生局局长在经官方批准的情况下，可以授权制定和实施传染病控制条例，进行实施查验、蒸熏、消毒、卫生处理和虫患检查等相关操作，并对已成为人群感染源的危险动物和货物采取灭虫灭菌等相关处理措施。

（2）留验、隔离：不得以防止传染病在国内的输入、传出和传播为理由，对人员进行留验、隔离或者附加条件的开释，除非总统在国家卫生咨询委员会和美国卫生局局长建议下发出留验或者隔离的特令，否则不得对人员进行留验或者隔离。

（3）对入境人员的规定：除上述规定外，本条规定仅对来自国外的人员实行本条例规定范围内的留验、隔离、查验或限制性的放行。

（4）对感染者检查与留验：参考国家卫生咨询委员会的相关建议，本款规定对认为是感染传染病的人员，在传染期内并包括：①从某一州迁移到另一州；②在传染期内即将从某一州迁移到另一州，实行检验。一旦确定其为感染者即可对其进行隔离。

2. 对特定地区的人员和货物的管理

当美国卫生与公众服务部部长确定某国家发生某种严重传染病时，且有传入美国的可能，而且伴随着人员和货物的进入美国国内，此种危险性在不断扩大的同时，应为了美国公众的利益，暂时禁止相关人员和进口货物进入国内并按照总统批准条例中的规定，有权禁止来自特定国家和地区的人员和货物的入境，以减少疾病传入的危险性。

3. 对检疫站场所规定

（1）控制和管理：美国卫生局局长应控制、指导和管理美国所有检疫场所，并指定管理范围和指派相关检疫官员负责检疫。经总统批准，美国卫生局局长认为必要时可在美国及其属地任意地点成立检疫场所，以防传染病进入美国境内。

（2）检疫时间：美国卫生局局长应明确规定每个检疫站的检疫时间，也可根据对方提出的申请，实施 24 小时检疫或某一时间检疫，也可延长检疫时间。美国卫生局局长可规定对白天到达的船舶实施检疫查验，因为可能在夜间进行查验的船舶因视线不好的原因难以达到应有的检疫效果。检疫人员认为除非特殊情况，不得对任何船舶进行夜间检疫。另外，美国对各地的检疫场所的检疫时间不要求一致。

（3）超时检疫服务费：美国卫生局局长应对境外检疫场所的人员制定合理的加班补贴制度。包括对船舶、随行船舶人员进行检查或检疫处理（旅客和船员），对如船舶、汽车、飞机等运输工具，或对从陆地、水上或空中到达美国的货物实施检查。从事上述服务人员（以下称公共卫生雇员）在每天下午 6 点之后和上午 6 点之前的时间（或者下午 7 点之后和上午 7 点之前）的检疫站值勤时，或在星期日和假日值勤时，要根据法律规定的补贴标准,时薪以二倍时薪计算(或 7 点后按情况而定)。星期日和假日也以时薪的二倍计算。

（4）额外补偿费、签定契约或交付押金：根据货主、代理人、受托人、经纪人或运输工具的雇主或其他负责人员的要求提供本节所述的服务（以下称超时服务），并向美国政府交纳额外补偿费，用以支付加班人员的报酬，当服务人员被要求加班并已上班，但由于发生了有关服务人员所不能掌握情况的原因而未交纳相应费用，他们应得的报酬应与实际开展服务的报酬一样，时间应从被要求加班并上班时开始计算到被通知不加班时为止，可视为他们进行了不到一小时的工作。卫生局局长经美国卫生部官方批准后可依据判定条例要求提供超时服务的货主、代理、受托人、经纪人、船长或其他人员签订一定数额的契约，并注明情况和担保人，或交付一定数额的押金或证券代替契约，以保证应交付的费用。契约和押金可进行一次或多次结算或在规定时间内进行全部结算。

在本节中向货主、代理人、委托人、经纪人或者船长或其他人员收取的费用应纳入美国国库作为开展服务项目的信用拨款，拨款应足够支付给服务人员提供服务应获得的报酬。

4. 负责官员和其他官员的检疫职责

（1）任何受官方指派的官员，应根据卫生部部长规定的报告形式与间隔时间向卫生部部长定期报告所在地方的卫生状况。

（2）海关和边防官员有协助实施检疫的职责，除确实和必要的旅费外，无额外津贴补贴。

5. 卫生证

（1）任何拟停靠在国外港口或地方的船舶在启程前往美国某州之前，应从美国执政官员或公共卫生服务官员索取两份卫生证明，包括船舶的卫生基本状况，并按要求从各方面对船只予以说明。只有执行官员对表中内容的真实性予以认可，才可获取卫生单证。执政官员有权要求向对方收取卫生证明的费用，收费标准应在条例中说明，并应在执行时说明收费标准。

（2）海关征收人员收取原件，副本作为船舶档案一部分以及卫生证明的原件应交给海关征收员保存，副本应在检疫查验时交给检疫官员。应视目前所指的卫生证明为船舶档案的一部分，经执行官员证实、签名、密封后卫生证明中的陈述可作为证据提交给任何美国法庭。

（3）确保船舶良好卫生状况的条例：卫生部部长制定相关条例确保船舶、货物、旅客和船员有良好卫生条件，防止任何传染病进入美国境内。船舶在启程前、航行中及在到达美国检疫站前，应实施检查和消毒。

（4）来自边境附近的船舶根据条约，不得接近美国边境的港口与在美国港口内的船舶。

（5）履行条例：进入美国境内的船舶未经检疫官员许可而私自卸货、下客的行为都是违法的，除经检疫人员检查，需有检疫证证实船方人员和船舶已完全履行本章中的规定。每艘船舶的船长应在入境时向海关征收员提交检疫合格证，卫生证的原件以及其他文件。船舶须在检疫站内进行检疫，且得到令人满意的结果时可从检疫官处获取检疫证。

6. 违反检疫法规的处罚

（1）对违反检疫法人员的处罚：对不顾检疫条例规定，违反相关条例的人员，未经检疫官员许可随意进出检疫场所的人员将会受到罚款处罚，金额不超过 1000 美元，或不超过一年的监禁，或两者并罚。

（2）违反检疫法规的处罚：对不按照检疫条例或未经检疫负责官员同意而随意进出检疫场所规定范围的船舶或者违反其他规定的船舶需向美国政府交纳不超过 5000 美元的罚款。具体由法院决定罚款数额，法院对船舶有实际扣押权，但须经地方法院的正常程序才可实行扣押，在程序中美方代理人以美方代表身份出现，且所有程序应按美国税务法的相关要求进行。

（3）罚款的豁免或减轻：经官方同意，总医官可根据实际情况在进行检疫时免除或减少本条款中所规定的罚款，另外总医官有查明实施情况的事实的权力。

（八）美国《FDA 食品安全现代化法案》

2011 年 1 月 4 日总统贝拉克·奥巴马于国会签署了美国《FDA 食品安全现代化法案》，这是自 1938 年颁布《联邦食品药品和化妆品法》以来美国政府对其的重大修改与补充。也是对美国食品安全监管法律法规体系的重大创新，它扩大了美国食品药品管理局的执法管理范围，扩大了对国内和进口食品安全监管的权限，尤其是对食品进口的监管方面，提出了更为严格的国家食品供应安全新要求，开启了更为现代化的食品监管模式，确保美国食品安全始终走在世界前列。

该法对《联邦食品药品和化妆品法》修改主要集中于四个方面：①要求食品药品管理局在食品供应链的如初级生产环节，食品加工环节等相关环节建立安全预防机制，并授权监督食品企业制定书面的风险预防控制计划；②赋予 FDA 监管食品企业更大的权力和责任。要求所有食品企业必须注册且每两年需重新注册，要求承担制定食品安全实验室认证标准和进行食品安全实验室资质认证的责任，赋予强制进行召回不安全食品的权利和对可疑违法产品灵活实施行政扣留的权力；③要求进口商承担保证其国外供应商制定并执行充分的食品安全措施的责任。允许在有理由怀疑的条件下扣留标签错误或掺杂的食品；④要求 FDA 在食品安全领域与其他国内外政府机构进行全面合作，同时授权制定一个综合计划来帮助国外政府部门和产业进行食品安全能力建设。该法在短期内影响不会完全显现，但是在未来会起着重大的作用。

1. 食品公司的注册管理

对食品公司在 FDA 注册时的相关规定进行了修改,且在注册更新、注册资格和注册信息等方面提出了更为严格的规定。《联邦食品药品和化妆品法》规定企业只需要在 FDA 注册一次,如果注册信息没有发生变化则不需要再向 FDA 提交更新注册,从 2011 年 7 月 4 日开始,美国《FDA 食品安全现代化法案》要求食品公司每隔一年注册登记一次,在注册资格方面,新增加了暂停和恢复注册的程序,如果 FDA 有证据表明该企业生产的食品会出现严重威胁人畜健康的食品安全问题时有权撤销其注册资格。被撤销资格的食品公司可以向 FDA 提出举行听证会的权利。被撤销注册资格的食品公司在完成相关整改之前,不得恢复注册资格。

2. 加大对国内外食品公司的检查频率

FDA 将从涉及食品自身风险、执行预防控制措施情况、执行标准情况、公司合格的历史记录、通过认证情况等多个方面对国内外食品公司进行分析、评估和分类,并确定相应的检查方法和频率。对于国内的高风险食品公司,要求在法案颁布的 5 年时间里的检查不得少于 1 次,之后至少每 3 年检查 1 次;对于国内非高风险食品公司,要求在法案颁布后 7 年时间内的检查不得少于 1 次,以后至少每 5 年检查 1 次;对于外埠输美食品企业,在法案颁布后的一年里,检查食品公司应不少于 600 家,在之后 5 年中每年检查国外食品公司数量不得少于上一年的两倍。

3. 对输美食品公司强制实施检查

美国《FDA 食品安全现代化法案》规定:FDA 可以对已获得注册资格的国外食品生产公司进行检查。FDA 将与进口国政府签订相关协议，方便美方检查人员对已注册的国外高风险食品生产公司实施重点检查，如果需要复查还应支付必要的复查费用。检察人员检查完毕之后，应将检查报告交于被检公司或其所在国家政府主管部门，如对此有异议，应在 30 天内提出反证或其他意见。

4. 国外供应商审核计划

FDA 将新推行国外供应商审核计划，以强化美国进口商的责任意识，要求每个进口商对其在国外的供应商实施全面审核计划。要求进口商必须实施基于风险控制的国外供应商审核计划，旨在证明由进口商或进口商代理所进口的食品无掺杂和错贴标签的情况。还要求国外供应商应向进口商保证其供应的食品符合相关规定。并规定凡未参与国外供应商审核计划的进口商不得参与进口食品贸易。

审核计划内容有：监控发货记录、每批合格证明、年度现场检查、审核外国供应商的危害分析和基于风险控制的预防计划，以及对货物定期抽样检查。

5. 推行自愿合格进口商计划

为鼓励进口食品公司加强自律，强化公司食品安全的责任主体意识，FDA 将在法案颁布后的 18 个月内制定自愿合格进口商计划，从执行国外供应商审核计划情况、拟进口食品的已知安全风险、出口国管理体系确保相关食品质量标准符合美国食品安全标准的能力、国外供应商的合规记录、食品故意掺杂的潜在危险等多个方面，对申请的食品公司进行资质审查。对经核查获得自愿合格进口商资质的食品公司，FDA 将提供进口食品快速审查和通关便利；每三年对其资质重新进行评估，如果经过评估发现其不符合标准，将撤销其合格进口商的资格。

6. 建立第三方审核认可制度

为有效缓解 FDA 当前人力不足的困境，该法案一方面授权为 FDA 增加人员编制，另一方面推出第三方审核认可制度，成立第三方机构，利用第三方机构在国外对输美食品公司进行监管审核，从而缓解 FDA 的压力。要求 FDA 在法案颁布后二年时间内建立认可机构的认可系统，FDA 将直接或通过其指定的认可机构认可第三方审核机构，再由第三方审核机构根据 FDA 制定的标准和程序对食品相关公司进行审核。第三方审核机构对其审核合格的公司和产品出具合格证明，证明其合格资质，作为 FDA 判断公司及产品是否符合法案要求的重要依据之一。第三方审核机构共分为两类，一是外国政府及机构，二是国外合作机构。

第三方审核机构的评审工作由咨询评审和监管评审两部分共同组成，咨询评审的目的是确定该食品企业能否符合本法的要求及行业标准，评审结果仅供内部使用。监管评审的目的是确定该企业是否符合本法的要求，评审结果决定该食品公司生产、加工、包装或储存的食品是否有获得进口食品证明的资格以及是否有参与自愿合格进口商计划的资格。

7. 设立实验室检测认可制度

美国《FDA 食品安全现代化法案》要求在颁布的两年时间里，由 FDA 建立食品检测实验室认可机构，并制定食品检测实验室认可程序和标准，获得认可的实验室才可从事食品检测活动。认可实验室检测主要对于货主、收货人对某一特定检测要求做出回应。在美国境外运营的实验室如果符合美国国内实验室的认可标准，同样可以获得认可。未经美方认可的境外食品分析实验室，不得从事输美食品的检测活动，美方不承认未经美方认可的境外食品实验室的检测报告。

8. 要求高风险输美食品随附进口证明

为有效对输美高风险食品的进行安全监管，要求输美高风险食品应当随附有关机构出具的进口证明。FDA 将根据以下因素判定哪些进口食品需随附进口证明：

（1）此类食品的已知安全风险；

（2）食品原产国、原产区或原产地的已知安全风险；

（3）食品原产国、原产区或原产地的食品安全计划、体系和标准不足以确保此类食品与美国境内依据本法的要求制造、加工、包装或者储存的同类食品一样安全。上述证明或保证文件应由 FDA 指定的食品原产国政府机构或其代表，或者经 FDA 认可的其他机构或人员签发，这种证明和保证以货物明细证书的形式提供，列明生产、加工、包装以及存储该食品的获证企业，或 FDA 指定的其他形式。

9. 强化进口食品口岸查验

FDA 将根据各种食品安全风险因素，确定进口食品是否需要实施口岸查验，以及查验的频次和项目，实施口岸查验的判定因素包括：进口食品的已知安全风险，食品原产国或者原产地以及食品过境国的已知安全风险，进口商食品召回、食源性疾病暴发、违反食品安全标准等不良记录，进口商参与国外供应商核查计划情况，进口商参与自愿合格进口商计划情况，相关企业通过认证情况等因素。

10. 建立危害分析和基于风险的预防控制制度

美国《FDA 食品安全现代化法案》将世界各国近年来食品监管领域

普遍应用的危害分析与关键控制点（HACCP）方法，以法律的形式确立为食品风险预防控制制度，强制应用于食品链的所有企业和所有环节。除符合 HACCP 要求的水产品、果汁以及低酸罐头食品企业按相关法规执行外，其他食品企业的所有者、经营者或者负责人，必须评估可能影响其所生产、加工、包装或存储食品的危害，确定并采取预防措施将危害的产生降至最低或避免发生。FDA 将在该法案实施后 18 个月内，建立危害分析和预防控制的标准，以指导国内外相关企业开展此项工作。预防性控制体系涵盖了 HACCP 体系的七项核心内容，并把适用范围扩大到食品包装、运输、储藏、批发企业和食品进口商，还增加了环境监测、过敏源控制和供应商核查等。

11. 完善初级农产品安全生产强制性标准制度

为在初级农产品监管上提高科学性和有效性，该法案要求在初级农产品的各个生产环节制定具体的安全标准。要求卫生与人类服务部会同农业部在一年内制定基于科学和风险分析的水果、蔬菜等初级农产品的最低安全生产标准，规范初级农产品的种植、采收、分类、包装和储存，在农场强制推行良好农业操作规范。

12. 制定针对显著危害的安全控制执行标准

为及时发现食品安全风险，提高应对和控制的准确性与有效性，该法案对信息共享、风险交流和风险管理做了专门的要求。要求卫生与人类服务部会同农业部，每两年一次对毒理学和流行病学数据及其他相关信息进行评估，识别重大食源性污染和严重危害因素，并根据评估结果制定法规或指南，确定行动级别，将可能产生的危害控制在可接受范围。

13. 防范蓄意掺杂

FDA 通过参考借鉴国土安全部关于生物、化学、放射性或其他恐怖主义风险等内容的评估，对食品供应体系薄弱环节进行评估，以科学为基础，确定必要的解决策略或措施，从而制定防范食品被蓄意掺杂的措施；要求卫生与人类服务部会同国土安全部、农业部在 12 个月内颁布防范蓄意掺杂的指导性文件，18 个月内制定防范蓄意掺杂的法规。

14. 扩大 FDA 检查企业记录的权限

该法案充分授权了 FDA 在监管食品企业生产食品的各环节的权限，扩大了 FDA 在食品生产、加工、包装、配送、接收、存储或者进口的相关记录等过程中进行检查的权限，只要 FDA 认为某食品可能威胁人体或动物健康，授权的官员或者雇员就可以对有关个人或者企业（农场和餐馆除外）的所有相关记录进行拷贝和查阅。

15. 加强食品跟踪和溯源及记录保持

为有效迅速彻底处置食品安全事件，该法案明确了高风险食品的判定依据和相关记录保存的要求，并对食品跟踪与溯源作了详细规定。要求在该法案自颁布之日起的 270 天内，首先对水果和蔬菜等天然农产品的加工商或分销商开展食品跟踪与溯源试点。其次在 FDA 体系内部建立产品溯源系统，提高跟踪和溯源国内或拟进口食品的能力。要求高风险食品企业保存生产、储藏的记录，以快速、有效地追踪食品流向，预防突发食源性疾病，降低掺杂和贴假标签食品可能造成的危害。自本法生效的两年时间内，对 FDA 认为是高风险食品的生产、加工、包装或储存企业提出制定合适的高风险食品记录保持额外要求的立法建议。

16. 设立食品强制召回制度

授予 FDA 实施强制召回不合格食品的权力。要求只要"有理由相信"某种食品（婴幼儿配方食品除外）属于掺杂或贴假标签的食品，且摄入或者接触此种食品可能造成严重健康后果、导致人或动物死亡，而责任方拒绝主动召回，或者未在规定时间按照规定方式自愿停止销售或召回相关食品，FDA 就可实施强制召回制度发布强制召回令，责令责任方停止销售。实施强制召回所产生的费用全部由责任方承担。

17. 扩大食品行政扣留范围

法案授权 FDA 官员在进行行政扣留时拥有更大的自由裁量权。将原法中有关实施食品行政扣留的判定依据由"有可靠证据或资料表明"修改为"令人信服的理由"。通过将原法中有关行政扣留的适用范围由"存在对人或动物健康有严重不良后果或死亡威胁"修改为"被掺杂或错误标识"，以此扩大了行政扣留的适用范围。这些修改都极大地提高了 FDA 开展行政扣留的权限。

18. 增加 FDA 收费授权

在收费授权方面，在以下 4 种情况中，该法案授权 FDA 可以收费，并对收费的相关政策有一定的调整权。

（1）国内食品企业负责人及国外输美食品企业在美国的代理人。

（2）FDA 实施强制召回的责任方。

（3）参与自愿合格进口商计划的进口商和需在口岸重新检查的进口

食品的进口商收取相关费用。

FDA 向其明确了计费方式、收费范围、退费原则。官方有权进行评估费用和调整费率,费用的评估需遵守世界贸易组织协定或其他相关国际协定。

19. 设立 FDA 驻外机构

为加强管理食品安全的源头,该法案授权 FDA 可在输美食品的国家设立驻外机构,实施相关食品生产企业的监督检查,从而加强源头检查。设立 FDA 驻外机构由卫生与人类服务部在选定的国家设立,对该国输美食品生产企业进行援助、提供检查,并通过签署双边协议要求外国政府为境外输美食品企业的检查提供方便,确保输美食品是安全的。

20. 设立举报人保护制度

FDA 将通过设立举报人保护制度,对在食品生产、加工、包装、运输、分销、接收、储存和进口等生产环节中举报违反《联邦食品药品和化妆品法》行为的从业人员予以保护。任何食品企业不得因为员工向政府机构举报企业违法的情况的行为而解雇或歧视员工。

21. 构建国外政府对食品安全的管理能力

FDA 将在本法案生效两年时间内制定一个全面性计划,用来提升向美国出口食品的国家以及食品行业在科技和监管方面的能力。计划包括以下方面:

(1)签署双边或多边协议的建议,包括向出口国明确食品安全方面的责任；

（2）提供安全共享的电子数据；

（3）提供互认的检验报告；

（4）向国外政府和食品生产商展开美国食品安全要求的相关培训；

（5）对是否以及如何协商食品法典规定的建议；

（6）提供多边认可的实验室方法和检测技术。

（九）《人类食品预防控制最新规定》

2015 年 9 月 17 日，美国食品药品管理局发布了《食品现行良好操作规范和危害分析及基于风险的预防控制》（21CFR Part 117）最终法规。该法规是美国于 2011 年 1 月 4 日生效的美国《FDA 食品安全现代化法案》的重要配套法规之一，其目的是采用现代化、预防性的、基于风险的方法构建食品安全管理体系，《人类食品预防控制最新规定》的主要内容有：①总则；②危害分析和基于风险的预防控制；③对部分企业的更改要求；④建立并保持记录的要求；⑤供应量计划。

1. 总则

《人类食品预防控制最新规定》是对美国《FDA 食品安全现代化法案》重要配套法规之一，同时也是对《联邦食品药品和化妆品法》《公共卫生服务法》的补充，该法规对包括酸性食品在内的 59 个专业术语进行了定义，并明确了农场的定义。进一步明确了生产、加工、包装、储存以及监督人员的资格。要求管理者必先保证生产、加工、包装、储存以及相关人员具有资格，这些员工必须具备相应的教育、培训和经验，必须普及食品卫生原理和食品安全的知识，进行相关员工健康和个人卫生的教育培训，并明确其指责。

2. 危害分析和基于风险的预防控制

危害分析和机遇风险的预防控制是要求企业制定并实施书面的食品安全计划，该计划主要包括以下部分：危害分析、预防控制、供应链计划、召回计划、监控预防控制程序、纠偏措施程序、验证程序等。

危害分析是危害识别时，企业必须考虑已知范围内可预见性的生物危害（如寄生虫、病毒与环境相关的致病菌和其他致病菌），化学的危害（如农药或兽药残留、放射性危害、天然毒素、腐败、未经批准的食品添加剂、过敏原等）和物理伤害（如石头、玻璃、金属碎片等）。这些危害是自然发生的、无意引进的，或出于经济利益而有意引起的。企业必须根据危害所引起疾病或者伤害的严重性以及可能性对危害进行评估。

预防控制包括加工过程控制、食品过敏原控制、卫生控制、供应链控制、召回计划以及其他的控制（如卫生知识的培训和其他的良好操作规范等）。对需要通过预防控制来控制危害的食品，必须制定书面的召回计划。

（1）纠正措施和纠正。①纠正措施：必须根据危害的性质和预防控制的性质制定并执行书面的纠正措施程序。包括采取预防性控制以确保识别并纠正已发现的问题，必要时降低问题再次出现的可能性对受影响的食品安全做出安全评估，以及防止其进入商业流通。②纠正：及时识别和纠正与食品过敏控制和卫生控制不一致的情况和操作，以及没有直接影响食品安全的轻微和孤立的问题。

（2）验证。验证活动包括：确认，监控、纠正措施实施情况的验证；实施和有效性的验证以及再分析等。

①确认：预防控制的确认必须由有资格的人员在如下情况进行：在食品安全计划实施前，必要时在食品首次生产的 90 天内或在其他经 FDA 许可的合理的时间内，当控制措施的改变影响危害时，对食品安全计划再分析后认为有必要时。企业无需确认的预防控制包括食品过敏原的控制、卫生控制、召回计划、供应链计划和其他的预防控制。

②实施和有效的验证：包括过程监控设备和验证设备的校准（或精确性检查），对产品中致病菌（或其他指标菌）或在其他危害的检测，对环境致病菌或在其他指标菌的环境监控（针对及时食品），7 天内或在合理的期限内复审监控及纠正措施记录，在合理的时间内复审校准记录、检测记录、供应链验证活动记录和其他验证活动的记录等。如下活动必须制定并实施书面的程序：校准过程监控仪器或验证仪器的方法和频率（如精确度检查）、产品检测、与环境有关的监控等。

③再分析：企业必须由有资格的人员对以下活动进行再分析：至少每 3 年 1 次对食品安全计划进行一次全面的再分析；或在以下情况对食品安全计划进行一次全面或部分的再分析；有可能导致产生食品相关的潜在危害的新信息，非预期的食品安全问题发生时，预防措施或食品安全计划总体失效时，或根据 FDA 的建议或在要求时。企业根据再分析的结果，修订书面的食品安全计划。

3. 对部分企业的更改要求

该法规对企业的更改要求主要在三种企业：①受限制企业；②仅从事贮存未裸露包装食品的企业；③在规定时间向 FDA 提供证明受限制企业的要求。

（1）受限制企业指非常小的公司或企业（包括子公司）其前三年年均生产、加工、包装、储存的食品直接销售给受限制的最终使用者的金额超过同期年均销售给其他所有购买者的金额以及前三年年均销售食品的金额小于 50 万美元（随通货调整）。

（2）企业通过邮件方式在规定的时间内向 FDA 提交证明企业符合受限制企业的要求，并且已经识别与食品生产有关的潜在危害，实施并监控了预防控制或符合州、当地政府或其他适用的非联邦法规的要求，包括外国的相关法律和法规要求。

（3）仅从事贮存未裸露包装食品的企业的更改要求。如果企业从事贮存未裸露包装食品的企业贮存冷藏包装食品，该食品要求时间温度的控制，那么企业必须建立并实施温度控制，以最大限度地减少或预防病菌的生长或毒素的产生；以适当的频率对温度进行监控；采取适当的纠正措施；通过对温度监控与记录装置的校准（或校正）、校准记录的复查、在 7 天内对监控和纠正措施记录的复查等方式验证温度控制得到实施；建立并保持相关记录。

4. 建立并保持记录的要求

企业必须保存原始的记录、真实的副本（如影印本、照片等）或电子版记录，记录必须包含有实际的数值，是当时在验证活动中获得的观察结果。必须准确、清晰、易读，必须实时记录并尽可能详尽，以体现工作情况；必须包括能识别厂房或企业的信息（如名称、必要时地址）、活动的日期、适用时活动的时间、活动人员的签名或首字母，以及适用时产品的描述和批号。

记录应在厂房或企业至少保留 2 年；用作支持受限制企业的记录，必要时，必须在企业保留 3 年。与企业所用设备或加工过程总体适用性有关的记录（包括科学研究和评估的结果），在它们不再被使用后，还必须至少保留 2 年；如果记录能在 24 小时内取回现场并提供官方复审，记录可以保留在现场以外的地方，食品安全计划应保留在现场。如果电子记录易于在现场获取的话，可以考虑保留在现场；如果厂房或企业长时间停工，食品安全计划可以转移至其他易获取的地方，但在官方要求时必须 24 小时内送回，供官方复核。

现有记录的使用。如果现有记录符合要求，则无需复制，必要时可补充本部分要求的信息和要求；本部分所要求的记录信息无需保持在同一套记录中，如果现有记录包含一些所要求的信息，则任何本部分要求的新信息可单独或兼具存在现有记录中。

书面保证应包括如下信息：生效日期、授权官员名字的打印体以及签名，符合相关要求。

5. 供应链计划

本部分主要要求食品生产企业应建立一个基于风险分析为基础，对原料和其他配料实施有效控制的供应链计划。主要内容包括：①建立并实施供应链计划；②供应链计划的内容；③接收企业必须批准供应商；④接收企业必须使用批准的供应商；⑤确定并实施适当的供应商验证活动；⑥现场审核；⑦供应链计划的记录。

（1）建立并实施供应链计划：对于已经识别需要应用供应链控制的原料和其他配料，接收企业必须建立并实施供应链计划；当供应链控制有其他企业实施时，接收企业必须对其他企业实施的供应链控制情况进行验证，或对相关验证活动的证明计划要求的进口商或该食品用于研究或评估目的时，则无需建立并实施供应链计划。

（2）供应链计划的内容：使用批准的供应商，建立、实施并记录适当的供应商验证活动以及适当时，对另一个企业实施的应用供应链控制措施情况进行验证等。供应商验证活动包括：现场审核，对原料或其他配料抽样并检测，对供应商相关食品安全记录的复审以及其他验证活动等。

（3）接收企业必须确定并实施适当的供应商验证活动：接收企业不应接受由供应商自己确定的供应商验证活动，但由供应商委托有资质的第三方开展的审核活动除外。

（4）接收企业必须使用批准的供应商，建立并实施接收原料和其他配料的书面程序，并确保原料和其他配料仅来自批准的供应商；必要时，可以暂时来自未经批准的供应商，但这些原料或配料在使用前必须进行适当的验证。

（5）确定并实施适当的供应商验证活动：在接收原料或其他配料前以及此后定期，接收企业必须采取一个或多个供应商验证活动对每一个供应商进行验证。如果供应商是一个受限制的企业，或种植农产品并符合要求的农场，或满足要求的生产鸡蛋的供应商，则无需进行供应商验证活动。

（6）现场审核：对供应商的现场审核必须由有资质的审核员进行，当供应商提供的原料或配料必要遵守一个或多个 FDA 食品安全法规或其他国家法律法规时，现场审核必须考虑这些法规。

（7）供应链计划的记录：包括书面的供应链计划、接收企业符合国外供应商验证计划要求的证明文件（当接收企业是进口商时）、批准供应商的证明文件、接收原料和配料的书面程序，确定、实施、验证供应商验证活动的证明文件等 18 种记录。

（十）《北卡罗纳州鸡蛋法》

在中国超市和农贸市场销售的鸡蛋往往一整筐放在那里，随便挑了称重，或者一网兜一网兜地销售。而在美国不同，他们的鸡蛋基本是论打卖的（一盒一打 12 个），也有一盒一打半装，按个头分特大、大、中和小四种规格。以美国北卡罗来纳州为例，在本州有专门的鸡蛋法《北卡罗来纳州鸡蛋法》，在北卡州销售鸡蛋，必须要首先学习和遵守《北卡罗来纳州鸡蛋法》。

为保证鸡蛋从农田到餐桌的质量安全，该法对鸡蛋的生产、包装、运输、销售、标识、广告、展示、卫生、推销等相关环节都做了详细规定：

经过"再加工"的鸡蛋法以问答的形式整编后公布在网站上，下面为读者以问答的形式摘抄一部分供读者参考。

1. 北卡罗来纳州适用的鸡蛋法包括

（1）北卡罗来纳州鸡蛋法

（2）FDA 21 CFR 115

（3）FDA 21 CFR 118

（4）FDA 9 CFR 590 蛋和蛋类产品检查法

（5）USDA 蛋产品检验法

2. 鸡蛋标准、等级和重量采用美国农业部 AMS-56 标准

任何人在市场上出售鸡蛋给消费者或者零售商时必须符合指定的等级和尺寸或者重量类别，并在容器上清楚地标明等级和尺寸或重量类别，否则不得出售。销售的鸡蛋，不一定要经过清洗，但一定要干净。

3. 广告的要求

分级或质量和尺寸、重量应该用大写显著地在距离最高处字母"鸡蛋"位置至少一半高的位置上标明。任何人在鸡蛋广告中不得直接标明价格。

4. 尺寸和重量分级

尺寸和重量分级是基于一打鸡蛋的重量进行分级的，如表 1-2 所示。

表 1-2 美国消费级鸡蛋的重量划分

尺寸或重量分级	每打最小净重（盎司）
超重	30
特大	27
大	24

续表

尺寸或重量分级	每打最小净重（盎司）
中	21
小	18
轻量级	15

5. 鸡蛋容器包装要求

任何在市场上出售的鸡蛋应当在外部带有标签。包装盒上要标明质量级别（AA、A、B 级），盒中蛋的数量、大小，生产商地址。在至少3/8 英寸（1 英寸=2.54 厘米）的高度上用清晰明确的黑体文字和数字来标明鸡蛋等级和尺寸。任何人在准备重新使用已用过的容器时，应按照本章内容在容器包装鸡蛋时应掩盖不适当的标记或重新标记。经销商和包装商的地址显示在不超过 3/8 英寸的高度。

6. 保存鸡蛋之前和销售鸡蛋期间容器的要求

任何用于销售鸡蛋的容器，包括其中的包装材料，应是清洁、无损坏且无异味，在所有情况下，鸡蛋应尽可能利用一切合理手段防止被污染或被异物弄脏。

（十一）《加州水果、坚果和蔬菜法》

美国率先实现了蔬菜产业的现代化，很好的解决了本国的蔬菜供应问题，在美国 52 个州中，有 37 个州从事商品蔬菜生产，加利福尼亚州位于美国西海岸，是美国蔬菜的主要生产产区，加州能够成为美国蔬菜的主要生产基地得益于其得天独厚的气候和地理位置，它的常年气温都在 0℃以上，可以常年从事蔬菜生产。在加州南部冬天气温较高，而在西部海岸线地区夏天温度较低，中间的谷地地区气候较热，适合生产瓜类。一方面这种特殊的条件可以在不同季节种植不同的蔬菜，另一方面，一种蔬菜比如生菜，一年四季都能找到适合它生长的地区，生产可以持续进行。各类的蔬菜都能够选择最适宜的地区和最适宜的季节，做到了周年生产，均衡供应。加州蔬菜的总产量占全美国蔬菜生产量的一半，其中90%的生菜都在这里生产。此外由于加州雨少，种子生产也是加州蔬菜产业的一个特色，主要品种有生菜、甜瓜、黄瓜、西葫芦、大白菜、芹菜、番茄、甘蓝，还有水稻和棉花等作物。

加州的蔬菜生产采用的是现代化农业生产方式，其特点是农场规模大，专业化程度高，品种相对集中，适宜机械化作业管理。而且科技技术力量雄厚，拥有全国农业技术实力最雄厚的队伍，由加州大学农业试验站和加州大学合作推广部共同组成。加州还拥有现代化的蔬菜生产体系，主要有菜田基本建设规范化、田间作业机械化、育苗实现工厂化、采后处理系列化等特点。

加州安全绿色环保的蔬菜源源不断的输送世界各地，送到人们的餐桌，具有良好的品质保证。大颗的蔬菜上面贴有相应的条形码，上面记录着蔬菜的产地、生产日期、类别等信息，便于出现问题时溯源。

这一切都得利于加州政府"从农田到餐桌"办公室的从中协调。《加利福尼亚州食品和农业法》第17部分是关于水果、坚果和蔬菜标准的法律。

加利福尼亚州立法部门在相关调查后发现许多加州人缺乏足够的健康食品，主要集中在偏远城市郊区和一些农村社区，他们没有足够的机会接触到健康食品。而且在一些社区中发现一些不良的饮食习惯导致了肥胖病、糖尿病和其他慢性病的增加。立法部门觉得有必要建立"从农田到餐桌"办公室来解决问题，从而解决不同地区食品分配系统的差距，有助于一些社区获得健康食品，协调县、州、联邦和民间组织的活动，负责食品准入，提高正在进行项目的有效性，确保这些工作的努力和资金没有重复。

于是在 2014 年通过修正案，在州《食品和农业法》中加入了"从农田到餐桌"办公室的相关规定，于 2015 年生效。

有此建立的从农田到餐桌办公室，在某种程度上，可以实现资源的利用。该办公室应致力于协调农业、直销组织、食品政策委员会、公共卫生团体、非营利组织、慈善组织、学术机构、区农协会、县、州和联邦机构和其他组织，从而实现资源的有效利用，进行写作以促进食品准入以增加在本州缺乏健康食品的社区和学校的农产品数量。

在本部门的主持下，该办公室将做以下措施：

（1）与区域或全州范围内的利益相关者明确部分城市和农村地区缺乏健康食品，确定当前的食品准入壁垒，共享信息，鼓励实践；

（2）与其他地方、州、联邦机构合作促进民众对从"农田到餐桌"项目的认识，促进食品更好的准入；

（3）促进大零售商进入缺乏健康食品的社区，包括推动为妇女、婴儿和儿童（WIC）而制定的加利福尼亚特殊膳食营养补充计划和食物券福利计划认证的农贸市场。鼓励和支持地方政策，增加在市中心和偏远社区食品零售商的数量和质量。促进食品准入最大化的资源利用；

（4）促进社区中农民、企业、非盈利组织和慈善机构之间的伙伴关系；

（5）明确影响食品准入的分销障碍，包括食品零售店的短缺，有限的存储容量，高分销成本，缺乏资金等，将通过以下方面来克服障碍。①鼓励食品中心和其他系统聚合；②协调机构间的粮食采购；③增加获得信息、技术援助和信息的机会；

（6）为合作的农户、地区和当地银行、合作机构及非营利组织等提供合作机会和技术援助，在采集、贮藏和农业产品分销提供帮助，以减少饥饿和增加购买健康食品的机会；

（7）为规模小和后院式农场、社区花园和缺乏健康食品社区的居民提供技术援助和信息资源；

（8）确定与社区组织、社会服务和合作伙伴机构合作，为缺乏健康食品的社区提供烹饪与营养教育课；

（9）与学区代表协调并进行如下操作：①提供工具以促进当地生产商和学校食品采购人员之间的关系，并鼓励实施良好农业规范（Good Agricultural Practices，GAP）。GAP主要针对未加工和最简单加工（生的）出售给消费者和加工企业的大多数果蔬的种植、采收、清洗、摆放、包装和运输过程中常见的微生物的危害控制，其关注的是新鲜果蔬的生产和包装，但不限于农场，包含从农田到餐桌的整个食品链的所有步骤；②增加学校食物的营养供应；③在学校中增设营养教育课程；

（10）在食品与农业部的基金账户下创立了"从农田到餐桌"办公室账户，资金来源于联邦、州、行业、慈善和私人捐赠。

第三节 启 示

美国关于食品的法律、法规不仅数量众多，而且体系完备，职责分明。从最早颁布实行的《纯净食品药品法案》《联邦肉类检验法》（FMIA），到后来陆续颁布的《联邦食品药品和化妆品法》（FD&CA）、《禽类及禽类产品检验法》（PPLA）、《蛋类产品检查法》（EPIA）、《联邦杀虫剂、杀真菌剂和灭鼠剂法》（FIFRA）、《食品质量保护法》（FQPA）、《公共卫生服务法》（PHSA），直到近期的美国《FDA 食品安全现代化法案》（FMSA）等，法律法规达 35 部之多。这些法律法规涵盖了美国食品安全的方方面面，完备的法律体系最大程度上保证了美国的食品安全，也可以看出美国法律体系与时俱进，不断创新，同时公众的健康也得以保护。

再看中国的食品安全法律法规，在 2009 年第一部《食品安全法》颁布之前的《食品卫生法》，侧重的是食品卫生，同时，从某种程度上讲也是一个部门法。有一些部门规章，例如《流通领域食品安全管理办法》《食品卫生许可证管理办法》《进出境肉类产品检验检疫管理办法》等，但都没有形成一个食品安全法规体系。而在 2009 年，以及随后制定实施的各种行政法规、部门规章和地方性法律法规，形成了中国食品安全法律法规体系的雏形。以《食品安全法》为核心，以《农产品质量安全法》《进出口商品检验法》《动物防疫法》等为基础，以涉及食品安全要求的部门规章、地方性规章、技术标准等为主体的多层次法律体系，构成了中国政府合法开展食品安全监管工作、保障食品安全的法律依据。但与美国完善的食品安全法律体系相比，中国的食品安全法律体系基础依然显得薄弱。存在一定的时滞性，不能及时建立和修改相关法律法规；在食品安全法律法规实行的是分散立法，各部门在制定和修订法律时缺少统一理念；法律法规对违法行为处罚力度不够，一般对于违法的行为多注重行政处罚，食品安全违法成本过低。

一、大力加强食品安全法制化建设

建立和完善食品安全法律法规体系，应该以国际食品安全法规为依据，建立我国的食品安全法律法规体系的基本框架。对已有法律进行完善和修改，强化执行部门的权力和执法的严肃性，加强对执法的监督，对食品安全进行综合立法，应加快食品安全法制体系、食品安全检测标准体系、食品市场认证标准和食品安全社会信用体系的建设，加大立法。

目前关于食品安全立法的模式主要有两种：一是欧盟为代表的国家的集中立法。欧盟制定了一个总纲性的食品安全基本法，在基本法的基础上，制定调整具体食品安全问题的法律法规，形成相互协调，互为支撑的法律体系；二是美国为代表的国家采用了分散的立法体制。该立法模式分门别类地制定大量的食品安全具体法规。由于分散立法存在的弊端较为明显，容易形成职能交叉，法律间发生冲突的情况，所以现在多数国家采用统一立法的形式。我国也应该借鉴这一模式，实施食品安全统一立法，并依据总法在各部门、地方等层面制定相应配套的法规、规章和相关标准。

此外，要统一食品安全技术标准并提高技术标准的水平和可操作性。我国目前已出台了《食品安全法》，并将其作为食品安全的基本法。在今后的食品监管过程中已有法可依、有法可循了。

二、根据食品种类进行监管并提高法律的指导性

统一协调的食品安全监管法律体系是保障食品安全监管效率的前

提和基础，中国现有的食品安全监管法律法规基本是在分段监管的基础上制定的，由不同的部门根据各自的监管范围，对食品生产、加工、流通、销售、贮藏环节分别进行规范，存在政出多门、交叉或空白的现象。在实行集中统一监管模式之后，有必要对现有的法律规范体系重新进行清理和整合。可以参考美国以品种监管为主的立法模式，针对不同种类食品的特点，从市场准入原料采集、农药残留、风险评估等食品安全重要环节进行控制，克服之前分段监管模式存在的弊端。

我国现有的《食品安全法》等法律的规范是原则性法律，比较笼统，不够具体。相关部门要细化法律实施细则，提高可操作性，由地方或部门根据实际情况积极制定比较具体、灵活和可操作性的法律实施细则，保证监管有法可依、执法必严、监管不留空白。

如美国在食品流通环节制定的法律《正确包装与标签法》，生产投入相关的法律《联邦杀虫剂、杀真菌剂和杀鼠剂法》，促进公众健康的法律《公共卫生服务法》，对禽类和蛋类质量安全进行管理的《禽类及禽产品检验法》和《蛋类产品检验法》等，中国可对乳制品、肉类、蛋类、水产类等重点食品按品种立法，促进集中统一监管和品种监管在法律层面上的结合。

三、加大食品安全领域违法行为惩罚力度

加大食品安全领域违法行为的惩罚力度，建立完善食品安全赔偿制度，完善对相关受害人员的有效赔付机制。对非法生产经营不安全食品的行为，列入"危害公共安全罪"之一，不但要追究民事赔偿责任，更要追究刑事责任，并提高量刑标准和幅度。对出现问题的食品经营者，列入食品安全信誉黑名单，进行重点监控，问题严重者终身禁止其从事食品的生产和经营，提高食品安全违法成本。通过法律的威慑作用，使

经营者不敢逾越食品安全的高压线，不敢从事违法生产经营食品的活动。

四、食品安全立法倾听民意、加强公信力

美国食品安全法律之所以能够顺利、迅速贯彻并准确达到既定目标，与其在制定过程中充分听取和体现公众意见密不可分，整个食品安全的立法及修订法律过程都鼓励和倡导民众积极的参与，鼓励行业和相关专家级消费者参与。进行立法和修改现有法律时，相应的立法机构会先发表条例提案，指出现行法律存在的问题，列出建议的解决方案以及被选方案。立法机构会以公众提供的信息为参考依据来决定是否制定某项法律，如何修订法律。在需要的情况下，立法机构也会召开咨询委员会会议或者是公众会议。在法律最终发表前，还必须为广大公众提供进行讨论和评论的机会和时间。加入某个机构、组织或者个人对于立法机构的立法和修订法律的决策有不同的意见可以向法庭申诉，甚至还能够对最终发表的法律法规提出异议。

近两年中国也在不断完善食品安全法规体系，如果能在此过程中借鉴美国经验，实现内容公开并注重听取各领域公众的意见，不但可以保证法律法规的准确性，加强公众信任度，也能大大降低执行成本。此外，美国鼓励企业和协会"私人标准"的做法也很有启发意义。中国国内也有不少具有规模和技术优势的大型食品企业，可以采取措施，鼓励它们在官方标准基础上开发更严格的食品安全"高级标准"，带动整个产业的安全标准升级。

五、食品安全立法应与时俱进

历经百年，美国建立了覆盖所有食品种类和食品流通环节的监管体制，这与美国政府"与时俱进"的监管理念是密不可分的。随着食品安

全问题的不断变化和科学技术的发展，美国政府十分注重对食品安全监管体制进行实时更新和调整。例如，1906 年制定的《纯净食品药品法案》主要是规定了在食品中禁止添加有毒有害物质，1938 年出台的《联邦食品药品和化妆品法》（FD&CA）则规定了任何不洁的、腐烂的、腐败变质的或其他不适用的食品都属伪劣食品。另外该法还规定了只要食品是在不卫生条件下制作的，不管有没有被污染，都会被视为是伪劣品，这就对食品加工业提出了"良好操作规范"的要求。FD&CA 在 1958 年又进行了重大修改，增加了关于食品添加剂使用的德兰尼条款（Delaney Clause），规定生产商必须保证在食品生产和加工过程中所使用食品添加剂对人体没有危害，同时规定联邦环保署有制定食品中农药残留最高限量的权力，即要求所有注册可以使用在食用农作物上的农药都必须获得 EPA 的认定，并符合规定的使用限量。到 21 世纪初，人们开始反思生物技术、基因技术等手段给食品安全可能带来的风险，人们开始需要更加严格的规范来管理这些高科技食品的安全，美国众议院于 2009 年通过了《美国 2009 年食品安全加强法案》（Food Safety Enhancement Act of 2009），是近 70 年来对 FD&CA 较大的一次修改，这套法案对食品企业的注册、风险防范、食品安全防护、食品检测、质量认证机制和食品召回制度等方面进行了强化，对食品生产和进口有了更为严格的规定。罗马并非一日建成，美国完善的食品安全法律法规监管体系也并不是由一部法律法规和单个监管部门就构成的，也不是短时间内就形成的。中国的食品安全法制建设还有很长的路要走，食品安全立法一定要与时俱进。

参考文献

[1] Federal Meat Inspection Act, 1906.

[2] Federal Food Drug and Cosmetic Act, 1938.

［3］The Public Health and Welfare, 1944.

［4］Federal Insecticide, Fungicide and Rodenticide Act, 1947.

［5］The Food Quality Protection, 1996.

［6］FDA Food Safety Modernization Act, 2011

［7］Schierow L J. Pesticide Legislation：Food Quality Protection Act of 1996 ［C］// Congressional Research Service Reports.Library of Congress. Congressional Research Service. 1996: 300–301.

［8］南方言. 影响美国食品安全史的三本书［J］. 质量探索，2007（8）：18–19.

［9］菲利普·希尔茨（美）. 保护公众健康—美国食品药品百年监管历程［M］. 北京：水利水电出版社，2006.

［10］李耘，陈晨. 美国《食品质量保护法》推动风险评估技术走向透析及启示［J］. 农产品质量与安全，2008，（1）：48–51.

［11］高彦生，宦萍，胡德刚，等. 美国 FDA 食品安全现代化法案解读与评析［J］. 检验检疫学刊，2011，（3）：71–76.

［12］曹立亚. 美国药品安全监管历程与监测体系［M］. 北京：中国医药科技出版社，2006.

［13］赵廷全. 论进步运动时期美国食品安全法的制定［D］. 山东师范大学，2014.

［14］李婷，刘武兵. 美国食品安全管理做法及启示［J］. 世界农业，2014，（8）：

12–14.

[15] 杨杰. 美国食品安全监管体制及其对中国的启示 [D]. 吉林农业大学，2014.

[16] 常燕亭. 主要发达国家食品安全法律规制研究 [J]. 内蒙古农业大学学报（社会科学版），2009，11（5）：39–41.

河南工业大学　谢岩黎

第二章 | 美国食品安全监管的组织管理

第一节 美国食品安全监管体制机构

美国的三大政府部门，包括行政、立法和司法，在整个食品安全体系中起着至关重要的作用。《美国联邦宪法》中第一章第 8 条将管理国内商业及贸易的权利授权给国会，国会据此设立法律，制定总体目标方针以保障美国国内的食品安全；食品安全监管机构根据这一目标方针制定具体实施的法规并补充或修订；司法机关判决争议，确保食品安全法律的实施。美国联邦政府各相关的管理部门、各州及地方政府、科研机构及相关的食品专家都在食品安全法律法规的实施过程中发挥主要的作用。由于各方的积极配合和参与，使得美国的整个食品安全体系相互依存，互为补充，发挥其作用。

美国食品安全主体部门由政府食品安全监管机构与州和地方的食品安全监管机构所组成。美国联邦政府对食品安全问题非常重视，建立了较为全面、系统和科学的食品安全监管体制。

一、核心监管部门

1. 食品安全总统委员会

1998 年 8 月 25 日，食品安全总统委员会由时任总统的比尔·克林顿签署成立。委员会由商务部部长、农业部部长、卫生和公众服务部部长、环境保护署署长、管理和预算办公室主任、白宫和技术办公室助理/主任（the Assistant to the President for Science and Technology/Director of the Office of Science and Technology Policy）、白宫国内政策办公室助理（the Assistant to the President for Domestic Policy）、重塑政府国家伙伴委员会主任（the Director of the National Partnership for Reinventing Government）联合组成。委员会在运作的过程中充分咨询并参考联邦政府其他机构、州和地方政府机构以及消费者、生产企业、科学家、行业团队的意见。

委员会的宗旨是，根据美国国家科学院（National Academy of Science）关于《确保安全食品从生产到消费》（Ensuring Safe Food from Production to Consumption）的政策报告，以及其他公共机构关于如何有效改善当前食品安全体系的建议，针对联邦食品安全活动制定一个全面而系统的战略计划。理事会就如何推进实施全面的科学策略以提高食品供应的安全性，并提高联邦机构、州与地方政府和私营部门之间的协调关系，向总统献言献策，理事会在投资于食品安全设置的优先领域向联邦政府各个部门提供建议。

委员会的具体活动和作用有以下三点。

（1）委员会制定一个关于食品安全的综合、广泛的战略计划，该计划应包含可改进的具体计划以及可评估的预期目标。该计划的首要目标是建立一个无缝对接的科学食品安全体系，应满足以下步骤来实现这一目标：核心的公共健康、资源以及有关食品安全管理问题。规划过程应考虑短期和长期问题，包括新的和正在出现的威胁特殊人群的需要，如儿童和老年人。在制定这个计划时，委员会将与国家和地方监管机构、生产者、消费者、工业和学术界等进行充分的沟通和交流。

（2）根据上述关于食品安全的综合、广泛的战略计划，委员会建议相关领域的机构投资于食品安全，并确保联邦政府机构每年能制定协调一致的食品安全预算提交给管理和预算办公室，从而不断地维持并增加相关投入，消除重复浪费，并确保最有效的食品安全资源利用。委员会还要针对总统提出的食品安全倡议确保联邦机构每年制定一个统一的预算提交给管理和预算办公室。

（3）委员会应确保联合食品安全研究联合中心（Joint Institute for Food Safety Research）与国家科学和技术委员会（the National Science and Technology Council）充分协商，建立一个能够指导联邦研究工作以满足最高等级的食品安全需求的工作机制。食品安全研究联合中心应根据以下两个方面定期向委员会报告工作进展：①制定实施食品安全研究活动与总统的食品安全倡议及其他食品安全活动相一致的战略计划；②有效的协调行政部门、私营机构以及学术界，充分整合所有的联邦食品安全研究。

2. 农业部

美国农业部（the United States Department of Agriculture，USDA）是联邦政府内阁 15 个部门之一，也是重要的经济管理部门（图 2-1）。美国农业部是按照法律设置的，机构

图 2-1　农业部标志

稳定，职能明确。美国农业部的职能，可以用一句话来概括，就是"从农田到餐桌"。

1862年建立的联邦政府农业司是美国农业部的前身，1889年更名为农业部。其主要职能是：负责各种作物及农产品、畜牧产品的计划、生产、销售、出口等；监督农产品贸易、保证生产者与消费者的稳定市场和公平价格；根据国内外农产品生产和消费的状况，提出扩大或限制生产的措施；负责发展农村住房建设、农业教育、保护森林、美化环境等。

美国农业部由各类国家股份公司（如农产品信贷公司）、联邦机构和其他机构共同组成，是直接负责农产品出口及促销的政府机构。它集农业生产、农业生态、生活管理，以及农产品的国内外贸易于一身，对农业产前、产中及产后实行一体化管理。

（1）职责范围

①负责食品和营养局推行营养教育和培训计划，宣传科学和合理的营养，向低收入家庭发放食品券，以及采取其他措施消除贫困、饥饿和营养不良，对特定人群实行专项食物计划等。

②负责自然资源和环境保护的机构有林业局和土地保护局。林业局管理全国的森林、野生动物、稀有植物、鱼类、放牧地、娱乐场所，指导林业研究、保护和管理，以及矿物和能源的管理；土地保护局负责土地、水和其他农业资源的保护，控制水土流失和盐碱化，改善对湿地、草原等的保护和管理。

③销售和检验局是一个担负多种重要职责的部门。它要确保粮食安

全，包括肉类、禽、蛋的检验，收获前的安全检查，病原体控制计划，杀虫剂残毒监控等；负责农产品的销售，制定农产品等级标准并核发证书，开展谷物检验，实行销售规程及研究与促销计划，直接销售和批发市场的开发计划，农产品的运输和销售之间的协调；制定动植物进出口法规并实行动植物检疫，动植物病害的监控，推行生物防治，兽医保健等。

④负责农业研究、教育和经济学的有 7 个机构，其中主管农业研究、教育和推广的有农业推广局、农业研究局、州合作研究局，从另一个侧面反映了科学研究对提高美国农业生产率的巨大贡献。

⑤经济研究局是十分重要的部门，其主要职责包括对农业现状与未来的分析和展望，提供经济和农村社会方面的研究报告，帮助国会和行政当局制订和评价农业和农村政策，汇集各种资料。例如，美国和世界对农业生产资料和各种农产品的需求，农业生产和销售中的成本和利润，政府政策和计划对农场主、农村居民和自然资源的影响等。

⑥国家农业统计局的职责是及时、准确、客观地提供统计信息，发布州和全国的统计数字，并对各种农产品的生产、价格与劳务等问题进行预测，为美国农业和农村社区服务。

（2）主要职能：通过对农业生产的支持，提高美国人民的生活质量，包括：①向人民提供安全、有营养、可购买的食品；②保护农业、林业和牧业用地；③支持乡村社区的健康发展；④向乡村居民提供经济发展的机会；⑤为美国的农林业产品和服务开拓海外市场；⑥消除美国的饥饿现象。

美国政府对农业进行宏观调控，在提高农业劳动生产率，改善资源保护等方面取得了显著的成效。这与部门隔阂较少，农业部实行一体化的管理等因素不无关系。根据 20 世纪 90 年代初的资料，美国领海内的捕捞活动、发布气象情报等是由商务部负责的。陆地和水资源计划以及水利资源的调查研究归内政部负责，最近的一次重大改组是在 1994 年 10 月，其改组方案规定了农业部新的基本职能。

①负责农村经济和社区发展的机构，包括农村公用事业局、农村住房和社区发展局、农村商业和合作社发展局、合作社局、替代农业研究和商业化中心。从这些机构的设置可以看出，美国农业部已经把农村的社会发展放在优先的位置上。

②负责农场和国际贸易的机构有两个：一是新设立的农场服务署，承担了原来的农业稳定和保持局、农场主家庭管理局和联邦农作物保险公司等众多机构的职能，包括实行政府的农产品计划、资源保护、灾害救助、农作物保险等；二是国外农业局，负责促进农产品出口、出口信贷保证、对外农业援助以及实施多边贸易协定。商品信贷公司历来从属于农业部，为稳定国内农业生产和农产品市场起到了极其重要的作用。

③按照周、月时间规律出台各个农产品数据报告，包括大豆、玉米、小麦、棉花等农产品的每周/月出口销售报告、每周/月供需报告等定期报告，并定期出台展望报告，如对未来一定时期的美国农产品播种等情况的展望。同时，美国农业部还对除美国外的国家进行农业生产等方面的预测并出台相应报告。据有关人士介绍，数据并非美国农业部自己预测的，而是邀请外来人士独立、封闭、集中完成的。他们在某一段时间内被集中在一起，使用各种手段收集相关统计数据，包括卫星遥测手段和人工统计，例如对大豆的产区、分区、产量和收获量进行统计。

3. 食品药品管理局

美国食品药品管理局（Food and Drug Administration，FDA）是美国食品安全监管体制中最为重要的行政执行机构，它直属于美国卫生和公众服务部（Department of Health and Human Services，HHS），其主要职责为对美国国内生产及进口的食品、膳食补充剂、药品、疫苗、生物医药制剂、血液制剂、医学设备、放射性设备、兽药和化妆品进行监督管理，同时也负责执行《公共健康法案》（the Public Health Service Act）的第361号条款，包括公共卫生条件及州际旅行和运输的检查、对诸多产品中可能存在的疾病的控制等（图2-2）。

图2-2 食品药品管理局标志

食品药品管理局的历史可以追溯到 19 世纪后半叶的美国农业部化学物质局（Division of Chemistry）。在化学家哈维·维莱的领导下，该司开始对美国市场上食品和药品的掺假行为和标签滥用行为进行调查研究。尽管此时它们并没有监管权限，但是该司于 1887～1902 年公布了一系列被称为《食品与食品掺杂物》的研究报告。利用这些报告以及与多个组织机构之间的合作，该司开始游说创制一部涉及州际贸易的食品与药品统一标准的联邦法律。维莱的主张获得了越来越多的支持，最后成为黑幕揭发运动中加强对事关公共安全事务联邦监管的倡议的一部分。

1902 年，联邦通过了《生物制品管制法》。之后，联邦又通过了美国食品安全监管法制史上首部法律——《纯净食品药品法案》。该法案禁止食品和药品"掺杂"以及标签的滥用。而检查食品和药品"掺杂"行为或滥用标签行为的权责则被赋予给美国农业部化学物质局。维莱利用新赋予的职权向使用化学添加剂的食品制造商发起了更具攻击性的挑战，但不久化学物质局的职权被法院取消，被取消的原因包括美国农业部于 1907 年和 1908 年已经分别成立了食品和药品检查委员会和科学专家顾问仲裁委员会。

1911 年最高法院裁定 1906 年的《纯净食品药品法案》并不适用于惩处"医疗方面的虚假声明"，作为对此的回应，1912 年修正案中对 1906 年法案中"滥用标签"的定义又加入了"对医疗效果作出虚假或欺诈性质的声明"的解释。然而，法院对欺诈意图的取证设立了高标准，从而继续严格限定这些职权。1927 年，化学物质局被重组为美国农业部下的一个新机构——食品、药品和杀虫剂组织。之后，这个组织被称为"食品药品管理局"。

1969 年食品药品管理局开始对牛奶、贝壳类动物、食品服务和州间交通设施以及防止中毒和事故的卫生项目进行管理。1988 年的《食品和药品管理局法》（Food and Drug Administration Act），正是将食品药品管理局设为美国卫生和公众服务部的一个机构。

食品药品管理局主管范围包括食品、药品、医疗器械、食品添加剂、化妆品、动物食品及药品、酒精含量低于 7%的葡萄酒饮料以及电子产品的监督检验；产品在使用或消费过程中产生的离子、非离子辐射影响人类健康和安全项目的测试、检验和发证。根据规定，上述产品必须经过食品药品管理局检验证明安全后，方可在市场上销售。食品药品管理局有权对生产厂家进行检查、对违法者提出起诉。

（1）机构职能

①食品安全和应用营养中心（CFSAN）：该中心是食品药品管理局工作量最大的部门。它负责除了美国农业部管辖的肉类、家禽及蛋类以外的食品安全。食品安全和应用营养中心致力于减少食源性疾病，促进食品安全。并促进各种计划的实施，如 HACCP 计划的推广实施等。

该中心的职能包括确保在食品中添加的物质及色素的安全；确保通过生物工艺开发的食品和配料的安全；负责在正确标识食品（如成分、营养健康声明）和化妆品方面的管理活动；制定相应的政策和法规，以管理膳食补充剂、婴儿食物配方和医疗食品；确保化妆品成分及产品的安全，正确标识；监督和规范食品行业的售后行为；进行消费者教育和行为拓展，与州和地方政府的合作项目；协调国际食品标准和安全等。

②药品审评与研究中心（CDER）：该中心旨在确保处方药和非处方药的安全和有效，在新药上市前对其进行评估，并监督市场上销售的一万余种药品以确保产品满足不断更新的最高标准。同时，该中心还监管电视、广播以及出版物上的药品广告的真实性。严格监管药品，提供给消费者准确安全的信息。

③器械与放射卫生中心（CDRH）：该中心旨在确保新上市的医疗器械的安全和有效。在世界各地有两万多家企业生产从血糖检测仪到人工心脏瓣膜等超过八万种类型的医疗器械。这些产品都是同人的生命息息相关的，而且该中心同时还监管全国范围内的售后服务等。对于一些能产生放射线的产品，如微波炉、电视机、移动电话等，该中心也确定了一些相应的安全标准。

④生物制品审评与研究中心（CBER）：该中心监管能够预防和治疗

疾病的生物制品，它比化学综合性药物更加复杂，包括对血液、血浆、疫苗等的安全性和有效性进行科学研究。

⑤兽药中心（CVM）：该中心监管动物食品及药品，以确保这些产品在维持生命、减轻痛苦等方面的实用性、安全性和有效性。美国食品药品管理局控制疯牛病的工作也是通过兽药中心对饲料制造商的检查得以开展。2007年12月19日，美国食品药品管理局宣布建立一个用以跟踪食物系统中的克隆动物的数据库，借此以使相关鉴别程序得以有效进行。这个数据库将成为全国动物识别系统（National Animal Identification System）的一部分，该系统用于跟踪全美所有从还在农场饲养到已上餐桌的家畜。

（2）FDA认证：美国FDA负责美国所有有关食品、药品、化妆品及辐射性仪器的管理，也是美国最早的消费者保护机构。FDA不仅搜集处理8万项美国境内制造或进口的产品样品并对其进行检验。而且，每年派遣上千名检查员，奔赴海外15 000个工厂，以确认他们的各种活动是符合美国的法律规定的。

自1990年以后，美国FDA与国际标准化组织（the International Organization for Standardization，ISO）等国际组织密切合作，不断推动一连串革新措施。尤其在食品、药品领域，FDA认证成为世界食品、药品的最高检测标准，被世界卫生组织认定为最高食品安全标准。只有申报的产品经过对人体使用产品后的143个关键检测点位作监测，对2～3万人持续3～7年的监测，完全通过合格的产品，才会核发FDA认证。因此，国际很多厂商都以追求获得FDA认证作为产品品质的最高荣誉和保证。

FDA国际自由销售许可证不仅是美国FDA认证中最高级别的认

证，而且是世贸组织（WTO）核定有关食品、药品的最高通行认证，是唯一必须通过美国 FDA 和世界贸易组织全面核定后才可发放的认证证书。一旦获此认证，产品畅通进入任何 WTO 成员国家，甚至连行销模式，所在国政府都不得干预。根据美国国会于 2002 年通过的《公共卫生安全和生物恐怖防范应对法》，美国境外的食品企业在向美出口前必须向 FDA 注册，并在出口时向 FDA 进行货运通报。

按照《美国第 107-188 公共法》必须向 FDA 登记的外国食品生产加工企业如下：酒和含酒类饮料；婴儿及儿童食品；面包糕点类；饮料；糖果类；麦片和即食麦片类；奶酪和奶酪制品；巧克力和可可类食品；咖啡和茶叶产品；食品用色素；减肥常规食品和药用食品、肉替代品；补充食品（即国内的健康食品、维生素类药品以及中草药制品）；调味品；鱼类和海产品；往食品里置放和直接与食品接触的材料物质及制品；食品添加剂和安全的配料类食用品；水果和水果产品；食用胶、乳酶、布丁、馅、冰淇淋和相关食品；仿奶制品；通心粉和面条；肉、肉制品和家禽产品；奶、黄油和干奶制品；正餐食品和卤汁、酱类和特色制品；干果和果仁；带壳蛋和蛋制品；点心（面粉、肉和蔬菜类）；辣椒、调味品和盐等；汤类；软饮料和罐装水；蔬菜和蔬菜制品；菜油（包括橄榄油）；蔬菜蛋白产品；全麦食品和面粉加工的食品、淀粉等。

4. 环境保护署

美国国家环境保护署（Environmental Protection Agency，EPA），是美国联邦政府的一个独立行政机构，主要负责维护自然环境和保护人类健康不受环境危害影响。环境保护署由美国总统尼克松提议设立，在获得国会批准后于 1970 年 12 月 2 日成立并开始运行（图 2-3）。

图 2-3　环境保护署标志

（1）机构职能：在环境保护署成立之前，联邦政府没有组织机构可以共同和谐地处理危害人体健康及破坏环境的污染物问题。环保署署长由美国总统直接指认，直接向美国白宫问责。环境保护署不在内阁之列，但与内阁各部门同级。

美国国家环境保护署的任务是保护人类健康和环境。自 1970 年以来，环境保护署一直致力于营造一个更清洁、更健康的环境。EPA 的具体职责是根据国会颁布的环境法律制定和执行环境法规，从事或赞助环境研究及环保项目，加强环境教育以培养公众的环保意识和责任感。

环境保护署雇用一万七千多名职员，分布在全国各地，包括华盛顿总局、10 个区域分局和超过 12 所实验室。所有职员都受过高等教育和技术培训，半数以上是工程师、科学家和政策分析员。此外，还有部分职员是律师和公共事务、财务、信息管理和计算机方面的专家。

环境保护署在美国的环境科学、研究、教育和评估方面具有领导地位。它根据国会颁布的环境法律制定和执行法规。环境保护署负责研究和制定各类环境计划的国家标准，并且授权给州政府和美国原住民部落负责颁发许可证、监督和执行守法。如果不符合国家标准，它可以制裁或采取其他措施协助州政府和美国原住民部落达到环境质量要求的水平。

环境保护署将国会批准预算的 40%～50%通过用申请基金的方式直接资助州政府环境项目。它提供基金给州政府、非营利机构和教育机构，以支持高质量的研究工作，增强国家环境问题决策的科学基础，并帮助实现环保署的目标。

环境保护署提供研究资金和研究生奖学金，支持环境教育项目，提高公众意识、知识和技能进而做出对环境质量有影响的最好决策。它也提供州政府、地方政府和小企业环境融资服务和项目的信息。同时，该机构通过一些计划提供其他的经济援助，如州政府饮用水循环基金、州政府清洁水循环基金和褐色地清理和再使用等项目。

环境保护署凭借分布于全国的实验室，致力于环境状况的评估，以确定、了解和解决当前和未来的环境问题；结合科学合作伙伴，包括国家机构、私人组织、学术机构以及其他机构的研究成果；主导识别新兴的环境问题，提高风险评估和风险管理的科技水平。

环境保护署通过总局和区域分局办事处，连同超过一万家工厂、企业、非营利机构与州和地方政府，致力于超过40个自愿污染预防计划和能源节约方面的工作。合作伙伴制定了自愿的污染管理目标，例如节水节能、减少温室气体、大幅度削减有毒物质的排放、固体废物再利用、控制室内空气污染、和控制农药风险。环境保护署利用奖励的方式来回报自愿合作伙伴，例如一些重要的公众表扬项目以及能够获取最新的资料等。

环境保护署努力发展教育工作，培养公众的环保意识和责任感，并启发个人养成爱护环境的责任心。

（2）管理机构：位于华盛顿特区的 EPA 总部现有管理机构包括：行政和人力资源管理办公室（Office of Administration and Resources），空气和辐射办公室（Office of Air and Radiation），环境执法办公室（Office of Enforcement and Compliance Assurance），环境信息办公室（Office of

Environmental Information），环境司法办公室（Office of Environmental Justice），财务主管办公室（Office of the Chief Financial Officer），科学政策办公室（Office of General Counsel），环境巡查办公室（Office of Inspector General），国际事务办公室（Office of International Affairs），污染、杀虫剂和有毒物质办公室（Office of Prevention, Pesticides, and Toxic Substances），研究和发展办公室（Office of Research and Development），固体废弃物和应急反应办公室（Office of Solid Waste and Emergency Response），水办公室（Office of Water）。

EPA 现有 10 个区域分局，各分局管辖范围如下（图 2–4）：

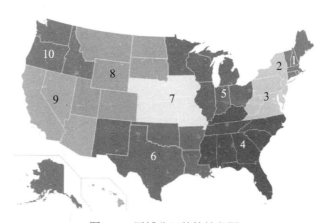

图 2–4　区域分局的管辖范围

第一分局负责康涅狄格州、缅因州、马萨诸塞州、新罕布什尔、罗得岛和佛蒙特州，办公室设在波士顿。第二分局负责新泽西州、纽约州、波多黎各和美属维尔京群岛，办公室设在纽约。第三分局负责特拉华州、马里兰州、宾夕法尼亚州、弗吉尼亚州、西弗吉尼亚州和哥伦比亚特区，办公室设在费城。第四分局负责亚拉巴马州、佛罗里达州、佐治亚州、肯塔基州、密西西比州、北卡罗莱纳州、南卡罗莱纳州和田纳西州，办公室设在亚特兰大。第五分局负责伊利诺伊州、印第安纳州、密西根州、明尼苏达州、俄亥俄州和威斯康星州，办公室设在芝加哥。第六分局负责阿肯色州、路易斯安那州、新墨西哥州、俄克拉荷马州和得克萨斯州，办公室设在达拉斯。第七分局负责艾奥瓦州、堪萨斯州、密苏里州和内布拉斯加州，办公室设在堪萨斯城。第八分局负责科罗拉多州、蒙大拿州、北达科他州、南达科他州、犹他州和怀俄明州，办公室设在丹佛。第九分局负责亚利桑那州、加利福尼亚州、夏威夷以及内华达和萨摩亚，办公室设在旧金山。第十分局负责阿拉斯加州、爱达荷州、俄勒冈州和华盛顿州，办公室设在西雅图。

虽然美国环境保护署的机构遍布各州，但是每个州都设有自己的环境管理机构，不隶属于联邦环境保护署，但是接受美国环境保护署区域办公室的监督检查。除非联邦法律有明文规定，州环保署才与联邦环境保护署合作。各个州的环境管理机构向州政府负责，依照州的法律独立履行职责，管理机构人员由各个州自行决定，负责人、预算与联邦的机制相似，由州长提名、州议会审核批准生效。各个州的环境管理机构在执行环境政策过程中出现的冲突，由地方法院裁决。

二、协助监管部门

1. 美国疾病控制与预防中心

美国疾病控制与预防中心（Centers for Disease Control and Prevention，CDC）是美国卫生和公众服务部所属的一个机构，总部设在乔治亚州亚特兰大（图2-5）。作为美国的政府机构，该中心的工作重点在

图2-5 美国疾病控制与预防中心标志

于发展和应用疾病预防和控制、环境卫生、职业健康、促进健康、预防及教育活动，旨在提高人民的健康水平。该中心为保护公众健康和安全提供可靠的资料，通过与国家卫生部门及其他组织的有力伙伴关系，以增进有利于公民健康的决策，促进公民健康。

美国疾病控制与预防中心是美国创立的第一个联邦卫生组织，其宗旨是在面临特定疾病时协调全国的卫生控制计划。这些疾病包括人与人之间相互传染、动物和昆虫传染给人以及环境传染给人的各种疾病。CDC 的前身是美国联邦政府在二战期间（1939～1945 年）设立的临时战争地区疟疾控制办公室（MCWA）。虽然原来的目标是针对疟疾，但MCWA 自 1943 年开始逐渐拓展了自己的责任范围，并开始防御由蚊子传播的登革热及黄热病。在 1945 年，MCWA 开始负责斑疹伤寒。

在 1946 年 7 月 1 日，美国公共卫生部（Public Health Service）把MCWA 重新设立为传播疾病中心（Communicable Disease Center），并将其总部设立于亚特兰大市。在 1951 年，传播疾病中心建立了流行病信息服务部（Epidemic Intelligence Service，EIS）以培训科学家，使其为全世界各地的卫生危机做准备。1970 年，这个机构更名为疾病控制中心（Center for Disease Control，CDC）。1981 年，在机构重组后，Center 改为 Centers。1991 年，CDC 中 4 个中心的名称中增加了"全国"的修饰语，即全国慢性病预防与健康促进中心（National Center for Chronic Disease Prevention and Health Promotion）、全国环境卫生中心（National Center for Environmental Health）、全国传染病中心（National Center for Infectious Disease）和全国预防服务中心（National Center for Prevention Service）。1992 年，名称中有增加了"预防"（Prevention），即疾病控制与预防中心（Centers for Disease Control and Prevention），仍然保留 CDC 三个字的缩写。美国疾病控制与预防中心的使命是"预防及控制疾病、

损伤及残障，促进健康及提高生活质量"。预防及控制传染病仍是该中心的主要工作。

CDC 的职责自从其创始以来就不曾改变。它最早的职责只是研究对美国某个地区的一种单一疾病的控制方法。随后，其管辖范围不断扩大，除传染性疾病以外，还负责很多慢性病、职业性身体失调及诸如暴力和事故等社会疾病。CDC 的努力给人类的生活带来了很大改善，在其头 30 年的历史中，对美国及全世界范围内的传染病的减少乃至消灭做出了巨大的贡献。

2. 美国海关边境保卫局

美国海关边境保卫局（Customs and Border Protection，CBP）是美国国土安全部（United States Department of Homeland Security，DHS）规范和促进国际贸易，征收进口关税，并执行美国贸易法律的一个机构（图 2-6）。其主要任务是防止恐怖分子和恐怖武器进入美国。海关边境保卫局还负责逮捕企图非法进入美国的个人、非法毒品和其他违禁品，保护美国的农业和经济利益免受害虫和疾病的侵犯，并保护美国的企业不被窃取知识产权。

图 2-6　美国海关边境保卫局标志

美国革命战争年代之后迫切需要增加收入，1789 年 7 月 4 日，总统乔治华盛顿签署和美国国会通过了关税法，授权对进口货物征收税金。于 1789 年 7 月 31 日的第五次国会法案，成立了美国海关总署。近一百多年，美国海关的服务是整个政府主要的资金来源，并支付国家的早期发展和基础设施所需费用。购买包括路易斯安那州所需费用，佛罗里达州、阿拉斯加和俄勒冈州的领土；拨款建设国道、跨铁路及灯塔，陆军和海军院校，以及华盛顿哥伦比亚特区。

美国内战后不久，一些国家开始通过他们自己的移民法，促使美国联邦最高法院做出裁决，在1875年，入境管理是联邦政府的责任。1891年移民法在美国商务部库务署设立了一个入境事务监理处。这个办公室负责认可、拒绝并处理所有入境者的要求和执行国家的移民政策。因此被称为"入境事务督察"，分别驻扎在美国的主要入境口岸收集抵美旅客的舱单。对每个移民收取50美分的"人头税"。在20世纪初国会在入境事务方面的主要内容是为了保护美国工人和工资，它已成为联邦摆在首位的工作重点。在1903年，国会将入境事务处转移到新创建的商业和劳动部。第一次世界大战后，面对主要来自欧洲的移民潮，国会通过法律，于1921年和1924年，限制新入境人士数量，根据以往的美国人口普查的数字，每个国籍基于其代表性分配到一个名额。每年美国国务院发放数量有限的签证；只有那些得到了有效签证的移民才获准入境。1940年罗斯福总统提出，将移民和归化服务部从劳工部拨归司法部管理。2003年3月1日，CBP正式成为美国国土安全部的机构。

CBP有超过4万名雇员，包括边境巡逻人员、飞行员、贸易专家、以及任务支授人员等。有317个正式指定的入境口岸和14个在加拿大、爱尔兰和加勒比地区的预先清关地点。CBP也负责货柜安检，外国货物在其进口到美国之前，应确定其已取得许可。CBP可分成四个部门：①外勤业务办公室；②边境巡逻队办公室；③CBP空中及海岸办公室；④情报和行动协调办公室。

3. 烟酒税收贸易局

烟酒税收贸易局（Alcohol and Tobacco Tax and Trade Bureau，TTB），隶属美国财政部（图2-7）。2003 年 1 月 24 日，《国土安全法案》将烟草、酒精和枪支署（Bureau of Alcohol，Tobacco and Firearms，ATF）分为两个部门：一是该法案建立了隶属财政部的烟酒税收贸易局；二是该法案规定把财政部的一部分职能转移至司法部，即 ATF 执法职能移交给司法部，并被命名为酒精、烟草、枪支和炸药局（Bureau of Alcohol，Tobacco，Firearms and Explosives）。TTB 的职能部门分为以下

图 2-7　烟酒税收贸易局标志

5 个分支。①国家税收中心：其主要职能包括统计、报告和索赔；考察申请和及时签发许可证；为企业、公众和政府机构提供专家技术支持以确保公平、合理的税收和公共安全。②风险管理：开发、实施和维护收集联邦政府应有的税收，保护公众的检测计划，并确保资源的有效利用。③税务审计：确保酒精、烟草和枪支弹药的税收，保证纳税人的税收以符合法律法规的合规性，保护消费者，提倡自愿遵从。④贸易调研：调研人员确保行业遵守 TTB 制定的法律法规。⑤烟草执法部门：保护税收和通过监测国内烟草贸易促进自愿遵从，确保只有合格的申请者才能进入烟草贸易，确保相关烟草的税收法律法规的执行。

同时，广告、标志和规划部门（Advertising，Labeling，and Formulation Division，ALFD）贯彻执行执行范围广泛的法律并遵守国内税收法律和联邦酒类管理法。该法案要求进口商和酒精饮料装瓶厂在进入州际贸易之前需获得标签批准证书（Certificates of Label Approval，COLA）或者

标签证书豁免。ALFD 执行 COLA 以确保标记的产品符合联邦法律和法规。ALFD 还检验葡萄酒和白酒的成分及制作过程，进口商对进口产品的分类，酒厂业主提供适当的税收分类，以确保产品符合联邦法律法规的规定。

4. 食品安全检验局

食品安全检验局（theFood Safety and Inspection Service，FSIS）隶属于美国农业部，主要负责监督管理美国国产和进口的肉（3%以上）、禽肉（2%以上）和蛋制品的安全卫生以及正确标识并适当包装。食品安全检验局行使职能的主要法律依据包括上述提及的《联邦肉类检验法》《禽类及禽产品检验法》以及《蛋产品检验法》。

（1）发展历程：食品安全检验局的历史可以追溯到 1883 年，美国农业部成立了兽医署（Veterinary Division），一年后，更名为动物工业局（Bureau of Animal Industry）。1906 年《纯净食品和药品法》的权限授权于农业部化学物质局，而同一时间颁布的《联邦肉类检验法》的执法权则交予农业部的动物工业局。从此，动物工业局主要负责肉、禽的监管。

1940 年，食品药品管理局由农业部划给联邦安全局（Federal Security Agency），1953 年并入卫生和公众服务部。而动物工业局则在农业部中保留下来，仍然从事肉、禽制品的监管工作。1946 年颁布的《农业市场法》（the Agricultural Marketing Act）扩大了动物工业局的监管范围，使其具备了监管进口肉制品的权利，并且能够对肉、禽产品的种类、质量进行认证和标识。

1953 年，艾森豪威尔政府对农业部进行了机构调整，取消了包括动物工业局、奶制品工业局（the Bureau of Dairy Industry）在内的科学局属，它们的职能由新成立的农业研究局（Agricultural Research Service）所继承。1965 年农业研究局将肉类监管和禽类监管合并为统一的程序中。1972 年，肉、禽监管职能再度转移至新成立的动植物健康服务署（Animal and Plant Health Service）。5 年后，农业研究服务局一部分职能部门重组更名为食物安全与质量服务署（Food Safety and Quality Service）。1981 年，再度重组并更名为食品安全检验局。

（2）机构职能：目前食品安全检验局除了局长办公室外，还包括财物总监办公室（Office of the Chief Financial Officer），首席信息员办公室（Office of the Chief Information Officer），数据采集和食物保护办公室（Office of Data Integration and Food Protection），外勤业务办公室（Office of Field Operations），调查、执法与审计办公室（Office of Investigation，Enforcement，and Audit），管理办公室（Office of Management），外联、员工教育与培训办公室（Office of Outreach，Employee Education and Training），公共事务与消费者教育办公室（Office of Public Affairs and Consumer Education），政策与程序开发办公室（Office of Policy and Program Development）及公共健康科学办公室（Office of Public Health Service）等有关职能部门。全体雇员近 8000 人，监管整个联邦近 6200 家屠宰加工厂。

食品安全检验局一旦获悉在其管辖范围内的肉类或家禽产品可能存在不安全隐患，或者标签标识错误，它可以临时成立一个专门的委员会来商讨是否需要召回该产品。"召回委员会"由食品安全检验局各个专业领域的专家代表组成，他们将评估并商讨所有已知的信息和证据，决定是否召回及已经召回的范围。

发出召回通知后，食品安全检验局需要进行有效性检查，以确保所涉及产品的消费者（或收货人）确已收到了召回通知，并正在尽一切努力来寻找和销毁召回产品或将其交回召回公司。食品安全检验局需要确认，所涉及产品的制造公司也一直在积极地履行召回通知，而且也建议和通知他们的消费者寻找和控制召回产品。食品安全检验局与绝大多数州政府都签订了正式的检查协议，从而保证召回制度能够快速有效地执行。此外，食品安全检验局除了在其官方网站上发布召回通知之外，还会将召回通知发布于所涉及区域的媒体，并将其发送到所涉利益的各方当事人。如果召回委员会认为特定产品并不值得被召回，但是仍然怀疑该产品可能对公众的健康造成风险，那么食品安全检验局会向全社会发布公共健康警报。

5. 动植物卫生检验局

动植物卫生检验局（the Animal and Plant Health Inspection Service，APHIS）是美国农业部下设的专门负责动植物卫生检验检疫的机构，它

的主要职责是防止动植物疫病传入或在美国传播（图 2-8）。它与食品安全检验局互相配合，共同确保美国农业部在美国食品安全监管体系中占据一席之地。

动植物卫生检验局下辖 6 个业务规划的单位，3 个管理支持单位，以及 2 个办事处集合。6 个业务规划的单位包括：动物护理处（Animal Care）、生物技术管

图 2-8 动植物卫生检验局标志

理服务处（Biotechnology Regulatory Services）、国际服务贸易支持小组（International Services and Trade Support Team）、植物保护和检疫处（Plant Protection and Quarantine）、兽医服务处（Veterinary Services）、野生动物服务处（Wildlife Services）；3 个管理支持单位包括：立法和公共事务处（Legislative and Public Affairs）、市场营销和监管项目商务服务

处（Marketing and Regulatory Program Development）、政策和资源发展服务处（Policy and Program Development）；2 个办事处包括：应急准备和反应办公室（Office of Emergency Preparedness and Response）；工作办事处。

上述职能部门中涉及到食品安全监管主要有三个部门。①植物保护和检疫处：其主要职能包括，确定哪些植物和植物产品可以进口并评估其可能带来的风险，制定并发布植物和植物产品许可证。许可证的范围非常广泛，从植物种子到水果蔬菜，从大米到高粱，从甘蔗到棉花，几乎涵盖了现代农业的所有领域；发展植物卫生科学与技术，监视植物病虫害管理和防灾计划（Plant Pest and Disease Management and Disaster Prevention Programs），保护美国本土的农业和环境免受入侵植物病虫危害；建立植物检验证书签发和追踪系统帮助美国农业出口商和农户明确权利责任。②兽医服务处：其主要职能包括，兽医的培训、认证和管理，并于 2002 年建立了"国家兽医认可计划的新方向"（New Direction for the National Veterinary Accreditation Program），以便更好地控制和治疗动物疾病；运作并管理位于爱荷华州、纽约州等地的国家兽医服务实验室，围绕国内外流行的动物疾病，通过试剂诊断测试等方式，寻求相应的控制和根治方案；制定包括活畜、动物产品、宠物、生物制剂在内的出口和进口管制标准和方案。③生物技术管理服务处。其目前主要负责转基因生物的监管，其检验人员及顾问将联合对拟引进转基因工程生物进行系统测评，并对测评设备、环境等数据进行登记并备案，如果通过测评，将会以发行许可证和确认通知的形式授权引进基因工程的生物进入美国。如果该引进转基因生物发生事故，生物技术管理服务处需要按照动植物卫生检验局的规章要求尽可能迅速地予以恢复到事故未发生状态，以保护美国农业、食品供应和环境。

6. 国家海事渔业局

国家海事渔业局（National Marine Fisheries Service，NMFS）是美国的一个联邦机构。NMFS 作为国家海洋大气管理局（National Oceanic and Atmospheric Administration，NOAA）的一个分支部门，属于内阁级商务部。NMFS 负责国家海洋生物资源及美国专属经济区海洋动物栖息地的保护和管理。

NMFS 利用马格史蒂文斯渔业养护和管理法（Magnuson-Stevens Fishery Conservation and Management Act），评估和预测鱼类资源的情况，确保符合渔业法规的捕鱼活动及禁止浪费的捕鱼行为。基于海洋哺乳动物保护法案和濒危物种法案，该机构还负责恢复保护海洋物种，如野鲑鱼、鲸鱼和海龟。

做出对美国海岸各个部分联邦水域有约束力规定的区域渔业管理委员会有 8 个：①北太平洋渔业管理委员会（位于阿拉斯加）；②太平洋渔业管理委员会（位于西海岸）；③西太平洋区域渔业管理委员会（位于夏威夷和太平洋地区）；④墨西哥湾渔业管理委员会；⑤加勒比渔业管理委员会（位于波多黎各和美属维尔京群岛）；⑥南大西洋渔业管理委员会；⑦中大西洋渔业管理委员会（位于北卡罗来纳至纽约地区）；⑧新英格兰渔业管理委员会。

在 8 个区域渔业管理委员会的帮助下，NMFS 保护和管理海洋渔业以促进海洋资源的可持续性发展，并防范因过度捕捞、物种减少和栖息地退化而导致的经济潜力损失。尽管沿海国家和地区普遍有权管理附近海岸水域，但 NMFS 的主要责任是保护和管理超越国家水域的专属经济区中的海洋渔业。该机构还努力平衡公众对自然资源需求的竞争。

NMFS 的管理程序是联邦政府中最活跃之一，在联邦注册中每年有许多法规出版。大多数法规是基于马格史蒂文斯渔业养护和管理法来保护海洋渔业，其他法规是基于海洋哺乳动物保护法和濒危物种法案颁布的。NMFS 也根据区域渔业管理组织（Regional Fishery Management Organizations，RFMOs）和其他区域渔业管理组织（如美洲热带金枪鱼委员会、国际保护大西洋金枪鱼委员会、中西太平洋渔业委员会和国际海豚保护程序协会）的决策来规范渔业。

7. 粮食检验、包装与牲畜饲养场管理局

粮食检验、包装与牲畜饲养场管理局（Grain Inspection，Packers and Stockyards Administration，GIPSA）是美国农业部的一个机构，它帮助运营牲畜、家禽、肉类、谷物、油籽和相关农产品，为整体消费者和美国农业的权益而促进公平竞争贸易活动。由于联邦粮食检验服务、包装商与牲畜饲养场管理的加入，1994 年成立 GIPSA。GIPSA 是美国农业部市场营销和管理程序的一部分，该部门确保为美国农产品提供可生产和竞争的全球市场。

GIPSA 的联邦粮食检验服务（Federal Grain Inspection Service，FGIS）建立的粮食官方标准，作为买家和卖家每天用来沟通买卖粮食的种类和质量的依据。为准确一致地测量粮食的质量，谷物检验服务还建立了标准检测方法。此外，该项目通过联邦、州和私人检查所（统称为政府系统）的网络提供这些等级和标准的应用。FGIS 是在 1976 年由国会建立的管理国家的粮情检测系统，为国内和出口贸易粮食制定检验和称重秩序，为粮食营销提供便利手段，目标是确保开发和维护统一的美国标准。

包装商与牲畜饲养场项目（Packers and Stockyards Programs，P&S）

为牲畜和家禽保证开放和竞争的市场。P&S 是一个监管程序,其目的在于提供金融保护,确保公平竞争的市场。P&S 是包装商与牲畜饲养场管理局的成果,在包装商与牲畜饲养场管理法案的监督下成立于 1921 年。这一组织致力于规范公共牲畜场所的牲畜营销行为,以及肉类包装和家禽经销商的经营活动。

8. 消费者产品安全委员会

消费者产品安全委员会(United States Consumer Product Safety Commission,CPSC)是美国政府的一家独立机构(图 2–9),成立于 1972 年,该委员会是一个直接向国会和总统报告的机构,并不是联邦政府部门的一部分。总统提名,并被议会确认的委员会委员通常有三位。委员们对委员会制定政策。美国消费者产品安全委员会位于马里兰州的贝塞斯达(Bethesda,Maryland)。

图 2–9 消费者产品安全委员会标志

CPSC 管理 15 000 余种不同消费产品的制造和销售,从婴儿车到沙滩车。产品不在 CPSC 管辖范围内的由其他联邦政府机构管理,例如汽车由国家公路交通安全管理局(National Highway Traffic Safety Administration)管辖,枪支由酒精、烟草、枪支和爆炸物管理局(Bureau of Alcohol,Tobacco,Firearms,and Explosives)管辖,药物由食品药品管理局(Food and Drug Administration)管辖。

CPSC 履行的职责包括,禁止危险消费产品,建立其他消费产品的安全性要求,发行已上市产品的召回,并研究相关产品的潜在危险。

CPSC 制定消费产品规则时，确定了消费产品的风险，该风险没有被行业共识标准所解决，或者议会同意它这样实施。CPSC 的规则可以使基本设计需求具体化，或者评估到产品的禁忌，例如小的高性能磁铁。对于某些特殊的婴儿产品，即使存在自愿标准，CPSC 也可以调整。

CPSC 从几个不同方面获悉产品的非安全性。该机构建立消费者热线，消费者会告知不安全产品或者产品造成的相关伤害。产品安全问题也可以通过 saferproducts.gov 网站提交。CPSC 还设立有国家电子伤害监测系统（National Electronic Injury Surveillance System，NEISS），NEISS 收集消费产品相关的伤害事件。

9. 生物制品审评与研究中心

生物制品审评与研究中心（Center for Biologics Evaluation and Research，CBER）是美国食品药品管理局的六个主要中心之一，是美国卫生和公众服务部的一个部门。CBER 负责确保生物制品及相关产品（如疫苗、益生菌）、血液制品、细胞组织和基因疗法的安全性、纯度、效果和有效性。并不是所有生物制品都由 CBER 管理。单克隆抗体和其他治疗性蛋白由 FDA 药品审评与研究中心（Center for Drug Evaluation and Research，CDER）监管。

从 2006 年 7 月起，CBER 的职责在《公共卫生服务法》的 351 和 361 条款及《联邦食品药品和化妆品法》的不同条款中均有显示。《公共卫生服务法》的 351 条款要求生物制品在美国州际间进行商务活动需要执照。如果制造商不符合要求，CBER 将暂停或取消其当前的许可证。在美国边界使用无执照的血液产品是正常的，这些产品由 FDA 其他法律部门的监管。该法案 361 条款允许外科医生制定并执行法规来控制传染病跨境传播。这种广泛的权利通过国际协议已委托给 FDA。许多被 CBER

监管的商品被认为是药品，这些商品也受制于《联邦食品药品和化妆品法》的管理。CBER 公布的规章在《联邦法规汇编》21 编的第一章。

10. 器械与放射卫生中心

器械与放射卫生中心（Center for Devices and Radiological Health，CDRH）是美国 FDA 的一个分支，主要负责所有医疗器械上市前的批准、制造的监管和器械的性能及安全性。CDRH 也负责监管某些电磁辐射的非医疗器械的监管，例如移动电话和电磁波。

CDRH 根据不同的监管要求把医疗器械分为三类。第一类包括日常用品，例如牙刷，这类物品不易产生严重事故。制造商遵循的规则基本上符合 ISO9000 的要求。第二类器械需要上市前的通知。这一程序通称为《联邦食品药品和化妆品法》相关部分之后的"510（k）"程序，是 FDA 对一个产品的许可。此程序主要针对已上市产品的新的制造商，其生产出的产品要与已上市产品具有同等质量。这类产品现在为"中等风险"器械，例如用于外伤手术的脱无机盐骨粉，基本相当于一个老牌产品巴黎石膏（Plaster of Paris），二者作用相同。一旦作用相同，FDA 认为不需要进行大量临床实验的审批程序。第三类器械需要上市前的批准（Pre-market Approval，PMA），这类似于药品审批过程的临床试验和广泛的设计审查。这类器械，如心脏起搏器，如果运行不正常可能造成明显的损伤或死亡。关于所有设备，制造商必须遵循统一质量控制。

11. 兽药中心

兽药中心（Center for Veterinary Medicine，CVM）是 FDA 的一个分支，调控供给动物的食品、食品添加剂及药品的生产和分配（图 2-10）。这些动物包括宠物动物和家禽类、牛、猪和小动物。CVM 监测动物的食品及药品的安全性。兽药中心的大部分工作集中在监管动物食品中的药品，以确保来自这些动物的肉类及其他副产品无药物残留。

图 2-10　兽药中心标志

（1）CVM 的主要职责包括：①参与有关兽药、饲料、饲料添加剂、兽用医疗器械和其他兽医医疗产品的管理政策的制定，为所做出的决策提供科学建议。②对上市的兽药产品、饲料添加剂、兽用医疗器械等进行评价。在允许产品上市销售前评价生产商提供的有关数据。③确保兽药和加药饲料的安全性和有效性，保证将用于人类消费的经过药物治疗的动物性产品是安全的。④确保人类食品的安全性，包括直接给人类消费的食品的安全性和兽药产品对动物的安全性。⑤对批准上市的产品进行调查和监视，通过相关监控程序来控制该产品的使用；同时启用法律规定来发现在市场上非法销售的兽药，必要时让违法者受到制裁。⑥负责消费者和相关工业的教育宣传活动；决定数据是否予以公开或散播；批准和监控兽药产品的销售，同时开展研究以支持中心活动。⑦与有关单位合作，制定、评估、检查、调查和监督各项相关计划。

（2）CVM 的组织机构及相应机构的职责

①中心主任办公室（Office of the Center Director，OCD）：由中心主任、中心副主任、政策运转主任、政策规章主任、政策规章副主任及程序执行主任四个动物保健委员会组成。OCD 负责管理 CVM 所有事务，负责 CVM 在研究、管理、科学评估、守法和监督政策的协调与制定。负责向 CVM 提供系统的计划、规划、预算、管理和数据支持；修订并确立中心公平雇佣程序。负责审评新兽药申请（NADA）和简式新兽药

申请（ANADA），并在听证机会取消时，负责发布新兽药申请取消通知。负责动物可食性食品上市、用于治疗动物的研究用新兽药、研究药物豁免、饲料添加剂使用等许可证的授权。代表 CVM 形象，负责有关 CVM 的活动声明，负责与公众、生产商、其他政府机构以及国家和国际组织的交流与沟通。

②管理办公室（Office of Management，OM）：专门负责有关行政和技术方面的难点问题的解决，是 CVM 执行任务时所需要的服务和维护性组织。经过改革，由以前的四个处（行政管理处、通讯处、项目计划与评估处、信息资源管理处）改为目前的三个：管理服务处、财经计划处以及规划、采购与设备处。

- 管理服务处（Management Service Staff，MSS）：为 CVM 内部职员职业的培训以及人事管理活动提供服务。为行政管理工作提供安全活动场所、经费和运输等方面服务。为 CVM 雇员与管理人员提供人事服务，如职务分级、薪资设定等。协调一些特殊的计划安排，如流动场所、工作招待会、自愿休假等。代表 CVM 管理国家财政雇员或国家财政协会。指导 CVM 的财务管理活动，监控预算执行情况，预测 CVM 的人力需求，并准备为中心有关管理和发展提供科学建议。负责向财务管理和采购领域管理提供咨询与行政支持。

- 财经计划处（Budget and Finance Program，BFP）：参与并协助中心制定有关计划程序。计划、协调、指导评估及调查活动，并向 CVM 汇报评估和调查结果。准备 CVM 年度预算评估，提交预算报告草案。处理相关机构所要求的审查和分析的数据，并负责向管理办公室提交处理结果报告摘要。协助检查办公室与会计办公室有关审计与调查的准备活动。在项目计划编制领域提供咨询和行政支持。为大会拨款、分委会的咨询、计划的执行与评估、预算汇总做准备。

- 规划、采购与设备处（Planning，Procurement，and Facilities Program，PPFP）：负责管理服务处和财经计划处以外的其他所有项目的管理。

③新兽药审评办公室（Office of New Animal Drug Evaluation，ONADE）：主要负责审评企业或个人为获得某新兽药产品上市和生产许可而提交的证明药物符合批准标准的说明性资料。其审核结果直接决定该新兽药能否予以上市批准。

④食品动物治疗用药物处（Division of Therapeutic Drugs for Food Animals，DTDFA）：主要负责食品生产性动物疾病治疗用的新兽药管理。审评该类新兽药对食用动物的安全性和有效性；审核申请资料中所建议的药品标签，保证标签中有该类新药品的明确使用说明、使用限制及其他要求信息；为该类新药品和添加剂的安全、有效使用建议合理、科学的使用程序；根据有关请求，为家养食品生产性动物的饲料添加剂使用提供专家意见。审核提交资料中有关该类药物研究的说明性材料的准确性和有效性。如果认为开发者所提交的资料不能完全满足有关要求时，可向中心研究办公室提出建议，甚至也可直接参与中心内外部门的研究计划，以获得有关该类药物的进一步材料。给予该类药物正式批准时，对批准的结果，如批准新兽药生产或撤销新兽药生产等提供有关技术性和科学性的支持说明，并发表专家意见。在批准新兽药申请的前提条件下，参与有关此类药物的条例、准则和政策的制定与实施。评价该部门的所有活动以保证这些活动都遵守《国家环境政策法》。

⑤非食品动物治疗用药物处（Division of Therapeutic Drugs for Non-Food Animals，DTDNFA）：审评因治疗非食品生产性动物疾病而使用的新兽药的安全性和有效性。评估对该类药品所建议的标签描述，以确保标签描述中包含有药品明确的使用说明、使用限制以及其他要求信息。对提交资料中有关研究的该类药物的说明性材料的准确性和有效性

进行审核。如果认为开发者所提交资料不能完全满足有关要求，该部门可以向本中心研究办公室建议，甚至可以直接参与中心内外部门的研究计划，以获得进一步材料。在批准新兽药的条件下，负责参与有关此类药物的条例、准则和政策的制定和实施。对该类药物进行正式批准时对批准的结果，如批准新兽药生产或撤销新兽药生产等结果，提供有关技术和科学性的支持说明，并发表专家意见。

⑥生产技术处（Division of Manufacturing Technologies，DMT）：主要负责药品质量和药品生产过程的管理。审评用于生产药物的原材料，以确保药物成分的特性、效力、质量和纯度满足法规所规定的要求；审核药物的合成形式、剂型、特性等有关质量问题。对药物的分析方法和说明以及剂量的组成成分进行审核；并根据药物的稳定性试验数据对药物的失效期限提出建议。审评申请中有关药物生产过程和控制程序的说明性资料，以保证药物生产符合 GMP；在做出审批最后决议之前，审核药物生产企业的现行管理状况。为药物生产管理提供科学建议，并在 FDA 地方实验室要求时，提供相关技术支持。参与兽药和饲料添加剂有关使用等的条例、准则和政策的制定和实施。评估已经批准的兽药生产部门和管理部门所做出的变动，并对变动提出相关建议。评价该部门的所有活动以保证这些活动都遵守《国家环境政策法》。

⑦生产动物药品处（Division of Production Drugs）：管理的主要对象是为提高食品生产性动物的生产性能而使用到的兽药，评估这类兽药使用后对用药动物的安全性和有效性。审评该类药物的生产过程，为该类药物的安全生产制定合理、科学的生产程序，并向试验人员、药物开发人员以及生产人员提供有关的信息资料。对开发者所提交的药物的说明性资料进行审核。评估申请资料中所建议的该类药物的标签，要确保标签有明确的使用说明、使用限制以及有其他要求信息。对开发产品人

员所提供的有关兽药、加药饲料、饲料添加剂、兽用器械和其他兽用产品的说明性资料中所陈述的实验室研究的合法性和准确性进行评估，确定实验中所用到的统计学方法是有效的和准确的。如认为资料所提供的有关实验等的技术不合理时，则负责设计、研制和运用新的数学和统计学方法，并为 CVM 内各部门提供生物学、数学、物理和计算机统计学方法，负责回答 FDA 和联邦、州等其他部门所提出的有关生物学问题。对该类药物进行正式批准时对批准的结果，如批准新兽药生产或撤销新兽药生产等结果提供有关技术上和科学上的支持说明，并发表专家意见。如果认为开发者所提交资料不能完全满足有关要求，该部门可以向本中心研究办公室建议，甚至可以直接参与中心内外部门的研究计划，以获得进一步材料。在批准新兽药的条件下，该部门负责参与有关此类药物的条例、准则和政策的制定和实施。评价该部门的所有活动以保证这些活动都遵守《国家环境政策法》。

⑧人类食品安全处（Division of Human Food safety）：审评用药后的或食用了饲料添加剂的动物性食品，如肉、奶和蛋中的残留物对人类的危害性，制定这些兽药和饲料添加剂的使用安全浓度。与 FDA 以外的相关组织和人士探讨食品安全性的试验方法，对兽药和饲料添加剂在靶动物中的残留问题进行交流。对新兽药、研究用新兽药豁免、饲料添加剂这些申请中所陈述的有关物质的化学和代谢方面的资料进行审评，并审评申请者为说明已提出的或已上市的兽药、加药饲料、饲料添加剂、兽用器械和其他兽用产品的合理性而提交的其他有关资料。在实验室研究的基础上，为建立动物性食品中残留物的合理检测方法提供科学意见。申请批准后，参与该类兽药和饲料添加剂使用和生产的条例、准则和政策的制定和实施。

⑨监察和执法办公室（office of surveillance and Compliance，OSC）：

协调 FDA 各个办公室的工作。监控 CVM 管理范围内的兽药、饲料、饲料添加剂、兽用医疗器械、其他兽用产品以及有关兽用产品的生产设备，以确保所有这些产品在上市后都能持续、安全、有效地使用。其职责主要通过遍布全国的科学家、研究者和分析家来完成，美国农业部、环境保护署和其他州与联邦的有关机构也积极参与相关活动。具体职责包括，为中心主任制定 FDA 职责范围内的所有产品的监督计划提供建议。开发和审评监督与监测项目以确保兽药的安全性和有效性，检测抗菌药在动物传染病的肠内病原体中出现的耐药性。计划、制定、监控和评估中心的监督和执法程序，并协调其他执行领域以确保已上市的兽药、饲料、饲料添加剂、兽用医疗器械和其他兽用医疗产品的安全性和有效性。指导和开展科学研究，在中心要求的正式听证会上提供科学依据。建议中心主任修改或撤消已批准的申请。制定、协调和指导中心的生物学研究监控项目以确保新兽药和饲料添加剂批准所依据的有关信息的可靠性。在需要时，为中心提供有关流行病学方面的专家意见。

⑩监察处（Division of Surveillance）：监控所有有关不服从要求的缺乏药物（drug shortage）的报告情况。具体职责包括：接收来自 FDA 行政机构、工业、保健职业人士以及其他相关人士上报的缺乏药物的报告。负责缺乏药物报告的审评，以决定问题发生的原因，且负责联系上报人以获得进一步有关信息，鉴定市场分配比例，在需要时适当地咨询新兽药评价部门以核实市场医药必需兽药产品情况。联系执法部门以确定缺乏药物情况是否与 FDA 的执法活动有关。将已确证了的缺乏药物报告情况递交给 CVM 协调者以决定产品是否是必需兽药产品。必要时，负责为执法部门提供所要求的市场分配信息。维持所有重要的兽药产品缺乏信息数据库。

⑪执法处（Division of Compliance）：协助准备有关撤消或拒绝兽药

申请批准的依据和提供正式证据听证会的文件，协助准备有关听证会管理和证据的报告。开发、监控和评价中心生物学研究监测程序及其随后进行的研究和调整。管理申请政策的完整性，开发、监控和评价与残留组织和国家监测中药物残留有关的中心执法和监督计划。评价人类食品安全的管理方法，包括监测 USDA/FSIS 给 FDA/CVM 所报告的肉和家禽中有害药物和化学制品违法水平的流行程度；开发预防有关病原体和残留的食品安全问题的策略。合作准备执法和强制执法措施以响应消费者、州和联邦政府、国会、企业等要求。建议调整和管理政策问题，发展有关兽药、饲料、饲料添加剂、兽用医疗器械和其他兽用医疗产品的强制性管理策略；准备和出版地方办公室的管理方针。对管理产品的有关检查报告、调查、抱怨和其他信息进行初审；通过咨询管理处，法律和科学顾问来协调随后的研究和管理；审评地方办公室所建议的管理活动措施并审核机构是否遵守了这些活动。

⑫动物饲料处（Division of Animal Feeds）：主要针对动物饲料添加剂。评估饲料添加剂申请，主要审核饲料添加剂试验性申请中证明对动物安全性和有效性的数据，审核数据的充分性，以及饲料添加剂活性成分的稳定性、标识、生产设施和控制程序；参与人类食品安全和对环境影响信息的评价；向中心主任批准申请提供建议。确定申请的加药饲料能被生产以及标签符合相关规定后，对加药饲料申请给予批准。评估动物全价饲料、日常供应饲料和饲料活性成分的安全性，并对饲料污染物的毒性作用进行风险性分析。评估有关饲料的安全性数据、生产和使用说明、标识以及饲料中加入的非药物物质的安全性，以保证其合法性。必要时，向中心研究办公室建议举办对外合作研究，或直接参与本身内部或对外合作的研究项目以获得有关污染物、药物和食品添加剂的进一步资料。协调州饲料控制办公室和国家饲料控制办公室委员会以及任务工作人员的工作，并提供技术上和科学上的支持。制定、监控和评价

CVM 就加药饲料的执法程序或 CVM 的有关加药饲料、A 类加药饲料和饲料污染物（毒枝菌素、杀虫剂、重金属、工业化学制品）的分配工作，并负责将所发现的问题及时汇报给政府、FDA 和其他相关部门。

⑬流行病学处（Division of Epidemiology）：评估已上市的兽药、特殊规定食物饲料、兽用医疗器械和其他兽用医疗产品的安全性和有效性，建议开展活动以更正由使用、警告和警戒信息指示不适合而导致的不良结果。评价药物产品的标签和其他信息以确定新兽药价值、管理优先性、使用可接受的条件和管理工作的需要。维持和制定所有上市兽药的可利用的详细目录清单以确保管理和消费者获得足够的信息。与地区有关部门合作以制定强制性管理措施，获取专家证明和执行其他科学和调整性开发活动。评价上市产品标签，制定有关标签修订、调整补充、吊销和取消新兽药的批准建议以确保上市产品的安全性和有效性。监控和评价上市兽药的促销活动以确保促销宣传符合标准要求。评价产品不良反应报告以确保标签有准确的安全信息、鉴定不安全产品及其使用；参与研究以外的计划程序，并鼓励兽医参加药物警戒项目。处理管理范围内企业的兽药、兽用医疗器械和其他兽用医疗产品的执法计划以确保计划的有效性；评估建立的检查报告、标签和其他结果以确定所管理的产品是否按法案、机构规章和相关政策来上市销售。为中心提供有关兽药、饲料、饲料添加剂和抗菌药耐药性的流行病学方面的专家意见。

⑭研究办公室（Office of Research，OR）：研究办公室开展研究以支持现行的和进展的 FDA 管制的问题。由化学残留处、动物研究处、动物和食品微生物处三部分构成。该研究办公室与其客户合作，提出确保动物性食品和动物保健品的安全研究问题的解决。寻求在这一领域开发国际性的公开的研究计划。

⑮化学残留处（Division of Residue Chemistry）：负责机构管理程序

和研究管理中所使用的有关动物组织、液体和饲料中药物残留的分析方法的开发和评估。开展代谢和药物学研究以帮助 CVM 提高药物的实用性和有效性。开展研究，开发更好的有关药物生物利用度等的研究模型来协助 CVM 内有关科学家的研究活动。负责评估动物源食品中的药物残留的筛选方法。审评决定产品是否有正确的标签说明，决定这些产品是否适合于企业和管理者为检测如奶等动物源性食品的使用。

⑯动物研究处（Division of Animal Research）：通过动物和动物系统开展应用性和基础性研究以支持目前正展开的管理问题。开展研究以解决动物健康、动物源食品安全和其他有关动物工业技术的问题。开展兽药药理学研究，研究食品生产性动物日常饮食和所用药品之间的相互作用。研究药物代谢对环境、生理、免疫和遗传因素的相互作用。研究与动物饲料相关的管理问题。开发新程序和新模型以支持新兽药安全性或有效性的评价。通过进行以上所述研究工作来支持 CVM 的科学决策。

⑰动物和食品微生物处（Division of Animal and Food Microbiology）：开展基础性和应用性研究以支持 CVM 所要制定的管理性决策。研究对动物和人类存在潜在性危害的微生物的分离、鉴定和特征描述。该部门开展研究以探索对动物使用抗菌药的作用效果，包括抗病原体作用；改变环境微生态学方面的作用；病原体和共生微生物的抗药性的产生。

12. 缉毒署

缉毒署（Drug Enforcement Administration，DEA）是隶属美国司法部的美国联邦执法机构，负责打击在美国境内走私和使用毒品（图 2-11）。DEA 是《毒品管制法》（Controlled Substances Act）的首要执行机构，并与联邦调查局（Federal Bureau of Investigation，FBI）及移民和海关执

图 2–11　缉毒署标志

法 局 （ Immigration and Customs Enforcement，ICE）享有共同管辖权，同时它还有义务协助美国境外的毒品调查。缉毒署的科学技术部统管一个由 8 个独立法庭科学实验室组成的庞大技术服务系统。这 8 个实验室分布在纽约、芝加哥、旧金山、达拉斯、华盛顿特区、圣迭戈、迈阿密，以及在弗吉尼亚州麦克林的特别实验研究中心。

（1）实验室的主要任务

①毒品来源的鉴定：这是缉毒署实验室对侦破毒品案件所能提供的最有利的帮助。应用的技术包括对毒品制剂大小、刻画痕迹、印记进行准确测量；用显微镜检验毒品制剂表面的缺损情况；用微量化学分析法检测毒品中所含的化学成分。将检验结果与缉毒署的全国标准毒品参考信息库中储存的样品通过计算机进行检索，从而确定生产毒品的秘密厂家和销售商。

②缉毒署实验室承担了大量毒品物证的分析鉴定工作，为毒品案件的法律诉讼提供证据。

③配合侦查破案工作：缉毒署实验室的化学家还与特工人员合作，参加在美国国内、欧洲、南美和远东地区对地下毒品实验室和加工厂的搜查。在搜查过程中，化学家可用内行的眼光对如下一些情况做出判断：生产能力、生产方法、化学原料、设备来源、废弃物的处理方法和隐藏能力。

（2）情报信息系统：缉毒署实验室是一个从毒品中获取信息的情报中心。这些情报经过验证和评估，以适当形式向有关部门报送。

实验室的数据处理系统被称作毒品证据情报验证系统（System to Retrieve Information from Drug Evidence，SRIDE）。它于 1971 年开始工作。1974 年，每个实验室都安装了与在华盛顿的计算机主机相联的计算机终端。情报类型包括：毒品名称、交易或被查获的地点、怀疑属于何种毒品、经验证是何种毒品、毒品纯度、添加剂和掺假情况。

（3）专业技术人员的培养：缉毒署实验室对技术人员要求较高。进入实验室工作的人员，都必须具有化学学士以上学位，还要经过实验室 6 个月的特殊训练。

缉毒署实验室还担负着与世界各国和国际组织互通毒品信息、交流毒品分析技术的任务，并且定期举办国际毒品分析技术讨论会。实验室每年还为各合作国家培训专业技术人员。

三、贸易机构

1. 联邦贸易委员会

联邦贸易委员会（Federal Trade Commission，FTC）是在 1914 年通过《联邦贸易委员会法案》（Federal Trade Commission Act）建立的美国政府独立机关（图 2–12）。其主要任务是促进保护消费者，并消除和预防反竞争的商业行为，如强制垄断。联邦

图 2–12　联邦贸易委员会标志

贸易委员会法案是关于反垄断的主要法案之一。在进步时代，垄断和反垄断是重大的政治问题。自成立以来，联邦贸易委员会强制执行《克莱顿法案》（Clayton Act）的规定，其法案是一个关键的反垄断法规。

该委员会下属包括以下三个局。①消费者保护局：其主要任务是保护消费者免受不正当或欺骗性的商业行为或做法。FTC 明文规定，消费者保护局的律师应执行 FTC 颁布的联邦法律相关的消费者事务及规则。其作用包括调查、执法行动以及消费者和商业教育。本局主要关注的领域有：广告与市场营销、金融产品、电话推销诈骗、隐私和身份保护等。②竞争局：该局旨在消除和预防"反竞争"的商业行为。其具体做法是，执行反垄断法律审查、建议并购，及调查可能影响竞争的其他非并购业务的做法。③经济局：该局的建立的目的是提供与 FTC 立法和运作相关的经济影响专业知识，支持竞争局和消费者保护局的工作。

2. 贸易代表办公室

贸易代表办公室（Office of the United States Trade Representative，USTR）是美国政府负责为美国总统建立和推荐美国贸易政策，进行双边和多边的贸易谈判，通过贸易政策工作组委员会（Trade Policy Staff Committee，TPSC）和贸易政策评审组（Trade Policy Review Group，TPRG）协调贸易政策的机构（图2-13）。作为 1962 年贸易扩张法案下建立的特别贸易代表办公室（Special Trade Representative，STR），贸易代表办公室是总统行政办公室的一部分。贸易代表办公室拥有 200 多名员工，其办公地点分布于日内瓦、瑞士、布鲁塞尔和比利时。

图 2-13　贸易代表办公室标志

3. 海外农业局

海外农业局（Foreign Agricultural Service，FAS）是外交事务机构，主要负责美国农业部的海外项目，包括市场开发、国际贸易协定谈判、统计数据的收集和市场信息（图 2-14）。

它还负责管理美国农业部出口信贷担保和食品援助计划；通过动员专业意见加强农业为主导的经济增长，有助于发展中国家的收入增加和粮食供应。在 2003 年，国外农业服务局开始恢复其国家安全作用。国外农业服务局的使命是把美国农业与世界联系起来，加强出口的机遇和全球食品安全。

图 2-14　国外农业服务局标志

4. 农业市场局

农业市场局（Agricultural Marketing Service，AMS）是美国农业部的机构（图 2-15），其商业领域的项目有：棉花和烟草、乳制品、水果

和蔬菜、牲畜和种子及禽肉类。这些项目为商业提供测试、标准化、分级和市场信息服务，监督市场营销协定和命令，管理研究和推广方案，并为联邦食物计划购买商品。农业市场服务局执行一定的联邦法律，如《易腐农产品法案》（Perishable Agriculture Commodities Act）和《联邦种子法》（Federal Seed Act）。

图 2-15　农业市场局示意图

农业市场局的国家有机计划（National Organic Program，NOP）是

发展、实施和管理国家的生产、处理及有机农产品的标签标准。国家有机计划也授权国内外的认证机构，使其检查有机产品和处理操作以证明产品符合美国农业部标准。

农业市场局的科学技术计划为农业社区和农业市场服务计划提供科学支持服务，包括实验室分析、实验室质量保证和协调由其他组织进行的科学研究。此外，该计划的植物品种保护办公室管理植物种类保护法案，发行植物新品种的保护证书。该计划收集和分析农药在农产品的残留的数据。它也管理农药记录程序，这就需要所有联邦禁用农药的认证使用者保持所有的使用记录。这些记录将被输入数据库以帮助农药使用。

农业市场局的运输和市场计划为生产者、生产团体、货主、进口商、农村社区、客运公司、政府机构和学校提供国家食品运输系统的研究和技术信息。该计划也管理给各州的用于营销改进的财政拨款。此外，部门协助营销设施、规划和设计流程与国家和地方政府、大学、农民群体和美国食品工业等领域的合作。这项计划旨在全面加强食品营销系统的效能，为消费者在合理成本的基础上提供更优质产品，完善小到中等规模的农场种植户的市场准入，促进区域经济发展。

四、研究机构

1. 农业研究局

农业研究局（Agricultural Research Service，ARS）是美国农业部主要的内部研究机构（图 2-16）。ARS 是美国农业部研究、教育及经济领域的四个机构

图 2-16　农业研究局标志

之一。ARS 主要通过以下 4 个方面负责扩展国家的科学知识并解决农业问题：营养、食品质量和安全；畜牧生产和保护；自然资源和可持续农业系统；农作物生产和保护。ARS 研究解决的问题影响美国人的日常生活。

ARS 拥有超过 2200 个永久工作的科学家们，研究大约 1100 个项目，这些科学家遍布全国 100 多个地方及其他国家的一些地方。ARS 有四个区域研究中心：西部区域研究中心（Western Regional Research Center，WRRC）在加利福尼亚州奥尔巴尼（Albany，California）；南部区域研究中心（Southern Regional Research Center，SRRC）在路易斯安那州新奥尔良（New Orleans，Louisiana）；国家农业利用研究中心（National Center for Agricultural Utilization Research，NCAUR）在伊利诺斯州皮奥里亚（Peoria，Illinois）；东部地区研究中心（Eastern Regional Research Center，ERRC）在宾夕法尼亚州温得默（Wyndmoor，Pennsylvania）。创新和商业化是研究的核心，其赋予成千上百的产品、工艺及技术以生命力。ARS 的亨利 A 华勒思贝尔茨维尔农业研究中心（Henry A. Wallace Beltsville Agricultural Research Center，BARC）是世界上最大的农业研究综合体，在马里兰州贝尔茨维尔（Beltsville，Maryland）。

ARS 还有六个主要的人类营养研究中心，通过提供权威的、同行评议的科学依据来解决不同的人类营养问题。中心分别位于阿肯色州、马里兰州、德克萨斯州、北达科他州、马萨诸塞州和加利福尼亚州。在这些中心的科学家们研究人类健康食品和膳食成分的作用。

ARS 的综合作用在于为美国公众进行科学研究，即进行研究开发并解决国家重点农业问题及提供信息；确保高质量、安全的食品及其他农产品；评估美国人的营养需求；维持一个竞争的农业经济；加强自然资源基础和环境；为农村居民、社区和社会提供经济机会。

ARS 为州立大学、农业试验站、其他联邦和州政府机构，以及私营部门提供研究工作。ARS 的研究往往集中在具有全国性影响的区域问题上。ARS 还为美国农业部的执行和监管机构及其他联邦监管机构（例如食品药品管理局、美国环境保护署），提供研究成果的信息。

ARS 通过科技期刊、技术出版社、农业研究杂志和其他论坛，传播其研究成果。信息也可通过国家农业图书馆分享。ARS 的 150 多名图书管理员及信息专家分布在两个国家农业图书馆中，这两个图书馆分别为亚伯拉罕林肯大厦，位于马里兰州贝尔茨维尔（Beltsville，Maryland）；DC 文献中心，位于华盛顿特区（Washington，D.C）。图书馆为不同大众提供参考和信息服务、文献传递和馆际互借服务。

2. 经济研究局

经济研究服务局（Economic Research Service，ERS）是美国农业部的一个部门，并且是美国联邦统计系统的主要机构（图 2–17）。它提供农业和经济的信息和研究。经济研究服务的使命是提供研究和信息，告知公众相关的农业、食品、自然资源和农村地区的经济及政策问题。经济研究服务局和国家农业统计服务局（National Agricultural Statistics Service，NASS）共同资助和管理农业资源管理调查（Agricultural Resource Management Survey），它是一个多阶段、具有全国代表性的调查，是美国农业部的"关于经济状况、生产实践、美国农业企业资源利用和美国农户的经济福利的主要信息来源。经济研究服务局由 1 个管理办公室和 4 个部门组成，这 4 个部门分别为：食品经济部、信息服务部、市场贸易经济部以及资源农村经济部。

图 2-17　经济研究服务局标志

3. 国立卫生研究院

美国国立卫生研究院（National Institutes of Health，NIH）是美国主要的医学与行为学（medical and behavioral research）研究机构（图 2-18），任务是探索生命本质和行为学方面的基础知识，并充分运用这些知识延长人类寿命，以及预防、诊断和治疗各种疾病和残障。

图 2-18　国立卫生研究院标志

美国国立卫生研究院位于美国马里兰州贝塞斯达（Bethesda），是美国最高水平的医学与行为学研究机构，创建于 1887 年，任务是探索生命本质和行为学方面的基础知识，并充分运用这些知识延长人类寿命，以及预防、诊断和治疗各种疾病和残障。NIH 在近几十年取得的研究成果极大的改善了人类的生命健康状况。美国国立卫生研究院所涉及的研究领域异常广泛，从破译生命遗传密码到寻找肝炎病因以及对儿童发育行为疾病的诊疗等都是研究对象。

美国国立卫生研究院拥有 27 个研究所及研究中心和 1 个院长办公室（office of the director，OD），NIH 不仅拥有自己的实验室，进行医学研究，还通过各种资助方式和研究基金全力支持各大学、医学院校、医院等的非政府科学家及其他国内外研究机构的研究工作，并协助进行研究人员培训，促进医学信息交流。世界一流的科学家在 NIH 的支持下，自由探索科学问题，取得了辉煌的成就，极大地改善了人类的健康和生存状况。

NIH 的根本任务就是合理使用纳税人的钱支持生物医学研究，因此 NIH 需要根据其资助策略制定合理的基金分配及预算方案。其中约 82% 的预算用于 NIH 的院外研究项目（extramural research program），系通过基金或协议的方式资助美国国内外 2000 余个研究机构；10% 的预算用于 NIH 的院内研究项目（intramural research program），资助 NIH 内部直属实验室的 2000 余项研究项目；另有约 8% 左右的预算作为院内、外研究项目的共同基金。NIH 的院内研究项目归院内研究处管辖，负责所有与院内研究、培训、技术转让有关的政策法规、审核、立项、实施管理及实验室、临床医院之间的协调等。

NIH 的院外研究项目由院外研究处管理，负责 NIH 基金政策的制定、实施等。对 NIH 以外的研究机构主要有三种资助方式：基金（grants）、合作协议（cooperative agreements）、合约（contracts）。基金是最主要的资助方式，支持各种与人类健康相关的研究项目和培训计划，一般由申请者个人提出研究目标，经评审通过后获得基金支持，资助年限为 1～5 年，资助机构不参与项目的研究过程；合作协议则事先由资助机构对研究计划提出相应规定并发布特别申请须知，有时为了激发科学家对某些特殊领域的兴趣，还会发布项目声明（program announcements，PA）；研究与开发（research and development，R&D）合同则是资助学术机构、非盈利性或商业性机构就 NIH 感兴趣的特殊领域进行研究和开发。例如，抗乳腺癌和卵巢癌的化疗药物 Taxol（泰素）的研发就是 NIH 签署的众多协议之一。

NIH 的研究基金（the NIH research grant budget）分为四种：研究项目基金（research project grants）、研究中心基金（research center grants）、小企业创新研究-小企业技术转让基金（small business innovative research—small business technology transfer grants，SBIR— SBTTG）及其他研究基金（other research grants）。

4. 食品安全与健康研究所

食品安全与健康研究所（Institute for Food Safety and Health，IFSH）是由美国食品药品管理局的食品安全和应用营养中心（Center for Food Safety and Applied Nutrition，CFSAN）、伊利诺伊理工学院（Illinois Institute of Technology，IIT）以及食品工业的研究团体组成（图 2-19）。根据合作协议，研究所由伊利诺伊理工学院建立，汇集了学术界、工业界和政府的食品安全和技术专家，旨在加强和改进美国消费者的食品安全。

图 2-19 食品安全与健康研究所标志

5. 药品审评与研究中心

药品审评与研究中心（the Center for Drug Evaluation and Research，CDER）是美国食品药品管理局（FDA）最大的一个审评中心。它是监督《食品药品和化妆品法》中定义的大多数药品的部门。而一些生物制品也是合法考虑的药物，但它们由生物制品审评与研究中心管理。美国药品审评与研究中心审评新药和非专利药品的申请，为药品生产管理美国CGMP规则，确定哪些药物需要医生的处方，监视批准药品的广告，并收集和分析已在市场上有关药品的安全数据。美国药品审评与研究中心审评新药申请，以确保药物是安全和有效的。其主要目标是确保所有处方药和非处方（OTC）的药物是安全有效的。美国药品审评与研究中心接收相当大的公共监督，从而实现过程的客观性，而且往往倾向归因于特定个人的单独决定。

审评一般由对决策有共识的工作人员进行。对批准的决定往往会成就或者毁掉一个小公司的股票价格（例如MarthaStewart公司和Imclone公司），所以市场密切关注美国药品审评与研究中心的决定。在美国药品审评与研究中心内部，有大约1300名雇员的审评队伍审评和批准新的药物。此外，美国药品审评与研究中心雇用了拥有72位雇员的"安全团队"，以确定新药是否存在不安全性。美国FDA对批准、标签和药品监督的预算每年大约为2.9亿美元。安全团队监察3000种处方药对2亿人口的作用，每年预算约1500万美元。

美国药品审评与研究中心最新的机构设置如下。①中心主任办公室：办公室主要人员有咨询委员会工作人员和控制物质工作人员。②执法办公室：包括执法危险管理和监督部、生产和产品质量部、新药和标签执法部和科学调查部。③医疗政策办公室：包括药品营销、广告和通讯部。④新药办公室：包括药品审评办公室、医学影像产品部、放射性药品研究委员会（RDRC）项目和肿瘤药物产品办公室。⑤制药科学办公室：包括生物技术产品办公室、通用名药办公室和新药质量评价办公室。⑥试验和研究办公室：包括应用药理学研究部、药物分析部、产品质量的研究部、信息与计算机安全分析人员（ICSAS）监督和流行病学办公室（原药品安全办公室）。⑦转化科学办公室：包括生物统计办公室、临床药理办公室和临床药理部。⑧其他部门：包括药物信息部和美国 FDA 药学学生实验项目。⑨团队：包括植物审评团队和产妇保健团队。

美国药品审评与研究中心对三大类的药品制定了不同的标准，这三大类药品如下。①新药：一种药品如果是由不同的制造商使用不同的辅料（excipients）或非活性成分（inactive ingredients）制作而成，被用于不同的治疗目的，或者药品已有其他任何实质性的变化即可称为"新药"。对于新药最严格的要求是在"新分子实体"（new molecular entities）层面上不得雷同于任何已经存在的药物。新药在被美国食品药品管理局批准之前需要进行大量的研究观察，这个程序被称为"新药申请审评程序"（NDA）。在默认情况下，新药只有凭医嘱才能买到。新药成为非处方药（OTC）首先需要经过新药申请审评程序并被批准，之后还要有一个独立的审查程序。新药被批准就意味着"当直接使用时是安全而有效的"。②非专利药：非专利药是专利保护已经过期的处方药，因此允许其他制造商制造和销售。对于非专利药的批准，美国食品药品管理局需要科学的证据证明该药品与最初被批准的药品之间是可替换的，或在治疗的意义上是等同的。③非处方药：非处方药是不需医生处方就可获取的药品和复合剂。美国食品药品管理局列出了一个表单，其中的近 800 种成分通过多种方式的组合产生了 10 万多种的非处方药。另外，许多非处方药的组成成分也属于处方药范畴，但是现在被认为无需医疗人员的监督亦可安全使用。

美国的药品审评有两种分类方法，第一种是根据药品特性分为创新药和仿制药，创新药是指首次在美国上市的药品，其上市前必须向 FDA 提出新药申请，仿制药的上市则提出简略新药申请。第二种是根据新药的化学新颖性和疗效的潜力分类，化学新颖性分为 7 类：全新分子化合物；新酯、新盐或其他非共价键的衍生物；新制剂或新配方；新结合物；新生产厂；新适应证；未经新药申请而已上市的药品。疗效潜力分为P（指疗效优于市售药）和 S（指疗效和安全性与市售药相似）。在美国新药从研制到批准生产需要 8~10 年，耗资为 6500 万~8000 万美元。FDA 审批一个新药一般需 2 年，平均每年审 2000 个新药，只有 10%能够生产。

美国药品申请分三类：研究性药品申请、新药申请、简略新药申请。一个新药的发展和审评的平均周期为临床前研究 1 年半，FDA 安全性审查 1 个月，Ⅲ期临床试验 5 年，FDA 新药审评 2 年。通过审评的新药仅占申报数量的 1/4。新药获得专利 17 年后，其他药厂方可仿制。申请生产仿制药品须经仿制药品部同意，方可使用简略新药申请。为便于审评，FDA 对申报格式、内容等，制定了一系列指南。如方法验证和分析数据申请指南，规定申请人应准备 4 份样品，其中 2 份寄到药品审评部指定的 2 个实验室，另 2 份为备用。寄送样品时，应同时寄上检验用对照品（包括杂质对照品）和不常用的试剂和材料。所附资料中应说明对照品纯化方法、波谱等检定数据。又如新药申请呈送办法，规定应呈送 2 份文件。一份是完整的永久性主文件，另一份是分卷的审评件。这 2 份文件上都应附有申请表和申请信件。主文件的内容有：摘要；化学、制造和质量检验；非临床药理毒理；人体代谢动力学和生物利用度；微生物学；临床数据；统计数据。除此，FDA 对申报文件用纸大小以及分卷用的文件夹规格、颜色等，都有明确的规定。对主文件的内容也可以用指定规格的微缩胶卷，以方便审评工作和审评、资料的保存。

6. 国家毒理学研究中心

国家毒理学研究中心（the National Center for Toxicological Research，NCTR）位于阿肯色州杰斐逊（Jefferson）城附近，建于 1971

年，属于美国 FDA 的研究所。除接受 FDA 的任务外，还接受美国国立卫生研究院（NIH）、美国职业安全与卫生研究所（NIOSH）、美国环境保护署（EPA）、美国药物滥用研究所（NIDA）、美国消费者安全委员会（CPSC）和美国国防部委托的有关毒理研究任务。NCTR 的主要目标是建立评价有毒物质对人类健康影响的有效方法。因此它以研究化学物质的作用机制，如在动物体内的吸收、分布、代谢和排泄，以及导致生殖、遗传、肿瘤，分布和代谢改变等为主要内容，并用来解释对人类健康的影响。它有 20 余座设备完善、新颖的建筑物，除了由所长直接领导的实验室和生物统计学研究室外，还有生化毒理学、比较毒理学、遗传毒理学、生殖和发育毒理学研究室。而生化室、微生物室、质量保证室、动物繁殖室、兽医室、动物饲料准备室和病理室等，则为研究所的辅助科室。NCTR 现有近百名科学家和科研辅助人员，拥有一大批先进的科研设备，有 275 项科研项目正在进行中。

7. 食品安全和应用营养中心

食品安全和应用营养中心（The Center for Food Safety and Applied Nutrition，CFSAN）是 FDA 的分支机构，负责食品、膳食补充剂和化妆品的安全（图 2–20）。具体检测对象包括生物病原体（如细菌、病毒、寄生虫）、自然产生的毒素（如真菌毒素、甲藻鱼毒素、

图 2–20 食品安全和应用营养中心标志

麻痹性甲壳类毒素）、饮食补充物（如麻黄素）、杀虫剂残留物（如戴奥辛）、有毒金属（如铅、汞）、分解和污物（如昆虫残骸）、食品过敏原（如蛋、花生、小麦、牛奶）、营养品问题（如维他命 D 服用过量、幼儿铁中毒）、饮食成分（如脂肪、胆固醇）、物理放射性核种 TSE 型疾病

（如麋鹿的慢性消耗性疾病）和产品填充物。CFSAN 的旨在保护和促进民众的健康，但仍然需要其他机构及相关人员的配合才能有所成效。该中心进行具有前瞻性的合作计划，例如与马里兰大学共同成立的食品安全暨应用营养联合研究所（JIFSAN），以及与伊利诺科技研究所共同成立的国家食品安全和科技中心（NCFST）。这些合作计划提供重要资讯，使食品的管理更具成效，进而确保食品的安全性。本中心员工人数超过800 名，其中包括秘书和其他后勤人员，以及化学家、微生物学家、毒物学家、食品科技专家、病理学家、分子生物学家、药理学家、营养学家、传染病学家、数学家和公共卫生学家等。本中心的其他部门除了提供消费者、国内外业界和其他外部团体的有关现场规划、机关行政业务、科学分析与支援的服务外，还针对重大食品议题提供政策拟订、规划和处理等服务。本中心在马里兰州的劳瑞尔（Laurel）和阿拉巴马州的多芬岛（Dauphin Island）设有研究机构。

8. 州际研究教育推广合作局

州际研究教育推广合作局（the Cooperative State Research，Education，and Extension Service，CSREES）是美国农业部主要的集资研究机构（图 2-21）。该机构可以为从事食品安全等相关研究的学校、政府机构、专业组织及业界团体提供竞争性的集资补贴。CSREES 畜牧业项目包括肉牛、奶牛、家禽、猪、水产、绵羊、山羊和马属动物的繁殖，目的是鼓励多学科的渗透和一体化的研究、教学

图 2-21　各州的研究教育和相关合作机构标志

和推广普及。其重点放在促使健全的经济、社会可接受和对环境有利的方式方法上。CSREES 畜牧业项目还包括基础学科部分，动物繁殖学、营养学、遗传学、生理学、环境保护、产品质量、管理、保健、福利和安全等学科。

第二节　启示

一、建立统一、权威、高效的监管体系

食品安全监管机构的设立应从食品产业链的角度进行研究，以制定出食品质量安全全过程控制方案，并使各部门能够协调实施。在理顺各法律法规之间的衔接关系，避免标准不一、尺度不一的问题的同时，更重要的是着力解决现有法律法规实际执行力低的问题。因此，建议借鉴美国总统食品安全委员会的架构，成立一个跨部委的全国统一的、权威的食品安全委员会，直接受国务院领导，由它统一组织、协调管理与食品安全有关的全部工作，把分散和交叉的职能重新整合，根据食品行业的特性，合理划分管理权限，防止出现错位、缺位和越位的现象。分散在进出口及铁路、航空等环节的食品安全监管职能的整合，也有待积极的探讨。整合食品监管机构的战略目标是建立中国现代食品安全控制体系，通过实施以科学为基础的协调一致的立法、检测、监控、执法、科研、教育计划，对全国的食品生产、加工、包装、储运、销售和进出口各个环节严格监管。同时，进一步加强行政监管部门执法能力建设，突出提高强制性能力，推进行刑融合性衔接。另外还要对监管部门的履职行为做出责任界定，对失职做出处罚，对尽责和成就给予褒奖，否则不能有效激励监管部门的积极性。

二、形成职责明细、分工协作的监管机制

虽然美国负责食品安全管理的机构很多，存在职责的交叉。但是，美国政府各部门分工却非常明确、清晰。如针对蛋和蛋制品，美国分得很细，很具体。带壳的蛋由 FDA 负责，而去掉蛋壳以后，则由 FSIS 负责。对于涉及多个部门的事情，美国政府主管部门之间都能够充分听取各方意见，协同行动。在对外介绍其职能时，无论哪个部门介绍的情况都一样，并不光强调自己工作的重要性。这种合作机制是建立在法规完善和执行过程的公开、透明基础之上。因此，要解决部门之间工作相互扯皮和推诿的问题，关键还在于责任的明晰和行政执法公开、透明，同时加大对权力的制约和舆论的监督作用。相比之下，我国食品安全监管的分工还不很明晰，必须进一步明确细化各部门职责，并用法律的方式固定下来。只有这样，才能切实各负其责，谁出问题谁负责。

三、加强第三方机制的地位和作用

我国食品生产经营点多、面广、情况复杂，监管资源又相对紧缺，可以借鉴美国的经验做法，充分利用社会资源优势，积极发挥第三方的作用。一是积极培育第三方机构，提高其能力和水平。二是赋予其职能。凡是第三方机构可以做到的、法律法规允许的，就要充分发挥其作用。三是加强对第三方机制的监督指导，使其在法制的框架内形成重要的监管推动力。

参考文献

[1] 袁曙宏. 百年 FDA–美国药品监管法律框架 [M]. 北京：中国医药科技出版社，2008.

[2] 苏蒲霞. 中外食品安全监管体制比较研究 [M]. 北京：中国政法大学出版社，2014.

[3] 唐民皓. 食品药品安全与监管政策研究报告 [M]. 北京：社会科学文献出版社，2009.

[4] 杨鹭花. 美国食品安全监管体系对我国的启示 [J]. 中国食物与营养，2007，9：13–15.

[5] 赵平. 美国食品安全监管体系解析 [J]. 郑州航空工业管理学院学报，2009，27（5）：101–104.

[6] 刘先德. 美国食品安全管理机构简介 [J]. 世界农业，2006，（2）：42–44.

[7] 谷瑞敏. 美国和加拿大兽药管理制度研究 [D]. 武汉：华中农业大学，2005.

[8] 潘晓芳. 中美食品安全管理体系比较研究 [D]. 杭州：浙江大学，2005.

[9] 宋大维. 中外食品安全监管的比较 [D]. 北京：中国人民大学，2008.

[10] 范硕. 基于中美对比的食品安全管制研究 [D]. 北京：中共中央党校，2010.

[11] 卢玮. 美国食品安全法制与伦理耦合研究 [D]. 上海：华东政法大学，2014.

参考网址

1. 美国总统食品安全委员会，http://www.gao.gov

2. 美国食品药品管理局，http://www.fda.gov

3. 美国食品安全检验局，http://www.fsis.usda.gov

4. 美国动植物卫生检验局，http://www.aphis.usda.gov

5. 美国联邦贸易委员会，http://www.ftc.gov

6. 美国环境保护署，http://www.epa.gov

7. 美国国立卫生研究院，http://www.nih.gov

郑州大学　刘欣欣

第三章 | 美国食品质量安全控制

第一节　质量认证体系

一、HACCP

（一）概述

"危害分析和关键控制点（hazard analysis critical control point，简称 HACCP）"，是一种控制食品安全危害的预防体系而不是反应性体系，它的目的不是零风险而是用来使食品安全危害的风险降到最小或可接受的水平。HACCP 被用于确定食品原料和加工过程中可能存在的危害，建立控制程序并有效监督这些控制措施。危害分析与关键控制点强调企业的自身作用，以预防为主。危害可能是化学的、物理的污染，也可能是有害的微生物和寄生虫。实施 HACCP 的目的是对食品生产、加工进行最佳管理，确保提供给消费者更加安全的食品，而且还可以用它来提高消费者对食品加工企业的信心。

1. HACCP 发展历程

美国是最早将 HACCP 引入食品安全法规的国家。在美国食品安全控制中，农业部（USDA）负责管理肉禽类，食品药品管理局（FDA）

管理其他类的食品。其发展历程见图 3-1。

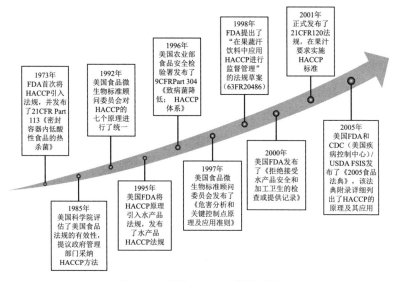

图 3-1　美国 HACCP 发展历程

2. HACCP 相关术语

（1）危害（hazard）：产生于食品中的、潜在的会危害人体健康的物理、化学或生物因素。

（2）危害分析（hazard analysis）：收集信息、评估危害及导致其存在的条件的过程，由此决定对食品安全有显著意义的危害，这些危害应被列入 HACCP 计划中。

（3）显著危害（significant hazard）：有可能发生并且可能对消费者造成不可接受的危害，有发生的可能性和严重性。

（4）控制（control）：使操作条件符合规定的标准或使生产按正确的程序进行，并满足标准的各项要求。

（5）控制措施（control measure）：能够预防或消除食品安全危害，或将其降低到可接受水平所采取的任何行动或活动。

（6）关键控制点（critical control point（CCP））：可进行控制，并能预防或消除食品安全危害，或将其降低到可接受水平的必需步骤。

（7）关键控制点判定树（CCP decision tree）：通过一系列问题的推理来判断一个控制点是否是关键控制点的组图。

（8）HACCP（危害分析与关键控制点）：对食品安全显著危害进行识别、评估以及控制的体系。

（9）HACCP 计划（HACCP plan）：依据预先制定的一套 HACCP 文件，为使食品在生产、加工、销售等食品链各环节与食品安全有重要关系的危害得到控制的程序和步骤。

（10）必备程序（perquisite program）：为实施 HACCP 体系提供基础的操作规范，包括 GMP 和 SSOP（卫生标准操作程序），也称前提条件。

（11）流程图（flow diagram）：制造或生产特定食品所用操作顺序的系统表达。

（12）关键限值（critical limit）：与关键控制点相关的、用于区分可接受与不可接受水平的标准值。

（13）操作限值（operating limits）：比关键限值更严格的、由 HACCP 小组为操作者设定的用来减少偏离关键限值风险的参数。

（14）监控（monitor）：为了评估关键控制点是否处于控制中，对被控制参数进行的有计划的、连续的测量或观察活动。

（15）偏差（deviation）：不符合关键限值。

（16）纠偏措施（corrective action）：也称纠偏行动，当关键控制点（CCP）与控制标准不符时，即 CCP 发生偏离时所采取的任何措施。

（17）确认（validation）：验证工作的一部分，指收集和评估证据，以确定 HACCP 计划正常实施时能否有效控制食品安全危害。

（18）验证（verification）：确认 HACCP 计划的有效性和符合性，或 HACCP 计划是否需要修改和重新确认的活动。

（19）步骤（step）：包括原材料，从初级生产到最终消费的整个食品链中的某个点、程序、操作或阶段。

（二）基本原理

原理 1：进行危害性分析

对食品原料的成分、原材料的生产、食品的加工、贮运、消费等各阶段进行分析，确定各阶段可能发生的危害及这些危害的程度，并提出相应的控制措施。危害包括物理性危害，如玻璃渣、金属屑等；化学性危害，如农药、重金属、毒素等；生物性危害，如微生物、寄生虫、病毒等。

原理 2：确定关键控制点

根据原理 1 提出的危害分析和预防控制措施，找出食品加工制造过

程中可被控制的点、方法或程序。关键控制点可以使用 CCP 判断树来
确定（图 3-2）。通过控制这些关键控制点来防止、消除食品生产加工
过程中的潜在危害或将其降低到可接受水平。这包括整个食品生产加工
过程，从原料、加工、运输到消费者食用。这个点是指危害能被控制或
消除的点，例如，加热、制冷、包装和金属探测。

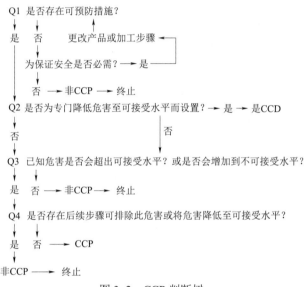

图 3-2 CCP 判断树

原理 3：建立关键控制限值

在关键控制点上衡量产品是否安全，必须有可操作性的参数作为判
断的基准，以确保每个关键控制点可限制在安全范围内。常见的关键控
制限值是一些参数，如浓度、温度、时间等。例如，对一个加热食品，
这包括设置加热的最低时间和温度确保某些有害微生物的消除。

原理 4：建立监控程序

监控程序应尽量用各种物理及化学方法对关键控制点进行有计划

的连续观察或监测，以判断关键控制点有没有超出关键控制限值，并做好准确记录，作为进一步评价的基础。例如，是由谁和如何对加热时间和温度进行监测。

原理 5：建立纠正措施

建立当监测提示某个具体关键控制点失去控制时所采取的纠偏行动。虽然 HACCP 体系已经包括了避免关键控制点出现偏差的措施，但总体来说，保护措施应该包括对针对每个关键控制点的纠偏措施，以便发生偏差时能及时纠正，使其回到正常状态。例如，若食品的加热温度未达到最低要求值就必须重新加工或废弃该批食品。

原理 6：建立验证程序

用来确定 HACCP 标准是否按照 HACCP 计划正常运转，或者计划是否需要进行修改，以及再被确认生效使用的方法、程序、检测及审核手段。例如，检测温度和时间记录的装置，以确认加热过程正常运行。

原理 7：建立记录保存和文件程序

企业在实行 HACCP 标准的过程中，必须有大量的技术文件和日常的监测记录，这些记录应是全面的，包括：CCP 监控控制记录、采取纠正措施记录、验证记录（包括监控设备的检验记录、最终产品和中间产品的检验记录）、HACCP 计划以及支持性材料（HACCP 计划、HACCP 小组成员以及其责任、建立 HACCP 的基础工作、有关科学研究实验报告以及必要的先决程序 GMP、SSOP 等）。

（三）制定一份 HACCP 计划的步骤

1. 组成 HACCP 小组

食品生产应确保有相应的产品专业知识和技术支持，以便制定有效的 HACCP 计划。最理想的是，组成多种学科小组来完成该项工作。如现场缺乏这些技术时，应该能够从其他途径获得专家的意见。应明确 HACCP 计划的范围。该范围应列出食品链中所涉及的环节并说明危害的总体分类（如是否包括所有危害分类或只是选择性的分类）。

2. 产品描述

应对产品做全面描述，包括相关的安全信息，如成分、物理/化学特性（包括 Aw、pH 等）、加工方式（热处理、冷冻、盐渍、烟熏等）、包装、保质期、储存条件和销售方法。

3. 识别预期用途

预期用途应基于最终用户和消费者对产品的使用期望，在特定情况下，还必须考虑易受伤害的消费群体，如团体进餐情况。

4. 制订流程图

流程图应由 HACCP 小组制订。该流程图应包括该操作中的所有步骤。当 HACCP 应用于特定操作时，应对该特定操作的前后步骤予以考虑。图 3-3 是冷冻熟牛肉饼的生产流程图示例。

5. 流程图的现场确认

HACCP 小组应在所有操作阶段和时间内，确定加工操作与流程图一致，必要时，应对流程图加以修改。HACCP 体系的核心是 HACCP 计划，它是企业建立 HACCP 体系的文件，用来保护食品在整个生产过程中免受可能发生的生物、化学、物理因素的危害，其宗旨是将这些可能发生的食品安全危害消除在生产过程中，而不是靠事后检验来保证产品的可靠性。HACCP 是一种控制危害的预防性体系，其主要精力是放在影响产品安全的关键控制点上。正是基于这种思想，使 HACCP 在通常缺乏各种有效资源的许多发展中国家成为积极推行的理想工具。

图 3-3　冷冻熟牛肉饼的
生产流程图示例

二、GMP、GAP、GAQP

（一）GMP

GMP 是英文 Good Manufacturing Practice 的缩写，中文意为"良好操作规范"。食品 GMP 为基本指导性文件，包括了对食品生产、加工、包装、贮存，企业的基础设施、加工设备，人员卫生、培训、仓储与分销，环境与设备的卫生，加工过程的控制管理作出详细的规定。

美国是最早将 GMP 用于食品工业生产的国家，FDA 为了加强对食品的监管，根据美国《联邦食品药品和化妆品法》第 402（a）条"凡是在不卫生的条件下生产、包装或贮存的食品视为不卫生、不安全"的规定，制定了《食品生产、包装和储藏的现行良好操作规范》（21CFR 110）。《食品生产、包装和储藏的现行良好操作规范》（21CFR

110）作为基本指导性文件，对食品生产、加工、包装、贮存企业的人员卫生，建筑和设施，设备，生产和加工控制管理都作出了详细的要求和规定，是美国的食品 GMP 通用法规。GMP 描述了生产加工食品的方法、设备、设施和控制。作为生产安全和卫生食品的最小卫生和加工要求，他们是国家食品安全监管的重要组成部分。GMP 也是 FDA 检查的基础。

1. GMP 的发展

食品安全管理始于 19 世纪中叶，主要由国家和地方的监管机构进行管理。然而，《纯净食品和药品法》是在 1906 年国会上通过的，这标志着第一个关于食品加工的主要联邦消费者保护法的建立。该法律禁止州际和国外假冒或掺假的食品、饮料或药品的贸易，其目的是为了防止中毒和消费欺诈。然而，由于法律的漏洞，在接下来的几年内，随着食品生产的增多，劣质食品和欺骗性的包装仍然存在。消费者通常在打开食品包装之前不知道他们购买的产品是什么。因此，在 1933 年，美国食品药品监督管理局决定大修《纯净食品和药品法》。

1938 年，在美国农业部发起的关于法案实施管辖范围的战争后，《联邦食品药品和化妆品法》（FD&CA）取代了 1906 年《纯净食品和药品法》。FD&CA 提供了必要的身份和质量标准以保护消费者不受欺诈。FD&CA 为今天的《良好操作规范》（GMP）提供了依据。FD&CA 有两个部分是直接关于食品生产设施状况的。402（a）（3）部分规定，在这种环境条件下生产的食品不宜食用。402（a）（4）部分规定食品在不卫生的条件下准备和包装可能会被掺假，从而可能成为污物或有害健康的污染。这些规定与 402 节的其他部分不同，因为它们涉及到生产或储存食品的设施情况。因此，不卫生的生产条件就足以表明食品可能是掺假，而不用必须证明食品掺假。

鉴于 FD&CA 在界定违法行为方面的模糊性和实施难度，FDA 于 20 世纪 60 年代中期开始起草食品 GMP 法规（尽管早在 1948 年就有人建议这么做）。食品 GMP 法规的目的是描述保持卫生条件的一般规则，所有食品加工设施都必须遵循这些卫生条件，从而确保达到 402（a）（3）和（4）的法定要求。在多行业介入后，包括关于 FDA 采取措施实行 FD&CA 的法令的辩论，最终在 1968 年提议了食品加工设施的 GMP 法规（表 3-1）。本规范在 1969 年 4 月完成，并作为美国《联邦法规汇编》（CFR）的第 128 编出版。在 1977 年，第 128 部分被作为 CFR 的第 110 部分重新编撰和出版。最后的 GMP 法规是非常广泛的，没有指定什么设施必须遵守的规则。这自然产生了美国食品药品管理局（FDA）的执法问题。为了解决由一般 GMP 产生的歧义，FDA 随后在 20 世纪 70 年代中期试图开发行业特定的 GMP。然而，到 20 世纪 70 年代末，FDA 决定完善一般 GMP，而不是采用行业特定的 GMP。修订于 1986 年完成，并在 21CFR 110 部分印刷。特定 GMP 也在 21CFR 113 部分到 169 部分印刷：

①对于婴幼儿配方奶粉的营养含量的质量控制程序（21CFR 106）。

②热处理的密封的低酸性罐头食品（21CFR 113）。

③酸化食品（21CFR 114）。

④瓶装饮用水（21CFR 129）。

2002 年 7 月，FDA 形成食品 GMP 现代化工作组检查当时食品 GMP 的有效性，当时的食品 GMP 根据 1986 年以来在食品行业中发生的案例做了许多变化。工作组一直在研究食品 GMP 对食品安全以及修订条例（包括经济后果）的影响。2004 年 6 月，该工作组的一部分工作就是找出食品 GMP 中哪些关键要素是需要保留的，哪些是需要改进的，FDA 现在通过举行公开会议获得大众的评论，以协助完成这一目标。表 3–1 列出了食品 GMP 的发展历程。

表 3–1　食品 GMP 发展历程

时　间	重要事件
1906 年	化学署通过 1906《纯净食品和药品法》，禁止州际的掺假食品、饮料和药品商务。
1933 年	FDA 建议修订 1906 年的《纯净食品和药品法》
1938 年	FDA 通过了《联邦食品药品和化妆品法》，该法案提供了食品的身份和质量标准
20 世纪 60 年代中期	FDA 决定通过 GMP 法规明确 FDCA
1968 年	FDA 提议食品 GMP 法规
1969 年	FDA 完成食品 GMP 法规
20 世纪 70 年代早期	FDA 考虑颁布行业法规
20 世纪 70 年代末期	FDA 决定修改一般 GMP，而不采用行业特定的 GMP
1986 年	FDA 发布了修订后的食品 GMP
2002 年	FDA 形成了食品 GMP 现代化工作组
2004 年	FDA 宣布努力实现现代化食品 GMP

2. 食品 GMP 的关键规定

现行的 GMP 包括 7 个部分，其中有两个是保留的。这些要求有意允许生产商之间的个体差异，以使他们能按照自身的需求来执行要求。表 3–2 总结了目前已经完成的 5 个部分。

表 3–2　21 CFR 110 总结：人类食品生产、
包装和储运的现行良好操作规范

A 部分：一般规定	110.3	定义	• 酸性食品/酸化食品 • 充足的 • 面糊 • 热烫 • 关键控制点 • 食品 • 食品接触面 • 批 • 微生物 • 害虫 • 厂房 • 质量控制操作 • 返工品 • 安全水分含量 • 消毒 • 必须 • 应该 • 水分活度
	110.5	现行良好操作规范	• 确定掺假的标准 • 受特殊的 GMP 法规管理的食品也必须符合本法规的要求
	110.10	人员	• 疾病控制 • 清洁 • 教育和培训 • 监督
	110.19	例外情况	• 例外操作（生的农产品） • FDA 可以颁布特殊的法规来涵盖这些例外操作
B 部分：建筑物和设施	110.20	厂房和地面	• 地面的充分维护 • 工厂的施工和设计，以实现卫生的操作和维护
	110.35	卫生操作	• 物理设施、器具、设备的清洁/消毒 • 清洁和消毒物品的储存 • 病虫害防治 • 食品接触面卫生 • 清洁的便携式设备和器具的储存和处理
	110.20	卫生设施和控制	• 供水 • 输水设施 • 污水处理 • 卫生间设施 • 洗手设施 • 垃圾及废弃物处理

续表

C 部分：设备	110.40	设备和器具	设备和器具的设计、施工和维护的要求
E 部分：生产加工控制	110.80	加工和控制	● 生原料和其他辅料的控制 ● 生产操作控制
	110.93	仓储和销售	食品的储存和运输必须防止食品和容器的污染和变质
G 部分：缺陷水平	110.10		● FDA 建立了一些天然的或不可避免的缺陷的最大缺陷水平 ● 符合最大缺陷水平但没有借口违反 402（a）（4）的规定 ● 在最大缺陷水平以上的食品不能与其他食品混合

（1）一般规定（A 部分）

A 子部分的规定分为四个部分，第一节定义了很多用于描述 GMP 的术语。术语"必须"和"应该"也被定义来区分哪些是必须执行的，哪些程序和做法是推荐执行的，即 402（4）（a）部分中规定的与不卫生条件没有直接关系的程序和做法。

在人员的部分描绘了工厂和员工关于个人卫生方面的责任。例如，有疾病或其他可能污染食品的人员将被排除在制造作业之外。该部分还概述了个人卫生和清洁，服装，去除珠宝和其他不安全物品，手套的维护，头套的使用，适当的个人物品存储，以及各种活动的限制，如吃东西和吸烟。本节讨论了对最基本的食品安全知识进行教育和培训的必要性。本章进一步授权监督人员的分配以确保规则的执行。

（2）建筑物和设施（B 部分）

B 子部分概述了食品加工设施的维护、布局和操作的要求。第 110.20 节概述了充分维护地面的要求，包括垃圾控制，废物清除和处理，以及地面维护和排水。本章要求的工厂的设计和建造要尽可能的减少污染的可能性。关于如何实现这一点，提供了一些细节，但要求主要集中在卫生设施的最终结果，而不是具体的做法。该部分还包括许多一般条款，使得要求能够灵活实施。

第 110.35 节介绍了卫生操作。物理设施、设备、器具要以防止食品污染的方式进行消毒。概述了清洁材料和有毒物质的储存，以防止化学污染。该部分还简要地讨论了病虫害防治和各种食品接触表面的清洁，以及清洁的频率。

第 110.37 节介绍了充足的卫生设施和控制要求，包括供水、管道、厕所和洗手设施，垃圾和废弃物处置。

该部分的一些要求是相当具体的，如对厕所自动关闭门的要求；而其他一些要求仍然是大致的，如管道的规模和设计。

（3）设备（C 部分）

C　子部分描述了设备和器具的设计，施工和维护的要求和期望，以保证卫生条件。它还增加了一个具体的要求，当温度发生明显变化时要有自动控制调节温度的设施或报警系统以提醒员工。本章其他要求都是相当普遍的，为了防止任何来源的污染。

（4）生产加工控制（E 部分）

E　子部分的第一节列出了一般的卫生处理和控制以确保食品适合人类食用。本节使用了更通用的词（例如，"充足的""合理的"等），并覆盖了很多前面几部分没有涉及到的方面。本节还讨论了物理因素（关键控制点）的监测，如时间，温度，湿度，pH，流速和酸化。

第二节概述了仓储和销售的一般要求。该节要求成品的储存和销售条件避免物理，化学和微生物污染。容器和食品也必须保护以防止变坏。

（5）缺陷水平（G 部分）

G 是最后一部分，允许 FDA 为缺陷定义最大缺陷水平（DALs），这种缺陷是指天然的，或不可避免的，甚至是在按照 GMP 前面几部分规定的条件下生产的食品的缺陷。一般来说，这些缺陷在低水平时是不危害人体健康的；它们包括啮齿类动物的污秽，昆虫或霉菌。DALs 是针对个别商品进行定义的，可以从 FDA 制定的缺陷行动水平手册获得，也可从 FDA 网站缺陷行动水平手册获得。表 3-3 列举了所选食品的最大缺陷水平。食品制造商有望使用质量控制操作将缺陷水平降到最低。高于最大缺陷水平被视为违反 402（3）（a）的规定。该节规定禁止高于最大缺陷水平的食品与其他食品混合。

表 3-3 部分食品产品的最大缺陷水平

食品产品	最大缺陷水平
多香果（研磨的）	● 平均每 10g 含超过 30 个昆虫碎片 ● 平均每 10g 含超过 1 根啮齿动物毛发
西兰花（冷冻的）	● 平均每 100g 含超过 60 个蚜虫、蓟马和（或）螨虫
可可豆	● 通过计数超过 4%的豆类是发霉的 ● 通过计数超过 4%的豆类长有昆虫或被昆虫损坏 ● 通过计数超过 6%的豆类长有昆虫或发霉的（注：当污物和霉菌同时存在时水平有所不同） ● 平均每磅含超过 10mg 的哺乳动物排泄物
去核橄榄	● 平均 1.3%或更多的橄榄有整个坑和/或坑碎片的最大长度超过 2mm
菠萝汁	● 平均超过 15%发霉 ● 每次抽样发霉数超过 40%
番茄（罐头）	● 平均每 500g 含超过 10 个果蝇卵 ● 平均每 500g 含超过 5 个果蝇卵和 1 个蛆 ● 平均每 500g 含超过 2 个蛆

（二）GAP

1. 美国 GAP 简介

GAP 即《良好农业规范》（Good Agriculture Practice）。1988 年，美国食品药品管理局（FDA）和美国农业部（USDA）联合发布了《关于降低新鲜水果与蔬菜微生物危害的企业指南》，首次提出了良好农业规范的概念。

美国《良好农业规范》标准的实施，主要是针对未加工、最简单加工出售给消费者，或者是加工企业的大多数果蔬的种植、采收、清洗、摆放、包装和运输过程中常见的微生物危害控制，关注的是新鲜果蔬的生产和包装。其适用范围不仅仅包括农场，还包括从农田到餐桌的整个食品供应链条。

美国 GAP 之所以以微生物的控制为重点，这一方面与本国的饮食习惯密切相关，另一方面因为美国联邦政府或州政府对农药等生产控制要素均有明确的规定，由不同部门进行管理，无需通过 GAP 加以控制。在 10 年的应用过程中，包括八项基本原则和八项基本内容的美国《良好农业规范》在控制新鲜果蔬微生物方面发挥了重要作用。

美国 GAP 以第三方认证为具体衡量模式，虽然非强制使用，但 FDA 和 USDA 积极建议新鲜果蔬生产者采用，美国农业部指定其下属的食品安全检验局（FSIS）作为独立的第三方认证机构开展认证工作。目前 GAP 已成为美国保障新鲜果蔬质量和安全方面的重要手段，有望成为继 HACCP 法规之后的另一个强制性技术法规。其中主要针对的是控制食品安全危害中的微生物污染造成的危害，并未涉及具体农药残留造成危害的识别和控制。

美国 GAP 的重要特点是：第一，尽管标准是由相关政府部门制定的，但生产加工者是否进行 GAP 认证却是自愿的，政府对此的态度是建议使用而非强制。第二，其关注焦点是新鲜农产品的微生物危害，而且没有关于食品供应或环境的其他领域（例如：杀虫剂残留、化学污染）明确的表述，这使得 GAP 认证实施过程相对简单，成本也不会提得太高。第三，关注的是减少而非消除微生物的危害，而且要求种植者、包装者、运输者在其各自领域内都应建立规范以防止无意地增加食品供应和环境的其他风险（比如：多余包装、不当的使用、抗菌化学药品的处理）。这是从田间到餐桌的全过程控制。第四，政府对实行 GAP 认证的农场主或企业没有特殊补贴。美国是典型的大农场主经济，基础设施条件也相对完善，对于单个农场主而言，GAP 认证的实施成本相对较低，从而具有较高的规模效益。

2. 定义

（1）农业用水：是指园艺上生长环境中所用的水（例如，田地、葡萄园、果园等）。它包括用于灌溉，蒸腾控制（冷却），防冻保护，或作为肥料和杀虫剂载体的水。有时也可用一个更具体的词来形容，比如"灌溉用水"。农业用水的主要来源包括从江河、溪流、沟渠、开运河、湖泊（如池塘、水库、湖）、井以及城市供水等地流动的地表水。

（2）充足的：是指达到预定的良好操作规范目的所必须的。

（3）清洁：是指食品或食品接触表面进行清洗和漂洗，目视无灰尘、污垢、食物残渣、杂物等。

（4）堆肥：是指有机物质，包括动物的粪便和其他废弃物，在有氧或厌氧条件下通过微生物作用消化的管理过程。

（5）控制：是指（a）管理操作条件，以符合既定的标准，（b）遵循正确的程序和达到既定标准。

（6）控制措施：是指可用于预防、减少或消除微生物危害的任何行动或活动。

（7）设备：是指在新鲜农产品的采摘、洗涤、整理、储存、包装、标签、持有、运输等方面所使用的或者相关联的建筑物和其他物理结构。

（8）食品接触表面：是指与新鲜农产品接触的表面和农产品灌溉水的排水系统表面，或者在正常操作过程中会与农产品接触的表面。"食品接触表面"包括设备，如用于收割、收获后和包装作业的与新鲜农产品接触的容器和输送带。它不包括用于处理或储存大量包含或包装的新鲜农产品和不进入食品实际接触的拖拉机、叉车、手推车、托盘等。

（9）新鲜的水果和蔬菜：是指向消费者出售的未加工或粗加工（即生的）形式的新鲜的农产品。新鲜的农产品可能是完整的，如草莓、完整的胡萝卜、萝卜和新鲜番茄，或者在收获过程中被分割了，如芹菜、西兰花和菜花。本文件中的指南也适用于"鲜切"的产品，如预切、包装、即食混合沙拉。然而，一些新鲜农产品的特殊项目，如鲜切产品，可能会经过额外的加工步骤和处理，除了本指导文件中的良好农业管理规范之外，可能还要考虑具体的良好操作规范。

（10）良好管理规范：是指一般的减少微生物的食品安全危害的规范。这一术语包括用于生长、收获、分类、包装和储存操作的"良好农业规范"和用于分类、包装、储存和运输作业的"良好生产规范"。

（11）微生物：包括酵母菌、霉菌、细菌、原生动物、寄生虫（幼虫）和病毒。有时，"细菌"或"由细菌引起的"用来代替"微生物"。

（12）微生物危害：是指微生物导致的疾病或伤害。

（13）城市污泥（生物固体）：是指人类生活垃圾被当地政府处理后的副产物，可以用作肥料或者土壤改良剂。

（14）运营商：是指对新鲜水果和蔬菜的生产、收获、洗涤、分类、冷却、包装和运输和转运负日常责任的人，并负责管理所有参与这些活动的人员。

（15）致病菌：是指能够引起疾病或伤害的微生物。

（16）害虫：是指对公众健康有重要影响的任何动物或昆虫，包括可能携带病原体或者污染食物的鸟类、啮齿类动物、蟑螂、苍蝇和幼虫，但并不局限于这些。

（17）加工水：用于处理采后农产品的水，如洗涤、冷却、打蜡及产品运输。

（18）消毒：是指对清洁的农产品进行处理破坏或大大减少危害公共卫生的微生物和其他不会影响产品质量安全和危害消费者健康的不利微生物的过程。

（19）消毒（食品接触面）：是指对清洁的食品接触面进行充分处理以破坏或大大减少危害公共卫生的微生物和其他不会影响产品质量安全和危害消费者健康的不利微生物的过程。这意味着使用加热或化学品处理食品接触表面，足以将代表性微生物数量降低 5log 或者 99.999%。

（20）转运者：是指将新鲜农产品从种植者运输到市场的运输工具。如汽车、火车、船舶或飞机的操作者。

3. 水

作物生长用水涉及大量的田间作业，包括灌溉、农药和肥料的使用、冷却和霜冻控制。收获后的用途包括生产漂洗、冷却、清洗、打蜡和运输。质量不合格的水有可能成为污染的直接来源，并可能成为在田间、设施或运输环境中传播局部污染的工具。无论水从什么地方接触到新鲜农产品，其质量都决定着病原体污染的可能性。如果病原体在农产品的表面存活，可能会导致食源性疾病的发生。

（1）微生物危害：水可以是许多微生物包括致病性大肠埃希菌、沙门菌、霍乱弧菌、志贺菌、小球隐孢子虫、肠兰伯式鞭毛虫、环孢子虫、弓形虫、诺沃克病毒和甲肝病毒的载体。即使少量的污染与这些生物体中的一些代谢物都可能导致食源性疾病。

（2）潜在危害的控制：水的质量、如何使用以及农作物的性质都会影响水对农产品的潜在污染。一般来说，与农产品的可食部分直接接触的水的质量要比接触少的水的质量要好一些。其他影响与水源性病菌接触的潜力及其导致食源性疾病的可能性的因素包括：作物的种类和状况、与水接触到收获的时间间隔以及采后的处理。如果农产品具有大的表面（如叶菜类蔬菜）和不平整的表面（表面粗糙的蔬菜），它们容易与病原体接触，感染的风险也更大，尤其是在临近采摘和收货后的处理过程中与病原体接触。农产品行业的一些部门使用含有抗菌物质的水以保证水的质量，或者尽量减少表面接触。

运营商在评估水的质量和采取措施减少微生物危害时应考虑以下问题和做法（以下的建议不是对所有的操作都适用的或者必须的）。然而，种植者和包装应选择合适的做法，或者将几种联合起来，以适应他们的操作和水源，从而保证食品安全。

> **农业用水**

农业用水质量会有所不同，特别是能会受到间歇性或临时污染的地表水，如废水排放或从上游流下来的受污染的牲畜用水。此外，受到地表水影响的地下水，如比较古老的有裂缝的水井，也容易受到污染。确保水质量的做法包括：确保水井按正确的方法修建并得到保护，通过处理水以减少其中的微生物含量，或使用可以替代的方法以减少或避免水与农产品接触。这些以及其他做法的可行性将取决于现有的水源、预期的水的使用和特殊的农产品经营资源需求。

①一般注意事项

a. 确定水的来源和分布，并意识到其成为病原体来源的可能性。

b. 保证水井的良好工作条件。

c. 审查现有的做法和条件，以确定潜在的污染源。

d. 了解土地当前和历史的使用情况。

e. 考虑保护水质的措施。

f. 考虑灌溉水的质量和使用。

②农业用水的微生物检测：从科学角度来讲，农业用水的微生物检测程序和农业用水微生物检测的有限实用性上还有很多空白。种植者关注水质问题应首先把注意力集中在良好的农业规范（如粪便管理和上游水源控制）上，以保持和保护水资源的质量。对农业水资源的微生物质

量检测感兴趣的种植者需要考虑以下几个方面：

a. 种植者可以定期抽样测试水源中微生物污染情况，选用粪便污染的标准指示菌，如大肠杆菌检测，这也是商家、州以及地方政府实验室会开展的项目。但是细菌检测合格并不代表原生动物和病毒不存在。

b. 在农业用水来源于公共水资源的地区，水中微生物分析的资料可由当地的水资源管理局提供。

c. 水的质量，尤其是地表水的质量会随时间变化而变化的（比如随季节变化，甚至每小时都会变化），一次测试并不能说明水的污染情况。此外，水的检测中如果某种病原体的含量较低，也不能说明该病原体污染。然而，适当的微生物测试对极端条件下（如：被污染的水源）确定水的质量和评价一些控制措施（如：井水的清理）的有效性是有用的。

d. 种植者可以咨询当地的水质专家，如国家或地方环境保护或公共卫生机构，其他相关机构及大学，从而针对自己的需要得到合适的建议。

> **加工用水**

在收获后的水果和蔬菜的处理过程中所用到的水往往与农产品的接触很多。虽然水是一个减少潜在污染的有用工具，但它也可以成为污染或交叉污染的来源。加工用水的再利用可能会导致微生物的积累，包括来自农作物的不良致病菌。运营商应学会采取措施以确保水的质量在收获过程的开始到结束过程中都能达到预期的用途。

①一般注意事项

a. 遵循良好的生产规范，以尽量减少来自加工用水的微生物污染。

b. 考虑保持水质的措施。

——定期采样进行微生物检测；

——把换水作为维持卫生条件所必需的做法；

——经常清洁和消毒水接触的表面，如水缸、水槽、洗涤槽、水冷却器，以保障农产品地安全；

——如果需要的话，安装防回流装置以防止被污染的水引起清洁水的污染（如饮用水填充线和倾倒罐排水管）；

——定期检查和保养设备（如注氯、过滤系统、防回流装置）以确保系统高效运行，从而维护水质。

②抗菌物质：一旦污染发生了，阻止污染是最佳的纠正措施。在加工用水中添加抗菌物质对降低水中微生物含量和减少农产品表面的微生物是很有用的。因此，抗菌物质可以降低微生物污染的潜在风险。

抗菌剂的有效性取决于其化学和物理状态、处理条件（如水的温度、酸度、接触时间）、病原菌的耐药性以及水果或蔬菜表面的性质。例如，氯通常以 50～200ppm 的浓度添加到水中，pH 值为 6～7.5，接触时间为 1～2 分钟，对新鲜农产品进行采后处理。

臭氧常被用于屠宰场的清洗和消毒，紫外照射也经常用于加工用水的消毒，二氧化氯，磷酸钠和有机酸（如乳酸和醋酸）已被作为农产品清洗用水的抗菌剂进行研究，但目前还需要进一步研究。运营商应选择适合自身需求的方法来对水进行消毒处理。

> **清洗用水**

清洗新鲜农产品（也被称为表面处理）可以减少微生物对食品安全危害的整体潜力。这是一个重要的步骤，因为大多数微生物污染都发生在水果和蔬菜的表面。如果病原菌没有被消除、灭活或以其他方式控制，它们可以传播到周围的农产品上，这样对农产品的污染比例会更大。

一些收获后处理（如水冷却、使用水罐和水槽运输）会在很大程度上涉及到农产品与水接触。包装者应按照良好操作规范降低这些过程中污染的可能性。

a. 使用正确的清洗方法。

b. 维持清洗的效率。

c.对于某些农产品要考虑清洗的温度。

d.对水敏感的农产品要考虑替代的方法。

> **冷却水**

农产品冷却的方法各种各样，包括水、冰和强制空气。所使用的方法取决于水果或蔬菜以及运营商的资源。在大多数情况下，空气冷却（如真空冷却器或风扇）的风险是最低的。

在冷却过程中使用的水和冰应被视为潜在的病原体污染源。此外，冷却水的再利用会增加交叉污染的风险。例如，被某个容器污染的农产品进入冷却过程时，可能会导致冷却水中的病原体随着时间积累越来越多。运营商应遵循良好的管理规范，确保不会引入食品安全隐患。具体做法包括以下几个方面：

a. 将温度保持在维持产品最佳质量处。

b. 维护空气冷却设备和冷却区域。

c. 考虑在冷却水中使用抗菌剂。

d. 保证水和冰清洁和消毒。

e. 冰的生产、运输和储存要在清洁卫生的条件下。

f. 设备需要清洁和消毒。

4. 有机肥和污泥

妥善处理的有机肥（粪便）或污泥可以成为有效的和安全的肥料。未经处理的、处理不当的或二次污染的有机肥或污泥作为肥料使用，用来改善土壤结构，或流入地表水或地下水，可能含有污染农产品的病原体，影响公共卫生。土壤中或土壤附近的作物最容易受到在土壤中存活的病原体的攻击。长得矮的作物在灌溉或暴雨中容易溅到土壤，这样被长期残留在土壤中的来自有机肥的病原体感染的风险也会提高。与农业用水一样，农产品影响包埋和吸附的物理特性也会影响其被污染的风险。

种植者在使用有机肥或污泥时需要遵循良好农业规范以降低微生物的危害。种植者还需要检查其特定的生长环境，以确定主要可能导致污染的有机肥来源。

（1）微生物危害：动物粪便和人类排泄物是人类病原体的重要来源。其中一种特别危险的病原菌–大肠埃希菌 O157:H7 最初是从反刍动物，如牛、羊、鹿的粪便中流出来的。此外，动物和人类的粪便中都容易藏有沙门氏菌、隐孢子虫和其他病原体。因此，污泥和粪便的使用，包括固体、半固体和液体粪便，必须严格管理以限制病原体污染的可能性。

种植者还必须警惕人类或动物粪便不经意地引入到农产品的生产和处理环境中。潜在的污染源包括：使用未经处理或处理不当的粪便；附近的堆肥或厩肥储存区，牲畜、家禽养殖；附近城市污水或污泥的存储、处理或销毁区域；在农产品的生长和收获环境中的高密度的野生动物。

（2）潜在危害控制

➤ **污泥**

1991 年 7 月 18 日，美国环境保护署（EPA）在联邦纪事上发布通知，概述了美国对联邦土地使用污泥的政策声明，包括对粮食作物的使用（56 CFR 331 86）。对污泥的使用要求在《联邦法规汇编》的第 40 编的 503 部分（40 CFR Part 503）中做了规定。503 部分要求的病原体或病原体随着一定的限制明显减少或消除（如最小倍的生物固体的应用和不同的食品或饲料作物的收获之间）。503 部分要求在一定的限制范围内（如不同的粮食或饲料作物的污泥使用和收获之间的时间间隔最低）。一些州也有污泥的使用要求，种植者使用污泥首先必须满足 503 部分的要求，然后要遵守州的附加要求。由于动物粪便可能含有相同或更高水平的某些病原体，其中一些是会传染给人类的，种植者可能要考虑 503 部分要求背后的原则，并考虑适当的做法对土地施用有机肥。

在种植粮食作物的土地上使用污泥涉及到一些超出了本文范围（以微生物危害为主）的微生物以外的风险因素（例如，潜在的有毒重金属和有机化合物）。然而，这些问题在 503 部分都有规定。

种植者可以从美国农业部自然资源保护局（原土壤保护局）和州际研究、教育和推广合作局获得正确的园艺方法指导。

> **粪便管理的良好农业规范**

种植者应该遵循良好农业规范来处理动物粪便，减少微生物危害，包括像堆肥之类的用来降低粪便中病原体的数量的处理。良好的农业操作规范还包括减少有机肥直接或间接的接触农产品，特别是在接近收获的时期。

①降低病原体的处理：用于降低粪便和有机物中的病原体的处理方法有很多种，种植者可以选用农场中或者供应商提供的有机材料。处理方式的选择取决于各个种植者的自身需求和资源情况，处理可以分为两组，被动的和主动的。

a. 被动的：被动的处理方法主要依赖于时间的推移和环境因素，如自然温度和湿度的波动以及紫外线照射，以减少病原体。

b. 主动的：与被动处理相比，积极的处理方法一般涉及到更高层次的管理和更大的资源投入。积极的处理方法包括：杀菌、烘干、厌氧消化、碱性稳定，好氧消化，或这些方法的组合。

②处理与应用：有机肥的储存和处理场所应尽可能远离新鲜农产品的生产和处理区域，考虑对容易由径流、浸出或风传播引起污染的粪便储存和处理区域安全的障碍。考虑良好农业规范减少从粪便储存或处理地区的渗出液污染农产品，考虑减少处理好的粪便再次污染的做法。

a. 未处理的有机肥：粮食作物使用未处理的有机肥感染病原体的风险要大于处理过的，种植者要使用未处理的有机肥必须遵守以下良好农业规范：

——在种植之前将有机肥混入土壤中。

——不建议在收获前使用未处理的有机肥或有机肥渗出液。

——保证使用有机肥与农作物收获时间间隔最大化。

——如果不能最大限度地延长有机肥的使用和农作物收获的时间间隔（如：在一年中的大部分时间都能收获的新鲜农产品），未处理的有机肥就不能使用。

b. 处理的有机肥

——避免粪便在堆肥或其他处理过程中污染新鲜的农产品。

——采用良好农业规范以确保所有材料得到充分的处理。

——种植者从有机肥供应商那里购买有机肥时，应该从供应商那里获得包含每批肥料处理方法信息的规格表。

——种植者应该向国家或地方的有机肥处理专家征求具体到个人业务和地区的意见。

➤ **动物粪便**

动物粪便是导致食源性疾病的病原体的一个重要来源。虽然不可能完全驱除所有新鲜农产品种植地的所有动物，很多地区都开展项目以保护农作物不被动物侵害。最大限度减少家畜危害的良好农业规范包括：

①在生长季节，家养动物应该从新鲜农产品区域、葡萄园和果园中驱赶出来。

②必要时，种植者应采取措施以确保来自邻近田地或废料储存设施的畜禽粪便不污染农产品生产区。

此外，高密度的野生动物（如：鹿、水鸟）会增加微生物污染的风险，控制田间野生动物的数量将会很难，特别是作物生产区域邻近森林、开阔的草地和水道。另外，还必须考虑联邦、州或当地的动物保护的要求。然而，在野生动物密度较高的地区，种植者应该尽可能地考虑建立良好农业规范以阻止野生动物或者将其引到不被送往新鲜农产品市场的作物田地里。

5. 工人的健康和卫生

操作人员应注意并遵循在职业安全和健康法下建立的工人健康保

护的适用标准。此外，美国《联邦法规汇编》第 21 编 110.10 节（21 CFR 110.10）规定了在生产、包装或拿食物过程中的工人健康和卫生规范。在建立适合农业环境（田地、包装设施、运输作业）的卫生规范时，需要考虑本节的标准。在美国以外的运营商应该遵循相应的或类似的标准、法规或法律保护工人健康。

（1）微生物危害：受感染的员工从事新鲜农产品工作会增加传播食源性疾病的风险。过去关于新鲜和粗加工的农产品食源性疾病的爆发，通常是由于产生了粪便污染的结果。因此，运营商应该优先考虑农业和管理规范以最大限度地减少粪便直接或间接与新鲜水果和蔬菜接触。此外，传染性疾病，伴有腹泻或开放性病变的疾病，包括疥子，溃疡或受感染的伤口，都是致病微生物的来源。

食品加工工人认识和实践适当的卫生规范的重要性不容忽视。如果不了解和遵循基本的卫生原则，工人可能会无意间污染新鲜农产品、水源和其他工人，并传播食源性疾病。

（2）潜在危害的控制

①人员健康和卫生：确保所有人员遵守建立的卫生规范是很重要的，包括那些间接参与新鲜农产品生产的人员，如设备运营商、潜在的购买者和害虫控制经营者。运营商应考虑以下做法：

a. 建立培训程序。

b. 熟悉传染病的典型症状和体征。

c. 提供身体保护措施。

d. 考虑选择良好的卫生规范。

e. 确保会与农产品接触的农场游客、包装或运输人员遵守良好的卫生规范。

②培训：当给员工开展培训时，应考虑《职业健康和安全法》（29 CFR 1910.141 J 和 29 CFR 1928.110）中适用于工作人员健康和培训的规定。见附录 2 关于如何获得这些规定的副本的信息。在美国以外的运营商应该遵循相应的或类似的标准、法规或法律保护工人健康。关于培训需要考虑的其他内容包括以下几个方面（不仅仅局限于这些）：

a. 良好卫生的重要性。

b. 洗手的重要性。

c. 正确洗手方法的重要性。

d. 使用厕所设施的重要性。

③自由采摘和路边摊：种植者要开展自由采摘业务，就要考虑在本指南中提出的关于水质和有机肥使用的良好农业规范。种植者如果让消费者在农场自由挑选自己的水果或蔬菜，或者将农产品直接出售给客户，也应该考虑以下良好农业规范：

a. 促进良好的卫生规范，鼓励消费者洗手，并在农场配备方便的洗手设施，包括盆、水、液体肥皂、卫生的干手设备（如一次性纸巾）和垃圾桶。

b. 为客户提供清洁方便的厕所，提供足够的厕纸。

c. 促进良好的处理、加工措施，鼓励所有消费者在生吃蔬菜和水果之前要彻底清洗。

6. 卫生设施

（1）微生物危害：运营商对现场和包装设施中各类废弃物管理不善，就会明显增加农产品被污染的风险。

（2）潜在危害控制：经营者应当按照法律和法规中对现场和设施卫生的描述来经营其设施或者农场。职业健康和安全法中的现场卫生法（29 CFR 1928.110 I）中规定了适当工人和厕所的对应数量，适当的洗手设施，工人离休息室的最大距离，以及设施被清洁的频率。良好的现场卫生有助于减少农产品污染的可能性，确保员工和消费者免受食源性疾病的侵扰。

29 CFR 1928.110 J 中的 OSHA 标准中规定了厕所和其他环境卫生问题的相关条例。在封闭的设施来包装这些条例。封闭式包装设施是根据这些规定而来的。

此外，CFR 中规定的关于建筑物和设施、设备以及食品生产和过程控制的《现行良好操作规范》（21 CFR 110.20 至 110.93），是一个很好的指导减灾事业发展的资源。包装者也应考虑餐饮服务型标准的应用，比如 FDA 的《食品法典》和包装设备环境中的标准。

在美国以外的运营商应该遵循相应的或类似的标准、法规或法律保护工人健康。

①厕所和洗手台

a. 厕所要近，厕所越近，工人使用的概率就越大，方便他们随时都可以去，而不只是在他们休息的时候才能去。

b. 厕所位置要合适，不能设在灌溉用水的水源附近，或者在下雨时废物容易随雨水流向别处的位置。

c. 厕所和洗手台所用物品的供应要齐全，包括盆、水、液体肥皂、卫生的干手设备（如一次性纸巾）和垃圾桶。

d. 所有设施都要保持干净。

②污水处理站：人粪便处理不当可能会导致水、土壤、动物、作物或工人污染。系统和规范应该到位，以确保来自永久安装或临时厕所的废物的安全管理和处理，防止其污水进入田间。经营者应按照EPA法规中 40 CFR 503 部分的规定来污水污泥的使用或处置污水，或参照EPA 的"家庭排泄物的监管指南：EPA 503 部分的规则"，或针对国际运营商的相应的或类似的标准、法规或法律。需要考虑的良好规范实例如下：

a. 操作临时厕所时要小心。

b. 要有遏制或处理泄漏或溢出事件中的污水的计划。

7. 现场卫生

（1）微生物危害：新鲜农产品在预收获和收获过程中的微生物污染或交叉污染可能来自土壤、肥料、水、工人、收获设备与农产品的接触。这些都可能是病原微生物的来源。

（2）潜在危害的控制

①收获的一般注意事项

a. 贮藏设施使用前要清洁。

b. 如果损坏的容器已经不能清洗干净以减少新鲜农产品的微生物污染时，就要将其丢弃。

c. 运输新鲜农产品时要在使用前清洁容器或货箱。

d. 确保农产品在清洗、冷却或包装过程中不受污染。

e. 在农产品离开田间之前要尽可能清除上面的泥土和脏物。

②设备维修：现场设备，如收获机械、刀具、容器、桌子、篮子、包装材料、刷子、桶等都可以很容易地将微生物扩散到新鲜的农产品上。运营商应考虑以下指南：

a. 适当地使用收获和包装设备，并保持其清洁。

b. 保持收获容器清洁，防止新鲜农产品交叉污染。

c. 将各设备分配给每位负责人负责。

8. 包装设施卫生

（1）微生物危害：在卫生状况差的环境下进行包装操作会显著增加新鲜农产品和用于农产品用水被污染的风险。病原微生物可能存在地面上、包装设施的排水管中以及在分类、分级和包装设备的表面上。没有良好的卫生习惯,任何与新鲜农产品接触的表面都可能成为潜在的微生物污染源。在整个包装过程中,操作者应采用良好的卫生规范作为标准操作程序。

(2)潜在危害的控制

①包装的一般注意事项

a. 在到达包装设备或包装区域之前,尽可能多地清除新鲜农产品中的污垢和泥浆。

b. 修理或丢弃损坏的容器。

c. 清洁用于运输新鲜农产品的托盘、容器或垃圾桶。

d. 在储存过程中保护未使用的清洁的和新的包装容器不被污染。

②设备维修的一般注意事项:包装和储存设施应始终保持清洁状态。用于分选、分级、包装新鲜农产品的设备应该使用合适的材料和工艺,以保证可以充分清洗。设备的设计、施工、使用和清洁,有助于降低交叉污染的风险。经营者或种植者还应考虑以下做法:

a. 要尽可能地保持接触新鲜农产品的设备或机械清洁。

b. 每天工作结束时清洗包装区域。

c. 维护冷却系统,确保设备的正常运转。

d. 定期清理产品储存区域。

③病虫害防治：所有的动物，包括哺乳动物、鸟类、爬行动物和昆虫都是潜在的污染源，因为各种病原体，如沙门菌等都可能会藏匿或寄生在动物身上。一般情况下，病虫害的问题可以采取以下预防措施进行最小化，如：

a. 建立虫害控制系统。

b. 保持地面完好无损。

c. 定期监测和维护设备。

d. 防止害虫进入封闭设施。

e. 使用害虫控制日志。

9. 运输

参与新鲜农产品的运输商和其他所有参与运输的人都应该仔细检查产品运输系统中的每个层面，包括从田间到冷却器设备，包装设备的运输，以及到经销商批发或零售终端市场中心。适当的新鲜农产品运输方式有助于减少微生物污染。为保证提供安全食品的任何管理计划的成功，与负责运输工作的人员进行交谈是必不可少的。

（1）微生物危害：来自其他食品、非食品来源或污染接触面的微生物交叉污染可能发生在装载、卸载、储存和运输过程中。

（2）潜在危害控制：无论农产品在哪里被处理和运输，其卫生条件都应该被评估。运输者应该将新鲜农产品与其他食物和非食物病原体分开，以防止在运输过程中产生污染。

①一般注意事项

a. 参与新鲜农产品运输过程中装卸工作的工人应执行良好的卫生规范。

b. 产品检查员、购买者和其他访客应遵循建立的卫生规范，比如在检查前彻底洗手。

②运输的一般注意事项：种植者、包装、发货人、经纪人、出口商、进口商、零售商、批发商以及参与新鲜农产品运输的其他所有人都应确保在运输链中的不同环节，卡车或其他运输工具要符合卫生要求。另外，其他一些需要注意的事项有：

a. 在装载之前要检查卡车或运输箱的清洁、气味、灰尘或碎片。

b. 保持运输车辆清洁，有助于减少新鲜农产品的微生物污染风险。

c. 保持适当的温度，以确保新产品的质量和安全。

d. 以适当的方式将农产品装载在卡车或运输箱中，以尽可能地减少损坏。

（三）GAQP

水产养殖提供了世界海产品需求量的 50%。美国是水产品消费大国，2012 年有 91%的海鲜是进口的。表 3-4 列举了近年来美国部分海产品的进口情况。近年来，由于水产养殖的不良操作如：农场工人不良卫生习惯、未经处理的污水和动物污染源、使用肮脏的塑料容器和铲子以及化学品和饲料储藏的污染，会导致海产品出现病原体污染、含有未经批准的抗生素、农药和有毒元素、产品的错误标签以及含有天然毒素等令人担忧的安全问题,世界主要水产品养殖大国和进口国已将水产品生产与进口的安全管理纳入法制轨道。美国对水产品质量安全监管实行的是相对集中的管理体制,它将政府的安全监管职能与企业的食品安全保障体系紧密结合,做到了"分工明确、权责并重、疏而不漏"。美国在水产品安全监管方面十分强调从"农田到餐桌"的整个过程的有效控制,为确保水产食品原料生产的安全,美国在水产养殖环节中积极推行良好操作规范;在水产品加工环节则重点采用 GMP 和 HACCP 管理。

表 3–4 列举了近几年美国部分鱼类和贝类的进口情况

产品		2011	2012	2013	2014	2015	2015.01	2016.01
体积（1000磅）	新鲜和冷冻鳟鱼	11082	19616	18713	19154	26689	1803	2772
	新鲜大西洋三文鱼	192231	222313	190427	172155	236428	17237	19839
	新鲜太平洋三文鱼 [1]	19704	9770	12153	11070	10049	543	532
	冷冻大西洋三文鱼	5694	4828	5604	6853	6112	251	849
	冷冻太平洋三文鱼 [1]	85406	65491	71480	76134	79040	9951	9444
	切片大西洋三文鱼	201601	276703	317981	360239	371698	31920	34235
	罐装和熟制的大西洋三文鱼 [2]	25167	27539	37106	32329	32309	2263	1806
	罗非鱼 [3]	433162	503644	504698	508483	496095	60118	53304
	冷冻虾	948460	922877	865133	988270	1000382	84016	87310
	新鲜的和熟制的虾 [4]	323579	253456	248756	265140	292725	28058	22559
	牡蛎 [5]	26779	18566	19830	21337	24496	1654	1506
	贻贝 [5]	63813	75384	70916	74635	70605	4960	5333
	蛤蜊 [5]	44832	45518	48705	50644	52789	3701	4420
	扇贝 [5]	56804	34021	60429	60039	48388	5879	6883

续表

产品		2011	2012	2013	2014	2015	2015.01	2016.01
价值 (1000 美元)	新鲜和冷冻鳟鱼	37927	72415	79104	94444	104750	7857	9343
	新鲜大西洋三文鱼	564872	567815	615218	568485	658086	50901	56112
	新鲜太平洋三文鱼[1]	66203	51421	65638	111537	70083	3576	4441
	冷冻大西洋三文鱼	19135	12376	14785	21458	16356	626	1987
	冷冻太平洋三文鱼[1]	267435	210684	212777	223829	239451	29933	25624
	切片大西洋三文鱼	936204	1025897	1445434	1766576	1504848	144989	129067
	罐装和熟制的大西洋三文鱼[2]	136107	145451	178826	167288	174991	11117	7639
	罗非鱼[3]	864248	976829	1034501	1114378	981109	124325	100176
	冷冻虾	3869521	3485646	4123673	5283907	4169141	412726	351250
	新鲜的和熟制的虾[4]	1296593	977832	1153417	1412939	1287168	131921	90187
	牡蛎[5]	73870	52921	65181	64023	71933	4928	4639
	贻贝[5]	91197	108218	105299	128343	113767	8179	8257
	蛤蜊[5]	64694	63397	67994	70981	70989	4323	5010
	扇贝[5]	300379	224740	371883	394377	350624	40916	38312
	活鳟鱼	529	740	740	800	1067	56	71
	观赏鱼	37256	38567	36835	33722	33768	2928	3358

表中最后两列是去年和今年的数据

①不包括特别指出的三文鱼品种

②包括烟熏的和腌制的三文鱼

③包括冷冻全鱼、新鲜的和冷冻的鱼片

④包括罐头、裹面包屑的或其他熟制方法

⑤新鲜的或熟制的

来源：美国农业部官网（http://www.ers.usda.gov/data-products/aquaculture-data.aspx），2016 年 3 月 7 日

1. 良好水产养殖操作规范

《良好水产养殖操作规范》（Good Aquaculture Practices，简称GAQP），该规范是一种有效的优化水产养殖模式，为提高水产养殖企业日常管理水平、实施可持续发展而开展的一种管理形式。GAQP 需要考虑以下因素：场地位置、生产系统设计、引进种子的库存；设备安全、进料管理、采购和储存、生产技术，以最大限度地提高鱼的健康；收获；清洁和卫生基本知识，以确保最终产品质量和安全。

（1）良好选址要素包括：土壤类型、接近优质水源、可用的基础设施、与其他农场和污水的关系、适当抬高、外部湿地/红树林区。

①土壤类型：池塘水质是由水源和土壤的类型和化学特征所决定的。粘土的含量对水分的保持是很重要的，而矿物质含量可以影响水的pH、硬度和碱度，从而影响浮游生物的产量。大量有机物存在于土壤中会增加氧的需求量，因为细菌分解有机质需要氧气。此外，有机物的分解会增加氨的浓度，这对水产品是有毒的。酸性硫酸盐土可浸出酸和硫铁矿，显著降低水的 pH，这对水产品也是有毒的，因此施工前必须正确鉴定土壤类型。

——土壤类型对水质有直接影响

——土壤 pH 值应在 6～8.5 之间

——水 pH、碱度和硬度是由土壤类型决定的

——土壤有机物含量会对耗氧量和虾类废弃物的氧化作用产生影响

——酸硫酸盐土壤应避免或需要特殊的建设和管理指导

②水源：水源中高有机物含量会增加营养和细菌的水平，从而增加需氧量和氨的浓度。水源中高有机质含量和相关的氨含量可以减少每天的池塘喂养率。在进气泵处使用一系列不同大小滤网进行过滤是必不可少的，这样可以消除天敌。然而，水源中有机物的含量太高会造成滤网的快速堵塞。将泵放置在尽可能远离营养物质（如池塘排放的营养物质）的地方会减少营养物质和有机质的吸入，降低水的质量。池塘应位于潮汐影响区域的上方，以减少高有机土壤含量的发生率，减少洪水风险，并使得池塘能够在各自大小的潮汐时都能够排水，这是保证虾在收获过程中保持品质要考虑的重要因素。池塘应设在没有动（人畜）物可以进入的池塘或水源处。

③可用的基础设施

——获得必要的基础设施，如冰和其他用品，可以降低成本和协助产品处理。适应各种天气的道路对于保持产品的质量很重要

——场地接近电力或燃料设施提供高效的抽水和通风能力

——提供便利的冰和道路，以方便水产品包装和进入市场

④与其他农场和污水的关系：要尽量减少高浓度有机物和营养物质的摄入量，抽水的位置应与邻近的池塘或其他农场排水保持最大的距离。抽水时间应安排没有其他排放和农药水平最低（在不同降雨量时测试的值）时进行。使用与其他池塘或农场接触的水源会增加疾病的风险。发现疾病应不惜一切代价阻止，因为很多疾病如病毒是无法治愈的。

水源质量测试：保持水产品质量的基本水源质量参数包括氧、盐度、

温度、pH，氮化合物和农药。这些都应该在不同的时间检查：氧气和温度至少每天测量两次，以确定光合作用对浓度的影响。盐度和酸碱度是每日测定，硝酸盐、氨和亚硝酸盐每星期测三次。农药（在流水中的）应定期进行测试，并在不同的降雨量测定水流对农药浓度的影响。见表3–5，FDA允许的最高的农药和重金属含量列表。

表3–5 养殖对象中农药和重金属的最大浓度

化合物	浓度（mg/L）
艾氏剂/狄氏剂	0.3
氯丹	0.3
十氯酮	0.3
DDT，DDE，TDE	5.0
敌草快	3.0
七氯	0.3
灭蚁灵	0.1
多氯联苯	2.0
2, 4–D	1.0
重金属	
砷	76
镉	3
铬	12
铅	1.5
镍	70
甲基汞	1

（2）生产系统设计

①池塘：GAQP中的池塘设计提供了满足生产和收获设备需求的足够的堤防高度和宽度。池塘应有足够的深度以保持季节性水质参数和热稳定性。建议池塘至少设置一到三个堤坡（每1英尺的高对应3英尺宽），

以减少风引起的侵蚀和方便收获。池塘底部也应该有分级，并且均高于排水系统，以便完成池底排水，这也是淤泥及有机物管理的一部分。池塘应有足够的堤防高度以防止历史记录的暴雨发生。对于表面水的位置，进口应该在排水口的上游。

②循环水养殖系统（RAS）：GAQP 中的 RAS 设计中的支撑组件要有足够的大小保证养殖水的质量。这些组件通常包括固体的分离、生物过滤、再通风、排气、水消毒的方式（紫外线臭氧）和蛋白质的脱除。

（3）种子：如果种子是从国外购买的，应该获得一些之前的背景和关于托运人的信息。例如，他们经商多久了？向其索要参考资料并咨询他们以前曾经供过货的客户。询问他们在水产品孵化处是否有疾病认证。将动物从外部引入你的设施中是一个非常重要的疾病控制点，他们应该符合疾病认证标准。对于州际运输，一些认证可能被强制执行。

（4）养殖（生产）：良好的水产养殖程序设计应保持最佳生产工艺参数，从而最大限度地提高生产绩效和动物的健康、安全和福利。在生产池塘，最低的氧气水平和其他水质参数（氨、pH 和亚硝酸盐），所有这些应保持种属特异性。喂养时间应该选择在早晨，此时溶解氧水平会由于光合作用开始上升，如果每天喂养两次，第二次喂养时间至少要在日落前 3 个小时，这样能够使含氧量在摄食活动后反弹。如果溶氧量一直很低，那就不能进行二次喂养，直到溶氧量升起来为止。如果还是不能解决问题，那么第一次喂养也要减量或者取消。紧张的动物不应该被分级，收获，或者进行其他处理，因为这个额外的压力通常是足以引起继发性疾病的暴发或死亡。开发一个生物安全计划对所有类型的生产系统都很重要。要防止交叉感染，并对收获设备进行消毒，人员的进入也应该被限制。

（5）收获：养殖的动物通常要在预定的时间内提前停止喂养以保证饲料能排出去（鱼在温水中，通常需要至少 24 小时）。一些物种可能会出现异味，这是由于某些藻类释放的化合物造成的。这种情况一般需要将收获时间推迟几周，直到藻类数量和对应的异味化合物发生变化。在循环系统中，是通过增加新的水或者臭氧以去除水中的异味。

（6）喂养管理和操作：针对不同大小的鱼类使用合适的大小和营养价值（蛋白质、维生素和矿物质）的优质饲料，对鱼类最大限度的生长，保持健康的免疫系统，减少饲料浪费及相关的对水质量的负面影响是必不可少的。每天多次喂食可以加快鱼的生长，并可以使营养代谢废物更加均匀地被释放，并被有益细菌分解掉，而不是一次或少次喂养造成的废物排泄都集中到一起。仔细观察鱼的摄食行为和良好的喂养量记录将为减少饲料浪费和保持鱼类健康提供有价值的信息。

（7）清洗和消毒：在场地中用于处理或者移动鱼类的设备都需要在使用之前浸在消毒桶中进行消毒。设备不能在场地的多个区域使用。用于孵化的鱼网、水桶还有其他一些设备不应该在其他任何地方使用。同样的，在成鱼区使用的工具不能用在孵化区域和幼鱼区域。

（8）动物与病虫害防治：良好的动物和虫害控制程序涉及到在适当的地方进行排除、控制和根除措施。在池塘生产中，更重要的是要控制鸟类和四条腿动物。对于鸟类的控制，恐吓战术和致命的掠夺技术往往是最有效的（掠夺通常需要州或者鱼类管理机构的许可证）。陆生动物的控制通常采用场地围栏，有时是池塘围栏。对于啮齿类动物，在其栖息的周边设置夹子之类的陷阱是很有效的。

（9）场地生物安全：虽然大多数的生物安全问题可以在场地水平使用基于 HACCP 原理的程序管理和标准操作规程进行管理，一般的生物安全问题可以通过 GAQPs 进行管理。从外面进来的水需要进行某些预处理。典型的地表水进水系统会对进入的成分进行筛选，并且还带有减少鱼或甲壳纲动物的储水池，从而进行沉淀和疾病的控制。对于 RAS 应用系统，还需要在水进入水罐之前通过固体过滤或消毒装置（根据生物安全需要的程度高低）。

2. 美国水产品的 HACCP 法规

1995 年 12 月 18 日，FDA 发布了根据 HACCP 的七个原理而制定的海产品法规，称作"水产和水产品加工和进口的安全与卫生程序"，即"海产品 HACCP 法规"。法规于 1997 年 12 月 18 日正式生效。

该法规隶属于《联邦法规汇编》(CFR)第 21 卷，法规号为 21CFR 123 部分。该法规要求水产品的加工者应建立和实施与其生产操作相适应的危害分析与关键控制点体系。HACCP 原则作为一种风险管理工具，已被成功地用于解决人类和动物水产养殖疾病的危害。FDA 的水产品 HACCP 法规适用于：被指定的"定义"，包括水产（包含双壳类软体动物）、水产品、进口商、加工者（国内的和国外的）、加工；该法规不适用于：水产和水产品的捕捞和运输、仅仅为渔船保存渔货而做的去头、去脏或冷冻操作，零售商的操作。

水产品 HACCP 法规包括以下几个部分：（详情见附件 2 略）

● 子部分 A–总则

123.3 定义

第二节 FSMA 培训体系

一、简介

食品行业培训是成功实施《FDA 食品安全现代化法案》（FSMA）的重要组成部分，生产安全规则和预防控制规则都有培训部分。农民和食品生产商必须有充足的时间来学习规则。规则的培训时间（包括提议的安全生产规则）是根据业务规模来决定的。食品行业的成员最终要保证他们得到符合 FSMA 规则的培训，而 FDA 也承认其规则在促进培训中的重要性。对于该机构而言，这意味着参与国家、联邦、部落和国际间、工业界和学术界的公共或私人合作伙伴进行培训的工作中。行业课程培训和传播的 FSMA 框架如图 3-4 所示。

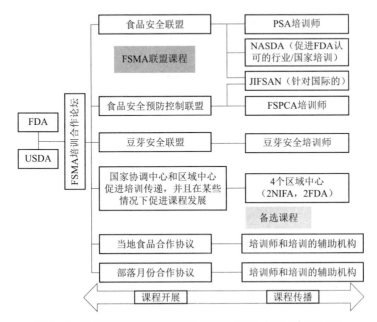

图 3-4 行业课程开展和传播的 FSMA 框架（2015 年 10 月）
注：该列表并不包含所有的为国内外食品企业开展和传递培训课程的实体。

FDA 对所有培训课程所期待的最重要的目标就是结果——推进食品工业满足 FSMA 的要求。有多种方法可以达到要求，培训有多种选择和方式：

①随着公私联盟的创办，FSMA 培训在 2010～2012 年开始，公私联盟的创办主要由 FDA 资助，作为企业的资源并促进新标准的广泛理解和遵守。通过联盟所开展的培训将在规则制定完成后不久进行。

②FDA 在食品工业的成员中认识到了巨大的多样性，通过资助建立了投资合作协议，开发了当地粮食生产系统和部落经营的培训项目。

③FDA 正与美国国家食品与农业研究所（NIFA）合作，提供基金资助国家协调中心（NCC）和四个区域中心（RCs），从而为农场的所有者和经营者、小型食品加工厂和小型水果蔬菜批发商提供培训机会。

FSMA 培训涵盖了食品行业的各种成员，包括国内外生产商和国内进口商。FDA 将与世界各地的合作伙伴，包括联盟、监管机构和跨国组织合作，以促进对全球食品供应商的培训。参加者可在培训完成后收到结业证书。

二、培训措施的主要组成部分

1. FSMA 联盟课程设置（制定）

生产安全联盟（PSA）、食品安全预防控制联盟（FSPCA）和豆芽安全联盟（SSA）正在开发培训项目，帮助国内外食品企业包括小型和极小型农场和设施了解预防控制法规和即将推出的产品安全规则的要求。该联盟是由政府（包括美国食品药品管理局、农业部和其他国家监管机构），食品行业和学术界的专家代表组成。

该联盟最初进行了广泛宣传，让大众了解培训的必要性，包括考虑在 FSMA 之前进行食品安全培训。联盟在过去的几年中一直致力于与数百名利益相关者，包括食品加工业、农业界、学术界、合作机构和监管机构制定行业培训课程。许多工作组共同评估了课程内容的需求，建立了学习目标，并确定了课程的关键要素。该联盟还与这些合作伙伴进行了试点会议，审查培训材料。

通过联盟制定的课程将围绕 FSMA 的规则和其存在的根本原因来促进对"需要什么"和"为什么需要"的理解。他们将被设计为培训模块的模范课程，在其基础上适当增加一些内容即可满足特殊的需求。

该联盟正在努力确保为国际食品企业提供的培训机会与国内提供的培训机会相一致。FSPCA 与 PSA、进口商、外国政府的代表以及其他一些组织建立了一个国际小组来满足全球利益相关者对培训、教育和技术援助的需求。

更多的个体联盟相关内容：

（1）存在时间最久的是 PSA 和康奈尔大学、USDA 以及 FDA 在 2010 年创建的合作伙伴关系。PSA 的作用包括发展以下几个方面：

①标准化的培训和教育课程，以协助国内和国外的生产行业，包括但不限于小型和极小型的农场以及监管人员，执行 FDA 即将出台的生产安全规则。

②用以开发认证培训师和面试流程的培训师培训（TTT）课程，以

培养发展认证首席培训师，使他们利用这些课程为农场提供培训。TTT课程将包括良好农业规范、成人学习的概念和即将出台的 FSMA 生产安全标准。

③网址：http：//www.producesafetyalliance.cornell.edu

④支持生产行业和安全生产培训传播的培训网络

（2）FSPCA 始建于 2011 年，与伊利诺伊理工学院食品安全与健康研究所合作，该联盟开发了一个标准化的培训教育项目和技术信息网络，以帮助国内外食品行业（包括某些农场混合型设施）达到人类和动物食品的预防控制规则以及外国供应商验证计划（FSVP）即将出台的规则。这项工作包括发展以下几个方面：

①两个独立的标准化的危险分析和预防控制培训课程和远程教育模块——一个是针对人类食品工业和监管人员，另一个是针对动物食品工业和监管人员。

②培训课程涉及到：

——制定食品安全计划的资源和初步措施

——危害的类型，进行危害分析，危害的预防控制

——监测预防控制，验证和确认，纠正措施/修正

——记录和法规要求

③网址：http：//www.iit.edu/ifsh/alliance/

④两个独立的培训师培训课程，一个针对人类食品，一个针对动物食品。

⑤一个针对进口食品加工商的即将出台的 FSVP 规则的模块和针对进口食品非加工经销商的全套 FSVP 课程。该联盟还鼓励所有进口商采取全面的预防控制培训。

（3）豆芽安全联盟（SSA）始建于 2012 年，与伊利诺伊理工学院食品安全与健康研究所合作，该联盟是豆芽产业的网络枢纽和资源，以及联邦和州的监管机构。SSA 在发展以下方面：

①为豆芽安全生产提供技术以及促进执行安全生产即将出台的规则的相关要求的培训材料。

②针对豆芽安全生产的农场培训的培训师培训课程。

③网址：http：//www.iit.edu/ifsh/sprout_safety/

该联盟提出的材料将被培训活动公开使用，并作为开发其他等效课程的基准。

2. 备选的培训项目

FDA 将发布指南明确核心标准、学习目标以及 FSMA 培训计划要素的细节。

FDA 资助的三联盟（PSA、FSPCA 和 SSA）在开发标准化的模范课程，是为了满足那些受 FSMA 规则影响的大多数群体的需求，该课程也是被这些群体使用。

同样的道理，FDA 承认传统的培训活动并不是对所有的群体都适用，在某些情况下，备选课程和培训可能更加合适。

FDA 将通过合作协议支持针对特定目标受众提供的特定培训计划的发展。该机构将与这些协议的参与者密切合作，并认证通过这些合作而发展的培训项目有效。

由联盟制定的标准化课程和通过合作协议制定的备选课程是仅有的两种获 FDA 官方认证的课程。该机构鼓励那些与联盟共同开展其他培训课程的组织，NCC 和 RCs 确保培训的一致性和完整性。该机构计划提供关于培训计划如何被评估的额外信息。

3. 合作协议

FDA 的合作协议包括资助一系列的支持 FSMA 规则执行的活动。

（1）该机构已经与全国州农业部联合会（NASDA）签订了五年的合作协议，汇集了一系列的国家合作伙伴，共同制定了执行即将到来的安全生产规则的计划。

①FDA 和 NASDA 的专家一起开发出一套最佳的执行生产规则的规范，领导这一执行工作的强有力的国家联盟正在积极参与到这些规范的开发事项中。

②NASDA 会帮助企业执行培训活动，也会对国家监管机构的培训起到重要作用。

（2）为了使备用方案适应 FSMA 的要求，FDA 通过合作协议资助发展一些特殊的培训项目。该机构的目标是与了解企业特殊需求并直接访问企业在执行 FSMA 时所面对的独特环境和挑战的群体合作。这些培训项目会让大家认识新标准的根本原因，并且确保解决目标受众的特殊需求。具体而言，合作协议被计划用于支持课程在以下两种团体中发展和传播：从事直接营销的地方食品生产商和部落。

①FDA 计划将 2016 年度的财政拨款用于培训课程的开发和传播，除了教育和宣传，还将聚焦于涉及到粮食生产的中小型企业，包括那些从事可持续农业和有机农业的企业。

②FDA 预计资助一个类似的关于发展培训课程和在社区传播的合作协议。

③FDA 将会促进联盟与合作协议参与者之间的交流，以在适当的时候最大限度地利用已开发的材料。

4. 建立国家协调和区域中心来支持培训传递

2015 年 1 月，FDA 宣布，它已与美国农业部国家食品与农业研究所（NIFA）建立合作关系，成立国家食品安全培训、教育、推广、宣传和技术援助项目，见 FSMA 第 209 节的规定。

根据 FSMA 规定，这种竞争性的资助计划将为农场的所有者和经营者、小型食品加工商和小型水果蔬菜批发商提供食品安全培训、教育、推广、宣传和技术支援。

通过此计划发放的资金将资助国家协调中心（NCC）和四个区域中心（RCs），它们将涉及到培训的两个关键要素，即主要促进培训传递，但是在一定的情况下，也促进针对特定受众的课程开发。

（1）FDA 已授予国际食品保护培训所高达 600 000 美元的资助金额，在三年以上的时间内建立 NCC，这将引导协调课程开发和向 FSMA 第 209 节规定中所涵盖的食品企业传递如何执行 FSMA 细则。

（2）NCC 将通过 RCs 协调和支持标准化和/或备选培训课程。

（3）他们将确定是否需要制定或调整课程，以满足特殊的为满足地区需求的和/或针对特定受众的需求。RCs 将承担针对本地目标企业的培训机会的前景的理解和沟通。培训项目各有所不同，已满足这些需求。NCC 将促进 RCs 与联盟、其他参与这种地区和/或针对特殊受众的材料的群体之间的交流。

（4）使用不同的资助基金分别在国家的南部、西部、北部和东北部地区建立区域中心。这些中心将与非政府组织和以社区为基础的组织的代表，以及来自合作推广服务、粮食中心、当地农业合作社和其他可以解决社区服务具体需要的代表进行合作。

（5）那些有资格获得批准设立一个区域中心的机构包括联邦，州或地方政府机构，国家合作推广服务，非营利性社区或非政府组织，高等教育机构，部落组织和部落的利益相关者或者两个更符合条件的合作的单位。

该项工作已经开始在考虑基金资助，2015 年 5 月，NIFA 发出了南部和西部区域中心的申请程序，2015 年 7 月，NIFA 发出了北部和东北部区域中心的申请程序。

5. 传递培训推广

参与课程开发和传递的组织之间相互沟通将会加强培训的推广，并将涉及到联盟、NCC、RCs 和其他培训机构之间的协调。其他一些组织在发展和（或）推广培训以及培训认证上有着重要作用。

（1）三联盟——PSA、FSPCA 和 SSA 正在发展 TTT 计划以确保首席培训师对课程都很熟悉，并对培训的传递有足够的经验和准备，还要了解 FSMA 规则要求。完成 TTT 的首席培训师（根据他们的教育背景、工作经历和培训经历来选择的）将轮流通过已建立的程序对企业进行培训，该程序会给参与 PSA、FSPCA 或 SSA 培训的人颁发结业证书。

FDA 计划将那些通过合作协议进行合作的组织和部落的资金将用于资助培训课程的发展和培训的传递。

行业培训将会通过合作协议进行协调，这些组织将会与 NCC、RCs、联盟和其他参与者相互作用，以增加认可培训项目的意识。

这些项目也可以提供一个食品行业培训的结业证书。

（2）公认培训计划传递的重要参与者将会成为大学附属的合作推广办事处的完善网络。这个关键组织将会支持 FDA 公认的标准化和备选课程的培训工作。

（3）其他的培训传递合作伙伴包括：

PSA 的四个区域推广协会，通过 PSA 传递和发展培训课程。

NASDA 和其他的国家监管利益相关者协会，包括食品和药品官方协会、公共卫生实验室协会、美国饲料控制官方协会和州及地方卫生官方协会。这些国家利益相关群体参与联盟，并促进 FDA 认可的行业培训以及国家监管机构的培训。

针对国际培训项目的食品安全和应用营养联合研究所（JIFSAN），JIFSAN 是 FDA 和马里兰大学之间的桥梁。

其他培训机构，如政府机构、合作推广机构、大学、行业协会、非营利组织和以社区为基础的组织和顾问，将传递由 FDA 认可的标准化和备选课程。

（4）NCC 将通过 RCs 协调培训 FSMA 209 节涵盖的食品企业的培训，保证参与者参与到培训发展和传播的过程中。

RCs 将协调和促进课程的传递。

RCs 还可以配合多个培训机构传递课程，以提供对目标受众最有效的培训方式。

6. FSMA 协同培训论坛

FDA 计划建立一个非正式的 FSMA 协同培训论坛，由 FDA 和 USDA 共同主持，为机构、中心、协会和其他参与这一培训的组织之间提供一个交流的平台。

对各个团体的委员来说，这将是一个可以聚在一起进行交流的机会，大家可以共同分享各自的项目信息和工作进展，探讨共同关注的话题。目的不是对问题达成共识，而是进行一个开放的对话，并尽可能最大限度地消除重复和最大限度地利用有限资源。

（1）参与者将代表美国 FDA、USDA、NCC、JIFSAN、联盟、NASDA，还有其他的接受合作协议的组织。

（2）会议预计每季度举行一次。

结论：

FDA 正在与全球的公共和私人的合作伙伴合作，保证参加培训项目的组织能够达到那些必须遵守 FSMA 新标准的要求，不管这些组织的大小、性质或位置。要做这项工作并把它弄明白需要花费时间和精力。FDA 致力于确保食品供应链中的每个参与者都知道哪些培训和教育资源可用，以及如何获得它们的访问权限。

三、FSMA 培训文件中的常用术语

1. 标准化培训课程

由 FDA 认可的满足生产安全规则和预防控制规则的培训标准和要求的结构化培训程序。由 FDA 资助的三联盟（安全生产、食品安全的预防控制和新芽安全）正在开发模式化、标准化的课程设计以达到大多数必须遵守 FSMA 规则的利益相关者的需求，并为他们所使用。

2. 备选课程

通过合作协议开发的被 FDA 认可的培训项目。目前计划的协议将支持课程在本地食品生产商和部落中的开发和传播。FDA 计划提供更多的关于如何评估其他实体（包括大学、贸易协会和非营利组织）开发的培训项目的信息。

3. 培训师培训（TTT）

为那些对成为培训师和为他人培训 FSMA 法规感兴趣的人提供的项目。首席培训师要接受的教育包括：基础食品安全原则、适用的 FSMA 规定、培训课程的内容和如何传授培训课程、开展演练工作组（视情况而定）和成人教育的原则。这些都是由联盟开发的，也可能是备选培训计划的一部分。

4. 培训传递

传播培训课程（方法将会根据不同的目标受众而有所不同）。

5. 区域需求

根据目标受众和食品经营的性质，区域会有独特的需求。这可能包括环境差异、文化因素、产品类型和营销策略。例如，干旱气候农业规范，有机产品和直接营销渠道。

6. 合作协议

FDA 协议是一项资助机制，涉及到 FDA 在工作开展中的重要参与。这通常涉及到 FDA 资助的一些公共的或私人的实体部门的合作关系，是为 FSMA 的执行打下基础而设计的。

7. 地方食品生产

专门为社区或地方直接提供或通过中介市场提供食品的营销渠道。使用这些市场渠道的农场和食品企业包括多元化的、可持续的、有机的和身份保护的农业经营；自主经营的和家庭农场；原始的和在社会上处于弱势的农民；增值的农业企业和小规模的生产商；以及直接和间接的供应链参与者。

四、FSMA 执行的平台设置

以下与 FDA 合作的机构在为食品企业提供培训过程中起了重要的作用。

1. 生产安全联盟（PSA）

这个联盟是由 FDA 和 USDA 创建的，与康奈尔大学合作，开发标准化的培训和教育项目以提高生产安全知识，使生产行业和相关群体为执行 FSMA 做好准备。

2. 食品安全预防控制联盟（FSPCA）

这个联盟是由 FDA 同伊利诺理工大学食品安全与健康研究所合作成立的，用以开发标准化的培训和教育计划，帮助企业更好地遵守食品安全预防控制规定。

3. 豆芽安全联盟（SSA）

这个联盟是由 FDA 同伊利诺理工大学食品安全与健康研究所合作成立的，用以开发标准化的培训和教育计划，帮助豆芽生产者确定和执行豆芽安全生产规则和执行 FSMA 的最佳操作规范。

4. 国家食品与农业研究所（NIFA）

是美国农业部的组成部分，与 FDA 合作提供基金，为农场的所有者和经营者、小食品加工厂、小型果蔬批发商提供食品安全培训、教育、推广、宣传和技术援助。

5. 国家协调中心（NCC）

这个中心是由 FDA 资助的，它将协调中小型农场、原始的和弱势的农民群体，小型加工厂和小型水果蔬菜批发商的食品安全培训、宣传、教育和技术援助。

6. 区域中心（RCs）

这些区域中心将与 NCC 合作，帮助了解和应用已经建立的食品安全标准、指南和条款。他们将根据不同的区域和受众确定不同的培训、教育、宣传和技术援助需求，为 FSMA 第 209 节所涵盖的食品生产商提供培训。

7. 国际食品保护培训学院（IFPTI）

成立于 2009 年，是一个公私合作的机构，涉及公众健康需求，并且与企业、国家和国际政府组织、联邦和其他一些组织合作。IFPTI 建立了食品安全专业人员的培训和认证体系，已经被授予了建立上述 NCC 的合同。

8. 合作推广机构和赠地大学

100 多个赠地学院和大学通过把科学的信息传授给农业生产者和小企业主来开展推广项目。合作推广系统中的成员在 FSMA 培训中起着重要作用。

9. 合作伙伴

接受 FDA 资助用以给当地的食品生产商，包括可持续发展的和有机的农场和部落进行课程培训的机构。

10. 全国州农业部联合会（NASDA）

该协会的官员在与 FDA 合作，为 FSMA 下的产品安全规则的执行作计划。NASDA 将会推进行业培训，并且在对国家监管机构的培训中发挥着作用。

11. 其他组织

这些行业利益相关者的全国性组织也将在促进监管和行业培训中扮演角色：

①食品和药品官方协会，其成员包括参与了重要的食品安全问题的国家和地方官员；

②公共卫生实验室协会，强化实验室为公共卫生服务；

③美国饲料管制官方协会，其成员包括参与动物饲料安全的国家、地方和联邦官员；

④国家和地区卫生官方协会，代表公共卫生机构和专业人员。

12. 食品安全和应用营养联合研究所（JIFAN）

FDA 和马里兰大学之间的合作桥梁,努力增加全球对有效食品安全规范的认识。

13. FSMA 协同培训论坛

由 FDA 和 USDA 共同主持，本论坛将促进参与 FSMA 培训的群体之间的沟通与协调，并给他们提供一个分享各自项目信息和解决共同关心的问题的机会。除了这两个机构，代表团还将包括联盟、NCC、JIFAN、NASDA 和一些获得 FDA 合作协议的组织。其他利益相关者群体也可能包括在内。

第三节 食品安全检测系统

美国根据食品市场准入和市场监管的需要，按照不同的食品种类建立联邦食品检测体系，同时，还建立了各州、各行业的检测体系及生产单位、家庭农场自检中心。美国农业部从技术、规划、发展等方面提供支持，即对从农田到餐桌全过程实行控制和管理，由此形成了严密的食品质量安全检测体系。强化安全卫生监控措施，提高对突发事件的应对能力。主要的检测体系包括以下几个：

一、官方食品安全检验机构

在美国，除产品检验外，还有"服务项目"检验。联邦政府设立的产品检验机构基本上都是进口、出口、内销产品检验三位一体的主管机关。

1. 政府检验

美国联邦政府监督检验管理的产品主要集中在涉及公众安全和健

康的产品、环保产品、军用产品、社会安全产品和一些高额税收产品，如：药品、食品、化妆品、酒、含酒精饮料和农畜产品。政府检验管理模式主要以部为系统，在美国一些重要城市设办事处和实验室，实施检查、抽样、检验和处罚。联邦政府的有关部门按所监督管理产品的需要，下设一至多个技术中心，负责技术、标准、法规的研究制定，中心设有自己的实验室。按需要在全国部分中心城市设立办事处，办事处向自己管辖的区域派出检查人员，对生产企业、市场进行检查、抽样和进行规定的处罚。按需要在经济发达的大城市设立实验室，承担管辖区域内本系统管理产品的检验。

政府实验室的经费完全由联邦政府拨款解决，政府实验室检验均不收费，检验合格的，要求企业支付样品费。

2. 食品药品管理局（FDA）

FDA 负责监管美国 80%的食品（除了由 USDA 监管的肉类和禽类产品）安全问题，其监管的所有产品必须经过 FDA 检验证明安全后，才可以在市场销售，以保证公共健康。FDA 有权对其监管产品的生产商或加工商（包括食品加工设施、奶牛场、动物饲料加工厂、国外生产加工场所、边境地区的进口产品）进行视察，以验证其是否符合相关的规定，有权对违法者提出起诉。与国家、地方、部落及区域的相关机构协同工作，FDA 为州的相关机构提供合同、资金和合作协议以开展食品安全检验工作，并建立基础设施以保证检验工作的开展。对于从世界各地进口到美国的食品，绝大部分都要通过 FDA 的检验才能进入美国市场，有些产品即使通过了检验，后来又发现了问题，FDA 就会立即发布"进口警报"。对于不能通过 FDA 安全检验的进口食品，通常有以下三种处理方法：一是销毁；二是遣返；三是督促其改善，以达到食品安全的相关标准。

3. 农业部（USDA）

（1）美国农业部食品安全检验局（FSIS）：主要负责州际商业流通中的肉类和畜禽类产品的检验，包括蛋类制品；对用作食品的动物，屠宰前和屠宰后进行检验；检验肉、禽屠宰厂和加工厂；收集和分析食品样品，进行化学污染物、毒素、微生物及病原微生物的监测和检验；召回肉、禽加工者加工的不安全产品。

如果加工厂只将自己的产品在州内进行销售，那么其产品只需接受州检验局的检验即可。然而，如果一个加工厂只接受了州检验局的检验，那么它生产的产品只能在州内进行销售。州的肉类和畜禽检验机构是国家食品安全系统的一个组成部分。FSIS 依据《联邦肉类检验法》、《联邦禽类及禽产品检验法》和《联邦蛋类产品检验法》对所有的州际销售及对外贸易的肉类、禽类和蛋类产品有效，对进口商品进行复检，以保证产品符合美国食品安全的强制性标准和检验法。《联邦肉类检验法》规定，牲畜（牛、山羊、绵羊、马、猪）在屠宰前和屠宰后都必须接受检查；要为屠宰场和肉类加工厂制定卫生标准；由 USDA 对屠宰和加工操作进行持续检查和监管。《联邦禽类及禽产品检验法》要求所有的家禽在屠宰和加工时都必须接受 FSIS 的检查。根据规定，FSIS 定义的家禽为鸡、火鸡、鸭、鹅和珍珠鸡，走禽类是在 2001 年添加的。FSIS 对所有州际贸易中的禽类产品进行检验，并对进口产品重新检验，确保他们符合美国食品安全标准。《联邦蛋类产品检验法》对两类产品规定了具体的检查要求，蛋类制品和带壳的蛋。蛋类包装和孵化场至少每三个月接受一次参观检查，以确保其遵守相关法律。运输蛋和蛋类制品的公司也应该定期接受检查。蛋制品的加工过程必须在 USDA 的持续监管下进行。蛋在进一步加工成产品的时候，在蛋被打破前和打破后都要接受检查。FSIS 检查州际交易中的蛋制品，并对进口的蛋制品进行检验，以保证其符合相关法律。

USDA 是由全国 6000 多个联邦检验点网络构成的。FSIS 被授权亲临现场检查所有经过屠宰工厂的动物尸体，包括超过 80 亿只鸡和 1.25 亿万头牲畜，并每天检查几千个加工厂。FSIS 与州检验机构合作，对一些工厂的肉类和禽类进行检验。

与 FDA 不同的是 FSIS 对农场没有管辖权，一般是根据 FDA、州及地方的法规对零售食品的安全进行监管。

实验室是食品安全检验局履行食品监管职能的重要技术支撑。FSIS 有专门机构对现有官方实验室进行管理。其组织结构为实验室管理办公室下设的 5 个机构，分别是东部实验室、西部实验室和中西部实验室、从事分析食源性疾病的微生物流行与特殊计划实验室以及确保实验室鉴定和检测质量的实验室质量保证处。东部实验室可从事微生物鉴定、病原生物鉴定和化学分析检测工作，根据美国有关法规，除 FSIS 确认实验室承担部分法定检测外，其他所有进口食品安全的法定检测工作都由该实验室承担。西部实验室可从事微生物鉴定和化学分析检测工作。中西部实验室可从事微生物鉴定和化学分析检测工作。病原微生物流行与特殊计划实验室的主要职能是分析食源性疾病。该实验室也评估所有 FSIS 可能使用的方法。FSIS 的实验室是美国官方实验室最先开始试验认可的实验室，FSIS 实验室申请认可的项目包括农药残留分析、磺胺类、砷、水分、脂肪、蛋白质、钠盐、大肠埃希菌 Ecoli O157：H7、沙门菌、李斯特菌的检测；这些检测和鉴定占 FSIS 实验室检测量的近 90%。

（2）动植物卫生检验局（APHIS）：是一个多元化的机构，主要负责动物和植物的检疫，保护和促进美国农业健康，管理基因工程生物，执行动物福利法案，处理野生动物损害行为。为了支持美国农业部的总体目标，它的作用已扩大到包括保护外来有害生物和病原体相关的公共健康和安全。

（3）农业市场局（AMS/USDA）：主管肉、禽、蛋、奶、新鲜蔬菜水果、加工过的蔬菜水果等产品的质量分级检验和出证。

（4）粮食检验、包装与牲畜饲养场管理局（GIPSA）：主要负责保障粮食安全，检验谷物（包括小麦、大麦、燕麦、黑麦、玉米、高粱、亚麻籽、大豆、混合谷物等产品的质量、重量），监控杀虫剂残留，控制病原体，在收获前检查肉类及禽蛋，制定农产品等级标准并颁发证书。在《联邦谷物标准法》的授权下，从美国出口的大多数谷物必须在出口港口进行官方强制性的称重、检测。强制性检验和称重是由 FDIS 分布在 38 个港口（包括 4 个流动性的港口）的收费检测基地执行。对国内流通中的谷物官方检测和称重是自愿性的，并且是由申请者承担检测费用，由分布在全国的 56 个指定机构执行，这些机构的工作人员获得 FGIS 的许可，并执行统一的规章和制度。

4. 商务部国家海洋和大气管理局（NOAA）

负责鱼类和海产品的监管，检测鱼类及相关产品在生产、加工、销售过程中的环境卫生状况。

5. 环境保护署（EPA）

主管空气、饮用水、水处理设备等的检验和出证。

二、私人检验机构

由于食品安全问题的频繁发生，美国政府对食品安全的监管资源有限，需要借助私人领域中的食品企业的合作，因此，FSMA 修法纳入了第三方私人监管机构。目前，在美国已经有上百家私人实验室在从事进口食品安全检验工作，有大型、中型和小型的公司，其中不乏一些国际名牌的私人检验公司。这些名牌公司下设有检验分公司和跟踪检查分公司，前者负责实施检验和批准认证，后者负责出具检验报告和技术文件，对本公司认证的产品进行跟踪检查。

美国的私人检验公司提供服务的主要形式是产品认证和检验。其次，私人检验公司还会争取美国行业协会的委托和授权来开展行业认证检验业务。此外，私人检验公司还开展委托检验、检测、企业评估、保险评估、勘验、验货和质量体系认证等工作。

第四节　美国食品召回制度

一、食品召回的概述

食品召回制度是指食品的生产商、进口商或者经销商在获悉其生产、进口或经销的食品存在可能危害消费者健康、安全的缺陷时，依法向政府部门报告，及时通知消费者，并从市场和消费者手中收回问题产品，予以更换、赔偿的积极有效的补救措施，以消除缺陷产品危害风险的制度。食品召回不包括市场退出或库存回收。

食品召回制度起源于产品召回（recall），美国在国际上最先建立缺陷产品召回，其产品召回制度又最先应用于汽车行业。经历了几十年的发展，美国的食品召回制度已经形成了比较完备的体系。表 3–6 列举了

2016 年以来美国部分食品召回案例。

表 3–6　2016 年以来美国部分食品召回案例

时间	品牌	产品描述	召回原因	公司名称
2016.3.16	Bumble Bee	罐装金枪鱼	产品可能被腐败微生物或病原体污染，食用后可能会危及生命	Bumble Bee Foods, LLC
2016.3.16	Ashland Food Co-op	有机澳洲坚果原料	产品感染了沙门菌	Ashland Food Co-op
2016.3.10	DiGiorno,Lean Cuisine & Stouffer's	比萨饼，意大利面和含菠菜的三明治	产品中可能存在玻璃碎片	Nestle' USA
2016.3.10	Favorites	开心果	产品感染了沙门菌	Kanan Enterprises, Inc.
2016.3.10	Puredesi, Puredahi, Patidar	全脂牛奶和低脂酸奶	巴氏杀菌不彻底	JRZ Dairy, Inc
2016.3.4	GoGo squeeZ	袋装苹果酱	可能使用食品残渣进行掺假	Materne North America Corp. （MNA）
2016.2.25	Jack And The Green Sprouts	豆芽	感染了 E.coli O157	Jack And The Green Sprouts
2016.2.23	Cabela's; Uncle Bucks	枫叶坚果糖	使用的花生未申报	Rucker's Wholesale and Service Co.
2016.2.21	HEB	塔塔酱	使用的鱼未申报	Fresh Creative Foods
2016.2.20	Organic traditions	亚麻籽粉	产品感染了沙门菌	Health Matters America
2016.2.19	Maytag	奶酪	产品感染了单核细胞增生李斯特氏菌	Maytag Dairy Farms
2016.2.18	Chef Hon	馒头	使用的鸡蛋未申报	Peking Food LLC
2016.2.8	King Soopers	美味面包布丁	使用的核桃未申报	King Soopers
2016.1.27	Purple Cow	冰激凌	使用的山核桃未申报	House of Flavors, Inc.
2016.1.22	AA	奇异果和芒果干	使用的亚硫酸盐和色素未申报	AA USA Trading Inc.

数据来源：http://www.fda.gov/Safety/Recalls/

二、食品召回法律法规

美国的食品召回不仅有完善的联邦、州和地方法律，同时还有配套的法规细则，如与美国食品召回相关的法律主要包括美国《联邦法规汇编》（Code of Federal Regulations）、《联邦食品药品和化妆品法》（Federal Food，Drug and Cosmetic Act）、《联邦肉产品检验法案》（the Federal Meat Inspection Act）和《联邦禽类及禽产品检验法案》（the Poultry Products Inspection Act）等。而且，FDA 和 FSIS 还分别制定了自己的指南和手册，用以规范它们所监管缺陷食品的召回。这些指南和手册主要包括：FDA《监管程序手册》（Supervision Procedure Handbook）、《调查员操作手册》（Investigator Operating Manual），《FSIS 指南 8080.1：肉类和禽类产品的召回（第 6）》（FSIS Directive 8080.1，Revision 6，recall of meat and poultry products）、《 FSIS 指 8091.1：FSIS 健康危害评估委员会工作程序》（FSIS Directive 8091.1，Procedures for the FSIS Health Hazard Evaluation Board）等。

三、食品召回的主体和监管部门

美国食品召回的主体是食品生产、经销或进口企业。企业在任何时候、任何情况下自愿从市场或消费者手中收回缺陷食品，并予以更换、赔偿。但是这一制度又是在政府行政部门的主导下进行的。美国的产品召回依据产品类型的不同采用多部口管理体系，食品召回也主要是通过食品的分类来确立召回主管部口的，USDA 和 FDA 监管，协调企业的自愿召回行动。在 USDA 中，具体是由其下属的 FSIS 来监管和协调食品召回的，FSIS 负责肉类、禽类和蛋类农产品的召回，FDA 则负责 FSIS 管辖以外的所有进口类食品的召回，如乳制品、水产、冷冻食品、罐头食品等。USDA 的食品召回程序规定在 FSIS 指南中，FDA 的召回程序规定在联邦法规中，这些程序已经演变成了 FSIS 和 FDA 为它们监管的食品所采用的召回方案。

FSIS、FDA 及各个州的农业部口的具体分工是不同的，在对召回的管理过程中也基本上是没有交叉的，它们按各自管辖的范围管理，联邦和州之间通常有一个备忘录（MOU），明确各自的职责。但农业部有时会需要州农业部口进行协助，也会要求 FDA 协助。

四、食品召回的类型、分级和层面

（一）食品召回的类型

FDA 对食品的召回分为三类：自愿召回、要求召回、指令召回。

1. 自愿召回

自愿召回是公司自愿发起的食品召回，即公司在自检或者通过别的渠道发现食品存在不安全的因素，自己决定向公众发起召回的食品召回形式。

2. 要求召回

FDA 要求召回的食品是指因为紧急情况而导致公司召回正常储存的食品。FDA 要求实施的食品召回通常被定位为一级食品召回。一般来说，在 FDA 正式要求实施食品召回之前，政府机构要具备充足的证据以支持将要采取的措施（也就是查封）的合法性。如果责任公司没有主动进行食品召回，FDA 可以直接要求对生产和销售不安全食品负有主要责任的公司实施食品召回，并且承担主要责任。

3. 指令召回

通常情况下，FDA 是没有权利直接命令企业实施召回的，但是美国为了加强对食品的安全管理，对几种特殊食品专门作了规定，如果这几种食品出现不安全因素，FDA 就有权发布强制性命令要求该食品生产和销售厂商实施食品召回，称为"指令召回"。这类食品仅包括婴儿配方食品以及在洲际间销售的各种牛乳。

（二）食品召回的分级

FSIS 和 FDA 根据缺陷食品产生或将会产生的危害的程度，将食品召回分为三个级别：

1. Ⅰ级召回

Ⅰ级召回是指能导致严重的健康问题或死亡的危险或有缺陷的产品。例如，含有肉毒杆菌毒素的食品、含有未申报的过敏原的食品、标签上混合标注了救生药物、熟肉或者禽类产品中存在病原体、生牛肉馅存在大肠埃希菌 O157:H7、或有缺陷的人工心脏瓣膜等。

2. Ⅱ级召回

Ⅱ级召回是指会产生暂时的健康问题，或对人体健康产生轻微的不利影响的食品，该级召回的食品的危害程度较轻。如食品标识中未明示的少量的过敏原（例如小麦、大豆）。

3. Ⅲ级召回

Ⅲ级召回是指消费者食用了该级召回的食品，将不会对人体健康产生任何危害，而是由于该类食品违反了 FDA 的标签或生产的相关法律法规而产生的召回。如容器上有小缺陷，或者零售食品缺乏英语标签。

食品召回级别不同，召回的规模、范围也不一样。为了尽可能降低最严重的食品安全事故对消费者带来或将要带来的危害，则Ⅰ级召回就不能任意以Ⅱ级召回或Ⅲ级召回代替。同理，Ⅱ级或Ⅲ级召回也不能任意以Ⅰ级召回代替，因为这样会增加企业的额外成本，严重者还会导致企业破产，这对企业以及缺陷食品召回本身都是不利的。

（三）食品召回的层面

食品召回的层面主要是指哪些领域的缺陷食品应该进行召回，它涉及食品流通的范围和广度。美国食品召回的层面主要是根据缺陷食品流通的范围进行划分的，主要涉及四个层面。

（1）批发层：食品已经被存进仓库或者发派到批发中心，即脱离了食品生产企业的直接控制，这就是位于生产商和零售商之间的批发层。并不是所有的食品召回都会涉及批发层，例如有些生产企业将自己生产的食品直接出售给零售商进行销售或者直接出售给消费者，而不经过批发商，这种情况食品的召回就不可能会涉及批发层。

（2）零售层：食品已经被发派到针对家庭消费者的零售商手中，但还没有销售给消费者。

（3）宾馆、饭店及其他餐饮服务的代销机构。

（4）消费者层面：食品已经销售给家庭最终消费者，尽管可以确定的食品数量可能依然在零售商的控制下。

五、召回的程序

（一）一般法律程序

1. 缺陷食品的发现

要启动食品召回程序，首先必须要存在食品对人体健康具有潜在威胁的客观事实，如食用该食品会对消费者的身体造成严重的损害或者有产生损害的可能，以及该食品不符合相关食品安全法律法规等。通过何种途径发现需要召回的缺陷食品，美国法律给出了相关的规定。

企业发现缺陷食品的主要途径：

（1）生产商在日常生产过程中，由负责检验食品质量的检验人员在对食品的检测过程中发现了食品存在威胁人体健康的因素。

（2）批发商或零售商发现其销售的食品及进口商发现其进口的食品存在发霉、变质、过期以及标识不正确等问题。

（3）消费者发现其所购买并消费的食品存在潜在的质量安全问题时，向食品的生产商、批发商或零售商进行投诉。

一旦食品的生产商、进口商或销售商发现其生产、进口或经销的食品存在关系到公众健康和生命的安全问题，应在掌握情况的 24 小时内向 FDA 或 FSIS 提交问题报告。在企业的问题报告提交以后，根据食品的种类，FDA 或 FSIS 将会令其评估机构对该问题食品是否存在缺陷、缺陷等级以及造成危害的严重程度进行评估，然后再由其专家委员会根据评估机构做出的危害评估报告进行判断，从确定这些缺陷食品是否需要召回。也就是说企业提交问题报告以后，并不表示该问题食品一定会启动召回程序。

FSIS 或 FDA 通过自己的资源及人力和通过 FSIS 以外的其他资源来发现市场上的错贴标签或者掺假掺杂食品。FSIS 或 FDA 发现缺陷食品的主要途径：

（1）食品的生产商、批发商或零售商在发现缺陷食品后，主动告知 FSIS 或 FDA 食品的潜在威胁；

（2）FSIS 或 FDA 通过食品诉讼案件获悉存在食品质量问题；

（3）FSIS 或 FDA 收到的部分抽样方案的检测结果表明那个食品被掺假掺杂或在某些情况下贴假标签；

（4）FSIS 或 FDA 的食品安全检测人员和调查人员在他们的日常工作过程中或检测和调查过程中收集到的资料和信息发现了不安全或不当标示的食品；

（5）通过 FSIS 消费者投诉检测系统报告的消费者或其它利益相关企业的投诉；

（6）根据州或地方的公共卫生部口、农业部的其它机构及其它联邦机构如食品及药物管理局（FDA）、疾病预防控制中也（CDC）和国防部（DD）提交的流行病学或实验数据发现的不安全，不健康或错误地标示食品；

（7）以及根据来源于其他机构例如国土安全部、美国海关和边境保护局、动植物卫生检查处、国外检测机构的信息发现缺陷食品。

2. 初步调查

当FSIS发现有理由相信在市场上存在掺假掺杂或错贴标识的食品，FSIS将开展一个初步调查以决定是否需要召回该类食品。

初步调查可能包括下面一些或所有的步骤：为了解更多的信息去联系食品的生产商；采访任何宣称是吃了可疑食品而生病或受伤的消费者；收集和分析食品样本，收集和检验可疑食品的信息；联系州或地方的卫生部；记录食品事件年表。

如果召回涉及到进口的食品，国际事务办公室将会发出一个内部的召回进行警报，国际事务办公室或进口检测部门（Import Inspection Division）将会派出一个进口召回协调员（Import Recall Coordinator）指挥进口监管联络员（Import Surveillance Liaison Officers）和进口现场人员的活动。如果接到要求，协调与调查部的调查者也将会帮助进口召回协调员收集信息，所需要收集的信息如表3-7所示。

表 3-7　初步调查需要收集的资料

	收集的信息	附加信息
企业召回	企业号码、名字、地址	生产量（磅）
	公司召回协调员名字、头衔、电话	企业库存的量
	公司媒体联系人名字、头衔、电话	散布在外的量（磅/例）
	公司消费者联系人名字、头衔、电话	分布的水平（召回层面，如果知道的话）

收集的信息		附加信息
进口食品召回	进口企业号码、名字、地址、电话	进口的量（磅/例）
	国外企业号码、名字、地址、电话	进口企业库存的量
	进口商记录（名字、地址、电话）	散布在外的量（磅/例）
	记录公司召回协调员的进口商名字、地址、电话	分布的水平（召回层面，如果知道的话）
	记录媒体联系人的进口商名字、头衔、电话	通知外国（是/否）
	记录消费者联系人的进口商名字、头衔、电话	未向进出口人员报告（是/否）
		危害评估委员会召集（是/否）
		通知应急管理委员会（是/否）
产品信息	召回的原因	
	品牌名字	
	产品名字	
	包装（种类和大小）	
	包装代码（使用/销售）	
	包装日期	
产品信息	标签或包装的照片	
	案例代码	
	计数/例	
	生产日期	
	分布区域	
	学校午餐（是/否）	
	国防部（是/否）	
	互联网或分类销售（是/否）	

3. FSIS 或 FDA 对危害的评估报告

在收到企业的问题报告并开展了初步调查以后，FSIS 或 FDA 将根据初步调查过程中收集到的信息迅速对食品是否存在缺陷进行评估，如果这些食品不存在缺陷或者其危害还没有达到需要进行召回的程度，那么 FSIS 或 FDA 将会告知食品生产经营者无需进行食品召回。如果这些食品的危害已经达到了需要召回的程度，那么 FSIS 或 FDA 不仅要向企业发出召回建议，而且为了确定召回的级别，还要根据食品上市的时间、进入市场的数量以及流通方式等评估缺陷食品的危害程度。根据以上步骤总结出的评估意见经过企业认可后，FSIS 或 FDA 将会出具最终的书面评估报告，但并不是每一个食品召回都必须出具书面评估报告，如在适用简易程序时，FSIS 或 FDA 可能不做书面评估报告。而且在企业不同意 FSIS 或 FDA 的评估意见的情况下，也并不影响评估报告的权威性。

4. 召回建议

当召回委员会建议召回时，召回管理办公室将会发出一份以由室外操作部批准的备忘录形式的召回建议书，该建议书包括下内容：

（1）召回的理由，包括为什么相信食品是掺假或错误标识的。

（2）召回的分级，根据食品对消费者的危害程度分为一级、二级或三级。这不仅有利于公众了解缺陷食品的危害程度，还有利于政府部口对召回进行分类管理，增强针对性，提高召回的效率。

（3）批发商、用户或食品的消费者识别召回所覆盖的食品的能力。

（4）对大量召回食品的评估（大量需要召回的食品在召回的时候已经被分销或者仍在根据有效日期或者相关法规在销售和使用）。

5. 制定与实施召回计划

当 FSIS 或 FDA 发出了召回建议后，企业应该立即停止该批次食品的生产经营活动。例如：如果该批次食品刚进行生产，企业则应立即停止该批次食品的生产；如果该批次食品刚进入了流通领域，则企业不仅应该停止该批次食品的生产，而且还要通知销售商对该食品进行下架处理。如果该批次食品已经到达消费者手中，则生产经营商都有义务及时告知消费者该批次食品的质量问题，以保障消费者的知情权，避免危害继续扩大。除了履行上述义务，企业还要根据 FSIS 或 FDA 的危害评估，食品流通的方式、范围和数量等一系列相关问题，制定缺陷食品的召回计划。

企业的缺陷食品召回计划制定完成后，还要交由 FSIS 或 FDA 进行审查，如果该计划得到了 FSIS 或 FDA 的认可，那么 FSIS 或 FDA 会以特定的方式发布召回新闻稿，企业自己也要将 FSIS 或 FDA 审查过的食品召回公告通过一定的方式公布给销售商及消费者们，让他们尽可能的知晓该事件。然后由企业通过大众媒体向各级经销商、广大消费者公布经 FSIS 或 FDA 审查通过的详细的食品召回公告。最后在 FSIS 或 FDA 的监督下，企业召回缺陷产品，根据不同情况对缺陷产品采取补救措施或予以销毁，并同时对消费者进行补偿。当 FSIS 或 FDA 认为企业已经采取了积极有效的措施，使得缺陷食品对大众的危害风险降到了最低，本次召回结束。如果该计划没有得到 FSIS 或 FDA 的认可，那么企业则不能够按照该计划实施召回。

缺陷食品召回以后，企业对于一级召回和二级召回的产品应该予以销毁；而对于三级召回的产品，因为该类产品只是内容和标识与相关规定不符，并不会对人体健康产生任何威胁，所对此类产品，企业可采取补救措施。此外，对于所有召回的产品，企业还应当对消费者进行补偿。

6. 召回信息公示

指在召回过程中通过媒体向消费者、各级经销商、相关管理部门等通报召回信息。召回新闻公告有两种情况，一种是召回报告，对任何一种召回产品，无论是企业主动召回还是要求召回，无论是哪一级别的召回，FDA 或 FSIS 都会在自己的网站上发布召回报告，主要目的是告知联邦、州/地区的公共卫生部门和食品检验部门，相关的经销商等有关食品召回信息，召回报告的主要内容包括产品名称、召回编号、召回日期、召回级别、产品在市场流通的规格（体积）、数量、流通范围、企业名称、地址、联系电话、召回的原因等。该召回报告每周发布一次。另一种是新闻公告，由 FDA 或 FSIS 的公众事务办公室发布，通过相关网站或其他新闻媒体向国会和全社会通告有关食品召回信息。一般情况下只对Ⅰ、Ⅱ级召回发布新闻公告，对Ⅲ级召回不发布新闻公告，但是对特别严重的掺杂产品和损害消费者利益的Ⅲ级召回也会予以公告。要求新闻公告内容真实、准确，明确描述召回产品的识别特征或编号，解释召回的原因以及使用该食品后可能危害，提供问题产品流通的一般信息，对公众提供指导如何处理召回产品，包括公众有任何问题时，联系人的姓名和联系电话，在可能的情况下，提供食品商标电子图片。

企业在召回过程中也要通过大众媒体向广大消费者、各级经销商公布经 FDA 或 FSIS 审查过的、详细的食品召回公告和召回的办法。

7. 监控和审核召回的有效性

食品企业制定与实施召回计划以后，FSIS 执法人员将进行实地"有效性检查"，以确保召回公司作出所有合理的措施来通知被召回食品的代销者对流通领域的食品进行下架撤出，食品安全检验局必须进行足够数量的"有效性检查"，以确认该召回公司正在联系其收货人。如果食品安全检验局认定该召回公司已经联系了其收货人，或已作出一切合理努力，并且已经尽可能的降低了缺陷食品的危害，FSIS 将通知召回公司，此次召回已经完成，不需要再采取进一步的行动。

FDA 在食品企业制定与实施召回计划以后也要评价企业是否已经采取所有合理的措施撤除或更正缺陷食品，在企业的所有纠正措施被 FDA 审核并认为适当且缺陷食品对大众的危害风险降到了最低的时候，召回完成。召回完成以后，FDA 还要确信缺陷食品已经被毁坏或适当的修复，以及调查为什么食品首先会出现缺陷。

8. 召回结束

召回管理员（RMS）负责向外勤业务办公室（OFO）的辅助管理员提交结束召回的建议。RMS 的结束召回的建议应该总结公司的召回成果、食品处理的有效性检验结果。在提交建议之前，RMS 会审核来自地区召回人员（DRO）的召回终止报告，如果召回关联到一个疾病调查报告，RMS 将会咨询人类健康科学部，是否有一些当前的疾病与召回的食品有关。如果数据显示由于食品仍然在市场上流通而导致疾病继续发生，召回案件将继续进行。如果有证据显示额外的食品一直在引发疾病，RMS 可能会要求企业扩展召回的范围。如果数据显示没有额外的病症关联到报告中的召回食品，以及没有召回食品依然在市场上流通的征兆后，RMS 可能继续建议结束召回。

得到 OFO 辅助管理员的同意后，RMS 将会以书面形式通知企业召回结束以及通知 FSIS 的网站管理员将该召回案件从公开领域消除，并进行存档。FSIS 的缺陷食品召回时间安排如表 3-8 所示。

表 3-8 FSIS 启动召回和验证报告的时间

召回级别	随着召回的启动，FSIS 的验证活动应该开始的时间（工作日）	FSIS 应该在验证活动启动后基本完成该活动的时间（工作日）
I 级	3	10
III 级	5	12
III 级	10	17

*工作日：工作日有时也包括周六和周日，取决于召回产品的风险。

（二）简易程序

如果食品生产加工企业在发现食品存在潜在风险且还没有造成严重危害的情况下，主动向 FSIS 或 FDA 报告，愿意召回缺陷食品并制定出积极有效的召回计划，FSIS 或 FDA 将简化召回程序，不做缺陷食品的危害评估报告，也不再发布召回新闻稿。实践中，只要未造成大的损害，这种由企业主动采取的召回行动对企业声誉不会造成大的影响，同时也节约了公共资源，使得食品安全监管机构能全力负责更重大的事件。总之，只要企业与 FSIS 或 FDA 合作，积极采取有利于大众健康的措施，切实降低了危害风险，FSIS 或 FDA 乐意从之，并不一定要将企业曝光，但在简易程序中，只要该计划具有实际效益，能够尽可能地将危害减至最小，则不需要进行审查。

第五节　美国转基因食品的管理

一、美国转基因食品的发展现状

美国 1996 年开始将转基因食品商业化。在还不确定消费者对转基因食品的接受程度和转基因对经济和环境影响的情况下，美国农民就已经开始大面积种植转基因作物了。在种植面积上，大豆和棉花都是美国最广泛种植的转基因作物，其次是玉米。从 2000 年开始，美国农业部国家农业统计服务处（NASS）每年都会统计美国各州各种转基因作物的种植情况，表 3–9 中列举了美国农业部国家农业统计服务处（NASS）在 2015 年 6 月农业调查中获得的转基因大豆种植率的数据。

自 1996 年以来，土壤细菌苏云金芽胞杆菌的 Bt 基因一直被用于玉米和棉花中，这种基因的表达产物是一种对特定昆虫具有毒性的蛋白质，以此来保护作物在其整个生长过程中不被昆虫侵害。Bt 玉米种植面

表 3-9 美国各州 2000～2015 年所有转基因大豆的种植比例

地方	2000	2001	2002	2003	2004	2005	2006	2007	2008	2009	2010	2011	2012	2013	2014	2015
伊利诺斯	43	60	68	84	92	92	92	92	94	94	96	95	94	97	99	97
印第安纳	44	64	71	77	81	81	87	88	87	90	89	92	90	92	91	93
爱荷华	63	78	83	88	87	89	92	94	96	94	95	96	93	90	92	93
堪萨斯	59	73	75	84	89	91	91	94	95	94	96	97	97	93	97	96
密歇根	66	80	83	87	87	90	85	92	95	94	95	96	94	93	94	96
明尼苏达	50	59	72	73	75	76	81	87	84	83	85	91	91	90	91	94
密苏里	46	63	71	79	82	83	88	92	91	92	93	95	93	93	94	95
内布拉斯加	48	63	80	89	93	96	96	96	97	94	98	98	95	98	99	99
北达科塔	62	69	72	83	87	89	93	91	92	89	94	91	91	90	91	87
俄亥俄	72	76	85	86	92	91	90	96	97	96	94	97	95	96	95	95
南达科塔	22	49	61	74	82	89	90	92	94	94	94	94	98	94	96	94
德克萨斯	48	64	73	74	76	77	82	87	89	83	86	85	86	89	90	91
威斯康星	68	80	89	84	95	95	93	97	97	98	98	98	98	97	97	96
其他州[1]	51	63	78	84	82	84	85	88	90	85	88	91	92	89	95	93
全美	54	64	70	76	82	84	86	86	87	87	90	92	93	92	94	94

[1] 是指在该大豆评估项目里包括所有其他的州

积比例从 1997 年的 8%增长到 2001 年的 19%，到 2003 年和 2015 年分别上升到 29%和 81%。近年来种植面积份额的增加可能主要是由于新的抗玉米根虫和棉铃虫的 Bt 玉米品种的商业引进，因为以前的 Bt 玉米品种只能抵抗欧洲玉米螟的侵扰。Bt 棉花的种植也迅速扩大，从 1997 年的 15%增长到 2001 年的 37%，到 2014 和 2015 年增长到了 84%。随着时间的推移，抗虫转基因玉米（Bt 玉米）的种植面积比例可能会继续波动，这主要取决于 Bt 玉米的靶标害虫——欧洲玉米螟（ECB）和玉米根虫的侵扰情况。

同样，转 Bt 基因抗虫棉的种植也取决于 BT 靶标害虫的侵扰情况，如烟青虫、棉铃虫和红铃虫。目前，具有抗虫性状的大豆品种还没有开发出来。

由于美国生产的玉米和大豆大多是转基因产品，且这两种作物大部分用于国内，被广泛应用于各种加工食品中，因此美国的转基因食品已相当普及。据统计，美加工食品的 60%～70%均含有某些转基因成分。随着转基因食品的大量上市，美国消费者对转基因食品的疑虑也不断增长。许多人开始选择有机食品，致使有机食品比普通食品售价高出许多。FDA 规定，凡贴了"有机"标签的食品都要确保在生产和处理过程中没有进行基因改造。不过，由于美国的转基因作物种植比例太大，种植过程中可能造成基因漂移，种植转基因作物的农具及运输工具等也可能带有转基因成分，因此在美国标明"有机"的食品并不保证不含转基因成分，而只是"没有用转基因种子"，以及"生产过程严格隔绝了转基因混入"。

转基因食品的广泛应用，最大的受益者是美国转基因农业技术大公司。20 世纪 80 年代植物基因工程开始发展以后，世界种子产业经过一系列兼并重组，目前有被少数几个大型综合公司垄断的趋势。据英国农业产业咨询公司 Phillipps McDougall 的统计，至 2005 年，十家大公司出售的种子占世界上商业性种子销售的 51%。美国的孟山都公司和联邦先锋公司是世界最大的两家种子公司，特别是孟山都公司占据着世界上约 13%～14% 的种子市场，在世界转基因棉花、大豆和油菜作物的种植中居主导地位。2004 年，全球销售的转基因玉米种子的 41%、转基因大豆种子的 25% 由孟山都公司提供；孟山都公司开发的转基因种子或其专利技术品种的种植面积达 1.757 亿英亩，占世界上转基因作物种植面积的 88%。孟山都公司在转基因粮食方面申请了 533 项专利技术，几乎覆盖了粮食生产的一切环节。该公司还发明出种子"自绝"技术，防止农民自行留种，迫使农民年年要向该公司购买新种子，为此农民每年都要支付给该公司昂贵的粮种费和专利费。

二、美国转基因产品的监管主体和法律依据

美国转基因的管理主要依据 1986 年政府颁布的《现代生物技术法规协作框架》，该框架是美国转基因管理最基本的法规，它规定了美国在生物安全管理方面的部门协调机制，对需要审查和管理的基因工程生物进行较严格的考察。目前美国各个机构对转基因产品的管理职责都是根据该框架的规定进行的。美国转基因食品的管理是由食品和药物管理局（FDA）、农业部（USDA）下属的动植物卫生检验局（APHIS）和环境保护署（EPA）联合进行的，三个联邦局负责建立国家生物技术法规的框架，对所有食品的管理流程不断进行评价和完善。各部门分别依据不同的法律对转基因产品进行进行管理，各自的法律依据和职责如下：

（1）USDA 主要依据《植物保护法》，通过对转基因生物颁发环境许可（permits）、要求上市前的通知（notification）和请求（petitions）等程序对转基因作物进行管理，防止其成为有害生物，负责转基因产品的种植安全。转基因产品的释放和进口均需得到 USDA 的批准。1987

年 USDA 在该法案下制定实施《作为植物有害生物或有理由认为植物有害生物的转基因生物和产品的引入》（管理条例 7CFR340）。1997 年修订后的法规，详细规定了转基因生物田间试验和跨州转移许可，以及运输过程的标识和包装要求。2007 年 7 月农业部动植物卫生检验局对法规进行再次修订，内容涵盖转基因生物的范围、许可程序、记录保存制度和低水平无意混杂政策。

（2）FDA 主要依据《联邦食品药品和化妆品法》中的 402 节（掺假食品）和 409 节（食品添加剂），负责保证所有植物源食品和饲料的安全以及适当的标识。在 1992 年发布的《新植物源类食品的政策声明》适用于所有来自新的植物物种的食品，包括利用重组脱氧核糖核酸（rDNA）技术开发的品种。在该政策中，FDA 建议开发商主动向 FDA 提出关于转基因食品的咨询，并在 1996 年为企业新增了咨询程序指导（《FDA 咨询程序》），以确保转基因食品的安全性符合法规要求、不需进行查验登记、上市后也无需特别标示。FDA 还规定所有食品添加剂（包括食品或动物饲料中的植物源添加剂）在销售之前必须获得 FDA 的批准。

（3）EPA 主要依据《联邦杀虫剂、杀真菌剂、灭鼠剂法案》，《有毒物质控制法》，《农药登记和分类程序》，《农药登记的数据要求》，《试验使用许可证》，《微生物农药的报告要求和评估程序》，负责审批所有的杀虫剂，包括应用基因工程技术产生的植物杀虫剂，判定杀虫剂对环境的影响，并设定食品中杀虫剂的残留标准。EPA 评估上市前的用作农药的转基因生物，并且进行农药登记。在转基因作物商业化之前，该部门监管小范围田间试验或大面积田间实验性应用。EPA 要求转基因植物杀虫剂的生产者通过审批程序获得注册后方可将该产品投入使用。

三、美国转基因食品的管理细则

USDA 下属的 APHIS、FDA 和 EPA 三个机构根据产品最终的用途对转基因产品进行共同管理。在转基因产品安全管理实际工作过程中，任何一种转基因食品的生产过程都必须根据具体情况经过上述三个机构中一个或多个进行审查，只是审查过程中，三个部门的侧重点不同而已。如，转基因抗虫特性和抗除草剂特性的食品作物必须由 APHIS、FDA 和 EPA 同时审查；转基因油料作物必须经由 APHIS 和 FDA 审查；转基因园艺作物由 APHIS 单独审查。

与其他消费产品类似，转基因产品的监管以产品为中心，重点是上市前的审批。概述之，即在《生物技术管理协调框架》下，一项转基因生物要经过安全审批或许可，需要由新植物生产企业与 USDA、EPA 和 FDA 提供数据资料以备审核，之后 USDA 负责管理转基因作物的开发和大田试验；在该转基因作物品种产业化之前，需向 USDA 请求撤销管制，而 EPA 负责对作物抗有害生物性状、对环境和人体健康的影响进行评估和管理，最后则是由 FDA 审查食品的安全性。

（1）APHIS 的主要职责是保护美国农业免受病虫的侵害。负责审查通过生物技术产生的生物是否会成为侵害性生物，一个转基因作物是否会成为超级杂草和新的病原。根据 APHIS 的规定，某一受控物种在引进美国之前，必须经过申请与通告的程序。引进行为包括进入、途经美国的任何产品运输或释放到封闭实验室之外环境中的行为。如果利用基因工程开发和改变的生物或产品是有害植物，那么有理由相信受控生物是有害植物。一旦 APHIS 批准该产品解除控制，那么该产品及其后代在美国的运输或释放不需要再重新审批。对于转基因植物，APHIS 主要负责对转基因植物的研制与开发过程进行管理，评估转基因植物对农业和环境的潜在风险，并负责发放转基因作物田间实验和转基因产品商业化释放许可证。通过"审批许可制度"实施其管理职权。某一公司、学术研究机构或公共部门科学家，如果其想对正处于田间试验阶段的某一基因工程植物进行转移实验室向室外、国内或跨国转移，在转移之前，首先必须向 APHIS 提出申请，经审查批准后方可实施。在确认该作物对环境没有危害后即予以批准，这时申请者就可以进行商品化或其他育种活动（如果涉及其他安全性问题，则还要通过 EPA 或 FDA 的审查）。

（2）FDA 主要负责植物新品种所产生的食品、食品添加剂和动物饲料的安全性问题。FDA 要求应用转基因技术所产生的食品也必须与其他食品一样满足同样严格的安全标准要求。FDA 对转基因食品的管理主要是通过安全性评价制度和标识制度来实施的。其主要职能是确保在 USDA 管辖下的国内和进口食品、出口肉类和禽肉产品的安全；对植物新品种（包括转基因作物）生产的食品（包括动物饲料）的安全性以及营养价值进行咨询与评价，负责食品上市前的审批管理，也对食品标识提供指导原则；监控食品，实施建立的杀虫剂容许量标准。如果由转基因作物加工的产品欲用做食品或饲料之用，也要其在申请过程中进行管理。

（3）EPA 负责确保生物技术产品及其衍生产品对环境和人体健康的安全性。一个转基因作物获得了 USDA 的批准后，它能否应用到生产中，能在什么地方种植养殖，最终的转基因产物要销售到什么地方以及销售的对象是谁则由 EPA 负责监管。EPA 首先考虑的是该转基因作物的种植对当地生态环境可能带来的影响，其次是该转基因作物或其产物作为食物对人体健康和安全可能造成的影响。如是否会引起过敏反应、是否含有有毒成分等。获得 EPA 批准后，该转基因作物或其产物要作为食品或食品添加剂进入市场，还要经 FDA 批准。为保证转基因作物对人体健康的安全性，EPA 制定了食品和饲料残留杀虫剂法定容许标准，为消费者健康提供高度的安全保证。此外还制定了在新的耐除草剂作物中除草剂残留容许标准。任何抗虫和抗除草剂转基因作物的田间释放都必须向环境保护署提出申请，并同时提交一份抗性管理计划以确保该作物抗虫、抗除草剂特性不会因为遗传改变或害虫产生耐受性而丢失或减弱。

四、转基因标识制度

1. 转基因食品标识的管理法规

美国对转基因食品采取了较为开放的态度，认为管理转基因食品应基于产品本身，而非其生产过程，转基因食品与传统食品没有实质差异，没有必要专门进行立法监管，现有食品安全监管体制足以对其进行风险控制，因此美国并没有专门的转基因食品立法，而是散见于部门立法。美国 FDA 是转基因食品标识的主要管理机关。美国管理转基因食品标识的主要法规如下：

（1）《联邦食品药品和化妆品法》：于 1938 年生效，适用于所有食品。

（2）《新植物品种食品的政策声明》：于 1992 年 5 月公布，明确新植物品种包括由转基因技术所培育的植物品种。

（3）《转基因食品自愿标识指导草案》：FDA 于 2001 年月提出，详细规定了美国对转基因食品的标识细则，但至今未被列入联邦法规。

2. 转基因食品标识制度

一直以来，美国都对转基因食品实行自愿标识制度。自愿标识是指法律并未规定必须对转基因食品进行标识，生产者或销售者可以根据市场趋势或消费者偏好，自行决定是否对产品加以标识。美国之所以坚持实行自愿标识制度是因为食品法只要求对产品的特征加以标识，并不要求标识出产品的生产方法和过程。尽管食品的生产方法与其安全性或者营养价值似乎存在某种内在关联，但 FDA 认为检验食品安全性的关键要素在于产品本身而非生产方法。此外，FDA 认为，如果对转基因食品生产方法进行标识，会对消费者产生误导。标识可能会强烈暗示转基因食品与传统食品不同，甚至可能会使消费者认为传统食品在某方面更具优越性。因此，FDA 还提出，禁止刻意标注"非转基因食品"，防止标注"非转基因食品"的厂家会因此不平等获利。

但是，并不是所有的转基因食品均可实行自愿标识的制度，也有例外情况。1992 年发布的《新植物品种食品的政策声明》中笼统规定了当由引进新基因产生的食品添加成分在结构和功能方面与现有食品成分类存在显著差异时，FDA 要求转基因食品必须贴上特殊的标签加以说明。《转基因食品自愿标识指导草案》中详细列出了当转基因食品具有以下情形时需要强制标识：

（1）如果一种转基因食品含有某种过敏原，且消费者不可能根据食品名称判断出来，则必须标识说明存在该过敏原；

（2）如果对转基因食品或者其所含成分的食用方法或者食后结果存有争议，则必须标识告知消费者该情况；

（3）如果一种转基因食品与同类传统食品间存在值得关注的性质差异，以至于一般的或者通常的名称已不能准确地描述该食品，则必须变更产品名称来描述它们之间的差异；

（4）如果一种转基因食品与同类传统食品相比，有特殊的营养物质，则必须加以标识反映该性质差异。

第六节 启示

美国的食品安全控制体系，以清晰合理的食品安全监管法律为基础、协调高效运转的监管机构为依托、先进科学的质量安全和风险评估体系为手段，保障了美国的食品安全，促进了其食品产业的健康发展，使美国成为世界上食品安全最先进国家的经验值得借鉴。

一、完善食品安全标准

作为农产品生产和消费的大国，必须主动将国内标准与国际标准接轨，建立起适应全球经济一体化的食品安全标准体系。由卫生部门组织相关专家对不同种类的食品安全标准分别进行整合，对落后的标准进行废除，并根据现实需要及时制定新的标准，填补食品安全标准空白。建立健全国家标准、地方标准和企业操作规范三个层次的食品质量标准体系，保证食品的安全生产。对已经存在的和已经检出但尚无标准的食品安全问题，应加快制定标准和检测方法。可探索建立临时标准，及时排除食品安全风险隐患。

二、建立健全食品质量安全检测检验体系

科学设置检测机构，整合现有食品质量检验机构，加强检测实验室的建设，扩大检验范围，提高检验频率，定期公布检测结果。利用社会资源，积极支持社会化第三方检测机构发展。督促和支持企业检测能力建设，提高企业质量安全自控能力。加快形成政府治理性执法抽检、第三方常态化的评价性检测、企业基础性自检三级食品质量检验检测体系。强化检验人才的培养，对现有的技术人员要定期进行技术更新培训，并积极引进高科技人才。提高食品质量检验技术水平，

做到技术要求支持法律实施，使我国食品安全检验有法可依、有标准可执行、有实验方法可遵循。

三、完善食品信息公开制度

目前我国的食品安全信息公开制度尚处于初级阶段，与国际先进水平存在巨大差距。要定时定期发布食品生产、经营全过程的市场检测等信息，及时公布各种监督检查结果，形成强大的威慑力和有效的倒逼机制，形成好的监督效能。同时，使消费者了解关于食品安全性的真实情况，减少由于信息不对称而出现的食品不安全因素，增强自我保护意识和能力。推进社会共治，使得民众都能够积极参与到食品安全管理中来，真正做到不公布是个例，公布是常态。使食品生产者、经营者认真对待食品安全信息，及时改进生产和管理，提高社会责任感和食品安全控制水平。

四、实施严格的食品召回制度

美国食品召回制度要求食品生产企业在任何时候、任何情况下得知自己的食品存在缺陷或对消费者可能造成伤害时，主动或者政府强制食品企业从消费者手中召回。我国也应加快建立健全食品召回制度。首先，健全规范食品召回的法律法规，明确监督食品召回的机构，编制召回程序，对实施食品召回时召回计划的制定、召回的实施和召回完成后的评价等具体环节进行细化和规范，为食品召回提供法律层面上的依据和实践中的指导。其次，建立和完善食品溯源制度，从源头对食品生产进行管控，避免在发现不安全食品需要召回时，找不到生产厂家的现象发生。再次，推动市场诚信体系建设，引导企业对发现的问题食品进行主动召回，鼓励企业以信誉赢市场，对问题食品召回实施不利或拒不进行召回的企业，列入信用黑名单，强制退出食品生产行业，使企业树立产品质量意识，为大众提供健康安全的食品。

五、转基因食品管理建议

首先，完善转基因食品安全管理机构体系，建立长久的评估和生物监测预警系统。机构完善且分工协作的有机管理机构，是统一规范转基因食品安全管理的有效方法之一。其次，加大对转基因食品安全监测的基础性研究工作。目前我国转基因食品安全监测技术较弱，应加大研究力度，加大科技人员培养投入，研究出更为高效经济的监测和评估技术。最后，建立规范的转基因产品标志体系。因为转基因食品存在不确定性，部分消费者对转基因食品持否定态度，因此有必要让消费者清楚了解转基因食品的制作过程、性能等准确真实的信息，供消费者自主选择，确保消费者知情权的实现。

参考文献

[1] 伊林. 美国的食品安全体系 [J]. 中国卫生人才，2005，（9）：60–61.

[2] 王芳. 国外农产品质量安全政府管理及对中国的启示 [J]. 世界农业，2008，（1）：37–39.

[3] 国家食品药品监督管理局，黑龙江省食品药品监督管理局. 食品安全监督管理 [M]. 北京：中国医药科技出版社，2008.

[4] 肖良. 美国食品安全检验局实验室体系 [J]. 世界农业，2005，（12）：40–42.

[5] 黄桂花. 美国缺陷食品召回制度研究 [D]. 湖南师范大学，2011.

[6] 王菁. 美国食品召回制度的现状与特点 [J]. 食品科技，2007，32（5）：1–3.

[7] 康志玲. 美国食品召回制度对我国的启示 [D]. 昆明理工大学，2015.

［8］孟亚波. 美国对转基因食品的监管政策及其影响［J］. 国际研究参考，2013，01：15–19.

［9］于洲. 各国转基因食品管理模式及政策法规［M］. 军事医学科学出版社，2011.

［10］张忠民. 美国转基因食品标识制度法律剖析［J］社会科学家，2007，6：70–74.

［11］杨杰. 美国食品安全监管体制及其对中国的启示［D］.吉林财经大学，2014.

郑州轻工业学院　王小媛

第四章 | 美国食品安全风险管理

第一节 美国食品安全风险管理体系概况

一、风险管理体系组成

1997 年，美国食品安全风险管理工作正式开始实施，全国第一次食品安全工作会议在美国政府官员和各界组织的共同努力下正式召开。多年以来，食品安全管理部门的管理措施忽略了微生物对人体造成的严重危害，主要把注意力放在添加剂、药品以及杀虫剂等其他方面。因此，美国总统克林顿宣布实施食品安全行动计划方案。总统克林顿在 1998 年 8 月签署了行政命令，该命令宣告总统食品安全顾问委员会的成立，并指出委员会承担建立国家食品安全计划和战略的重大任务。不仅如此，引领政府部门对重要食品安全领域的优先投资以及对食品安全研究所工作的指导任务，同时，对全国上下食品安全的检查也由该委员会负责。食品安全风险管理体系由风险评估、风险管理以及风险交流三部分组成（图 4-1）。美国食品安全风险管理的核心思想是在面临食品安全风险过程当中，采用科学的技术和方法，主动而有目的和计划地解决或降低风险，从而达到食品安全风险认知的目的，降低风险与成本，使得公众能够获得最安全的食品保障。美国实现食品安全风险管理需要通过多方面的共同努力，包括食品药品管理局、农业部、卫生部以及环保署等。美国食品药品管理局主要对本国生产的食品及进出口食品进行安全检查，对进口食品报关信息进行核查，对理化物质及微生物指标进行检测等，因为这些物质当中包含了许多高风险因素。据统计，FDA 的检测服务超过 10 500 项。食品安全风险分析工作由农业部负责，而农业部下设的部门主要有六个，其中包括食品安全检验局、动植物检疫局风险分析与成本收益分析办公室、农业研究局、经济研究局以及州际研究局、教育与推广局。其开展的工作主要包括所管辖产品的风险分析、成本收益分析、法律合规性分析以及对相关研究的开展提供经费与智力支持。而风险分析任务在卫生部当中的安排工作主要由疾病预防与控制中心、食品药品管理局共同协作开展。然而，其具体工作也需要其他机构的协助，例如国家毒理研究中心、国家卫生研究所、国家过敏和感染性疾病协会。这些机构的主要作用是为风险分析提供数据与研究资源。在环保署中，该项工作主

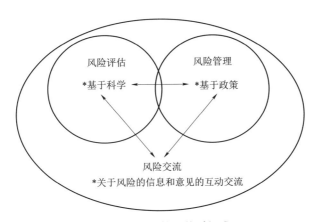

图 4-1 风险管理体系组成

要由预防、农药与毒性物质办公室，研发办公室和水资源办公室来合作分析。主要工作是对农用化学品以及水资源利用方面进行风险评估，并且在此基础上实施合理有效的措施，将风险降到最低。商务部内与食品安全风险分析有关的部门主要是国家海洋大气管理局的国家海

洋渔业局。

二、风险管理体系运作与管理目标

美国政府成立了食品安全风险分析的协调交流机构风险评估联盟（alliance for risk assessment，ARA）来确保部门之间能够达到高效的合作运转。风险评估联盟的主要职责是加强联邦机构的合作与协调，推动风险评估科学研究进展。风险评估联盟的工作主要包括风险数据的挖掘、确定研究方向，协调多学科共同努力进行风险评估，汇总风险信息等。ARA 是一个协作组织，为风险评估提供技术支持和服务，以及协调联邦和各州的相关机构是该组织的主要任务，其总体目标是在需要时开展风险评估。ARA 建立了来自不同领域、有着不同背景、代表不同利益群体的专家库，对每个项目进行评价，确保最有效的利用现有资源，避免重复工作。在信息资源方面，鼓励相互通报各自的活动信息，从而创造更多合作机会。ARA 通过风险信息交换数据库（risk information exchange，RiskIE）、国际毒性评估风险数据库（international toxicity estimates of risk database，ITER）、ARA 时事通讯、网站等方式及时发布信息。

在美国颁布的《美国 FDA 食品安全现代化法案》当中，基于预防、监管以及提高应急反应能力的建设是其中心思想。食品安全风险管理体系的风险评估、风险管理以及风险交流三个阶段，其本质是利益相关者监管者、生产者及消费者通过其对该风险的认知水平，从而制定、实施管理方案，有效地对管理结果做出评估分析，对食品危害问题的解决方案做出决策的过程。风险评估的含义主要是对潜在的风险进行危害识别、危害描述、暴露评估和风险描述的总体过程。危害识别主要是在一系列国家标准和实验室精确检测的基础上确定某种物质的毒性，发现潜在的对健康有不良影响的因素。美国危害描述采用的方法首先是对动物进行毒理学实验，从而与人类进行比较，最终获得为人类所接受的每日推荐摄入量或每日允许摄入量。在此基础上，实施居民膳食调查数据，计算危害物质对人体暴露的最大潜在影响即最大暴露允许值，经过上述一系列过程，综合分析上述暴露对人体不良健康反应的可能性。

三、风险交流的发展

2009 年美国食品药品管理局出台《风险沟通战略计划》，其风险沟通战略行动主要是加强风险沟通的科学能力和政策，美国食品药品管理局力图采用最新的科学技术对食品、药品的安全性和有效性进行监管，并将其用于指导沟通活动，但由于时间与资源的限制，FDA 主要采用夯实风险沟通领域的科学基础、评估风险沟通措施的有效性以及利益相关者监督等措施加强对食品科学的研发。网络的发展、新兴技术的不断开发对风险交流、风险沟通提出了新的要求，由过去的延时沟通转变为现在要求的及时沟通，这项进步促使美国食品药品管理局明确和加强了其职责权属范围。FDA 工作的重点是满足不同文化、教育、语言背景公众的需要，向其公布食品生产、风险预警信息。面对突发事件，如何做好风险沟通与交流是 FDA 的另一项重要工作。

FDA 主要从协调风险沟通信息和风险沟通活动、制定风险沟通计划、改进风险沟通的程序、明确雇员作用、增加决策专家数量以及完善网站、网络工具并加强与不同组织的沟通方面完善其对风险沟通能力的构建工作。FDA 为保障风险沟通交流政策的实施，主要开展了建立简明风险沟通原则、实施风险沟通信息发布公告标准，与其他组织机构合作执行风险沟通战略计划，评估与改善 FDA 公共卫生重点领域的风险沟通政策。

此外，风险交流受到三部法律的保护，使得风险分析过程必须公开透明。《行政程序法》规定了政府制定、修改或废除行政法规必须遵守的程序和利益相关方要求公布制定行政法规所应遵守的程序。《联邦咨询委员会法》规定，若政府在制定法规时需征询咨询机构，这些咨询机构要避免相关方的利益冲突，同时公众拥有对征询机构进行评论的权利。《信息公开法》明确了公众对联邦行政管理中的各项信息有知情权。因此，美国食品管理部门应当据此向公众公开并解释食品标准制定的程序和依据。例如，当食品安全事件发生后，公众有权了解其中的情况，因此行政管理部门应公开透明地将紧急情况毫无保留的告知公众，并且需要让国际组织、其他国家和地区知晓，无论是通过食品安全网络还是数据库等方式，只有这样才能达到及早预防、避免食品风险事件扩大的目的。

第二节 风险评估

一、食品风险评估

食品安全风险评估是指利用现有资料和数据，采用定性和定量的方法，对潜在风险的可能性进行科学评估。风险评估是一种系统地分析科学技术信息及其不确定度的方法，是风险分析的核心和基础。风险评估以一种目标性的方式进行，食品安全风险评估的目标是评估和回答已知的和潜在的、由于人类暴露于食源性危害因素而引发的有害于健康的效应。然而，对任何事件的科学数据和科学知识永远无法完全了解，因此绝对的风险评估是不可能的。客观的风险评估是通过清楚全面地考虑数据分析的不确定性，决定可接受的不确定性的总数。如今，风险评估已经成为世界贸易组织和国际食品法典委员会（CAC）制定食品安全控制措施的重要技术手段。

食品安全风险评估包括以下步骤：

1. 危害因素识别

危害指食品供应链中对健康有不良作用的生物性、化学性或物理性因素，包括有意加入的、无意污染的或在自然界中天然存在的危害。

风险指食品中的危害产生某种不良健康影响的可能性和该影响的严重性。要判断某种危害是否构成食品风险，除了考察该危害物质的毒理特性之外，还需关注该物质的剂量是否能够引发消费者的健康风险，不能仅凭某种物质的毒理性质就夸大为"食品安全事件"。一方面，对人体有益或者毒性极微的物质，若食用过量还是有可能损害身体健康的，比如饮酒过量、食盐过量；另一方面，某些物质的安全性还会因人而异，如某些人群可能会对特定的食品产生过敏反应。

危害因素识别是识别出与某一特定因素有关的、已知的或潜在的健康效应。在美国，危害识别需依据相关法律要求，并建立在科学和经验的基础之上。针对杀虫剂或新添加剂的使用，美国法律要求对其供应中可能产生的任何危害均进行描述；对于进入市场的产品，则要通过控制危害需要的经验（如是否出现病原菌等）进行识别。

2. 危害因素描述

危害因素描述指对食品所含生物性、化学性和物理性的因素可能引发有害健康的性质进行定性或定量的评价。对于化学性因素，必须进行"剂量–效应"的评估。如果能获得生物性和物理性因素的"剂量–效应"数据，则也应进行"剂量–效应"评估。通过对比超标量的大小和相应的剂量反应关系，对危害进行定性的分级评估。

虽然各因素对人类的危害性数据与食品安全的相关性最大，但是动物数据也常常用于描述危害。在使用动物数据时，经常使用来自最敏感物种的数据。在研究危害因素的相关关系时，使用真实数据以及与现有科学知识相符合的模型是非常重要的。当信息不够甚至无法识别哪个是较为真实的数据时，应使用不会低估危害的数据和模型。在安全阈值不能确定时，危害性描述通常依赖线性数学模型，这是因为线性数学模型不可能低估危害。

3. 暴露剂量评估

暴露剂量评估指对生物性、化学性和物理性因子通过食品或其他途径的摄入量进行定性或定量评估。暴露剂量评估主要通过膳食调查和食品中有害物质暴露水平的调查数据进行。对于短期急性暴露和长期慢性暴露的评估程序不完全相同，对于急性暴露（如病原菌等），引起敏感人群疾病的病原菌水平非常重要，而对可能引起积累损害的慢性危害，寿命平均暴露数据十分重要。

4. 风险特征描述

风险特征描述指估算暴露对人群健康产生不良效果的可能性，它通过对危害因素的识别、危害因素的描述和暴露剂量的评估进行综合分析，得出针对给定人群可能产生的不利影响的评估结论。除了需要确定危害对人群产生负面健康影响的可能性，风险特征描述还要评价这一危害的严重程度。

食品安全风险评估方法包括定量评估和定性评估两类方法。定量风险评估强调用数值表达的方式评估风险，定性风险评估则采用一些不确定性的、难以用数值精确表示的指标表达风险。定量风险评估根据危害的毒理学特征和其他相关资料，确定污染物的摄入量以及对人体产生不利作用的概率。定量风险评估是风险评估最理想的方式，其结果大大提高了风险管理的确定性。而定性风险评估是根据风险的大小，人为将风险分为低风险、中风险、高风险等不同级别，以衡量危害对人类影响的程度。当不可能或没必要进行风险定量化时，也常常用到定性风险评估。

二、美国食品风险评估的法律基础

美国食品安全监管的过程注重食品的风险分析与风险控制。制定的食品安全法律法规和政策与食品安全监管理念相吻合，同样以风险分析为基础并配备切实可行的预防措施。在制定预防性措施时，科学的风险分析是制定食品安全政策的基础。1997 年，美国发布《关于食品安全的倡议》，要求所有联邦机构对食品安全负责，并要求建立机构之间的风险评估协会。风险评估协会通过鼓励和预报模型以及其他方式的开发研究来推进微生物风险评估的发展，并使其成为食品安全管理的重要手段。

美国从建国之初就开始食品安全立法工作，发展至今，形成了涉及食品、药品、禽类、蛋类、动物保健、消费者安全保障等多个方面的食品安全法律体系。目前食品安全立法主要包括联邦食品、药品、化妆品法令，联邦肉类检验法令，禽类产品检验法令，蛋产品检验法令，食品量保障法令和公共健康事务法令。这些法令几乎涵盖了所有的食品，制定了极其具体的标准和严格的监管程序，为美国在各个监管机构内部实行风险评估提供了有力的法律保障和制度支持。同时在食品安全风险评估立法上，美国特别注重立法听证和公开，通过报纸、网络、听证会等形式听取民众对法律法规的意见，这既加强了民众和立法机关的交流，同时又加强了民众对风险评估实施的监督。

美国食品风险评估的法律法规非常多。下面以美国动物源食品中兽药残留风险分析的相关法律法规及其规定为例来进行介绍。

1. 联邦法律

美国有四部主要相关法律对食品安全进行了规定，分别为美国国会众议院颁布的《美国法典》（USC）中的第 9 章《联邦食品药品和化妆品法》（FD&CA），第 10 章的《禽类及禽产品检验法》（PPIA），第 12 章的《联邦肉品检验法》以及第 13 章的《蛋类产品检验法》。这四部法律是美国动物源食品中兽药残留风险分析的主要依据。其他相关的法律主要有《联邦进口乳品法》（FIMA）、《食品质量保护法》（FQPA）和《合理包装与标签法》（FPLA）等。

2. 联邦法规

美国《联邦法规汇编》（CFR），是联邦政府机构和执法部门出版于《联邦注册》（Federal Register）上的永久性和综合性的法规汇编。《联邦法规汇编》中的第 9 卷和第 21 卷都与动物源食品中兽药残留的风险分析相关。这两卷囊括了动物源食品中兽药残留风险分析的多项规定，在最重要的第 21 卷中，规定了美国关于动物源食品中兽药残留的最高限量标准（MRL）。

3. 其他相关政策及规定

（1）风险分析相关标准：美国关于动物源食品兽药残留风险管理中的标准主要包括禁用物质标准、兽药残留 MRL 标准。

（2）禁用兽药标准：美国于 1994 年颁布的《兽药使用诠释法》（AMDUCA）中规定，动物源食品中兽药残留对公共卫生存在风险时，标签外用药是禁止的。

根据《联邦食品药品和化妆品法》，兽药评审中心（CVM）负责制定兽药的最高残留限量标准。在美国，对应用于动物源食品中的兽药，必须对相关动物可食性组织中兽药残留的风险进行评估，同时制定相关兽药在动物各可食性组织中的兽药残留 MRL 标准。FDA 的食物消费指数与食品添加剂联合专家委员会（JECFA）所采用的食物消费指数是一致的：300g 肌肉、100g 肝脏、50g 肾脏、50g 脂肪、100g 禽蛋和 1500g 牛奶。到目前为止，FDA 总共制定或修订了 108 种兽药在相关动物源可食性组织中的 MRL 标准。

（3）相关毒理学试验指南：为了更好地对动物源食品中的兽药残留进行风险评估，美国与国际兽药注册协调组织（VICH）合作，发布了发育毒性试验指南（GL 32）、繁殖毒性试验指南（GL 22）、慢性毒性试验指南（GL 37）、微生物学 ADI 建立指南（GL 36）、遗传毒性试验指南（GL 23）、致癌毒性试验指南（GL 28）和重复剂量（90 天）毒性试验指南（GL 31）。

（4）风险分析安全认证体系：目前美国推行的动物源食品中兽药残留风险分析相关的安全认证体系主要包括良好操作规范（GMP）和危害分析与关键控制点（HAPPC）体系等。

三、美国食品风险评估的机构

美国从 1997 年开始组建专门机构进行风险评估，美国国内特别强调风险评估的重要性，指出应当对食品的各项参数和指数进行专业测评，在此基础之上做出科学评估，用以有效化解潜在的食品安全风险。联邦政府虽然没有专门设立食品安全风险评估机构，但是有许多机构可以参与食品安全风险评估，各个机构都在其工作领域范围内独立开展风险评估的工作。对于涉及多个领域的大范围风险评估，则通过各机构的交流合作来完成。各个机构在单独或联合完成一项风险评估工作后，由同行进行评议，以此确保评估结果的准确性。美国卫生部下属的食品药品管理局，主要是负责除肉类、家禽以外的其他食品和进口食品的风险评估工作。美国食品药品管理局还联合马里兰大学成立了食品安全和应用营养中心，负责收集和评估食品中各类常见污染因素的数据。

美国农业部下属的风险评估机构主要负责开展肉类以及家禽类食品的风险评估工作，主要包括食品安全检疫局和动植物安全检疫局，由风险评估、风险管理、风险交流三个团队组成。美国的风险评估机构吸纳了食品安全诸多领域的专家，组成科研小组在各自的领域内独立进行风险评估。

虽然风险评估联盟（RAC）将涉及食品安全风险分析的机构有机地联系在一起，但它的功能重在协调与沟通，食品安全风险分析的具体工作仍由各个机构执行。农业部、卫生部、环保署是美国最主要的三个食品安全机构，它们各自拥有清晰的食品安全职责，相互之间没有交叉和重复，因此可以在风险分析中有侧重地分工协作。

四、美国食品风险评估的机制

食品安全风险管理的第一步是风险识别。在美国，食品安全风险主要根据法律和经验进行识别。其手段是运用数据说明潜在风险的不同显现水平与模式，找到对风险的特征描述最相关的数据，并分析它们的影响时间、影响人群、影响范围、影响程度。例如，当食品中含有新成分或杀虫剂时，法律规定管理机构有责任在食品进入市场之前鉴定任何潜在风险，并根据经验（如已经出现的病原菌对已进入市场的食品）进行风险识别，以尽力控制风险。

　　食品安全的风险估测是在风险识别的基础上进行的。联邦食品管理机构将风险发生的概率、损失的程度结合其他因素进行综合分析，评估急性风险的短期发生和慢性风险的长期发生可能造成的影响。在急性风险如病原菌的评估中，主要依据的数据是易受感染引发疾病的群体的病原菌水平。在慢性风险如化学成分的累积风险评估中，则需要考虑整个生命期内的平均风险暴发概率。联邦食品管理机构每年都测定化学物和抽样药品在食品中的残留，并将检测结果作为制定食品安全标准的基础，这些检测结果同样也是估测风险的重要指标。表 4-1 展示了食品安全检验局（FSIS）相关的风险分析标准操作程序。

表 4-1　食品安全检验局风险分析标准操作程序

风险分析程序具体阶段	职责部门
确定风险分析议事日程	
风险分析议程以年度为单位建立	OPPD/OPHS/FSIS 行政长官
明确风险管理的问题、内容和目的	
向 OPHS 提出一个风险管理问题清单	ODDP
风险管理问题的提炼	OPPD/OPHS
相关行政官员的审阅批准	OPHS/DA/OPPD
形成风险管理问题提议	
向 OPPD 提交风险评估建议	OPHS
决定是否开展风险评估	
对风险评估建议进行评价	ODDP
对风险评估建议进行提炼	OPPD/OPHS
选择其它风险管理措施	ODDP
行政批准决定风险评估计划	OPHS/DA/OPPD
风险评估的实施	
概念化模式的进一步深化	OPHS/OPPD
收集、分析数据	OPHS/OPPD
数据空白点鉴定	OPHS
"如果……怎样"进行评估	OPPD
不确定性和表异度的分析	OPHS
风险评估报告	OPHS

续表

风险分析程序具体阶段	职责部门
结果评价	
风险评估的陈述和讨论	OPHS/OPPD/OFO
评价风险评估结果	OPPD/OFO
公众发表或可能的公众评议	OPHS/OPPD/OC
同行评议 OPPD	
委员会/协会同行评议	OPHS
根据反馈意见进行风险评估的修改	OPHS/OPPD
成本–效益分析	
根据结果进行成本–效益分析	OPPD
选择风险管理方案	
选择风险管理方案	OPPD/OFO/FSIS 行政长官
发表所选择的措施，邀请公众评议	OPPD/OC
实施执行	
风险管理措施的实施	OPPD/OFO/OPHS/OPAEO
监控和重评估	
如果必要对评估进行精炼或修改	OPHS/OPPD/OFO
对实施的措施监控公众健康影响	OPHS/OPPD
评价实施措施的有效性	OPPD/同行评议

注：上述部门代号对应的名称如下：

DA：Deputy Administrator 副行政长官

FSIS：Food Safety and Inspection Service 食品安全与检验局

OC：Office of Communication 联络办公室

OFO：Office of Field Operations 室外操作部

OPAEO：Office of Public Affairs，Education & Outbreach 公共事务、教育和外围部

OPHS：Office of Public Health Science 公众健康科学部

OPPD：Office of Policy and Program Development 政策和项目发展部

确定风险分析议事日程：风险分析议事日程的第一步是确定食品安全问题的优先级，这也是相关政府部门最感兴趣的问题。这一过程需要通过风险管理者、风险交流者、风险评估者和其他机构官员的共同努力才能开展。只有这样，才能更好的认识长期的、新出现的或紧急的食品安全问题。任何问题的严重性都取决于其在风险分析议事日程上所处的位置，这会被很多种因素影响。这些因素通常包括但不限定于以下几条：

①食物源疾病的爆发、流行病学以及临床症状；②公众的关注；③法庭上的案例或者其他诉讼问题；④新的科学方面的发现物；⑤国际问题；⑥机构资源；⑦调控议事日程；⑧监督与监控信息；⑨企业实践操作中的变化。

由于存在上述列出的各种影响因素，包括企业和政府的立法和执行分支部门在内的很多团体都能够影响政府相关部门风险分析议事日程的优先权。最终，优先权由风险管理者来确定。需要注意的是，议事日程可能由于优先权的改变而具有灵活性。食源性疾病的爆发和新科技的发现等的优先权可能由于当年财政原因而被降低。

明确风险管理的问题、内容和目的：对于每个公认的食品安全问题，政府相关都会优先进行考虑。OPPD 风险管理者会讨论并形成食品安全的问题和目标，并将关于风险管理问题的手写单呈现给 OPHS 进行会议讨论，会议通常由风险交流者和其他技术专家组成。

形成解决风险管理问题的提案：OPHS 的风险评估部负责准备风险评估提案，风险评估部包括 OPPD 的成员以及 OPHS 的其 wb 部门等相关团体。风险评估提案包括：

● 概括由 OPPD 和 FSIS 相关项目部准备的风险管理的问题并提交给 OPHS。

● 解释说明食品安全问题可能引起的公共健康方面的内容，主要包括：①描述所关注的食品中的危害；②概述当前公众健康问题，包括每年发生食品安全事件的数量，与疾病相关的严重性，通过食物源传播的流行病学证据以及相关种群等；③概述食品中病原体的控制情况；④总结团体提供的科学指南，如美国食品中微生物学标准委员会（NACMCF）

以及美国科学院（NAS）。

● 详细说明基于风险管理问题和信息的有效性所进行的风险评估的类型。要确定风险评估的范围（例如："从农田到餐桌"的风险评估，风险评估模型的过程等）和性质。风险评估可以是：①一个定量的风险评估；②一个定性的风险评估；③一个安全评估；④一个相关的风险等级；⑤一个危害的等级。

● 风险评估结果的表述一定要清晰准确，这样风险管理者才能确定提议是否适合用来解决提出的问题。

● 制定一个概念模型，概念模型能够详细说明一个食品体系中关键参数之间的关系。概念上的模型可以是图解的形式（如过程的图解、决定树的图解等），也可以是一个数学上的表达形式，既可以用来描述食品安全系统的生产、加工、制备以及消费等过程，同时也可以用来描述能够影响食品安全的危害量增加或减少的因素。

● 对科学上的同行评议机制进行详细说明。

● 对数据的有效性和数据的差异性进行概述。对于 OPHS 下属的各种团体（例如生物科学部门或者残留部门），应该根据他们各自的专业知识来参与评论这一部分的资料。

● 对每个部门完成的时间表以及相关团队的各自责任进行概括。

● 有效数据和其他相关信息的资料。

确定是否需要进行风险评估：一旦风险评估提议完成后，下一步就将会由风险管理者和风险交流者进行评审和签收。这一步对于风险管理者有很多选项可供选择，包括：①开展一个研究议事日程来解决数据的差异［这一步需要在 FSIS 以及其他一些机构如 FDA 和农业研究局（ARS）的协调下进行］；②开展公共教育性活动或项目；③指导风险评估；④执行暂时的活动或采取相应的措施。风险评估的结果对于风险管理者是否有用需要满足以下两点标准：①风险评估的结果必须能够适合开展成本与效益分析；②必须满足在法定的框架下对肉类、禽类及其制品的管理调控。

风险管理者对此进行评审提议并确定该提议是否能够满足当局的需要。在看到问题被详细地说明之后，风险管理者可能会发现风险管理问题需要精炼或者改变。在此情况下，也需要对相应提议的某些部分进行改变，改变将根据风险评估者和风险管理者讨论的结果来进行。当决定继续进行风险评估或选择另外一种方法时，当局应邀请公众来进行评论并根据评论结果再次考虑他们的决定。如果风险评估继续进行，那么提议将被呈现给公众并安排所需的数据（基于在提议中对数据差异性的概要）。如果选择另外一种方法，那么同样应该将此方法通过《联邦公报》或公共会议的方式进行宣告。

实施风险评估：风险评估是一个包括很多个步骤的科学过程，数据通常由专家组进行分析，包括对微生物学、建模以及统计学数据的分析。风险评估组的成员通常由 OPHS 下的风险评估部（RAD）成员组成，有时也会包括其他 OPHS 或者 FSIS 下一些合适的专家。有时，FSIS 还会通过合同、协作约定或政府职员管理条例（IRAS）保证外部专家服务的安全性。在这种情况下，RAD 的成员将会有责任来确保资金到位和监控工作顺利完成。风险评估通常包括以下几个步骤：①进一步开展概念模型；②收集并分析数据；③鉴定数据的差异性；④建模；⑤分析变异性和不确定性。

特别需要注意的是，与风险管理者、风险评估者以及风险交流者在开展风险评估的各个阶段进行交流是十分重要的。例如，在开展概念模型后，风险评估部将会把提议方法呈现给 OPPD 以确保 OPPD 风险管理战略的顺利开展。同样，在风险评估的数据分析阶段，数据的差异性、局限性以及不一致性都应当与 OPPD 进行讨论。各种有效数据的含义也应该被充分讨论，例如企业中存在一些含有歧义的数据。在此阶段，OPPD 和 OPHS 重新考虑根据有效的数据确定模型的类型十分重要，至少应该将模型的局限性清晰地展示给风险管理者。风险管理者可以在风险评估者制定的两个或多个模型之间进行选择。同样，如果根据建议的风险评估方法对所提出的问题进行研究，或当局的优先权和时间表发生变化，风险评估者也须要改变方法。最终的风险评估报告必须能够对风险评估结果进行清晰的解释。评估报告应包括所应用的方法、使用的假设、差异性和不确定性的原始资料以及所有能够影响评估结果的因素。敏感性分析一定要确定出最能影响风险评估结果的因素。此外，还需要准备执行摘要，以对风险评估的目的、方法和结果进行交流。

对风险评估的结果进行评估：风险评估完成后，风险评估的草案报告要呈现给 OPPD，在适当的情况下也可呈现给地方运行办公室（Office of Field Operations，OFO）。呈现的结果应包括 RAD 对风险管理问题的回答方法、所进行的假设、得到的结果以及对风险估计的局限性和不确定性。接下来的步骤是对各种风险承担者进行公共性的宣传以及召开会议，将风险评估的结果呈现给 OPHS、OPPD 和 OPAEO 中的相关个人。本阶段还提供当局所接受的公众对草案评估的评论结果。基于所接收到的评论结果，评估草案能够被进一步精炼，并与提交的资料一起交给同行评审。由于评估的技术特点，OPHS、OPPD 和 OPAEO 的相关专家应出席与公众的交流。

同行评审：同行评审是 FSIS 风险分析过程的一个组成部分。同行评审将由公众在公共会议上的评论期间提供，无论如何，当局认为科学的评审也是很重要的。对于经济因素影响很小的项目来讲，同行评审应该包括单独的内部评审或者在同一等级机构的博学专家的评审。如果大的评估项目很明显地受到经济上的影响，那么此时就需要考虑独立的外部专家评审。有很多机构出现在同行评审中，包括：①美国食品微生物学标准咨询委员会（NACMCF）；②美国科学院（NAS）；③组织机构承担者；④其他风险评估团体（如风险评估协会）。同行评审完成后，相关人员将会对其评论结果进行评估，当局也需要对产生的结果做出反应或新的调整。

成本-效益分析：风险评估的结果通常被用以开展成本-效益分析。食品安全项目的效益通常是以食源性疾病在缓和后的下降程度来衡量的。通过其定义，我们就可以知道成本-效益分析需要对食源性疾病当前发生的频率与采取缓和策略后所期望的疾病发生率进行对比。风险评估产生的成本-效益需要一个对当前的状况进行描述的基准线，并在一个透明框架下帮助风险管理者考虑不同缓和策略的影响。风险评估必须清晰地描述与人类健康相关的差异性和不确定性。风险评估能够达到预期的减少疾病的目的，能够确定减少的事物是经济学家和美国当局直接用来估计和建议缓和策略的重要因素。经济学家的作用是通过某种特定的方式，以一种风险管理者和风险评估者都能理解的语言帮助他们对风险评估的结果进行交流。在此过程中，风险评估的结果与预期的直接成本（如必须进行的实验、必须购买的仪器设备等）是相一致的，而间接成本则与每种缓和的策略是相一致的。经济学家必须与风险评估者进行密切的联系，如果成本估计是现实确定的，那么经济学家就需要考虑当风险评估范围外的变化出现时，建议风险评估者采取何种应对措施。风险评估者的知识和洞察力对于经济学家与风险管理者鉴别这些问题大有裨益。这些考虑与他们预期的成本影响加在一起，就能够更加准确地衡量其潜在的利益。

选择风险管理方案：在风险评估进行完同行评审，对相关评论进行修改并做出最后的版本定稿后，在对 OFO 和 FSIS 管理人进行咨询时，OPPD 需要考虑到减灾战略的潜在评估结果。缓和策略可能包括下面的一种或者一个组合：①建立一种操作标准或其他的调控方法；②公共教育；③企业指南；④采取旨在减少风险的干预措施。风险管理者在选择减灾战略时将要考虑一系列问题，这些考虑主要包括：风险评估结果；当局对公众健康的目标；社会价值；调控行动或不采取行动的成本；国际问题；技术的可行性、监控或执行的能力；与管理策略相关的非故意风险；执行的实用性以及法律的授权。OPPD 负责开展并推荐给相关机构其认可的风险管理项目。一旦一个政策性选择或者操作性选择被相关机构采纳，那么就要考虑进行公共会议或其他类型的公共宣告。

执行风险管理方案：执行风险管理方案是相关机构用来实行其风险管理方案的一种方法。促进政策方案实现的机制包括但不限制于以下几点：①通知或导则；②指南；③自愿的企业项目；④开展研究议事日程来解决数据差异；⑤条例。OPPD 负责制定条例、操作标准或在规则制定过程中的通告。当这些被相关机构采纳并记录在《联邦公报》上之后，OPPD 就会制定一个通过 OFO 输入的导则来执行管理选项。

监控与再评估：由于风险管理的方法能够影响公众健康以及企业的发展，因此相关风险分析机构必须对风险管理的方法进行有效的评估。如果已经选择的方案被发现不能有效达到促进公众健康的目的，那么缓和策略及其执行方法就需要进行再评估。同样，如果产生新的或与之相关的科学技术，那么就要考虑精炼或者修改评估结果。任何进行的再评估或政策方案的修改都需要给公众一个合理的答复。

>>> 风险分析案例研究

抗菌药类药物：在建立完善的风险分析组织体系的同时，美国政府也建立了一套完善的风险评估模型。CVM 建立了定量风险评估模型，以更好地评估动物用抗菌药对人类健康的影响，这个模型主要评估抗菌药用于食品动物产生耐药的食源性病原体对人类健康的危害。第一个风险评估模型是评估耐氟喹诺酮类药物恩诺沙星在动物体内的残留导致的耐药性弯曲杆菌的产生，耐药性弯曲杆菌的产生不仅给人类在临床治疗上带来巨大的损失，而且对人类的健康构成危害。因此，CVM 通过流行病学调查并进行科学的风险评估，由 FDA 联合 USDA 等部门通过对恩诺沙星风险评估的结果，与外界进行了广泛的风险交流，最终宣布将恩诺沙星的新兽药申请撤销，从而使美国公众的健康得到了较好的保证。

美国农业部和动物卫生部为了控制家禽由于巴氏杆菌和大肠埃希菌引起的死亡，于 1996 年 10 月 4 日批准了拜耳公司的新兽药申请，140–828 号恩诺沙星浓度为 3.23% 的抗菌溶液开始上市使用（FDA/CVM，2000）。氟喹诺酮类药物用于家禽的新药申请获得批准后，美国 CVM 同时建立了防止或减缓耐药性发展的战略目标。CVM 通过风险评估中的流行病学调查研究发现：①在美国各零售点和屠宰场的家禽体内分离出高水平的耐氟喹诺酮类弯曲杆菌；②在人类的流行病学调查研究中，1998 年以前从人体内分离的弯曲杆菌对喹诺酮类药物耐药菌占 13.6%，1999 年从人体内分离空肠弯曲杆菌和结肠弯曲杆菌对氟喹诺酮类耐药性分别上升到了 17.6% 和 30%；③美国通过疾病监测的结果表明，其他国家和地区使用氟喹诺酮类药物治疗食用动物疾病时产生了同样的耐药菌。

CVM 对氟喹诺酮类药物耐药性流行病学分析研究：人类肠道感染的病原体是耐药性弯曲杆菌，氟喹诺酮类药物在临床治疗上失效，通过调查发现，以美国人的生活习惯以及传播途径来看，耐药性弯曲杆菌通过人与人之间进行传播的可能性很小，并且美国人是由于暴露于食用受耐药弯曲杆菌污染的食物而感染，况且先有家禽中这些药物的批准使用，之后才出现了人类感染耐氟喹诺酮类弯曲杆菌病例的增加。因此推断耐药弯曲杆菌主要来源于食用家禽。

鉴于上述氟喹诺酮类药物恩诺沙星所造成的严重影响，2001 年 1 月 CVM 向 FDA 建议撤销批准氟喹诺酮类抗菌药物恩诺沙星用于家禽的新兽药申请（NADA），美国 FDA 发布了撤销新兽药申请公告（21 CFR 520.813）。

三聚氰胺：2007 年美国暴发了猫和狗摄入含有三聚氰胺和氰尿酸的宠物食品而造成肾衰竭的大规模疫情，加之 2008 年中国牛奶中三聚氰胺事件，使美国当局对三聚氰胺产生了足够的重视。三聚氰胺本身仅具有轻微的毒性，但实验研究结果显示，它一旦与氰尿酸结合后会形成晶体，进而造成肾中毒。在美国，三聚氰胺是一种间接的食品添加剂，仅作为黏合剂的一种成分使用，同时三聚氰胺还是植物、山羊、鸡的杀虫剂的代谢物，这导致其在动物特别是食品性动物体内残留，从而对人类造成危害。美国 FDA 通过其下属的 CFSAN 和 CVM 进行了三聚氰胺在牛及其制品中的残留的风险评估。

三聚氰胺毒性风险评估：①急性毒性，三聚氰胺的半数致死量（LD_{50}）小鼠为 4550 mg/kg（口服），大鼠为 3000mg/kg（口服），为轻微毒性。但由于三聚氰胺在高温下可能分解产生氰化物（较强毒性）。最高剂量组给药后 9 小时，小鼠开始出现不安，呼吸急促，随后在几十分钟内死亡。其他剂量组小鼠仅见精神不振，反应迟钝，闭眼伏卧，不食等症状，随后在 24～48 小时出现个别死亡。解剖后发现灌胃死亡的小鼠输尿管中均有大量晶体蓄积，部分小鼠肾脏被膜有一层晶体。其他脏器未见有明变化。三聚氰胺的全部不致死的最大剂量大于 5000mg/kg。②亚急性毒性，对成年猫连续给予含 2.4%三聚氰胺的饲料 30 天，并于饲喂后第 6、9、15、23、30 天分别采血分析血清生化指标的变化，结果表明到第 23 天时血清尿素氮和肌酐均超过正常范围，在饲喂 30 天后肾脏中可见淋巴细胞浸润，肾小管管腔中出现晶体。③慢性毒性实验结果表明，三聚氰胺能够诱导的小鼠泌尿道增生性病变，直接归因于结石的刺激，而不是三聚氰胺本身或它的代谢产物和膀胱上皮细胞之间的相互作用引起的。动物长期摄入三聚氰胺会造成泌尿系统损害，引起膀胱及肾的结石，并可进一步引起移行细胞增生进而诱发膀胱癌。④致癌毒性，Okumura M 等通过饲料连续 36 周给予 F344 雄性大鼠三聚氰胺的慢性毒性研究结果显示：给予 1%、3%三聚氰胺组中膀胱癌的发生率为分别为 5%和 79%，膀胱乳突状瘤的发生率为 5%和 63%，结石发生率分别为 70%和 100%；三聚氰胺组输尿管癌和输尿管乳突状瘤发生率分别为 5%和 16%，显示长期大剂量给予三聚氰胺能诱发 F344 大鼠膀胱癌和输尿管癌，而这很可能是继发于结石而产生的。研究表明连续 2 年经饲料给予大鼠 263mg/（kg·d）的三聚氰胺，在雄性大鼠观察到结石和膀胱癌发生率明显增加。国际癌症研究机构（IARC）评估三聚氰胺对人类致癌性属于三级，即对人类的致癌性尚无法分类。

危害描述：通过上述动物（持续 13 周的大鼠实验）毒性实验结果得出，三聚氰胺的 NOEL 为 63mg/（kg·d），除以安全系数 100 消除物种间差异，得到其 ADI 值为 0.63mg/（kg·d）。

风险管理及交流：FDA 联合 FSIS 将继续筛检产品，与国外政府和主管机关共同合作，监控来自国际资源的产品污染报告，协助确保潜在的污染产品进口到美国将被检出。若产品因含三聚氰胺或三聚氰胺类似物而被掺和，美国食品药品管理局将采取适当行动，预防污染产品进入商业流通。美国鉴于近来乳源性成分与相关食品成分遭到三聚氰胺污染的事件，进行了三聚氰胺在乳及乳制品中的安全风险评估。FDA 在经过安全评估研究后表示，由于设立一个三聚氰胺在乳及其制品中的标准所涉及到的不确定性太多，因此 FDA 对于婴儿奶粉无法建立一个他们认为不会引起健康顾虑的三聚氰胺标准。FDA 对于暴露情况作了最坏的假设，并考虑了人类每日允许摄入量后进行评估，所得到的结论是：除了婴儿奶粉外，人体每天在其他食物中摄取低于 2.5ppm 的三聚氰胺残留不会对人体产生危害。

第三节　风险交流

一、食品风险交流概述

风险交流是风险分析的重要组成部分，通过利益相关方之间的信息交流，提高对风险的一致性认识和理解；在制定风险管理决策时，有助于增强过程的透明度，并达成一致性观点，提高风险分析过程的效率；同时，也为风险管理决策的实施和落实奠定了坚实的基础。有效的风险交流可推进风险管理措施在风险管理者和评估者之间达到更高层次的和谐一致，得到各利益相关方的支持。

食品安全风险交流是在风险评估人员、风险管理人员和其他利益者之间进行的有关食品安全风险信息和建议的相互交流过程。风险交流是贯穿于风险分析过程中完整、连续不断的部分。所有的利益相关者最好从刚开始就参与其中，因为风险交流也是利益相关者对每个风险评估阶段进行认识和了解的过程。这将有助于保证风险评估的逻辑性、结果、意义和局限性能够被所有的利益相关者清晰地理解。此外，风险交流还有助于获得利益相关者的有关信息。例如企业的利益相关者可能拥有对风险评估人员未公开的关键数据，而这些未公开的数据可能是风险评估所需数据中的重要组成部分。

作为风险分析过程的一部分，风险交流要向利益相关者（包括企业和消费者）提供重要的信息。特殊利益集团及代表也应该成为风险交流计划的一部分。为了确保顺利开展双向交流，在风险评估的早期，风险评估人员和风险管理人员之间的风险交流计划就应当被讨论并确定。详细的风险交流计划还应包括确定由谁向公众发布信息及发布信息的方式。

控制并减少食源性疾病的发病率、保护公众健康是食品安全管理的最终目标。消费者的基本身体状况、饮食习惯是风险评估的重要研究内容，消费者对政策的理解程度影响他们对食品市场的信心，而消费者的信心对市场的正常运行有重要的作用。因此，消费者在整个风险分析系统中占有十分重要的地位，也理应受到当局的重视。

风险交流的决定（包括交流什么、与谁交流和怎样交流）应该成为整个风险交流计划的一部分。最有效的风险交流应当以系统的方式进行，并从刚开始就普遍收集所关注风险问题的所有信息。因此风险管理和风险评估人员必须简短而明了地概括风险问题所包含的内容。在风险交流的早期阶段，风险交流必须在整个风险分析过程中持续不断进行，以争取利益相关者的投入。一旦利用现有的信息可以完全确定危害因素，并能够对风险做出适当的决定和评估，那么就要做好发布信息的准备，随后与利益相关者进行进一步的商讨，并进行必要的修正、更改和补充，从而最终形成风险评估和风险分析报告。

二、美国食品风险交流的法律基础

风险交流受一国法律法规的影响和规范。风险交流的法律基础主要是有关行政部门和公共机构向消费者提供信息的规定。这些法律、法规允许或者强制性地要求政府部门或者公共机构进行信息公开,同时也赋予消费者向这些机构索要信息的权利。例如,欧盟的《第178/2002 号法律》、美国的《信息自由法案》以及德国的《信息自由法》和《消费者信息法》都属于这类法规。美国的风险交流起步早且运行顺畅。从机构角度看,美国负责食品安全的机构有很多。例如:设置在卫生与公众服务部(HHS)下的食品药品管理局(FDA)、农业部(USDA)下的食品安全检验局(FSIS)和动植物卫生检验局(APHIS)以及联邦政府独立机构美国国家环境保护署(EPA)。美国的现有法律并没有给某一机构规定专门的风险交流职能,而各部门均有风险交流的任务和需要,所以各个风险管理部门通过制定风险交流策略、指南这样的"软法"来规范风险交流。这些机构分别在各自工作领域对食品安全风险交流负责。从立法状况看,风险交流受到《行政程序法》《联邦咨询委员会法》《信息自由法案》三部法律的保护。这三部法律中最重要的是《信息自由法案》。《信息自由法案》本身并未规定风险交流制度,但这部法律却将政府信息完全透明化,而这恰恰是风险交流的根基所在。风险交流的内容是任何有关食品安全风险的信息,这些信息仅靠政府单方面发布显然是不足的,这必然涉及政府、相关领域专家、企业、消费者、学术界等利益相关方对共同关注的信息的交流沟通,而交流沟通的必要条件就是信息是可知的。《信息自由法案》规定除 9 种特殊情况之外,公民对政府的一切信息享有知情权,且政府有义务全部公开,公众无需申请,拒绝提供政府信息必须说明理由。另外,政府公开信息的决定都可以被提起复议和司法审查,凡认为属于 9 种特殊情况不能公开的,须由政府部门对证明其为例外负举证责任。《信息自由法案》和美国完备的司法体系,使得美国的政府信息公开制度公开透明。最后,从策略计划角度看,美国食品药品管理局在

2009 年制定了《FDA 风险交流策略计划》，主要从风险交流的原则和目标方面做出了规定。策略中指出风险交流的基本原则是"以科学为依据、适应大众需求、以结果导向型为方法"，策略的目标是"强化科学技术以支持有效的风险交流、增强 FDA 风险交流以及监督有效风险交流的能力、优化 FDA 的交流政策"。总体来看，美国的食品安全风险交流的特点是风险交流由食品安全风险管理机构 FDA 主导，虽然没有通过法律专门规定风险交流法律制度，但由各风险管理机构制定的风险交流策略、指南作为规范的文件内容完备、操作性强，再结合成熟的法律体系和司法制度以及公众的交流意识，使得美国各利益相关方之间风险交流呈现出常态化、广泛化和规范化。

三、美国食品安全风险交流的机制

（一）美国食品安全风险交流概述

风险交流最早产生于美国的环境领域。从 19 世纪 60 年代开始，工业革命给西方发达国家带来巨大生产力的同时，也带来了巨大的资源消耗和环境污染。20 世纪 70 年代以前，都是美国环境污染的产生时期，但进入 70 年代以后，美国开始努力治理环境。1970 年美国环保署成立，同年《国家环境政策法》出台，随后的几年间美国又出台了一系列环保法案，如《环境质量改善法》《美国环境教育法》《联邦水污染控制法》《噪声控制法》和《海洋管理法》等。20 世纪 70 年代，基于"绝大部分人是愚蠢的"的观念，人们仍然只是希望将环境保护工作完全交给相关政府机关，如环境保护署。然而到了 80 年代，公众不再简单地希望将环保的工作全权交给政府，开始主张参与到当局的环境保护政策制定中来。公众在感到自己被孤立或被排除在政策制定外时反而表现出不安、忧虑甚至愤怒，这与 70 年代的情形恰恰相反。在这个背景下，现代意义上的风险交流正式诞生。

之所以称之为现代意义上的风险交流，主要因为人们对于风险的认知与之前存在着较大不同。人们对于风险的固有观念是"风险=事件发生的概率×特定后果的规模"。看似科学合理，然而却无法解释很多的事件，比如说有些很小的问题最后却引发严重后果。风险交流研究者在对这个问题进行了一系列调研之后，对其重新定义："风险=危害+愤怒"。在新定义中，风险是指一个事物的危害与公众对于这个事物的愤怒的总和。"愤怒"被抽象出来作为风险的一个构成要件是新旧定义的差异。"愤怒"实质上指代的是公众的负面情绪，它产生于风险交流的不畅并作用于公众自身的风险感知。在很大程度上，"愤怒"因素会使公众对风险的判断丧失客观、理性，反映在现实生活中常常就会导致公众失控和政府风险管理的成本、难度大增。因此，如何使公众更好地进行风险感知是处理现代风险交流的一大关键。

在国际组织层面，联合国粮农组织（FAO）和世界卫生组织（WHO）在食品安全风险交流的发展进程中起到了主导作用。FAO 和 WHO 最早在 1998 年召集风险交流专家咨询会，为食品法典委员会（CAC）及成员国开展风险交流提供建议。在这之后也不断地开展专家咨询会，但内容仅限于风险交流的概念和基本原则。

2006 年，FAO/WHO 出版了《食品安全风险分析——国家食品安全管理机构应用指南》，提出了新的食品安全风险分析框架，将风险交流贯穿于风险分析全过程中，替代了早期风险管理、风险评估、风险交流相对独立运行的框架。

（二）风险交流的目标与重要性

风险交流是用来指引政府、业界与公众开展新的对话、建立新的关系的方式。开展风险交流的首要任务就是要确定交流的目的。风险交流的四个目标是：

- 启蒙：在科学的风险评估的基础上加强各个目标群体对风险的认识。

- 行为改变：使目标群体改变其对待风险的行为和态度，以降低个人的风险。

- 建立可信度：建立目标群体对风险评估和风险管理机构的信任。

- 缓解冲突：实现风险决策过程中的理解与合作。

在这四个目标之下，风险交流并不独立于风险评估、风险管理，而是包含在风险评估与风险管理的全过程之中。另外，风险交流不再是单方面的信息发布或告知，而应该是多边的信息交互。它解决了一个基本的问题，就是信息不对称。美国风险交流专家彼得·桑德曼（Peter·Sandman）把这种"不对称"形象地描述为："致命性风险与警告性风险是不同的，很多风险仅仅具有很小的危害性却引来人们的恐惧，而一些致命的风险却为人所不知或并未引起恐慌，这就是风险交流缺失导致的最直接的后果。"在美国政府关于食品安全制度的国家报告中，特别强调风险信息交流和传播在风险评估与风险管理中的作用。

首先，风险信息交流通过有效地发布和传播信息可以使公众免于不安全食品的危害。例如在紧急情况下，政府可通过全国范围内各个层级的食品安全系统电信网络和大众媒体将紧急情况向社会通告，并通过信息分享机制告知国际组织（如世界卫生组织）、地区组织和其他国家，使消费者以及相关组织团体能够及时进行预防。

其次，风险信息交流能够提高风险分析的明确性和风险管理的有效性。管理部门的风险分析程序向社会大众公开，并接受社会大众的评论和建议，能够发挥群策群力的作用。

日常的风险交流是透明立法过程中固有的一部分。在保护公众的健康方面，必须采用透明的标准确保对食品行业中所有成员的公平。美国法律允许政府在制定法规时，考虑公众对该法规制定的时间及该法规现实基础的合理性所进行的评价。任何人甚至包括美国公民以外的人都可以评价，因为法规的实施必须要有充分的基础和事实依据。任何人都可以看到和得到政府制订标准时依赖的信息。政府的科学家还会利用公共媒体向公众解释法规的科学基础。当需要进行紧急风险交流时，与各级食品安全体系相连的全国范围内的通信体系都会传输警告，这可使所有公民都意识到风险，并通过全球信息分享机制通告 WHO、FAO、OIE、WTO 等国际组织和 EU 等地区组织以及各个国家和地区。

美国正在努力使其工作变得更加开放和透明，以使公众规避与食品有关的健康风险。例如：立法机构通过机构网站为公众提供食品召回的通告；对食品企业实施的相关法规和采取的行动进行定期报告；EPA 的杀虫剂残留网站上有针对杀虫剂的完整风险分析，风险分析的程序便于公众进行评价。在适当情况下，风险分析的过程还会根据这些评论进行修改。

再次，美国的食品安全监管部门力争确保食品安全信息公开透明。美国政府十分重视食品安全制度建设以及食品安全管理的公开性和透明度。增强立法和管理过程中的公开性和透明度，并让全社会参与其中，不仅能使制度更加完善，管理得到更加有效的保证，还能够建立社会公众对食品安全管理的信心。信息公开是加强管理过程透明度的关键。美国的法律要求政府制定行政法则时，要允许任何国内外的个人和单位对法则加以评论，并对评论予以认真的思考，每一项规定都必须具有广泛的法律基础与事实依据，任何人都有权利、都可以获取政府决策所依据的信息并加以评论。政府部门的科技人员负责通过各种途径向社会公众解释有关规定的科学依据。如果单位或个人对于行政当局的行为或决定有异议，可以请司法机构进行裁决，若法庭发现该行为或决定没有满足程序法的要求或缺乏充足理由，就可推翻该决定。反之，若程序合法、理由充足，就可以通过法律的力量推动该决定的实施。所以，司法机构不仅是公民参与权利的保障，又是行政决策得以实施的坚实后盾。

（三）风险交流策略

风险交流工作内容是将有关风险的信息与国际组织及其他与食品安全相关的机构及人员分享，当风险来临时及早告知公众，做好防范工作。

美国风险交流策略包括以下三个方面：

- 风险交流具有科学性；

- 风险和效益信息要提供风险的前因后果并且适应受众需求；

- 风险交流方式是具有结果导向性的。

美国风险交流方法主要包括：

- 确定风险交流和公共传播相关的研究项目及研究进度，提供技术支撑；

● 设计一系列公众调查，评估公众对 FDA 监管产品的理解和满意度；

● 建立并维护 FDA 内部风险交流数据库；

● 定制新闻稿模板，如批准、召回、公共健康咨询/通知等；

● 建立信息数据收集处置机制，评估消费者对食品安全问题的反应；

● 明确风险交流过程中政府官员和专家的角色和责任；

● 与各方建立合作关系，扩大 FDA 的网站信息发布范围；

● 提出指导原则，帮助公众理解 FDA 的风险交流。

第四节　风险控制

美国风险控制体系体现了"连续时间序列的管理过程"，具体来说，在整体的结构化风险控制过程当中，主要包含了五大环节，其中有"风险识别、管理路径最优化抉择、管理中枢决策执行、随机干扰控制、绩效评估"等。定量化分析方法在风险控制的管理中起决定作用。这些非确定风险通过定量分析的形式予以归纳、建模分析，预判其未来发展趋势，最后做成书面报告进行上报总结。

一、制定控制决策

美国于 2007 年 9 月 27 日通过食品药品管理修正案（Food and Drug Administration Amendments Act），这一草案包括 8 个部分共 200 多个条款，加强了对食品的监督管理，而其中的风险控制计划草案即是对风险收益的一种科学判断。2015 年 9 月，美国颁布实施《美国 FDA 食品安全现代化法案》（FSMA）的配套法规《适用于人类食品的良好操作规范、危害分析及基于风险的预防性控制措施》（21 CFR Part 117，该法规简称 HA）。该项法规反映出预防性控制决策是美国对食品安全风险未来的决策趋势，同时也反映出了一大特点，即强调预防性控制以及将食品安全危害降至可接受水平。这里说的预防性控制的主要目的是减少危害分析中确定出的显著危害。保障产品的安全性需要每一个显著危害至少应有一个预防性控制措施来加以控制。

美国控制决策的整体流程需要出台相应的食品安全计划，这个流程中包括了许多要素。在危害分析过程中，食品安全计划包括了许多方面，是一种或多种预防控制措施的组合，有过程控制（CCP）、卫生条件、食品过敏原和供应链计划等，还包括后续的验证、记录以及召回计划等措施。预防控制措施最核心的控制环节主要通过将 SSOP 中两个关键卫生条件、供应链实现安全提升，突出了过敏原交叉接触的概念。鉴于上述变化，FDA 要求所有食品生产企业（包括已经建立 HACCP 计划的企业）实施更加详细的危害分析，对确定的显著性危害及时采取预防性控制决策，在过程、过敏原、卫生、供应链计划等方面都要进行逐一分析决策，并且通过监控、纠偏措施和验证程序等手段，从而有效的减少食品安全风险。

二、评估控制策略

FDA 对风险控制方法的评估并不是直接在上市前就完成的。其风险评估控制策略涉及食品研发、生产、流通、使用甚至退市、召回的全过程。FDA 风险评估控制策略主要基于风险收益与成本原则以尽量满足公众的需要，同时保证在食品流通的不同环节采取风险控制措施，使得风险控制在可接受的范围内。FDA 对风险的评估不仅是将风险单独告知消费者，而且是监管部门、生产者、消费者之间的多方沟通，以保证其能够使各方完全了解产品存在的所有风险。美国 FDA 对食品安全风险的评估控制较为复杂和多样化，通过采用其规定的定量风险评估工具，而不是单一的采取召回或退市制度。2015 年，美国 FDA 为了使用户更好的进行食品安全定量风险评估，从而升级了食品安全定量风险评估工具，发布 FDA-iRISK 2.0。其采用的高级建模方法有助于为制定评估控制策略提供精确评估工具。

风险分析工具的使用为立法机构风险管理策略的评估提供了极大帮助，HACCP 法规的制定有助于食品行业从业者识别可能发生的风险，从而制定有效的措施和计划来应对这些潜在的风险。美国不仅有联邦食品检测体系，其在各州、各行业、生产单位、家庭农场中都有自检中心，美国农业部也不遗余力，在技术、规划、发展等方面提供相应的支持，即对"从农田到餐桌"的整个流程都实施控制和管理，上下统一、协调配合的食品质量安全体系由此形成。还有另外一种风险控制策略是强化操作标准，起到规范作用。例如，美国规定屠宰工厂和原料产品场地必须符合相应操作标准，而且还要检验产品是否符合这些标准，从而严格进行约束和规范，政府在将来也可能会对其他对公众健康造成危害的病原菌建立操作标准，不仅如此，还会进一步规范食品工厂、产品、过程达到的标准的要求。

>>> 成功案例：美国 HarvestMark 公司

HarvestMark 在美国的食品追溯体系中占有及其重要的地位。HarvestMark 已经收录了 200 余家公司，包含了 15 亿件食品，不仅如此，它还是巨大的信息数据库，为消费者提供零售商、批发商、分销商和食物链中涉及的其他主体的详尽资料。使用方法也非常简单，消费者只需要登录 HarvestMark 网站或使用 iPhone 上的应用程序日志记录就能获得有关该产品的所有信息。除了该项产品以往所有的主要安全事件的信息外，还包含了农药方面的使用说明。同时，其用户体验也做得很完美，消费者可以在 HarvestMark 的 iPhone 应用程序上进行评价，这些评价可以为农产品的生产者提供改进建议等。如图 4-2 所示。(来源于 green.sohu.com)

图 4-2　Harvest Mark

三、实施控制措施

（一）建立食品安全预警机制

美国危险性预警系统主要采用针对食品和饲料中的某些成分进行控制的方法，对产品的上市如食品、杀虫剂等均实施上市前审批的制度。另外，政府相关部门要求食品添加剂、药品等上市需要提供产品的安全说明书方可得到审批。政府部门处理产品的入市申请，需要相关生产商提供添加剂或者危险物质的暴露量，包括其他存在于添加剂中的物质。根据生产商提供的产品安全级别及产品暴露量评价指标，以决定其申请能否获得批准。在这一过程中，所有的文件均需存档以备核查。美国食品药品管理局设有专门的网站进行公布，并有相应的解释条款，符合相应条款并经过公示后方可进入市场。从技术角度来说，美国主要采取风险分析与关键点控制（HACCP）来进行风险预警管理。这项技术能够使用户快速发现潜在风险，从而及时进行风险预防。HACCP 实际上是一种降低食品安全风险的预防性体系，即在危害发生之前发现风险源并及时加以控制，而不是在危害发生后的反应系统。其可以整合到任何程序中的重要的安全管理体系，其中主要包含了七个方面，主要有进行危害分析和确定预防计划措施、确定关键控制点、建立关键限值、监控每个关键控制点、建立关键限值发生偏离时可采取的纠偏措施、建立记录保存系统、建立验证程序等。该体系的卓越贡献之处在于使食品加工者能够为广大消费者生产出更加合格安全的产品。

（二）预防与生产源头控制

美国食品达到上市的标准，必须通过至少三个部门的审查。美国食品药品管理局除了可以直接下令召回存在安全隐患的食品外，还有权力检查食品加工厂，以及对进口食品制定更为严格的标准，尽量将食品安全的隐患消灭在端上餐桌之前。经过安全审查的食品，必须达到食品药品管理局及相关部门的管理与技术规定。美国在食品和饲料方面也十分重视，特别建立了成分控制系统，公告的出台需要按照行政程序法（APA）的程序在联邦注册公告中进行解释，进行多方评估后方可通过。由于疯牛病的肆虐传播，在通过一系列的程序审批后，才出台了禁止反刍类动物作为蛋白饲料的禁令。食品生产源头的控制主要是由质量认证体系和标准等级制度来对其原材料的成分进行监管与检测。对食品企业的要求更为严格，必须通过 3 项认证方可得到审批，即管理上要通过 ISO9000 认证，安全卫生方面需要进行 HACCP 认证，而环保上要得到 ISO14000 认证。

（三）食品追溯体系建设和强制召回权的实施

《FDA 食品安全现代化法案》对食品追溯体系的建设更近一步，要求企业建立内部跟踪和追溯技术，并加速技术在企业的应用，促使企业的追溯系统与政府的追溯系统互联，从而促使美国食品药品管理局在食品追踪与追溯能力方面得到巨大进步。同时，FDA 被赋予根据《联邦食品药品和化妆品法》扣留冒牌或掺假食品的权利，FDA 有权直接停止企业销售"问题食品"，并且具有召回它们的权利，无需通过生产厂家来进行召回。目前，美国食品药品管理局的追溯工作也有一些新的趋势，对食品管理数据的记录提出了更高的要求，其基本方法是通过进行风险分类，对一些非保密数据必须进行记录；要求产业链各个环节的生产者根据食品药品管理局的要求将关键数据进行记录；同时，美国食品药品管理局还大力鼓励利益相关者提出新的立法方向与立法建议，征求不同部门的意见，完善食品药品安全监管。

（四）科学健全的标准体系

美国食品安全标准体系主要由技术法规和食品标准两部分构成。技术法规是一种强制性执行的，要求食品生产企业保障产品安全属性的方法性文件，而食品安全标准则是由某些特定机构批准的，但并不需要强制执行的食品生产与加工方法指南、规则或要求的文件。美国在技术法规与食品标准的实施方面做到了紧密结合，标准往往作为技术法规实施的具体细则而应用于食品企业之中。美国食品安全标准以水果和乳制品为主，占其标准总数的90%以上。技术法规主要应用于与身体健康密切相关的项目如农药残留、微生物数量等。从美国实施的技术法规与食品标准来看，其主要以预防为主，通过采用先进的分析方法，实施食品安全的全程监管。从美国的实践来看，其每年投入巨额财政经费进行科学研究，保障食品安全管理的措施和结果是基于科学的原则和方法，美国食品药品管理机构秉承所有有关食品安全的法律、法规、标准的制订都必须最大程度地以科学为依据，即使由于技术或资源方面的限制，也在科学家科学实证结果的基础上确定最终的决策方案。美国食品管理机构拥有世界顶尖水平的科学家对前沿问题进行研究，并投入大量的研究经费。近年来，FDA的财政预算额度逐年上升，2011财年批准预算额度为33.39亿美元，2012财年批准预算额度为38.32亿美元，2013财年批准预算额度为41.84亿美元。此外，美国还建立了一系列科学全面的标准体系，如风险分析体系、ISO22000食品安全管理体系、食品标签制度、GMP制度、HACCP、良好实验室规范（GLP）等，这些都是风险管理的措施。

四、反馈与修改

随着国际贸易的发展，国际采购大大增加，而在这一过程中涉及到复杂的供应链系统，而针对跨国的食品或农产品贸易与之相适应的管理体系则因为贸易的快速发展而难以跟上。因此，大面积的风险爆发也由之而来。此外，随着经济的快速发展，消费者生活方式的转变，传统食品保存方式发生显著变化，由于食品加工科技的发展，消费者的食品制作技能降低，更多的消费者开始转变消费方式，从家庭式的饮食习惯转变为将更多的收入用于加工食品和饭店、快餐店消费。面对这些复杂多变的新趋势，需要对食品安全风险评估方式与方法进行反馈与修改。风险分析方法所进行的风险评估对象较为单一，但由于风险偶合因素存在的可能性，如何选择综合的风险评估措施与策略就需要对实施措施的有效性进行评估，并在必要时进行反馈与修改。例如使用高氯消毒水进行清洗，在减少致病菌危害的同时，却产生了氯胺的化学性危害；在肉制品中不使用亚硝酸盐，可以减少因亚硝酸盐转变为亚硝胺而带来的致癌的风险，但是却增加了由于肉毒梭状芽孢杆菌增殖其代谢物引起食物中毒的风险。

第五节 启示

美国食品安全风险管理中的各个部门都能做到既分工明确，又相互合作，从而使存在的食品安全风险信息得到及时流通和有效处置。美国食品安全风险管理以科学为基础，运用专业的方法来组织政策的制定。更加关注病原微生物风险分析，是美国食品安全风险管理的发展趋势，并实行从农田到餐桌的全产业链式风险控制，同时对风险控制措施进行不断地反馈与修改。其食品安全风险管理对我国具有重要的启示。

一、应将食品安全风险交流上升到战略高度

我国食品安全监管中的风险交流机制尚不完善，信息发布制度也不健全，且没有真正地对公众讲出风险的概念，过分强调保障食品安全，缺少对食品安全风险的科学分析研判，同时对食品安全的科学性不敢说或不会说，往往引起公众误解。一旦发生食品安全事件，公众往往指责监管不力。因此，建议将风险交流上升到维护社会稳定的战略高度，建

立健全食品安全风险交流制度，形成从国家到地方多级风险交流体系。建立风险交流专家库，让政府主导，让专业发声，形成科学的、常态化的风险交流机制。

二、应将风险管理的思想上升至法律高度

我国立法并未涉及食品风险管理的系统思想，只是从上市后食品风险干预措施以及突发事件处置等方面提出相关规定。因此，建议国家相关部门将风险管理的系统思想体现在立法当中，把风险防控上升为重要的食品安全监管思想和重要举措，也为食品安全风险交流和风险评估结果运用提供法律保障，以利于对食品全链条的风险进行全程监控，同时，使食品安全社会共治法制化、制度化。

三、应加强食品安全的风险评估和结果应用

要建立健全食源性疾病预警与控制体系至关重要，力争做到对食源性疾病爆发与流行趋势的分析和预警。借鉴美国食品风险评估的经验方法，从法律角度建立健全风险评估制度以及食品安全控制体系，从根本上保证食品的安全性。建立相对独立的食品安全评估机构，赋予其公正公平的评估地位，使其能够及时高效地对食品安全风险进行评估分析，要强化风险评估结果的应用，针对每次重大风险因素，都应及时、有效地制定改进措施，从而极大地提高食品安全监管的效率，减少食品安全风险。

参考文献

[1] 薛庆根，高红峰. 美国食品安全风险管理及其对中国的启示 [J]. 世界农业，2005，12：15-18.

[2] 戚亚梅，韩嘉媛. 美国食品安全风险分析体系的运作[J]. 农业质量标准，2007：123-126.

[3] 陶宏. 风险分析在食品安全国家标准制定中的应用研究[D]. 清华大学，2012.

[4] 宁艳阳，杨悦.《FDA风险沟通战略计划》简介及其对我国的启示 [J]. 中国新药杂志，2010，19（18）：1648-1651.

[5] 杨丽. 美国食品安全风险分析与评价[J]. 中国食物与营养，2005，（1）：15-18.

[6] 黎元元，谢雁鸣. FDA风险控制计划指南及其对我国中药上市后风险管理的启示 [J]. 中国中药杂志，2011，36（20）：2825-2827.

[7] 美国食品安全构架对中国食品安全的启示. 中国食品报. 2015-8-5 http://www.cnfood.cn/n/2015/0805/62888.html.

[8] 浅析美国食品安全现代化法案. 中国质量新闻网. http://www.cqn.com.cn/news/zgjyjy/447995.html.

[9] 庞乐君，李伟，张小平.高惠君近年来美国FDA食品药品监管经费投入概述[J] 上海食品药品监管情报研究，2013，（5）：1-3.

[10] 孙国俊. 国外食品安全风险防范措施及对策 [J]. 区域经济评论，2012（4）：10-13

[11] 食品安全风险评估的现状与趋势. http://mt.sohu.com/20141231/ n407443980.html.

河南理工大学　迟菲　苗珊珊

第五章 | 美国企业食品安全管理

第一节 监管部门对企业的监管

一、企业监管法律法规概述

美国《联邦法规汇编》（CFR）是美国联邦政府的执行机构和部门在《联邦公报》上登记与发布的一般性和永久性的法规汇编，具有普遍适用性的法律效应，共分 50 卷，与食品有关的主要是第 7 卷（农业）、第 9 卷（动物与动物产品）和第 21 卷（食品和药品）。上述法律法规涵盖所有食品的监管，为保障食品安全制定了具体的标准以及监管程序。

2011 年 1 月 4 日，美国总统奥巴马签署了《FDA 食品安全现代化法案》（FDA Food Safety Modernization Act，FFSMA），使之成为第 111 届国会第 353 号法律（Public Law No. 111-353）并付诸实施。这是 70 多年来美国对现行《联邦食品药品和化妆品法》所做的重大修订，体现了美国食品安全监管思路和监管体系的重大变革。FFSMA 扩大了美国食品药品管理局的执法权限，扩充了对国内食品和进口食品安全监督的管理权限，尤其是强化了对进口食品的监管，提出了更加严格的国家食品供应安全要求。

二、机构间的协同监管

美国是全球最安全的食品供应国之一，主要得益于美国实行机构联合监管制度，在地方、州、联邦政府各个层面建立监督食品生产和流通的一种互相制约的监控体系。美国食品安全综合监管体系由 20 多个政府部门参与，部门之间各司其责，明确各自的管辖权和责任，总统食品安全管理委员会负责进行综合协调，力求安全监管、职责明晰、全程覆盖、不留死角、通力合作、有效运行进行食品监管。食品安全机构的工作职责依据地方、州和联邦法律、指南和其他指令规定，有些人员只能监管一种食品，例如牛奶或海鲜；有些人员的权限只限于某个特定的区域；还有的人只负责一类食品机构，如餐厅或肉类加工厂。上述机构共同组成了美国的食品安全监管体系。

（一）联邦管理机构

美国负责食品安全的主要联邦管理机构是食品药品管理局、食品安全与检验局和动植物卫生检验局以及美国环境保护署。财政部的海关署根据所提供的指南对进口货物进行检验或偶尔进行扣押，以协助食品安全管理部门的工作。此外，许多部门在研究、教育、监督、标准制定以及处理突发事件方面为联邦食品安全管理机构提供各种支持，以满足食品安全监管的工作需要，包括 HHS 疾病控制与预防中心（CDC）和美国国立卫生研究院（NIH）、USDA 的农业研究局（ARS）、州际研究、教育和推广合作局（Cooperative State Research，Education，& Extension Service，CSREES）、农业市场局（AMS）、经济研究局（ERS）、粮食检验、包装与牲畜饲养场管理局（Grain Inspection，Packers and Stockyard Administration，GIPSA）、美国法典办公室以及商业部的国家海洋渔业局（National Marine Fisheries Service，NMFS）。

（二）联邦与州政府职能分工

联邦政府与州政府拥有不同的食品安全监管职能范围，在食品不同领域及生产环节，两者具体分工有所不同。两级政府在食品监管执行上的分工模式如下。

1. 食品生产和销售环节的检测

州境内流通的食品，即本州生产或加工、销售的食品，由州和地方政府检测。州和地方食品企业需要向 FDA 递交其所用食品生产、加工、包装或存储设施的风险评估报告。当食品企业拥有如州农业部颁发的许可证、审查报告、执照等证据证明其食品设施不存在潜在危害，或使用直接面对消费者的微型生鲜农产品设施时，联邦政府可给予设施风险评估报告的豁免。FDA 对州政府的检测进行不定期审核。全国流通的食品，即对进口和本国生产的跨州销售的食品由 FDA 直接承担检测工作。

2. 动物食品的生产和销售环节检测

有机动物食品由州政府检测。用药动物食品无论跨州与否，皆由 FDA 直接检测。实际操作中，FDA 只对药物使用集中的用药动物食品进行检测。

3. 缺陷食品的处理

（1）无论州内食品还是跨州食品，产品如果发生不良健康后果或存在隐患，均由各州政府对本州执行调查分析与风险评估。FDA 依靠下级政府或其他联邦机构所汇报数据和信息决定是否对管辖范围内的缺陷食品采取召回或强制执行。联邦政府有权审查州内缺陷食品的采样和检测结果，以确定是否需要在全国范围内召回此食品或者开展其他合规和强制性实施活动。食品问题情况紧急时，联邦政府会组织、培训和装备各州和地方政府的应急反应小组。联邦政府应尽力将食源性疾病爆发分析结果，加强监测、应急和追溯能力的建议与州及地方政府沟通和协调，以便有效发现和追溯疫情爆发。

（2）联邦政府直接执行的食品检测：由 FDA 总部的监管事务办公室（Office of Regulation Affairs）执行。监管事务办公室在全国范围内设四级垂直管理系统，分别是首都总部、大区监管办公室、大区内主要城市的地区监管办公室及地区内重要城市的常驻工作站。大区监管办公室设联邦政府和州政府联络处。大约 1/3 的 FDA 人员派驻在总部外的 150 多个地区监管办公室和实验室，原则上，对监管范围内每一种食品和每一家生产企业实施日常检测。

（3）FDA 授权各州的监管：联邦政府与州政府最广泛采用的合作方式为 FDA 向州政府提供资金支持，并签署项目合同。此合作方式已有 40 年历史，目前几乎所有州都与 FDA 签订了合同。该合作方式下，FDA 为州政府提供资金用于项目评估、设备添置、人员配置等，FDA 无需参与项目开展，州政府可自行开展食品安全新项目或改善已有项目。大多数州的食品检测由州健康部或农业部执行，州政府专职人员需对食品生产企业的食品产业链各环节——采集、生产、加工、流通、销售、售后问题的调查与召回等进行实地检测与样本分析。州政府通过在线追溯系统为 FDA 提供实地检测信息，FDA 随机、随时审核下放的检测项目，计划审查率不低于 7%，以确保州政府检测的可靠性，并对其形成威慑。

（三）政府机构间协作组织

1. 风险评估联盟（Risk Assessment Consortium，RAC）

2003 年，RAC 由来自卫生部、农业部、商务部、环保署、国防部以及食品安全和应用营养联合研究所的 17 个成员组成，其中 FDA 的食品安全与应用营养中心是 RAC 的领导机构，并派员担任 RAC 主席。RAC 在食品安全风险评估中负责联邦政府机构间相互协作，通过这种交流和合作，共同开展食品领域的风险分析工作。RAC 下设政策委员会和多个工作组，执行联邦食品安全风险评估的各部门组织结构如图 5–1 所示。

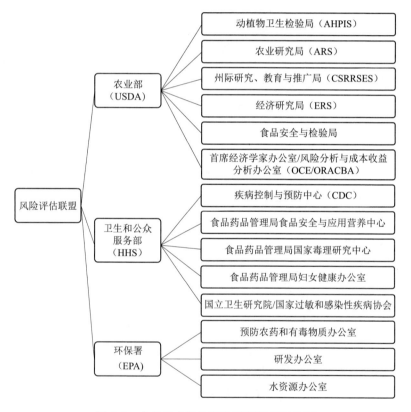

图 5–1　食品安全风险评估联盟组织机构图

2. 技术支持工作组（Technical Support Working Group，TSWG）

TSWG 为多个机构参与的工作小组，负责开展预防和打击生物恐怖活动的全国性的机构间合作。其与食品安全相关的工作包括：危害因子（细菌、病毒等）在食品中的生存能力、检测技术、造成危害程度的评估及食品安全培训等。

3. 食源性疾病反应协作组（Foodborne Outbreak Response Collaboration Group，FORCG）

FORCG 致力于提高联邦、州及地方机构对发生跨州界食源性疾病做出反应的处理能力。FORCG 将联邦、州及地方相关政府机构纳入到了全国性的食源性疾病综合反应体系中。

第二节　企业自律机制

一、概述

美国政府监管是市场的补充而非替代。除了政府监管，解决食品安全问题的手段还有很多，比如有效的市场竞争会形成优胜劣汰的良性质量发展机制，独立的司法审判可以在事后解决食品安全侵权纠纷，行业协会的引导能够让企业产生自律压力，媒体监督可以曝光不法生产经营者，消费者参与则有助于守住食品安全的"入口关"。行业协会在许多发达国家食品安全治理中发挥了重要作用，一些国家甚至将企业资质认证、食品标准制订等权力交由行业协会承担，理由很明确：政府是市场竞争的"主裁判"，行业协会是"边裁"；企业有没有"越位"，"边裁"比"主裁判"看得更清楚。

所有发达国家几乎都是在经过上百年市场经济发展后，才建立起以事先预防和全程管理为特征的现代食品安全监管体系。发达国家在长期实践中认识到，现代食品产业的专业性使得监管执法不可能面面俱到、包打天下，靠抽检是检不出食品安全的。理想的食品安全治理体系，应该把各方面的约束和激励集中到生产经营者行为上，"大棒"和"胡萝卜"并举，让食品企业发自内心地意识到守法才是本分。所以，美国食品企业自律的前提保证是昂贵的违法成本以及完善的食品安全责任保险制度。

二、高昂的违法成本，使企业不敢违法

（一）惩罚性赔偿制度

美国食品安全监管机构同时拥有行政执法和刑事执法双重权力，是一种"准司法权"，是其区别于传统行政部门的重要特征。如美国食品药品管理局内设犯罪侦查办公室，即"食药警察"，其有权对相关人处以刑事罚金，甚至采取人身强制措施，实现民事、行政和刑事责任有机衔接，增加执法威慑。

美国惩罚性赔偿制度起始于 1784 年的 Genay V. Norris 一案。在该案中，原告与被告因醉酒而发生争执，最后双方决定以手枪进行决斗。作为被告的医生在原告所喝的酒中故意加入某种物质，导致原告剧烈疼痛，并在与被告的决斗中遭受重伤。法院在本案判决中判处被告承担惩罚性赔偿责任，以制止他人实施类似行为。惩罚性赔偿由此得以正式确立。19 世纪之后，惩罚性赔偿的功能更倾向于制裁和扼制不法行为。此后，消费者保护方面的立法（《联邦消费者信用保护法》《职业安全与健全法》等）引入了惩罚性损害赔偿。惩罚性赔偿的目的是为了惩罚加害者，并且起到威慑作用。在《美国侵权法重述（第二次）》中也有所体现："惩罚性赔偿不是补偿性的赔偿，它是对行为人的不法行为作出的惩罚，同时也是威慑行为人，避免其他人在将来实施类似的不法行为。"

美国对惩罚性赔偿触发机制有着严格的限定。大多数州都明确规

定，只有当卖家的主观过错达到故意、莽撞、恶性、放任、压迫或欺诈的程度，并导致对消费者的安危罔顾漠视时，才有可能适用惩罚性赔偿制度。而且适用惩罚性赔偿案件证据标准应该高于普通民事案件的"优势证据"标准，必须达到清楚无疑且令人信服的水平。同时在确定惩罚性赔偿金额时有着详尽的指导。法官至少应该考量包括原告的诉讼费用开销、不当行为给被告带来的收益、被告的财产状况与承受能力、社会公众遭受的危害、被告参与的广泛程度、被告是否表现出了悔意、被告是否试图掩盖、被告是否采取过补救措施以及被告可能遭受的其他处罚这9项因素。

美国惩罚性赔偿制度的实施效果，可谓是"狠、准、稳"三个字。所谓"狠"字，是指美国的惩罚性赔偿制度在制裁力度方面真正表现出了重典的风范。百万美元级的只能说是家常便饭，成千万上亿美元的判罚也不鲜见，一定要罚到被告永生难忘为止。而"准"字，是指美国的惩罚性赔偿制度在打击对象方面显示出了高度的精确性。通过采用让罔顾消费者安全的行为变得异常昂贵的办法，不动刀兵却能切中唯利是图的不良商家的要害，惩前毖后的效果十分突出。至于"稳"字，则是指美国的惩罚性赔偿制度执行得非常稳健，详尽齐备的操作标准使得是否适用惩罚性赔偿制度的判处及金额多寡都有章可循，既最大限度地避免了因人而异的波动，使其威信蒙尘，又使得原本的双刃剑变成了法官手中贯彻司法政策、驯服不良商家的利器。

>>> 案例："麦当劳咖啡烫伤案"

案件主角名叫斯黛拉·莉柏克（Stella Liebeck），案发时年龄七十九岁，家住新墨西哥州，退休前是超市收银员。1992年2月，莉柏克乘坐外孙驾驶的轿车，途经当地一家麦当劳快餐店时通过驾车销售窗口买了一杯咖啡，售价49美分。驶离快餐店后，外孙停车以方便莉柏克向咖啡里添加奶粉和白糖。案发时老太太坐在前座乘客位，咖啡杯放在双膝之间，左手拿着奶粉袋和糖袋，右手试图打开杯盖，不过一个意外闪失，整杯滚烫的咖啡泼洒在老太太两腿之间，致使大腿内侧、股腹沟、外阴部、前臀等处严重烫伤，其中"三度烫伤"面积占全身皮肤 6%。

医学术语中，烫伤的严重程度取决于"面积"和"深度"。真皮到皮下组织之间的深度烫伤，即是最严重的"三度烫伤"，伤口呈现白色，疼痛感消失，皮下组织完全坏死，即使治愈也永远无法恢复原有功能，伤害范围过大时，需要进行植皮手术。"三度烫伤"大都因高温导致，或温度仅为"次高温"，但却像"热水袋"的烫伤效应一样，因较长时间作用而引起。

莉柏克接受医院治疗 8 天后脱离了生命危险，出院后便卧床不起，直到 2 个多月后，伤口才痊愈，此后又做过多次植皮手术，在长达 2 年的时间中难以自如行走。因"敏感部位"惨遭烫伤，老人蒙受了极大的身心痛苦，甚至险些造成了生命危险。尽管莉柏克的女儿早前为母亲购买了医疗保险，且莉柏克本人享有联邦政府提供的 65 岁以上老人医疗补贴，但是，自付部分的医疗费用仍然相当惊人。

伤势初步稳定后，莉柏克的女儿愤愤不平，遂给麦当劳写了一封抱怨信，以咖啡过烫为由，要求赔偿医疗费、照顾病人的误工费等，共计两万美元。可是，麦当劳目光短浅，刚愎自用，不肯"破财免灾"，仅同意支付八百美元"安慰费"。但是，莉柏克全家不肯轻易善罢甘休。

没过多久，莉柏克的女儿偶然结识了一位名叫摩根（S. Reed Morgan）的德州律师。摩根律师初步了解案情后判定，老太太的伤情令人震惊，两腿之间"体无完肤"，麦当劳难逃法律责任。于是，莉柏克在摩根协助下以咖啡质量缺陷、危及人身安全、酿成责任事故为由，将麦当劳告到了联邦地区法院。

在美国的产品责任案中，消费者只要举证产品有缺陷，造成了人身及财产损害，往往就可以胜诉。在麦当劳咖啡案中，适用的法律是民事侵权，其法律根据为麦当劳公司是快餐店的拥有者，有责任和义务对顾客主动提供保护；如果咖啡温度过高，而且没有事先警告，致使顾客遭受身体伤害和财产损失，则顾客有权起诉赔偿。如果侵权行为属于"轻率的"和"恶意的"，原告赢得官司之后，不仅会得到实际损害赔偿（偿还医药费、误工的薪酬等），而且还可能获得精神损害赔偿和巨额惩罚性赔偿。

1994年7月，"麦当劳咖啡案"开庭时，陪审团也觉得此案滑稽可笑，荒谬绝伦，以为原告只是被烫出了几个水泡而已，琐事一桩，不足挂齿。可是，当陪审团看了医生的诊断报告和受害者的伤情照片后，皆感到惊心动魄，极度震撼，这个貌似荒诞不经的烫伤案显然非同寻常，不可低估。

可是，伤势触目惊心，照片惨不忍睹，遭遇令人同情，并不能从事实和法律上证明麦当劳应当承担产品质量责任。众所周知，咖啡是用嘴喝的，不是往裤裆里泼的！控方必须以令人信服的真凭实据，证明的确由于麦当劳咖啡的质量缺陷，以及由于麦当劳公司"轻率的""恶意的"行为，导致原告人身伤害及财产损失，才能打赢这场"荒谬绝伦"的民事赔偿官司。

在法庭上，一个至关重要的问题是，麦当劳咖啡烫伤顾客的事故是司空见惯的家常便饭？还是偶尔发生的个别现象？在控方律师要求下，法官下令，麦当劳必须公开内部秘密文件和统计数据。令陪审团大吃一惊的是，这些文件和数据显示，在1982～1992年的10年期间，麦当劳总共遭到700余起咖啡严重烫伤事故的投诉，其中有数十起造成顾客外阴部、股腹沟、大腿内侧等"敏感部位"烫伤，给当事人造成了极大的身心痛苦。尽管联邦法院从未正式立案受理这些投诉，但暗地里，麦当劳平均每年花费5万美元，偿付因咖啡烫伤引起的庭外和解以及给受害者赔偿一点儿象征性的"安慰费"。既然烫伤事故不是个别和偶然现象，麦当劳为何掉以轻心，疏忽大意，对消费者的投诉置若罔闻，对烫伤事故漠然置之呢？辩护律师解释说，麦当劳每年售出大约 10 亿杯咖啡，十年以来，总共售出了大约 100 亿杯，相比之下，同期发生的烫伤投诉事故，只有区区 700 余起，即平均每 1 亿杯才出现 7 起烫伤事故，事故率为 0.000 007%，实际上相当于 0，完全可以忽略不计。

从商业统计和"数字化"管理的角度看，被告律师的辩解貌似有理，实则自食恶果。陪审团认为，在事故率相当于零的数字背后，是 700 余位消费者惨遭严重烫伤的可怕事实。在美国的商业法规中，保护消费者人身安全是至关重要的原则性问题，岂能以统计数字为由，傲慢不羁，冷漠无情，敷衍搪塞，推脱抵赖。此外，律师提醒陪审团注意，常识告诉人们，麦当劳统计的投诉数字只是冰山一角，肯定还有数量众多的烫伤受害者，有苦难言，匆匆离去，忍气吞声，自认倒霉。

而麦当劳的咖啡之所以动辄造成烫伤事故，最重要的原因在于，麦当劳所售咖啡的温度为 82～86℃，汉堡王（Burger King）、唐恩都乐（Dunkin'Donuts）、温迪（Wendy）等十余家麦当劳主要竞争对手出售的咖啡，以及普通美国家庭中饮用咖啡的温度，一般在 70～75℃，比同业整整高出了 10～16℃。

作为全球财富 500 强大企业和世界第一大连锁快餐店——麦当劳刚愎自用，执迷不悟，把咖啡温度设定在快餐业"名列榜首"的高度，在 10 年期间破费 50 万美元巨款"化解"烫伤事故；与此同时，麦当劳从未就"高温咖啡"与烫伤事故频发之间的关系咨询过医学专家的意见，给陪审团留下了极为恶劣的印象。

对麦当劳更为不利的是，它一方面出售"高温咖啡"，一方面却漫不经心，疏忽大意，未在咖啡杯醒目之处，以法律术语"警告"（warning）"高温热饮，小心烫伤"，仅以极小字体"提醒"（reminder）顾客注意。

最后，陪审团一致判决，麦当劳出售的咖啡质量低劣，温度过高，毫无必要，不可理喻，在产品安全问题上，掉以轻心，疏忽大意，侵犯了原告的人身安全，造成了重大伤害事故和经济损失，因此，必须承担咖啡质量低劣的法律责任，偿付原告 20 万美元的"补偿性赔偿"（compensatory damages）。考虑到原告不慎失手，亦应对事故承担 20% 的责任，麦当劳公司的实际责任减为 80%，赔偿总数相应地由 20 万减为 16 万美元。

接下来，经闭门讨论，陪审团判定，麦当劳不但应当承担咖啡过烫、质量低劣的法律责任，而且由于对顾客的投诉置若罔闻，对数百起烫伤事故漠然置之，其侵权行为已经明显构成了"轻率的"和"恶意的"性质，因此，除了"补偿性赔偿"之外，被告应偿付原告 270 万美元的"惩罚性赔偿"。

主审法官认为，陪审团在认定事实方面基本恰当，判处"惩罚性赔偿"的理由亦相当充足，但是在此案中，原告本人的责任不可低估，而且陪审团判决的"惩罚性赔偿"的金额明显过高，意气用事，罚不当罪，矫枉过正，有失公平。于是，法官大笔一挥，将"惩罚性赔偿"由 270 万砍至 48 万美元，加上原有的 16 万"补偿性赔偿"，麦当劳应付的赔偿总额降低为 64 万美元。

控辩双方皆不同意法官裁定，声称继续上诉。但没过多久，双方突然宣布，两家已达成秘密庭外和解。

陪审团的判决涉及欧美国家民事案中常见的"惩罚性赔偿"（Punitive Damage）。这是一种赔偿数额大大超过受害人实际损失的赔偿，其目的是以铁腕严惩侵权和违法者，杀一儆百，以儆效尤。使那些恶意侵权、欺诈造假或负有产品责任的公司企业不寒而栗，闻风丧胆，谈虎色变，永不敢犯。依照美国法律，只要被告存在"欺诈的""轻率的""恶意的""任意的""恶劣的""后果严重的"侵权或责任行为，即适用此项法规。

美国的"麦当劳咖啡烫伤案"曾轰动一时，在该惩罚性赔偿之后，麦当劳开始在咖啡杯醒目处标注"小心烫伤"等警示语，并将咖啡温度降到了同行业普遍的 70～72℃。一次惩罚性赔偿判决之后，出现的是自觉性的"补漏"，一定程度上降低了社会进步成本。在保护消费者权益、预防热饮烫伤问题上，"麦当劳咖啡案"起到了前所未有的轰动效应和免费广告的宣传作用。通过此案，全美餐馆饭店和全球消费者皆知，意外泼洒了一杯烫咖啡，竟然可能造成近乎致命的人身伤害，竟然可能引发轰动全球的赔偿大案，竟然可能导致数百万美元的惩罚性赔款，绝对不可以置若罔闻，掉以轻心。对于公司和企业老板来说，麦当劳案相当于杀一儆百、当头棒喝的严重警告：别把消费者投诉不当回事儿。在通常情况下，的确应当遵循小过失小惩罚、大过失大惩罚的民法原则。可是，美国有 3 亿消费者，即使其中的 1% 遭受大公司的恶意欺负，或因遭受侵权和欺诈造成经济和精神损害，被迫耗费时间和金钱去打官司或"打假"，也将是司法资源和社会成本的巨大浪费。

因此，只有把违法企业和侵权造假者罚得倾家荡产，销声匿迹，追悔莫及，只有使受害者和"打假者"一夜暴富，名满天下，扬眉吐气，心花怒放，才能真正捍卫法律的尊严和消费者的权益，才能卓有成效地打击恶意侵权和商业欺诈，才能从严督促企业遵纪守法和诚实经营，才能最终形成井然有序和善待消费者的良好市场环境。乍看之下，"惩罚性赔偿"违背了常理世情；冷静思考，其实这是高度法律智慧的体现。

（二）消费者集团诉讼制度

在美国，集团诉讼最早是在 1848 年纽约民事诉讼程序立法时获得确认的。早期，主要针对数额较小的消费者权益纠纷，在这种案件中单个受害者的损失较小，如果每个受害者单独诉讼则得不偿失。而集团诉讼制度允许某些当事人未经其他受害者的明确授权，代表他们提起诉讼，并要求赔偿整体上所遭受到的损失。这样，诉讼的金额即成为巨额，当事者可以在充分准备的前提下进行诉讼，挽回损失。因此集团诉讼又被称为"消费者诉讼"。

集团诉讼制度的成熟更彰显了对弱势消费者的保护，针对单个散在的消费者而言，集团诉讼可以帮助消费者获得与强势生产者对等博弈的机会。如果大众侵权案件不能进行集团诉讼，那么个人诉讼的成本通常远超出胜诉后获得的赔偿，这将迫使许多个体消费者不能对大型违法违规公司提起诉讼，而公司所进行的非法甚至危险的行为就无法被及时有效制止。

2007 年 11 月，美国默克制药公司表示愿赔偿 48.5 亿美元，以了结美国大约 5 万宗与"万络"有关的集团诉讼。2005 年，一名消费者服用默克制药公司生产的镇痛药"万络"半年后突发心脏病猝死，患者遗孀因此将默克制药公司告上法庭。法庭最终判决默克支付原告高达 2.534 亿美元的赔偿金。

但"万络"自 1999 年投放市场以来，全球服用过的患者多达 8400 万人。经过 3 年多诉讼拉锯战后，2007 年 11 月 19 日，默克公司宣布，将支付 48.5 亿美元赔偿金，结束近 5 万宗在美国发生的与"万络"有关的诉讼。赔付消息一经公布，默克公司的股价立即上涨了 5 个百分点。而在此之前，该公司还声称要打赢每一个涉及"万络"的官司。当时，在 17 项"万络"的诉讼案中，默克已经赢了 12 场，输了 5 场。

（三）吹哨人制度

用巨额奖金鼓励行业内部"吹哨者"主动揭黑。在美国，吹哨者法案并不是一部单纯的法律，而是由一系列法律法规组成，其立法目的是保护吹哨者不受报复，鼓励组织内部成员成为吹哨者，从而扩大监督范围。美国从 1963 年起，先后推出了《欺诈声明法》《文官改革法》《吹哨人保护法》《沙宾法案》4 部法案，以保护合法吹哨者的权利。例如2009 年辉瑞公司涉嫌健康产品不当营销行为，被美国司法部判处 13 亿美元刑事罚金，其中的 1.5 亿美元用于奖励揭露黑幕的 1 名内部员工和4 名律师。

上述的制度设计正是美国的法律制定者认准了不良企业主的死穴，充分利用了商人、企业家追求利润最大化的本性。在利润刺激下，人很可能利令智昏，时时有一种难以遏制的犯罪冲动，如果悬一把足以叫你倾家荡产的达摩克利斯之剑——动辄上亿、几十亿美元的惩罚性罚款，企业主就会时时惧怕违法的巨大代价，从而加强自律。

三、鼓励和保险体系健全

（一）鼓励措施

美国对企业设置了鼓励食品行业和企业自律的机制，具体表现在当企业率先发现潜在食品安全问题并主动告知 FDA 或 FSIS 要求召回缺陷食品时，只要企业产品尚未对消费者健康造成危害，FDA 或 FSIS 可以不对企业召回做风险评估报告，不再发布召回新闻稿，不在其食品召回平台发布召回公告，不对企业的食品问题进行曝光，从而维护企业信誉。此外，企业对食品安全问题的自律，主动承担相应责任和积极配合可以最大限度地降低缺陷食品所产生的危害，可将消费者的健康得到最大限度的保护，从而最终降低企业所需面对的行政或刑事责任。

（二）保险保障体系

作为现代监管型国家代表的美国，其所有食品安全监管政策都建立在市场运作的科学模拟之上，并经过精准的成本收益分析，否则不得出台。国家通过立法在食品行业强制推行食品安全责任保险制度，以保险精算模型为基础，建立政府、保险机构、企业和消费者多方共赢机制，实现系统性风险控制和社会稳定功能，充分发挥经济杠杆对食品安全失信失范行为的制约作用。

食品企业对食品安全的自律体现在两个方面：一方面是在食品投放市场前严把质量关，严格执行市场准入制度，避免不合格产品进入流通市场。鉴于该部分一般在食品企业的可控范围内，采取弥补措施的费用较低，再加上上述的严刑峻法，食品企业在此环节的自律性非常强。另一方面是在产品进入流通环节后或已对消费者造成危害后的主动纠错自律。由于缺陷食品已经进入流通环节且涉及范围有可能非常广，所以此时的主动纠错，就有可能需要高昂的费用，这很可能会给企业在短时期内带来巨大的经济压力，对大型企业来说经济实力比较雄厚，问题也许不大。但如果企业规模较小，资金相对薄弱，则往往很难渡过短期的资金周转压力，严重者还会导致企业破产、解散。食品企业并非高端技术行业，一般不具备雄厚的经济实力，所以如果企业主动召回造成的后果是破产或解散的话，则有可能导致食品企业因为顾虑召回所带来的巨大经济损失而不积极主动召回缺陷食品，反而心存侥幸，选择隐瞒。

创设食品召回责任保险，则有利于发挥保险的经济补偿机制，将食品召回的风险转嫁给保险公司，通过向保险公司索赔弥补由此带来的利润损失和花费，增强企业的抗风险能力，以促使企业不会因为资金短缺而阻碍食品召回的顺利进行，进而保障食品行业健康发展。

正是在美国法律法规的高额罚款约束，严厉的刑事责任和适当的风险保障体系共同作用下，超级跨国公司的实力越强大，往往越不敢恃强凌弱，蛮横霸道，更不敢肆无忌惮地把利润置于公众利益之上，反而如临深渊，如履薄冰，遵纪守法，严格自律，在产品质量和顾客服务方面，更不敢偷奸耍猾。正是在陪审团审判的威慑之下，超级跨国公司不得不视普通消费者为上帝，回归道德本色和守法本分，成为遵奉商业规范、童叟无欺的道德楷模，成为乐善好施、肩负社会责任的慈善大家。

第三节　源头控制措施

一、产地环境保护和修复有序

（一）农产品（种植业）产地环境监管法律法规制定与实施

美国对农产品产地环境安全管理的主要机构是美国环境保护署，其主要负责饮用水、新的杀虫剂及毒物、垃圾等方面的安全，制定农药、环境污染物残留限量标准及安全使用方法，并对农药和食品中的农药残留进行调整和管理。目前，美国涉及食品安全的联邦法规有 30 多部。其中，涉及农产品产地环境安全的有《食品质量保护法》、《联邦食品药品和化妆品法》、《联邦杀虫剂、杀真菌剂和灭鼠剂法》和《植物保护法》等。

为使相应法律法规有效实施，美国环境保护署于 1998 年实施了农药重新评估和注册计划。按照新修订的《联邦杀虫剂、杀真菌剂和灭鼠

剂法》规定，对已取得注册的农药要实行再注册，即重新评估已经注册
的农药对人类健康和环境的影响，以决定是否继续使用。同时规定，2002
年以后取得注册的农药产品，在 15 年内应有计划地进行再注册评估，
以保证现有的农药能够满足当前科学和法规标准发展的需要。此外，还
强制实施国家残留监控计划，其中"农药残留监控计划"（FDA Pesticide
Program Residue Monitoring，PPRM）由食品药品管理局制定并组织实
施，监督对象是国内和进口农产品与饲料中的农药残留，监控的农产品
主要是谷物及谷物制品、蔬菜、水果、带壳的禽蛋、乳制品、水产品及
其他非农业部 FSIS 监管的农产品。

（二）农业养殖业卫生、防疫环境法律法规制定及实施

美国农业部主要负责肉类和家禽食品安全，并被授权监督执行联邦
食用动物产品安全法规。美国食品药品管理局主要负责国内食品和进口
食品安全，制定畜产品中兽药残留最高限量法规和标准。涉及养殖业卫
生、防疫环境的法律法规主要是《联邦肉类检验法》，内容包括猪、牛、
羊、马等牲畜肉类的安全、卫生和正确标识；《禽类及禽产品检验法》
的内容包括家禽（鸡、鸭、鹅、火鸡、珍珠鸡等）产品的安全、卫生和
正确标识；《蛋类产品检验法》内容包括蛋类及加工产品的安全、卫生
和正确标识。

二、农产品质量安全市场准入制度

美国法律要求食品添加剂、兽药和农药在使用前要设定安全标准，
当农产品中的有害物或污染物含量达到可产生显著风险时，政府就会出
面干预。对于比较严重的违规行为，FSIS 将要求企业停止生产，直到达
到要求；对于屡次违规且情节严重的企业，将由行政管理机构、民事或
刑事部门处理。

（一）推广 HACCP 认证

HACCP 体系认证在美国的食品生产企业使用非常广泛，并且肉制品加工企业被要求强制执行，近年来在农产品生产加工企业中也纷纷开始推广。政府期望通过分析农产品生产、加工、包装过程中可能存在的影响产品质量安全的关键点，提出解决措施并督促检查，从而确保农产品的质量安全。FSIS 对触犯 HACCP 标准和操作程序卫生标准的企业进行通报及查处。

（二）加强市场农产品质量安全检查与监督

市场销售的农产品，无论是本地生产的还是外地运输来的，都必须符合美国农业部标准和所在州标准，一般各州制定的农产品标准比联邦政府制定的标准严格，其中加利福尼亚州农产品标准是全美最严格的。以洛杉矶农产品批发市场为例，洛杉矶农业局负责对洛杉矶农产品批发市场所有农产品进行质量安全检查。洛杉矶农产品批发市场对农产品质量安全实行从农田生产者到消费者的连锁责任制，一旦发生农产品安全事故，很容易查找出责任工序或责任人。

（三）严格的农业化学投入品管控制度

1991 年 5 月，美国启动了农药残留监测计划（PDP），监测范围包括新鲜和加工的水果、蔬菜、谷物、牛奶、牛肉和鸡肉，2001 年还将饮用水纳入了监控范围。PDP 是政府出资支持的公益性事务，其监控工作由国家环境保护署、食品药品管理局和美国农业部 3 个部门共同负责。

严格的登记与管理制度。EPA 负责农药的全面评审、登记、重新登记、特别评审、农作物及动物饲料中允许残留量制定等工作，公布于《联邦法规汇编》第 40 章，农药经营人员和专业施药人员都需经过培训与资格认证。测土配方是美国化肥使用管理的主要内容，各州肥料相关法律要求肥料生产销售时需进行登记、标识、肥料管理机构具有开展强制性检查的责任，由美国作物营养协会提出肥料使用管理（即作物养分管理）指导性意见，建立土壤养分分级标准，开展肥效田间试验，并建有施肥方案推荐系统。

系统的农药残留限量及监控计划。FDA 负责制定兽药、食品添加剂和环境污染物允许水平（Action Levels），公布于《联邦法规汇编》第 21 编并监督实施农药残留限量，负责对进口和国内市场上的农副产品、加工食品中农药残留进行监测。USDA 负责联邦注册的屠宰场内、进出口及跨州交易的肉类（猪、马、牛、山羊、绵羊，含量≥3%）、禽类（鸡、鸭、鹅、火鸡、野禽，含量≥2%）及蛋类（特指去壳以供加工）产品残留监测，并负责组织农副产品农药残留情况调查，列出不同时期残留监测重点。

为确保食品安全，维护消费者利益，美国制定了详细、复杂的农产品农药最大残留量（MRLs）标准体系，共涉及 380 种农药约 11 000 项，大部分是全美登记的农药并根据《联邦法规汇编》制定的 MRLs，其余为农药在各地区登记中制定的 MRLs、有时限或临时的 MRLs、进口 MRLs 和间接残留的 MRLs 等，还列出了豁免物质或无需要 MRLs 的清单，提出"零残留"的概念。美国是世界上农药管理制度最完善、程序最复杂的国家，建立了一整套较为完善的农药残留标准，以及管理、检验、监测和信息发布机制。农药监控计划（Pesticide Monitoring Program，PMP）由 FDA 下属的食品安全和应用营养中心、兽药中心（CVM）和法规管理监管事务办公室（ORA）共同组织实施。

美国农业部下属 FSIS 的"国家残留计划"（FSIS National Residue

Program，NRP）始于 1967 年，监管对象为国内生产和进口的肉、禽和蛋制品中的农药、兽药、环境污染物残留。其目标是监督不合格动物的屠宰和禽蛋制品的生产，获得化学残留物的风险评估、风险管理和风险交流的支持数据等。

美国国家残留计划，最开始是对 DDT 等杀虫剂进行定点采样监测，随后逐步扩展到其他农药、兽药和环境污染物。由 FSIS 抽样食品进行检测检验。为防止违规残留物质进入食品供应链，FSIS 根据风险评估、执法和教育等活动获得了全国范围内化学残留数据，规定了多种抽样程序，包括国内和进口残留抽样程序两大部分。

FSIS 每年以蓝皮书的形式发布来年（日历年）NRP 计划，第二年以红皮书的形式发布当年（财年）NRP 报告。

按照抽样对象、频率和数量不同，NRP 规定了多种抽样方式。2004 年以前，分为国内残留监控计划（Domestic Residue Sampling Program）、进口残留监控计划（Import Residue Sampling Program）。其中，国内监控计划又分为监测计划（Monitoring Plan）、监督计划（Surveillance Plan）、探索项目（Exploratory Projects）和强制检验（Enforcement Testing）。自 2005 年起，简化了监控分类，分为国内监控计划（Domestic Sampling Plan）和进口抽样计划（Import Sampling Plan），其中国内监控计划分为固定抽样（Scheduled Sampling）、探索研究（Exploratory Assessments）和检验员抽样（Inspector Generated Sampling），检验员抽样又分为怀疑动物个体抽样（Sampling for Individual Suspectanimals）和怀疑动物群体抽样（Sampling for Suspectanimal Populations）。进口计划（Import Reinspection Sampling Plan）分为正常抽样（Normal Sampling）、扩大抽样（Increased Sampling）和强化抽样（Intensified Sampling）。2006 年对固定抽样又进行了细分，分为暴露评估（Exposure Assessments）和探索

评估（Exploratory Assessments）。2008 年进口抽样计划更名为进口复验抽样计划（Import Reinspection Sampling Plan），即现在所说的"进口监控计划"，分为正常抽样、扩大抽样和强化抽样 3 种抽样方式。

国内计划中，固定抽样为对待宰杀健康动物随机抽样，用以大规模监测畜禽产品是否存在残留超标情况，但在监测结果出来之前产品可以上市销售。对于未建立允许残留量或者残留多次超过 1%的化合物，则进行探索研究监测。驻场兽医检验员根据待宰动物表面症状、屠宰场以前的历史监测情况，如果怀疑残留超标，或者样品经快速检验呈阳性，则进行检查员抽样，在结果出来之前，不允许产品上市销售。进口计划中，正常抽样是对进口产品的随机抽样，扩大抽样是管理人员综合各种情况后，在正常抽样的基础上增加抽样数量，结果出来之前，产品都可以进入美国销售。一旦发现样品不符合进口规定，则进行强化抽样，结果显示合格后，方可进入市场。

2013 年监控计划由三级抽样体系组成。一级抽样（Tier 1）为计划抽样，随机选择通过检疫的食品动物，采集组织样品，所获得的数据作为化学物质残留暴露评估的基线数值。FSIS 每年通过一级抽样轮换产品种类。一级抽样对于需要检测的每种产品都需随机抽样 600 批，随着多残留检测方法的应用，可以检测的化学物质种类增加，发现违法行为的概率从原来的 95%增至 99%。二级抽样（Tier 2）与原有的检查员抽样类似，对某些产品和化学物质进行针对性抽样。三级抽样（Tier 3）是对某些畜群和化学物质进行针对性抽样。三级抽样在框架上与二级抽样的外推评估计划类似，不同之处在于三级抽样将监测目标定在畜群水平，以同一养殖场或地区为监测对象，以确定一种化学物质或多种化学物质的暴露水平。三级抽样的结果可以为 NRP 的决策提供相关信息。进口抽样计划采用一级和二级抽样框架，2013 年检测约 1100 批进口样品。

美国联邦政府 2013 财政年度为 2012 年 10 月 1 日至 2013 年 9 月 30 日，为了使 NRP 与联邦预算相一致，FSIS 将 NRP 的实施由日历年度调整为财政年度。根据 NRP 的 2013 财政年度计划，FSIS 采用三级抽样体系，对 9 种动物（肉牛、肉犊牛、奶牛、鹿、小母牛、商品猪、母猪、雏鸡）进行抽样，并允许 FSIS 在抽样量不足的情况下，针对同一份样品检测多种药物。

进口监控计划中的抽样分配主要考虑以下几个因素：国家来源、产品类别、品种、进口量、实验室历史检测结果。

抽样化合物由来自环境保护署、食品药品管理局、疾病控制与预防中心、农业市场局（Agricultural Marketing Service，AMS）、农业研究局（Agricultural Research Service，ARS）和 FSIS 的专家组成的监测顾问组（The Surveillance Advisory Team，SAT）确定，并被设计到"自动进口信息系统"（Automated Import Information System，AIIS）中。SAT 确定公众健康优先关注的化合物，并向 FSIS 提供每一种化合物的详细信息。FSIS 在制订进口监控计划时将综合考虑这些信息与该化合物违规的历史数据。但是，由于 FSIS 没有足够的历史数据来预测进口产品中化合物的违规率，因此，FSIS 基于相对的公共卫生问题，在进口监控计划中采用与国内固定抽样计划相同的排名分数，着重于国内抽样方案中所指定的相同候选化合物。SAT 认为，环境污染物都是公共健康高度关注的化合物，因此，不按排名公式计算得分，而自动列入高度抽检优先级。如果 FSIS 认为一种化合物在某一国家被滥用，该化合物/国家将被列入到进口监控计划中。在确定了优先化合物和化合物类别后，FSIS 综合考虑其他实际情况来决定化合物的抽样。首要考虑的是实验室资源，特别是 FSIS 下属实验室中是否具有适当的检测方法。当实验室资源有限时，由于进口产品在出口前进行了原产地检验，FSIS着重将资源分配给国内产品。

FSIS建有4个官方实验室，分别是东部实验室（位于乔治亚州）、西部实验室（位于加利福尼亚州）、中西部实验室（位于密苏里州）和病原微生物流行与特殊项目实验室（位于乔治亚州）。其中东部实验室擅长病理学检测，中西部实验室擅长兽药残留检测，西部实验室擅长农药残留检测。上述3个实验室承担了大量的政府委托检测工作，特别是进口农产品的检测和有害残留物的检测。

FDA下设有12个实验室，这些实验室分别为不同地区（全国共分为5个大区）的食品药品管理局地区办公室以及执法人员的执法工作提供检测服务，不向社会提供服务。

三、种子产业管理

美国种子产业管理为联邦政府和州政府两级管理。联邦政府的管理机构是美国农业部，执行机构是农产品市场局、农业研究局和动植物检疫局；州政府的管理机构是各州的种子监督和质量检验站。管理的主要内容是种子立法、品种保护、质量监督检验、种子认证（限于出口）。管理工作的重点是上市种子标签的真实性，农产品销售局的植物品种保护办公室负责新品种保护工作，农产品销售局种子管理与检验站负责种子立法与种子质量检验工作，官方种子认证协会（Association of Official Seed Certifying Agencies，AOSCA）负责种子的认证工作。

除政府管理机构外，还有一些协会，如美国种子贸易协会（American Seed Trade Association，ASTA），官方种子检验员协会（Association of American Seed Control Officials，AASCO）等，这些协会的主要职责是

内部协调、咨询与信息服务，承担政府管理的有关技术性工作（如 AOSCA 负责起草种子检验规程与标准），向政府传递协会成员对种子管理的建议等。

（一）品种保护

美国植物新品种保护分为两部分，有性繁殖作物的品种保护由美国农业部植物新品种保护办公室负责，无性繁殖作物和遗传工程方面的品种保护由美国商业部专利局负责，各州无分支机构。植物新品种保护办公室负责制定《植物新品种保护法》，对有性植物新品种进行保护，该办公室已于 1994 年对美国《植物新品种保护法》进行了修订，内容与国际植物品种保护联盟（International Union for the Protection of New Varieties of Plants，UPOV）1991 年的法案规定相一致，并于 1999 年成为 UPOV1991 年法案的正式成员。

美国植物新品种保护办公室主要对大豆、小麦、玉米和园艺类等 3000 多种作物进行保护，每年申请保护的品种约 350 个，通过品种保护的约 200 个，每个品种保护期为 20 年。植物品种保护办公室每 3 个月公布一本植物新品种保护的小册子，每 5 年公布一本植物品种保护名录，同时还将所保护品种的有关信息输入互联网，以便用户随时查询，《植物新品种保护法》规定每个申请新品种保护者要交申请费 2500 美元，通过保护后发证费为 300 美元，由于新品种保护申请费用高，一些推广期限短的品种以及大学培育出来的新品种一般不申请新品种保护。

（二）种子认证

美国对出口贸易的种子按照经济合作与发展组织（Organization for

Economic Co-operation and Development，OECD）规定实行强制性认证，对国内销售的种子（除大学生产的种子）实行非强制性认证。官方种子认证协会负责制定种子认证标准，并对认证种子进行抽样，交联邦种子检验室或州种子检验站进行质量检验，符合质量标准的可发放符合美国种子认证标准或 OECD 认证标准的双重标签，国内销售的种子经 AOSCA 认证的只有 20%，其余的 80% 由企业实行自检，据了解未认证的种子中 75% 的种子质量高于 AOSCA 质量标准，5% 的种子质量低于 AOSCA 的质量标准。

（三）种子质量的监督检验

美国政府只对上市种子标签与种子质量的真实性进行监督与检验。政府制定了种子检验规程和质量标准，但不是强制性的，允许低于国家标准的种子上市销售。《联邦种子法》规定：凡是上市销售的种子必须贴上质量标签，标签所注明的种子质量要与实际的种子质量相符，各州种子检验站负责对州内销售种子标签的真实性进行抽检。在州与州之间发生种子贸易纠纷时，联邦种子检验室负责仲裁检验。对于实际的种子质量低于标签标准的，联邦种子管理部门或各州的种子检验站有权直接进行处罚。根据标签内容，不符合标准的项目，每项罚款 200 美元，直至企业重新贴上与质量相符的标签后方可销售。

（四）种子立法

《联邦种子法》和《联邦种子条例》由美国农业部农产品销售局负责制定，各州政府制定各州的种子法规，种子公司对有关政策法规的意见和建议可通过种子贸易协会反映到美国农业部，由农产品销售局负责对法规进行修订。

（五）品种的试验与示范

美国对上市品种不进行审定或登记，因此联邦和州政府对品种试验与示范也没有强制性的要求。试验示范工作由种子公司自己进行，各公司为了得到本公司品种与其他公司品种相互比较的试验结果，可将品种送到州种子检验站，由州检验站负责安排各公司品种比较试验，试验承接单位一般为州立大学。

四、完善的疫病防控体系

（一）美国的兽医官制度

美国是一个拥有 50 个州的联邦制国家，各个州都有立法权。地域辽阔，动物及动物产品的生产也不平衡，在动物卫生的管理方面既要维护联邦的利益，又要维护各州权力的独立性，所以美国采取联邦垂直管理和各州共管的兽医官（Veterinary Officer）制度，分为联邦兽医官和州立动物卫生官，二者都属于官方兽医。美国动植物卫生检验局是联邦的最高兽医管理部门，局长为最高兽医行政长官，由农业部副部长兼任。美国动植物卫生检验局总部设立若干高级兽医官和助理兽医官，分别负责全国的动物卫生监督、动物及动物产品的进出口监督和紧急动物疫情扑灭等工作。此外，美国动植物卫生检验局还在全国设立了东、西两个兽医机构，分别管理分布在全国的 44 个由联邦动植物卫生检验局派出的地方兽医局。地方兽医局具体负责当地动物调运的审批、免疫接种的监督、动物登记和突发疫情的扑灭工作。地方兽医局的主管为地方兽医主管，下设 3～5 个助理兽医官，划片负责相关区域的兽医卫生监督工作。

除了属于联邦动植物卫生检验局派出的地方兽医局以外，美国每一个州都设有州的兽医管理机构，属于州农业厅管理，其最高行政长官为州立动物卫生官，下设 3～5 名州立兽医官。在动物防疫的工作方面，联邦地方兽医局和各州的兽医管理机构通过签订协议明确各自的职责，共同负责该州的动物卫生工作。

州内的动物流动必须持有检疫合格证，而这种检疫合格证的出证人是分布在州各个地方的个体兽医师（经过培训、授权），州政府不负担经费，而是通过向农场主收取检疫费。如果这些授权的兽医师开错一次检疫证，就要吊销授权。检疫证是由联邦政府统一印制的，兽医师开据的检疫证 1 份给农场主，1 份寄给州的动物处。州与州之间的动物检疫要求是不一样的，州与州之间流动的动物所持的检疫证，由州里有授权的兽医师签发，签发检疫证之前必须到现场认真检疫后才能出具检疫证。出口的动物及其产品的检疫由美国动植物卫生检验局和属于联邦动植物卫生检验局派出的地方兽医局负责出证。

美国高度重视预防外来动物疫病，当国外发生重大动物疫情或新发生某种动物疫病时，美国农业部立即组织研究人员做出研究咨询报告，提出可能传入的途径、对美国可能造成危害的评估及应采取的预防措施等。美国农业部在外来疫病控制方面主要采取加强检疫、制定应急计划（白皮书）和建立应急队伍、组织研究攻关、与国际有关组织（如世界卫生组织、联合国粮农组织、国际联合流行病机构等）保持密切联系，积极开展科学普及教育以及制定相应法律法规等措施，如通过对反刍类动物蛋白饲料的禁令来预防疯牛病传入等。

（二）美国的动物防疫及动物疫情预警预报

严格控制本土动物疫病发生。①实施动物疫情报告制度：密西根州规定，所有兽医师以及农场主一旦发现疫情，必须及时向动物处报告。②制定应急预案并报州议会通过。③快速反应：动物处接到疫情报告后，立即通知驻县巡视兽医师赶赴现场，按照州议会通过的该疫情处置预案，最快、最小地处置疫情，将其控制在最小范围。同时还成立应急处理预备队，农业部动物处和州兽医学会配合，对预备队人员进行技术培训。④确认疫情、划分疫区。

对于动物疫情的现场诊断，取得州农业部动物处颁发执照的私人诊所的兽医师可以代表州农业部动物处对病畜进行检查。在美国，也存在农场主知道场内发生疫情但不及时报告的问题，因为农场主担心发生疫情后所有的动物都要扑杀。针对这种情况，州农业部动物处建议州政府立法，扑杀农场主的患病动物所造成的损失由政府给予经济补偿。扑杀前由估价师事务所对动物进行估价，扑杀后由政府补偿动物价值的90%。由于采取了补偿政策，从而使农场主在本场发生疫情后能及时上报。美国的地方政府对动物疫病防治的投入很大，就密西根州而言，全州有 300 个奶牛场，30 余万头奶牛，10.5 余万头肉牛，加上小牛，全州牛的饲养量达到 100 多万头。但该州牛的结核病史也很长，最近的一次的牛结核病爆发在 1995 年，此后 10 年，美国联邦政府和密西根州政府已投入 1 亿多美元用于根治结核病。

在动物疫情的监测方面，密西根州政府在密西根州立大学建立了动物疫病诊断研究中心，由州政府投资 5800 万美元，耗时 6 年而建成，建筑面积 1.33 万平方米，于 2004 年 7 月正式使用，有工作人员 120 人。该中心目前是全美最大、最先进的动物疾病诊断和研究中心。现可开展分子生物学、细菌学、病毒学、病理学、免疫学和血清学等诊断和检测工作，是密西根州动物疫情监测和预报的重要组成部分。中心建立了二级生物安全实验室和三级生物安全实验室，拥有世界上最先进的动物尸体处理系统和污水处理系统。

动物疫病诊断研究中心除承担动物疫病监测、教学实习和科研任务外，还向全社会开放。该中心的工作人员每日上班后先到邮局取回各地寄来的病料样品，然后分类录入计算机系统，平均每天接收动物病料、动物尸体和血清样品约 600 份，全年约 20 万份。

五、食品接触材料监管

食品接触材料及制品在美国同时受到 FDA、消费品安全委员会（Consumer Product Safety Committee，CPSC）、EPA 等多个执法机构的监管。如图 5-2 所示，每一机构的执法权限略有不同。FDA 管控食品接触材料中有毒有害物质迁移进入食品，从而对人的健康产生的安全风险；CPSC 管控食品接触材料和制品的功能性风险（如尖锐的边缘，脱落的手柄等）；EPA 主要管控一些高风险的化合物的存在（如六价铬）。

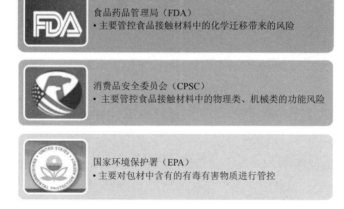

食品药品管理局（FDA）
• 主要管控食品接触材料中的化学迁移带来的风险

消费品安全委员会（CPSC）
• 主要管控食品接触材料中的物理类、机械类的功能风险

国家环境保护署（EPA）
• 主要对包材中含有的有毒有害物质进行管控

图 5-2 美国管控食品接触材料的主要行政机构

与此同时，在国家层面以外，美国的行政州（甚至城市）也可能通过立法对食品接触材料及制品中的有毒有害物质进行限值。比如加利福尼亚州 1986 年通过的第 65 号提案（Prop 65）对陶瓷产品中的铅镉含量提出特别的要求。马里兰、马萨诸塞、芝加哥、华盛顿、内华达、康涅狄格等多个州（市）对双酚 A 的使用进行了特别的限制。

（一）FDA 的监管思路

简单地说，FDA 的监管思路与欧盟的最大不同是：FDA 的监管主要在于源头控制。通过对许可使用的原材料和添加剂进行详尽的描述和限制，辅以终端产品的合规性验证，来降低食品接触材料带来的健康风险。

FDA 在实际操作中的一个"潜规则"是，如果一个产品是物理混合了 A 和 B（可以是化合物或者树脂或其他），只要 A 和 B 的原材料分别都满足各自的原材料的要求，物理混合的产物也被认为是合规的。例外是，如果有一些监管指标是基于终端产品的（比如按照使用条件限制的萃取残渣），混合后的产品也应该符合这些要求。如果在混合过程中发生了化学变化，即产品的化学成分发生了改变，以上的"潜规则"不再适用。

（二）判定 FDA 合规的流程

常规的 FDA 的合规途径（不需要向 FDA 申请）如下文所述（图 5–3）。

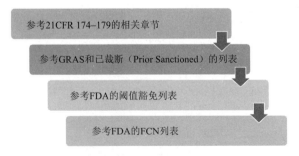

参考21CFR 174–179的相关章节

参考GRAS和已裁断（Prior Sanctioned）的列表

参考FDA的阈值豁免列表

参考FDA的FCN列表

图 5–3　常见的合规途径

（1）首先可以参考 21 CFR 174～179 的相关章节。这一部分主要是规定常见的材质（如塑料、涂层、纸张等）和添加剂（如胶黏剂、脱模剂、着色剂等）的使用限制（包括使用条件限制、物质和材质用途、含量、萃取量、迁移量或者其他的材料学参数的限制）。绝大多数的塑料种类都被这个部分涵盖。

（2）如果在（1）中找不到相关的要求。可以进一步参考 21 CFR 181～186 的相关章节。1956 年《食品添加剂修正法》颁布以前，FDA 和 USDA 对很多食品接触材料和物质进行了逐案评估，这些被许可的物质或材质被称作已裁断（prior sanctioned）物质或材质，被列在 21 CFR 181 内。同时还有一些依据常见科学证据或者历史经验判断是安全（Generally Regarded as Safe，GRAS）的物质或材质。被列在 21 CFR 182～186 内。值得一提的是 GARS 和 prior sanctioned 的物质或材质种类非常多，法规中不可能全部列出。可以通过咨询 FDA 的方式确认目标物质或材质是否通过这种方式被许可。

（3）如果（1）和（2）都不能提供合规途径，可以考虑目标物质是否满足阈值豁免（TOR）的规定。简单地说，对于不同结构和毒理风险的物质，其暴露量如果能低于某一个阈值，那么该物质可以被认为对人体健康没有危害。FDA 官网有一个 TOR 的列表供公众参考。

（4）常规途径合规的最后一个方式是食品接触材料市场准入通告（Food Contact Notipication，FCN）。如果目标产品是被 FDA 通过 FCN 许可的，只要生产厂家和使用条件与 FDA 官网的通告一致，该产品也被视作合规。2011 年颁布的美国《FDA 食品安全现代化法案》提出了通过 FCN 来加速企业合规产品申报。对于每一个现有 FDA 法规还没有涵盖的物质或材质，生产企业都可以向 FDA 申请 FCN。该申请主要包含产品的生产工艺、组成成分、设计用途、毒理学和环境评估数据。如果 FDA 认为该资料能证明产品的安全性，会批准一个专属的 FCN 代码，该企业的该产品就拿到了美国市场的准入证。FCN 是企业垄断的通行证，即使其他企业能生产成分相同的产品，也需要单独申请 FCN，否则被视为不合规。

（5）非常规的 FDA 的合规途径如图 5-4 所示。当现有的管控途径不涵盖目标产品，需要向 FDA 申请合规批准。主要的途径有：

图 5-4　常规途径外的产品获取市场准入的不同方式

①符合 GRAS 的标准：21 CFR 170.30 解释了 GRAS 的标准。

②符合阈值豁免的标准：21 CFR 170.39 解释了阈值豁免的标准。

③申请 FCN。

④申请食品添加剂的许可。

其中③和④需要的证明资料更多，申请的周期也更长（一般都在 1 年以上）。

（三）代表性材质及其法规要求

21 CFR 177.1520 管控 PP 和 PE 这类最常见的聚烯烃。其管控的思路是从源头控制可以与食品接触的聚烯烃的基础树脂，因而法规的限值也与树脂本身的材料化学性质直接相关（表 5-1）。比如属于材料性质的密度要求，主要是对基本树脂的纯度，结晶度和分子量分布有一个大致的限制。市场上经常遇到送检样品是混合了大量无机盐（如碳酸钙）的非基本树脂，材料性质的参数很难合格。按照 FDA 的管控思路，建议送添加前的基本树脂测试。

表 5–1　常见聚烯烃的法规限值

树脂类型	密度	熔点（MP）或软化点（SP）	最大萃取残渣比例-正己烷	最大溶解残渣比例-二甲苯
非高温使用 PE	0.850～1.000		5.5%（50℃）	11.3%（25℃）
高温使用 PE	0.850～1.000		2.6%（50℃）	11.3%（25℃）
非金属催化剂催化聚合的 PP	0.880～0.913	MP：160～180℃	6.4%（回流温度）	9.8%（25℃）
金属催化剂催化聚合的 PP	0.880～0.913	MP：150～180℃	6.4%（回流温度）	9.8%（25℃）

FDA 也有一些针对终端制品的要求，如管控密封部件（如瓶盖）的 21 CFR 177.1210。根据产品不同的使用用途（接触的食品类型，接触食品的温度时间等），FDA 规范了对应的食品模拟液和测试条件选择。在模拟终端制品的实际使用的条件下，得到被食品模拟液萃取（相当于 EU 的迁移）出的有机物质的含量。针对不同的密封部件的生产工艺，萃取的限值也不同。详见表 5–2。

表 5–2　密封部件的法规限值

密封部件种类	经过三氯甲烷校正的水萃取（10^{-6}）	经过三氯甲烷校正的正庚烷萃取（10^{-6}）	经过三氯甲烷校正的乙醇萃取（10^{-6}）
非预成型的密封部件	50	500	50
预成型的环或者片状密封部件，不使用硫化工艺	50	250	50
预成型的环或者片状密封部件，使用硫化工艺	50	50	50
预成型的环或者片状密封部件，基材是纸，塑料或者金属	50	250	50

第四节 HACCP 管理技术应用

一、HACCP 概述

HACCP 的全称是 Hazard Analysis Critical Control Point，即危害分析关键控制点。它是一个以预防食品安全为基础的食品安全生产、质量控制的保证体系，由食品的危害分析（Hazard Analysis，HA）和关键控制点（Critical Control Points，CCPs）两部分组成，被国际权威机构认可为控制由食品引起的疾病最有效的方法，被世界上越来越多的国家认为是确保食品安全的有效措施。它是一套对整个食品链（包括原辅材料的生产、食品加工、流通乃至消费）的每一环节中的物理性、化学性和生物性危害进行分析、控制以及控制效果验证的完整系统。食品法典委员会（CAC）认为 HACCP 是迄今为止控制食源性危害的最经济、最有效的手段。

二、美国 HACCP 法规

美国是最早使用 HACCP 系统的国家。20 世纪 90 年代美国发生了一系列食源性疾病促使美国克林顿政府加强美国的食品安全体系的建设。FDA 在 1994 年公布了食品安全保障计划，尝试在整个食品行业中使用 HACCP 体系。1995 年 12 月美国颁布了强制性水产品 HACCP 法规（21CFR Part 123&1240）——《水产品加工与进口的安全卫生规定》，此法规的主要目的是要求水产品企业实施 HACCP 体系，确保水产品的安全加工和进口。1996 年，美国农业部颁布 9CFR 2417 法规，要求在禽肉食品企业实施 HACCP 体系；同年 7 月，由美国农业部下属 FSIS 公布了《致病性微生物的控制与 HACCP 体系规范》，要求国内和进口肉类食品加工企业必须实施 HACCP 体系管理，以便控制致病性微生物。1998 年 FDA

提出了"在果蔬汁饮料中应用 HACCP 进行监督管理"的法规草案，2001 年，美国 FDA 正式发布了 21CFR Part 120 法规，要求在果汁行业实施 HACCP 体系。2005 年，FDA 和 CDC 发布了《2005 食品法典》。该法典附录 4《食品安全规范的管理-达到对食物源疾病风险因素的主动管理控制》中详细列出了 HACCP 原理及其应用，供美国各州制定或更新其食品安全法规时作为模式使用，并使之与国家食品管理政策保持一致。鉴于 HACCP 在应用中的显著成效，HACCP 原理和体系实施显著地提高了实施行业的食品安全水平。美国 FDA 现正考虑建立覆盖整个食品工业的 HACCP 食品安全标准，即用于指导从"农田到餐桌"的所有环节的本地食品的加工和食品的进口。

三、HACCP 体系在菲达奶酪中的应用实例

HACCP 体系是建立在多项管理技术之上的，也是 HACCP 体系的前提。这些前提体系包括：GMP、SSOP、水质安全控制、验收、贮存和运输控制、病虫害防治、供应商、溯源和召回程序、设备校准和员工培训。

（一）厂区选址和环境卫生

乳制品工厂选址应该具有稳定可靠的饮用水供应和快捷的废弃物处理管理程序。此外，还应该考虑区域气候强风或高温等对产品质量的影响。通常情况下，厂区周边环境应整洁干净宜居，没有易被病害虫作为居所的无用堆积物，如箱子、设备和机器等。

（二）卫生设计与工程

工厂的内部设计应以防止污染和保证食品安全为目的，便于清洗和消毒。乳制品加工厂的地板应采用防滑耐酸的材料。墙壁应覆盖瓷砖。

设备不应与墙壁或地板接触。工程机械应采用不锈钢制成，无锋利的边缘，安放位置应便于有效清洁和卫生消毒。

生产车间在防止污染的同时必须保持适当通风和照明。加工区域应保持正压，以避免原料区的气流对成品造成污染。此外，还应有足够的原料接收和成品储存区域。

车间应配备与人员相配套的洗手台数量。为了防止手污染，水龙头应为脚或电子感应激活。生产废水管道应与生活污水管道分离收集。加工车间应适当倾斜以便于废水排放和设备清洗。

最后，工厂应建立生产设备［牛奶热处理设备（巴氏杀菌）］定期检修程序。

（三）准备工作

1. 组建 HACCP 工作组

组建 HACCP 工作组是四个准备工作任务中的首要任务。工作组执行经理必须确保有充足的预算和资源实施和维护 HACCP 体系。HACCP 小组组长负责其他团队成员间的协调工作并为 HACCP 提供必需的帮助。HACCP 小组应由具有不同技术或科学背景的科研人员和掌握整个生产流程各阶段技术且实践经验丰富的员工共同组成。

2. 产品描述

HACCP 体系都是针对特定产品。所以产品描述是准备工作的第二任务。菲达奶酪是一种产生自古希腊的传统白色盐渍奶酪。它是以纯绵羊奶或山羊绵羊混合奶制成后，在盐水中成熟两个月的软芝士。菲达奶酪只能在希腊特定的区域内生产。菲达奶酪已注册为原产地保护认证（PDO）产品。

3. 构建工艺流程

构建工艺流程过程中，HACCP 小组应描述产品制造工艺中的每一步骤和操作。主管部门的评审员也是通过工艺流程图了解制造过程中各方面的详细情况，从而对 HACCP 体系做出评估的。

工艺流程图应描绘出受公司控制的所有工艺步骤。此外，它还可以包括原料预处理或加工后续步骤，如原材料的接收、储存和可能的前处理、搬运、包装、储存、分销或成品领用。工艺流程图中应包含原料、配料和包装材料的各种详细数据和信息。它还应该提供有关工厂、设备布局和从原材料接收储存到半成品到成品过程中每一工艺步骤所对应的温度与时间关系的相关信息。工艺流程图可能还包含成品的储存和分配信息。菲达奶酪工艺流程图如图 5-5 所示。

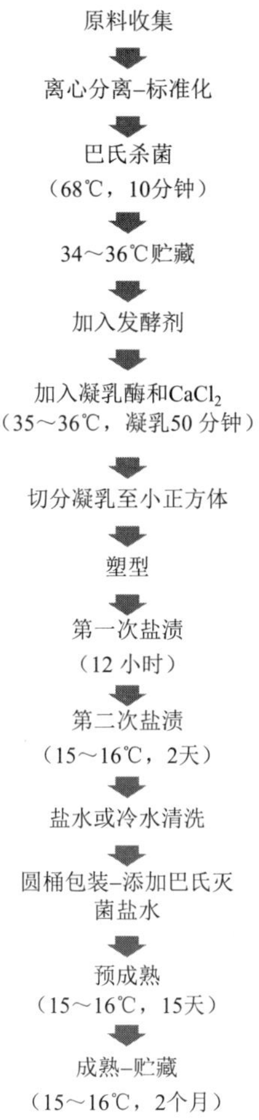

（1）原料乳收集验收：原料乳从农场收集后运输至乳品企业原料乳冷藏罐（生产）。在乳品企业接收处，原料乳先进行检查称重。常规检查内容包括原料乳气味、颜色、质地、温度、酸度和抗生素含量。经鉴

原料收集

离心分离–标准化

巴氏杀菌
（68℃，10分钟）

34～36℃贮藏

加入发酵剂

加入凝乳酶和CaCl₂
（35～36℃，凝乳50分钟）

切分凝乳至小正方体

塑型

第一次盐渍
（12小时）

第二次盐渍
（15～16℃，2天）

盐水或冷水清洗

圆桶包装–添加巴氏灭菌盐水

预成熟
（15～16℃，15天）

成熟–贮藏
（15～16℃，2个月）

图 5-5　菲达奶酪工艺流程图

定符合奶酪生产要求的原料乳贮存于 4℃的贮藏罐备用（时间不超过 24 小时）。

（2）离心分离：本工序的一个目的是去除原料乳中的异物和脏颗粒。另一个目的是分离原料乳中的脂肪。接着，再将分离出的脂肪和脱脂原料乳按比例混合，以使其标准化为所需的脂肪含量。

（3）原料乳标准化：原料乳的标准化是指对其脂肪含量的调整，以达到法律规定的脂肪含量百分比。菲达奶酪的制作过程中的原料乳标准化则是使其脂肪含量与粗蛋白（酪蛋白）比［菲达奶酪要求脂肪:粗蛋白（酪蛋白）为 1.2:1］达到制作菲达奶酪的质量要求，确保生产高质量的菲达奶酪。

（4）巴氏杀菌：巴氏杀菌法要求将原料乳在 68℃下加热 10 分钟以杀死其中的致病微生物以及破坏对奶酪成熟不利的酶活性。上述处理足以灭活碱性磷酸酶但不会灭活超氧化物歧化酶。78～80℃以上才能使超氧化物歧化酶丧失活性，但会导致牛奶蛋白形成 κ-酪蛋白和血清蛋白复合物而变性。从而引起凝乳过程中的凝乳性和脱水性下降。

（5）添加发酵剂：发酵剂对产品的质量至关重要。常用于菲达奶酪生产的乳酸菌有嗜热链球菌、乳酸乳球菌亚种、保加利亚乳杆菌。发酵剂应用时以 1%接种量添加至配料中发酵 30 分钟。

（6）添加凝乳酶和 $CaCl_2$：奶酪制作过程中主要通过凝乳酶的作用使原料乳凝固。该工序主要是为了使原料乳形成均匀的凝胶，保证菲达奶酪的紧实质地。影响原料乳凝固的因素有原料乳的酸度、温度和凝乳酶添加量。凝乳酶添加量一般为每 100L 原料乳添加 1～3g。原料乳此后应该在 30～35℃保持 30～60 分钟使其凝固。除凝乳酶外，添加适量的 $CaCl_2$ 也有利于凝乳的形成，$CaCl_2$ 的最大添加量为每 1000L 原料乳添加 200ml 40%$CaCl_2$ 溶液。

（7）凝乳切割和装模：成型的凝乳或凝胶切分成 2～3cm 的方块，薄薄一层放置于多孔金属模具上保持 5～6 小时进行脱水收缩。温度是菲达奶酪制作的一个非常重要影响因素，脱水和盐渍工序操作温度在 16℃时可以形成更好的质地和风味。凝乳块足够坚硬后装入模具切分成 23cm×12cm×6cm 的四块。

（8）盐渍：菲达奶酪的盐渍分为两个阶段。第一阶段盐渍粗盐被撒在切割成小方块的凝乳表面，以使其缓慢渗透到凝乳中。该过程每 12 小时内重复 2 次或 3 次。在第二阶段盐渍，菲达奶酪浸没于一定浓度的 NaCl 溶液（盐水）中。菲达奶酪的最终盐浓度应为 3%～4%。盐结合酸度（pH<5.1）对最终产品的质量和安全至关重要。

（9）成熟：菲达奶酪的成熟实际上在凝乳工序完成前就已经开始了，可以分为两个阶段。第一阶段成熟是与盐渍同时发生的；另一个阶段成熟发生在菲达奶酪冷藏期。第一阶段或称预成熟的持续时间大约 15 天。在这段时间，脱水收缩完成并伴随着大量生化反应的进行。

（10）贮藏和包装：最后，菲达奶酪装于彻底清洗干净的木制桶或锡罐里，添加卤水至没过奶酪的上表面，离容器口 2cm 的位置。然后，产品保持在 14～16℃直到 pH 值降至 4.6 和水分含量低于 56%。此时，容器被密封并储存在相对湿度 95%～100%，温度 4～5℃的地方进行奶酪成熟。

4. 核实工艺流程的准确性

HACCP 小组应定期检查工艺流程在工厂的实施情况来验证其准

确性。生产工艺的检验过程是确定工艺流程图描述是否清晰明确必不可少的过程。负责验证流程图的人应当是质量和安全经理。此外，HACCP 小组必须评估有关产品的所有数据。记录中的偏离事件应进行监测或咨询。HACCP 小组应当在每月的工作时间内组织突击不定期不定时检查。

（四）HACCP 应用流程

1. 风险分析

风险分析被认为是 HACCP 计划的基础。危害分析过程包括食品所有潜在危害的识别和其发生的可能性。根据危害的来源，食品生产企业 HACCP 体系将食品危害分为：微生物危害、化学危害和物理危害。

微生物危害包括病原体和微生物毒素，可以引起人类食源性疾病。乳制品中的布鲁氏菌、肉毒梭菌、单核细胞增生李斯特菌、沙门菌、大肠埃希菌 O157:H7、小肠结肠炎耶尔森菌、空肠弯曲菌、金黄色葡萄球菌、毒素和寄生虫被认为是微生物危害。潜在的化学危害包括自然生产过程中产生或加工过程中人为添加的化学污染物。食品加工过程中自然产生的但必须除去的任何物体或材料，或者在食品处理过程中不小心引入产品的异物（如金属、玻璃、硬塑料），被定义为物理危害。

危害识别的下一步是危害分析。危害分析包括识别工艺流程中哪些步骤会对最终产品的安全性造成风险。通过消除，避免或限制上述危害可保证食品卫生质量和消费者安全。

在微生物危害的识别过程中，记录能引起人类食源性疾病的所有潜在病原体或毒素微生物是重要的。公共监管机构定期发布的流行病学概述是不同产品进行危害分析的重要参考。菲达奶酪生产过程中应评估原料中存在上述危害因素的可能性。原料乳中常见病原体如表5-3所示。

表5-3 原料乳中常见病原微生物

微生物拉丁文名	对应中文名
Mycobacterium spp（*Mycobacterium bovis*，*M. tuberculosis*）	分枝杆菌属：牛分枝杆菌，结核分枝杆菌
Brucella abortus	流产布鲁氏菌
Salmonella spp.	沙门菌
Listeria monocytogenes	单核细胞增生李斯特菌
Bacillus anthracis	炭疽芽孢杆菌
Yersinia enterocolitica	小肠结肠炎耶尔森氏菌
Shigella spp.	志贺菌
Escherichia coli（enteropathogenic）	致病性大肠埃希菌
E. coli O157：H7（verotoxigenic，enterohaemorragic）	大肠埃希菌O157:H7（Vero细胞毒素，肠出血性）
Streptococcus pyogenes	化脓链球菌
Campylobacter jejuni	空肠弯曲杆菌
Staphylococcus aureus	金黄色葡萄球菌
Clostridium botulinum	肉毒梭状杆菌
Bacillus cereus	蜡状芽孢杆菌
Clostridium perfringens	产气荚膜梭菌
Coxiella burnetii	贝氏柯克斯体
Pseudomonas aeruginosa	铜绿假单胞菌
Vibrio spp.	弧菌
Aeromonas hydrophila	嗜水气单胞菌

接着，确定上述病原体如何对菲达奶酪生产过程产生影响。最后，HACCP小组应明确加工过程中每种病原体或毒素的危害和污染是如何发生的。菲达奶酪的危害分析步骤如表5-4所示。

表 5-4　菲达奶酪的危害分析、危害识别和控制措施

配料&加工步骤	潜在危害	来源和后果	危害是否能被解决	控制措施
原料乳接收	M：病原体（如：单核细胞增生李斯特菌，大肠埃希菌，金黄色葡萄球菌，沙门菌，分支杆菌，流产布鲁氏菌，小肠结肠炎耶尔森氏菌，贝氏柯克斯体）和病毒 C：抗生素，激素，毒素，重金属，消毒剂，添加剂 P：金属，玻璃碴，外来物	来自：不健康动物，农场环境，原料乳容器和不适当的冷藏条件 后果：公众健康危害，食源性疾病和食物中毒	是	原料乳接收过程中良好操作规范（GMP） 低储藏温度 适当的热处理（巴氏杀菌） 农民和动物记录，原料检测，GMPs 离心过滤分离
发酵剂	M：发酵剂污染	发酵异常	是	发酵剂检测和GHPs
凝乳酶	M：微生物二次污染	发酵异常食源性疾病	否	凝乳酶检测，凝乳酶接收记录
盐	M：微生物（病原体或腐败嗜冷菌） C：元素残留（铜，铁，铅）	影响微生物生长，酶活性和生化反应	是	卤水巴氏杀菌，卤水接收记录
巴氏杀菌	M：耐热芽孢和毒素（热处理不足下残存的病原体）	原料乳中存在耐热芽孢或毒素	是	农民和动物记录，原料检测，GMPs 温度控制和记录 干酪成熟
巴杀后加工工序	M：病原体的污染 P：外来物，灰尘	环境卫生差，来源：员工，设备器具	是	GMP，先决方案
成熟	M：污染物，昆虫 C：霉菌毒素 P：外来物，灰尘	不适当的成熟，成品腐败	是	GMP，温度控制和记录，pH 值

注：M：微生物性危害；C：化学性危害；P：物理性危害

（1）原料乳收集

①微生物风险：绵羊奶和山羊奶是制造菲达乳酪的主要和基本成分，

其微生物数量和质量安全决定着成品的品质。而羊奶由于营养丰富，是许多病原微生物的优良培养基。乳品行业只收集健康动物的原料乳，因为不健康动物提供的原料乳常含有致病性微生物如单核细胞增生李斯特菌或其他微生物，会引起原料乳的腐坏变质。

分枝杆菌属牛分枝杆菌和结核分枝杆菌，都是致病菌。分枝杆菌可以被低温巴氏杀菌杀死，但高度污染的原料乳可能需要更高强度的热处理。副结核分枝杆菌可能与克罗恩病相关（溃疡性结肠炎）。

布鲁氏菌属羊种布鲁氏菌和流产布鲁氏菌可以引起类似马耳他热的疾病，由经污染的食品尤其是乳制品感染人类。布鲁氏菌可经巴氏杀菌杀灭，可以在菲达奶酪成熟的酸性环境中存活长达一个月的时间。

沙门菌可经巴氏杀菌杀灭，要特别注意原料乳巴氏杀菌后的二次污染，采用良好卫生规范可以有效降低污染风险。

单核细胞增生李斯特菌在 5℃的低温下仍可生长，具有一定的耐热性，可经巴氏杀菌杀灭。菲达奶酪成熟前 10～14 天，单核细胞增生李斯特菌会大量生长而后缓慢降低。乳制品污染单核细胞增生李斯特菌曾出现过多次爆发。

致病性大肠埃希菌在食品中的数量达到 10^7～10^8cfu/g 就会引起食物中毒，一般低温巴氏杀菌即可杀灭原料乳中的致病性大肠埃希菌。

金黄色葡萄球菌在食品中的数量达到 10^5cfu/g 时会产生耐热性的葡萄球菌内毒素，从而引起食物中毒。巴氏杀菌可以杀灭菌体但不足以破坏葡萄球菌内毒素。

小肠结肠炎耶尔森氏菌是嗜冷致病菌，可以在 4℃下生长。菲达奶酪中，根据初始菌数和产品酸度，小肠结肠炎耶尔森氏菌可以存活 5～30 天。

贝氏柯克斯体污染较严重时，不能被低温巴氏杀菌（63℃，30 分钟）有效杀灭，但能被高温巴氏杀菌（72℃，15 秒）有效杀灭。

此外，原料乳中还存在一些不常见的具有潜在的致病微生物，但它们一般在菲达奶酪制造过程（热处理、成熟、酸度、冷藏）中被抑制或杀灭。另外，实施良好生产规范（GMP）可消除各种致病微生物污染原料乳的可能性风险。

②化学性风险：原料乳中潜在的化学危害包括抗生素、杀虫剂、清洁剂和消毒剂、重金属和毒素。由于某些化学物（抗生素）的存在会抑制奶酪生产中的微生物活性，原料乳收购时要在收集点测试化学性污染。另一个乳品行业的潜在化学性危害是霉菌毒素，通常与劣质动物饲料有关。霉菌尤其是黄曲霉生长会产生耐热性黄曲霉毒素，可通过动物污染原料乳。

（2）巴氏杀菌：巴氏杀菌主要用于杀灭或灭活原料乳中的病原体。巴氏杀菌可以杀灭热敏性的病毒，但不足以破坏微生物芽孢（蜡状芽孢杆菌或产气荚膜梭状芽孢杆菌）和耐热性毒素（金黄色葡萄球菌内毒素）。原料乳中的贝氏柯克斯体和结核分枝杆菌具有最强的耐热性。

（3）巴氏杀菌后处理：良好生产质量管理规范（GMP）的实施可避免原料乳巴氏杀菌后的二次污染。二次污染微生物危害来自可能包含微生物的盐、凝乳酶或其他物质，也可能是设备和人员。巴氏杀菌奶在加工过程中污染的微生物通常是大肠埃希菌、假单胞菌属、无色杆菌、变形杆菌、霉菌和酵母。卫生条件差的生产过程中也可能污染病原菌，如沙门菌、志贺菌、葡萄球菌等。

食盐的质量卫生情况也要引起重视。固体盐应该除去有害微生物，而盐水通常要经过灭菌处理。所用食盐中不溶物含量不应超过 0.03%，铜，铁，铅的最大限量分别不超过 0.002%、0.01% 和 0.0005%。

2. 确定关键控制点

关键控制点（CCP）定义通过对该关键流程、工序和作业点的控制，可阻止、排除或减少危害到可接受水平。CCP 控制的缺失则会导致将不安全食品提供给消费者。危害分析过程中鉴定评估的所有危害都必须在产品从原料到成品运输加工过程中的特定工序进行监控。

CCP 的确定通常是建立在判别树基础之上的。在判别树中每个危害分析中都有一系列的问题需要回答，如表 5-5 所示。

表 5-5 菲达干酪加工工艺中关键控制点的确定

加工步骤	潜在危害	Q1	Q2	Q3	Q4	CCP
原料乳接收	M：病原体和病毒					
	C：抗生素，激素，毒素，重金属，消毒剂，添加剂	是	是	是	否	CCP1
	P：金属，玻璃碴，外来物	是	否	是	是（离心过滤）	—
巴氏杀菌	M：耐热芽孢和毒素（热处理不足下残存的病原体）	是	是	—	—	CCP2
添加乳酸菌，凝乳酶，CaCl₂	M：微生物生污染	是	否	是	是/成熟	—
凝乳加工	M：微生物生污染	是	否	是	是/成熟	—
盐渍	M：微生物生污染	是	否	是	是/成熟	—
成熟	M：微生物生污染	是	是	—	—	CCP3

Q1：是否存在已识别危害的控制措施？（否，非 CCP；是，Q2）
Q2：是否为专门降低危害至可接受水平而设置？（否，Q3；是，CCP）
Q3：已知危害是否会超出可接受水平？或是否会增加到不可接受水平？（否，CCP；是，Q4）
Q4：是否存在后续步骤可排除此危害或将危害降低至可接受水平？（否，CCP；是，非 CCP）
注：M：微生物性危害；C：化学性危害；P：物理性危害

3. 确定关键限值

关键限值的确定需要不同的信息来源和科学知识，主要参考资源来自于科学文献、政府和联邦法规或专业科学家。

为了确定关键限值，每个 CCP 的关键因素或参数的上下限量应该被测定，一旦超出限量范围则代表产品危险和不安全。一个关键因素的失控就可能导致食品安全风险。食品安全要求影响每个 CCP 的几个因素都应该得到严格控制。根据不同的类别可将关键限值分为三种：①微生物危害的临界限值；②化学危害的临界限值；③物理性危害的临界限值。

微生物关键限值的确定必须基于微生物的风险分析。然而，传统培养技术由于耗时较长已不能满足实时进行危害控制的要求。此外，致病菌含量较少时很难通过传统技术进行识别，同时广泛地检测会大大增加成本。

因此，通过测量微生物的物理或化学特性来指示微生物的分析方法正在代替传统的微生物分析方法。菲达奶酪中 CCP 的关键限值如下。

（1）原料乳收购（CCP1）：原料乳必须检测①酸度（pH 值）在 6.65～6.45 之间；②抗生素检测；③温度（<4℃）；4）细菌总数≤10^6 cfu/ml 原料乳。

（2）巴氏杀菌（CCP2）：热处理条件为 68℃，10 分钟。巴氏杀菌结束后测定细菌总数。

（3）成熟（CCP3）：预成熟条件为 17～18℃，5～15 天。预成熟结束后，产品 pH 值应在 4.6～4.7。成熟条件：4℃下，至少放置 2 个月。成品的微生物含量标准，则依据相关法律要求。

4. 建立监控程序

监控是指为了评估 CCP 是否在控制中而采取的一系列观测手段并生成记录以备验证使用。理想中的 CCP 监控应该是不间断的，不可能实现时，监控频率的确定应具有统计学意义。

监控程序必须保证对 CCP 的绝对控制，应该包含具体的观测方法或测量技术。前者基于对产品质量的定性表述，后者则基于对产品的定量表述。选择定性还是定量的监控手段则取决于确定关键限值的方法、耗时情况和成本。高效的测量技术需要适当的测量设备、合格的人员和足够的数据记录程序。

（1）原料乳收购（CCP1）：原料乳收购过程中每个容器中的原料乳应分别进行检测和数据记录：①原料乳编码和农场编码；②温度和 pH 值；③比重；④脂肪含量；⑤非脂肪固形物含量；⑥抗生素；⑦贮藏时间；⑧掺假；⑨定期的细菌和大肠菌群计数；⑩定期的病原体检测。

（2）巴氏杀菌（CCP2）：巴氏杀菌过程应记录的数据：①加热温度；②热处理时间；③碱式磷酸酶活力；④过氧化物歧化酶活力；⑤定期的细菌和大肠菌群数量。

（3）成熟（CCP3）：预成熟第一周末期和 4℃两个月成熟末期的以下数据需进行监控和记录：①成熟温度；②成熟时间；③奶酪 pH 值；

④奶酪水分含量；⑤奶酪脂肪含量；⑥成熟环境的相对湿度；⑦定期的细菌、大肠菌群和病原体检测。

（4）除了上述的一些 CCP 外，还有一系列的检测点需要被监控和记录：①离心机的清洗（每天进行观察监控并定期进行发光测试监控）；②通用设备的清洗，包括热交换设备、原料乳容器、管道和其他在加工过程中使用的设备器具；③清洗后对清洗效果和卫生情况进行检查；④每月对加工用水进行抽样和微生物分析；⑤定期检测发酵剂活力；⑥凝乳酶的微生物分析；⑦食盐生产编号和微生物分析；⑧$CaCl_2$ 和凝乳酶的生产编号；⑨卤水巴氏杀菌温度和时间；⑩桶的编码；⑪乳品厂温度及空气中微生物分析。

5. 建立纠偏机制

HACCP 体系的目的是保证食品的安全生产，识别可能的健康危害和建立消除失控风险的措施。理想的 HACCP 实施计划不包括纠偏措施的制订。然而，当 CCP 的监测结果显示失控时，必须采取纠偏措施控制风险，防止消费者消费不健康和有危险的食品。负责纠偏措施的人员必须对 HACCP 计划了如指掌，并对生产过程拥有透彻的了解。

纠偏措施的目的：①在低安全性生产时，对产品提供必要的更正；②纠正引起 CCP 发生偏差的原因，从而确保对 CCP 的控制。每一个纠偏措施都应进行记录并在 HACCP 体系验证程序中对其进行评估。

菲达奶酪 HACCP 计划中，当出现 CCP 失控情况时，应实施下述纠偏措施。

（1）原料乳收购（CCP1）：当原料乳的 pH 值超过关键限值或检测出抗生素时，应进行拒收。原料乳运输过程中温度显著偏离关键限值 4℃ 的应进行标记，并在巴氏杀菌后对其微生物数量进行检测。

（2）巴氏杀菌（CCP2）：当巴氏杀菌温度和时间比值偏离预期值或碱性磷酸酶活性未被灭活时，必须再次进行热处理。此外，必须对导致偏离产生的原因（设备维护不当）进行确定。

（3）成熟（CCP3）：当监控程序中某些参数，如 pH 值和温度偏离关键限值时，必须对产品进行微生物的安全性评价。若成熟温度进行了调整，必要时成熟时间可适当延长。最后，对产品进行全面的感官检测，若感官检测和微生物分析显示存在威胁消费者健康的风险，则食品必须废弃。

6. 建立文档保存和记录程序

建立有效的文档保存和记录程序是实施和维护 HACCP 计划的基础。HACCP 计划第六原理（即建立文档保存和记录程序）提供的计划实施文件，可供内部或外部审核。这些文件应被归档，并保存至特定的时限可供查阅。记录保存应包括关键控制点的化学、物理和微生物监测试验的所有文件，关键限值偏离的发生和所采取纠偏措施的所有记录文件。

HACCP 体系的文件应包括：

（1）文件名称和日期；

（2）产品描述（编码、生产日期、净重）；

（3）所用配料和设备；

（4）加工工艺；

（5）关键限值；

（6）纠偏行为的责任人；

（7）员工和监管人员的签名。

HACCP 体系记录中需要首要关注的是原材料记录、CCP 记录、关键限值记录、CCP 监控记录、关键限值偏差和采取纠偏措施记录。重要文件还包括包装和库存记录，确认和验证文件和描述 HACCP 体系的相关文件。

7. 建立验证程序

验证程序是有效 HACCP 计划实施的必要基础。验证程序的目的首先是确保 HACCP 项目完全依照 HACCP 计划的规定进行；其次是验证 HACCP 体系行之有效。验证程序包括各种方法和活动，如程序监控、记录检查、随机抽样和分析最终产品、原材料或中间产品。验证程序可能包括：

（1）检查先决项目的应用情况；

（2）HACCP 计划的确认；

（3）CCP 关键限值维持的验证；

（4）关键限值发生偏离时纠偏行为的验证；

（5）文档保存和记录程序的验证；

（6）对生产过程的现场检验；

（7）审计报告。

HACCP 小组负责验证程序和活动的开发、建立和执行并制定进度表。验证程序由合格的专业人员（或外部顾问）执行。此外，相关政府机构对行业 HACCP 计划有效实施负有定期进行外部验证的监管责任。

第六节　食品溯源制度

一、概述

美国食品及农产品质量追溯制度，涉及农产品生产、包装加工和运输销售三个环节，每个环节的追溯要求是通过不同的规程和制度来体现的。在农产品生产环节，通过推行良好农业规范（Good Agricultural Practices，GAP）管理体系实现对农产品生产全过程的质量管理，同时在种子处理、土壤消毒、栽培方式、灌溉施肥、施药收获等环节获取追溯所要求的关键信息。在农产品包装加工环节，通过推行《良好生产操作规范》以及《危害分析及关键点控制食品安全认证体系》实现产品的可追溯化。法律要求所有包装加工企业必须建立追溯制度，包括前追溯制度和后追溯制度。前追溯制度是要求加工包装企业要对产品加工包装信息进行记录。后追溯制度是要求产品接受企业要对接受产品的信息进行记录，并利用条码标识技术将追溯信息与产品批次准确对应。在农产品运输销售环节，法律要求运输企业、批发商和零售商之间通过各自建立相应的承接产品信息记录，实现食品供应可追溯。总之，美国的法律对食品生产、运输、销售过程中承担不同角色的企业，都要求做好信息记录和交换的要求，形成了美国农产品追溯制度的完整链。如果任何一个生产环节出了问题，都可追溯到上一个环节，切实保证了产品的可追溯性。

二、动物标识系统

2003 年美国动物卫生协会（USAHAH）会议上通过了美国动植物卫生检验局（APHIS）构建的动物标识系统。该工作最初由 8 人组成指导委员会，现已发展到由 70 个机构和 100 多人组成的专家队伍。2004 年美国正式启动了国家动物标识系统（National Animal Identification System，NAIS）。NAIS 是美国农业部国家动物卫生检测项目的一部分，是美国农业部动植物卫生检验局为追溯动物从出栏到屠宰签发的一项州–联邦–加工厂的合作项目。NAIS 开发目的：①可使州和联邦的动物卫生官员在疾病发生并确诊后 48 小时内，对暴露和感染的动物具有追溯的能力，并能鉴定内部疾病与动物外来病；②确保州间和州内动物转移的健康证明，让州和联邦动物卫生官员能迅速了解动物的卫生状况；③对动物的有关疾病可迅速追溯；④能对直接接触外来动物病或相关动物病 48 小时内的动物进行追溯。具体施加动物标识时，由每个州专门的施加标识站执行。而运行动物标识追溯体系时，由州和地区政府、联邦中介、生产商以及非生产性参与者共同承担管理。并明确生产商、交易者、屠宰场、标识物制造商、标识物主管、标识物发行人、加标场、加标服务部门的职责，各有关单位和人员根据各自职责，共同完成动物标识的加施、管理和信息记录等工作。

NAIS 号召使用标准的动物识别号码（AINs），即以美国国家代号（840）开头并与动物标签 ISO 11784 和 11785 RFID 标准相符的 15 位的身份号码。美国农业部会将 AINs 授权给指定标签制造厂商并保存有关

AINs 的相关记录。家畜养殖者向授权标签制造商购买相应标签时，卖方必须进行买方农场身份号码的验证。只有农场号经核实有效后，才能进行 AINs 标签的购买。标签制造商运输销售经过允许的耳上标签或者印入、嵌入 AIN 里的可注入式收发机时，公司需要报告其 AINs、标签种类、运输日期以及接收标签的生产商的农场号码，送给经销商时，则为非生产商参与者的号码。

若标签是经销商分发的，经销商负责向 AINs 管理系统报告分发记录。美国农业部保存有 AINs 流向的完整列表。有必要调查生病的动物或者受感染的肉类时，可以有效帮助美国农业部确定动物的出生地和首次添加标签的位置。标签制造商则保留有销售的 AINs 无线射频识别技术（RFID）标签记录：当动物健康部门发现处于病危或对公众健康构成健康威胁的动物时，会查看动物身份标识，联系标签制造商以确认动物来源的农场。

此外，美国农业部会与主要的动物跟踪信息技术公司（如农业信息联合公司和微牛肉技术公司），共同开发动物跟踪处理系统（ATPS）。美国农业部可以通过 ATPS 直接进入到特定公司找到特定动物四方面的信息：动物身份号码、农场号码、无线射频识别技术标签的日期和事件读数。

但由于涉及个人隐私和企业商业秘密，不少农产品生产企业并不喜欢政府监管其生产行为和涉及财务支出方面的信息，对完整记录生产信息所产生的成本也表示难以接受，为此《生物反恐法案》作了让步：其中有关强制追溯的计划变成了自愿执行。但在州与州之间移动的牲畜要求强制追溯，相关信息以什么形式进行记录与传输，则按照各州的要求执行，但联邦政府有权提取相关记录进行检查。

三、食品追溯体系的建立

2011 年通过的美国《FDA 食品安全现代化法案》明确提出：FDA 在听取农业部和州卫生、农业代表意见之后，与食品行业合作制定一个试点项目，促进食品接收者迅速、有效地识别和缓解食源性疾病和其他危险。在 FSMA 法案的第 204 节，对食品行业建立食品档案和追溯制度提出了具体详实的要求，具有很强的可操作性。应该说新的 FSMA 法案在建立质量追溯制度方面再次提出了较高的要求。

食品溯源是在供应链中向前或向后追踪食品（或其成分）的能力。食品召回过程中，知道产品来自何处，去向何处是非常重要的，可以明确所有食品的分销情况，快速召回被分销各地的受污染的食品，从而尽可能避免消费者因消费缺陷食品而发病。

食品企业建立可追溯系统主要是为了提高产品的供给侧管理和构建低成本分销系统，除非可追溯系统可实现与配送系统或库存控制系统的实时连通，否则只追踪产品所处供应链的环节对改善产品的供给侧管理没有任何帮助。可追溯制度基础是每个产品从生产到交货或者销售点过程中的信息采集。食品企业普遍采用电子可追溯性系统（"信息追踪"）来跟踪产品的生产、采购、库存和销售，从而更有效地进行资源管理。美国最大的食品零售商沃尔玛期望其排名前 100 的供应商运输产品过程中使用无线射频识别技术（RFID），从而实现产品的可追溯。

可追溯系统有助于企业最大限度地减少不安全或质量差产品的生产和分配，从而尽可能降低对企业的负面影响和产品召回发生的概率。此外，国内和出口客户为了保护他们投资的"自有品牌"，也会要求他们的供应商追踪食品产地来源。以使用超市会员卡的消费者为例，如果企业发现消费者可能购买了疑似有问题的牛肉，则可以通过追溯体系追踪到该消费者，从而对该消费者进行警告提醒并实现对目标产品的及时召回。这样肉制品加工企业可以最大限度地降低产品召回成本，增强客户和消费者对公司的品牌信心。

以美国华盛顿州最大的苹果承运商之一的 Washington Fruit & Produce 公司为例，该公司每天从果园储存箱中将水果按照大小、形状、颜色和质量标准进行分级包装后放入运输箱里，经过运输，水果在世界各地的市场进行售卖。在没有使用托盘条码标签和仓储管理系统时，公司基于纸面单据的仓储管理系统，导致很多手写单据难以辨认，托盘会经常运错地方，而公司储备的苹果常常达到 25 万箱，想要追溯到仓库里具体的每一箱存货十分困难。此外，为了有效管理库存和控制物流作业，经常要耗费大量时间进行每天"盘点"，员工效率也很低。

采用托盘条码标签和仓储管理系统后，苹果从果园被装在大型木条板箱里被运往配送中心后经叉车将箱子叉起放在输送带上，箱子被浸放在水中，此时苹果会浮在水面，进行消毒、清洗、上蜡以及分级和挑拣。随后，苹果送往包装区进行装箱。货箱装满后，工作人员在箱子上做上标记，贴上全球贸易标识代码（GTIN）和物流中心内部编码，GTIN 可清晰记录所有必要的信息用于食品追溯。

装满苹果的货箱经自动捆扎后，被送到由机器人操作的托盘区。输送系统根据每箱苹果的大小和等级将其送到正确的机器人处。机器人在进行最后的收缩裹膜包装之前将箱子整齐地码放在托盘上。工作人员利用手持扫描设备识别托盘上的条码并生成托盘标签，用于库存管理。PM4i 手持设备打印出客户条码标签，便于叉车司机进行扫描。托盘标签储存了每个托盘上的各个箱子的所有编码。然后叉车叉起托盘将其放置在库房，等待装运。装运时，工作人员使用 PM4i 打印机网络和客户标签给每个托盘打印标签，利用车载计算机及扫描器协助完成托盘装上货车。

第七节　投诉举报制度

一、概述

美国的消费者投诉机制不断完善，不仅联邦、州和地方各级政府机构主要职能部门设有 24 小时投诉热线电话和投诉网页，而且各种保护消费者权益组织、众多民间或行业团体、新闻媒体随时随地进行舆论监督，形成了一套完整的立法、执法和监督机制。政府机构如联邦贸易委员会，拥有受理投诉、进行调查、实施处罚和必要时应用法律程序的权力。民间组织如美国消费者联盟，通常为消费者提供诸如法律咨询和消费指南的信息服务，并向政府机构提出意见和建议。政府机构与民间组织合作，将触角延伸到社会、经济的各个角落，为消费者提供了有力的支持与保护。

二、受理食品安全投诉举报机构

（一）联邦、州政府机构

美国联邦政府设立的 FDA 负责全国药品、食品、生物制品、化妆品、医疗器械以及诊断用品等的管理，因此接受非肉类食品产品（如谷类、鱼类、农产品、果汁、乳酪等）方面的食品安全投诉，可致电或写信给 FDA，致电美国卫生与公共服务部，联系 FDA 食品安全和应用营养中心或消费者投诉协调人，这些机构的处罚手段包括罚款、向媒体曝光和公布召回缺陷食品等，必要时通过法律程序严惩违法产品的生产者和销售者。

美国农业部下属的 FSIS 主要负责保证美国国内生产和进口消费的肉

类、禽肉及蛋类产品供给的安全，因此只接受对肉类、家禽和加工蛋制品方面的食品安全投诉举报，可致电或在线投诉举报。为了便于 USDA 调查肉类、家禽和蛋制品问题，其官网 http//www.fsis.usda.gov/reportproblem 要求投诉人员必须持有：原始的容器或包装；产品中发现的任何异物；食品的任何不可食用部分（将其冷藏或冷冻）；此外需要告诉热线人员以下信息：名称、地址和电话号码；品牌名称、产品名称和产品制造商；尺寸和包装类型；罐头或包装代码（不是 UPC 条码）和日期；通常可在"经过 USDA 检验"语句附件的圆圈或牌子上找到企业编号（EST）；商店名称和地点，以及购买产品的日期；如果不选择向 USDA 正式投诉，可以向商店或产品制造商投诉。

美国烟酒征税及贸易局的部分责任是保证美国市场上酒类产品的消费安全，因此鼓励投诉。其官方网站称，作为一名消费者，有权利和责任向其报告所发现的消费隐患。投诉主要涉及产品质量，如过期、味道不正、酒精度低于标示及发现不明物体。如果投诉，消费者可在该局的帮助下与卖方取得联系，然后联系第三方，再寻求解决争端。如果怀疑买了假酒或喝了假酒，消费者可与生产商、联邦贸易委员会或美国食品药品管理局联系。该局专门设有热线投诉电话及网址。

美国各城市、县或州的公共卫生部负责餐馆食品安全方面的投诉举报问题。

（二）协会机构

食品饮料和消费品制造商协会（Grocery Manufacturers Association，GMA）成立于 1908 年，目前有 300 多家会员，有的会员已有超过 100 年的会员史，成员中不乏世界 100 强公司，主要代表成员有可口可乐、雀巢、百事、宝洁、卡夫食品、联合利华等。食品饮料和消费品制造商协会设有政府事务、业界事务、科学与法规事务等三个委员会。除常规服务项目外，食品饮料和消费品制造商协会还为会员提供收费法律服务，如非诉讼类消费者投诉处理服务、诉讼类消费者投诉处理服务、供司法鉴定用实验室检测服务等。

（三）通报食品登记网

除了政府监管和消费者投诉外，美国还建立了食品厂商自查和互相监督机制。例如食品药品管理局设有一个"通报食品登记网"，这是一个为食品工业服务的电子追踪系统。食品各个环节的责任方可以自查或者监督同业者，然后将需通报的信息报告给该网站，以便追踪有缺陷食品的走向。联邦、州和当地公共卫生官员也可以向该网站通报他们所了解到的有缺陷食品的信息。法律规定，责任方必须在发现问题的 24 小时之内向"通报食品登记网"提交报告，有缺陷食品隐瞒不报者将被追究刑事责任。该网站对于所有用户提交的所有资料保密。

三、食品安全投诉举报途径

消费者如想投诉，通过电话、信件、电子邮件或亲自上门都可以。从事消费者权益保护工作的机构或组织都有自己的网站，上面有办公地点、联系方式甚至接洽者姓名。不管事情大小，投诉都会得到受理。同时，美国企业和商家本身一般也设有专门为消费者服务的"窗口"，如电话、电子邮箱、接待处等，他们情愿自己接待投诉者并为他们解决问题，以免消费者投诉到有关机构或组织引起大麻烦。

四、食品安全公益诉讼

为了保障公众能够更有效的参与食品安全监管，政府鼓励公众在食品安全领域提起公益诉讼，美国成文法中明确规定原告只要发生实际损害或损害的可能而不需要发生直接损害，就可以提起诉讼，而在判例法中也有食品公益诉讼的案例。在消费者和食品企业的诉讼中，采取保护消费者的原则，食品安全的违法者不仅要承担对受害者的民事赔偿责任和巨额的罚款，而且要受到行政甚至刑事制裁。提起人胜诉后除了要求支付诉讼费用和损害赔偿之外，原告还可以获得惩罚性罚款20%左右的奖励，同时对于处于弱势地位的消费者设置集团诉讼，这对食品安全领域公益诉讼的发展起到了一定的作用。同时，如果公众对于政府的决策有异议时，可以通过集团诉讼的方式将政府推上法庭。

第八节　启示

一、美国缺陷食品召回制度启示

早在 2007 年，国家质量监督检验检疫总局就发布了《食品召回管理规定》，由于当时制定依据是《中华人民共和国产品质量法》和《中华人民共和国食品卫生法》，更侧重于生产加工环节的产品召回。随着《中华人民共和国食品安全法》（以下简称《食品安全法》）的施行和 2013 年国家食品药品监督管理总局的设立，我国食品生产经营环节的安全监管职能逐步整合到了国家食品药品监督管理总局。2015 年 3 月 11 日，国家食品药品监督管理总局公布了《食品召回管理办法》，并于 2015 年 9 月 1 日起开始施行，召回主管部门为食品药品监督管理部门。

虽然《食品安全法》第六十三条以法律的形式明确国家确立食品召回制度，《食品召回管理办法》也对食品召回作出了比较详细的规定，但我国缺陷食品召回制度由于尚执行不久，与美国相比其中还存在许多有待完善和改进的地方。

（一）食品召回相关法规有待完善

虽然《食品安全法》以法律的形式对食品召回监管部门、食品药品监督管理部门进行了授权，但国家食品药品监督管理总局发布的《食品召回管理办法》尚缺少食品召回的实施细则和司法解释，而食品召回过程中的法律程序也有待完善，以便在具体实施召回时做到有法可依、有法必依、执法必严、违法必究，使食品召回法律法规最终形成权威的、科学的、具有可操作性的法律法规体系。

（二）缺陷食品召回需全领域覆盖

现行《食品召回管理办法》中食品召回的主管部门为食品药品监督管理部门，主要针对的是食品生产、流通、餐饮、消费环节的食品召回。但我国农产品的质量安全监督管理是由农业行政部门负责的，《食品召回管理办法》中并未对缺陷农产品的召回进行规定。而美国的缺陷食品召回虽然也由 FSIS 和 FDA 两个部门负责，但缺陷食品的召回制度流程是统一的，只是其中肉类、家禽及带壳蛋制品的食品召回归 FSIS 负责，其余食品归 FDA 负责，两者的权责界限清晰明确，又能与各自的监管职能有机统一。这方面，我国需加快完善。

（三）建立权威的食品召回技术支撑体系

1. 专业风险评估机构

在缺陷食品的召回分级方面，我国与美国均依照缺陷食品的风险严重程度分成三个等级。但从《食品召回管理办法》的具体规定可以看出，我国是由企业作为食品安全危害的调查人和评估人，政府相关部门在食品的风险调查和评估上仅作进一步的确定。而美国食品召回的风险调查和评估是由专门的政府机构［如 FSIS 的健康危害评估委员会（Health Hazard Evaluatio Board，HHEB）］以及 FDA 的中心召回单位（Center Recall Unit，CRU）负责，可以利用公共资源为评估提供大量的专业人员和技术设备。政府机构在食品安全风险评估中处于中立地位，更能确保评估的准确性和权威性。因此，鉴于企业主导评估的缺陷，对于食品危害的调查和评估，建议在我国的各级食品安全委员会下设立专门的机构来负责。

2. 食品安全标准不统一

我国已经意识到了我国食品安全国家标准不统一的问题，并在《食品安全法》第三章对其进行了规定，逐步形成统一的国家标准，避免不同行业标准之间互相矛盾的局面。但《食品安全法》第二十九条还规定了没有国家标准的，可以制定地方标准，没有国家标准或者地方标准的，应当制定企业标准，由此可以看出我国实行的是地方标准优先行业标准的政策。但由于地方财力、人力、物力有限，地方标准大都是照搬国家标准，而且各地制定的标准往往具有差异性，这样则会导致食品企业生产经营的同一类食品在甲地符合相关标准，但是在乙地或者丙地则因为违反其地方标准而要遭到召回的情况出现，这些情况的出现不仅会导致食品企业无所适从，还将会引发食品经营市场秩序和政府部门对食品安全监管的混乱。而在美国施行的是行业协会标准优先的政策，在食品安全标准上是根据食品的分类来确定标准的制定机构及其具体的标准的，这与美国的食品行业协会规模大，拥有大量的专业人才和雄厚的经济技术支撑有关。我国的食品企业规模大都比较小，经济实力不强，食品安全专业人才匮乏。因此，我国的食品安全标准也不适合推行企业标准优先的政策。所以，在没有食品安全国家标准时，我们可以借鉴美国做法，优先重视食品行业协会对食品标准的制订权，这样既可以节省地方政府的财力、人力、物力，又可以对全国范围内同种食品的安全标准进行统一。

（四）建立具有吸引力的鼓励措施和有威慑力的惩处机制

我国《食品安全法》和《食品召回管理办法》均提出鼓励食品生产企业自律，主动召回缺陷食品。但并没有规定详细的鼓励措施，对企业来说主动召回与被动召回并没有显著的区别，而且企业信誉都会受损。再者参照《食品召回管理办法》的规定对拒绝召回食品企业的处罚最高罚款仅为三万元，与采取召回所需的高昂花费相比，罚款金额完全不具有威慑力。而美国的食品召回制度中，法律对企业设置了鼓励与惩罚机制，鼓励机制：简化召回程序、不发布召回新闻稿、不对企业进行曝光；惩罚机制：如果企业拒绝召回缺陷食品，相关部门可以对其采取如下法律措施：不同程度和范围的警告、对企业的食品问题进行曝光、对企业下强制性禁令、扣押、查封或没收缺陷食品、对企业施以巨额惩罚性罚款（无上限）以及提起刑事诉讼等，而且这些措施相互兼容，可以合并执行。经过利益权衡，美国企业高度重视对缺陷食品的主动召回，还在内部开展食品召回演练，对员工进行食品安全知识的培训等措施，极大的促进的食品召回制度的顺利实施。

因此，我国的食品召回制度可以借鉴美国的做法，在召回制度中将鼓励机制与惩罚机制二者并用起来，以促进企业对自身的缺陷食品进行主动召回。

（五）构建与食品安全责任相关的社会保险机制

我国的食品企业数量多，而且大多数企业经营规模比较小，资金也比较薄弱，无法应对食品召回所带来的风险，这也是我国食品行业不积极主动实施食品召回的一个原因。因此建议借鉴美国做法，建立食品召回保险责任制度，而且将召回保险设置为强制险，在食品企业设立之初就强制其参与食品召回保险，以便在其一旦发生食品安全事故之时就能及时实施食品召回，最大限度地降低缺陷食品给消费者带来的危害。

二、美国食品溯源制度的启示

我国《食品安全法》第四十二条规定国家建立食品安全全程追溯制度，同时规定食品生产经营者应当建立食品安全追溯体系，保证食品可追溯。这就决定我国目前的食品追溯体系主要是以食品生产企业为主体的，这就导致我国食品溯源制度仍存在诸多缺陷，应采取更多措施加以完善。

（一）建立覆盖全产业链及全国的公共食品安全可追溯平台

食品生产销售的广泛性决定了食品安全可追溯制度是一项全国性的系统工程，其建立运行需要全国性的、专业性的机制具体负责，并采取覆盖全国的统一信息平台，并做到覆盖全程，才能保证有效监管。在美国，其国家动物标识系统基本实现了肉制品的全国范围内的追溯统一。我国《食品安全法》规定食品药品监督管理部门会同国务院农业行政等有关部门建立食品安全全程追溯协作机制，目前我国部分地区或企业也已经开始针对某类食品推出本地食品安全可追溯制度，但这种区域分割、各成一体、品种单一的可追溯制度具有信息不共享、范围过小、难以全程追踪、追溯成本高等不足，对于解决我国食品安全问题既显得杯水车薪，又不利于资源优化配置。此外，我国商务部门也致力于建立肉菜追溯系统试点工作，但是由于其缺乏行政执法的主体性，因此难以发挥应有作用。

因此，由食品安全委员会协调，由食品安全行政执法主体部门牵头，形成专业性机制，负责全国食品安全可追溯制度的建立运行，并做好地方已有追溯制度与新制度的衔接，才能保证真正做到全程可追溯。此外，大力宣传和发挥食品安全可追溯制度作为企业安全信用背书的作用，才能引导企业积极执行可追溯制度的要求。最后，通过积极宣传，鼓励消费者购买有可追溯标识的食品，推进食品安全可追溯制度的实施。

（二）推进形成信息采集技术应用披露机制

以我国目前食品企业情况来看，大规模食品生产企业餐饮、消费环节的可追溯尚不能满足。部分可追溯信息的记录有时是采用书写形式保存的，离信息化的快速查询还有不少的差距。此外，采用何种方式实现可追溯信息的快速自动采集也还有待技术方面的改进，目前常用的不论是条形码、二维码或RFID信息采集技术，在不同食品行业的应用中都或多或少存在一定缺陷。而餐饮、消费环节的可追溯要么尚未启动，要么缺乏系统性。

信息披露是食品安全可追溯制度的核心，是消费者知情与监督的关键。在我国，食品安全可追溯制度信息化建设严重滞后，食品安全信息共享资源平台尚未建立，即使企业可以做到全程追溯，由于可供消费者查询的终端设备成本高昂，由单个企业承担不但可追溯制度运行效率低下，而且大大增加企业的成本，无法实现全覆盖，从而无法实现行之有效的食品安全信息动态追踪体系。

因此，食品安全可追溯制度是一项高度依赖现代信息技术的制度，美国该项制度的成功就在于其对信息技术、信息化平台的开发应用，利用合理的人力、物力成本实现对海量食品安全相关信息的收集、管理与共享。我国应致力于建立食品安全通用可追溯技术和公共信息化平台，在积极借鉴和引进国外先进追溯系统，建设方便多维彩码信息技术等成熟技术和运作模式的基础上，改变过去传统的"人海战术"，提高监管效率，重点稳步推进我国可追溯体系的建设。

（三）加强对进口产品的严格监管

同一品牌产品在其他国家安全，但是进入我国就出现问题，比如雀巢儿童奶粉碘超标，恒天然奶粉检出肉毒杆菌等。究其原因，主要是我国对进口食品采用的安全标准水平低、更新慢以及对进口食品的检验手段滞后。我国食品安全标准采用国际标准和国外先进标准的比例仅为23%；大量食品质量标准、控制食源性危害标准低于 CAC 等国际标准。发达国家食品技术标准的修改周期一般是 3～5 年，而我国有些标准已经实施达 10 年甚至更长。我国对进口食品检验的原则是批批检验，由于该检验原则没有根据进口食品的特点、工艺流程进行科学评价和评估来设置有针对性的检验标准和项目，因此会导致检验的低效率。

因此，我国首先要建立与国际标准相协调的食品安全标准体系，参照国际标准，对我国食品安全标准尽快加以修改。运用有关国际标准，建立进出口食品安全控制体系，逐步形成食品安全的早期预警机制。其次，学习美国对进口食品的监管经验，对进口食品进行安全认证为主的监管制度。使用有资格的第三方，保证国外食品工厂符合我国食品安全标准。将食品安全认证制度融入食品安全可追溯系统，如果国外出口商拒绝食品安全可追溯制度负责机构获得相关信息，可追溯制度负责机构有权拒绝该公司的食品进入我国。

三、执行 HACCP 体系过程中应关注的问题及建议

（1）HACCP 体系是被设计用来认清危害之所在，制定和建立相应控制体系实用工具，是危害控制的预防体系，而不是靠成品的检验来控

制食品的危害。HACCP 体系可以根据实际情况的改变而改变的，是灵活的安全控制体系，如可以根据生产设备，处理过程的改进或技术发展的进步而对体系进行修订。

（2）成功应用 HACCP 需要管理层的承诺和全体员工的努力。它也需要综合多学科的专业知识，包括农艺学、兽医学、生产学、微生物学、药品学、公共卫生学、食品工艺学、环境卫生学、化学和工程学等。实施 HACCP 还应和质量管理体系相结合，如 ISO9000 系列，甚至可以把食品安全体系融合到质量体系中去，成为 ISO9000 体系的一部分。

（3）HACCP 虽然具有全世界公认的总体指南，但由于 HACCP 是一个具体的控制系统，不同的食品行业、不同的食品工厂、不同的食品生产线设备的关键控制点、关键控制限值等也各有差异。这是因为各种危害以及控制这些危害的最好控制点是随工厂的设计、食品的配方、工艺流程、设备设施、原料选择、卫生计划等情况而变化的。所以 HACCP 具体应用到每一个企业时，企业应从自身实际出发，全面衡量原料、工艺、管理、装备、环境、人员等环节，做出企业自己的改造措施，完善食品安全控制体系。

（4）HACCP 是生产（加工）安全食品的一种控制手段，作用于生产工序的过程中，而原料的重金属、农残则需要从源头控制。国家应加大环境保护力度，出台各项具体环保措施，提高社会各界，包括种植户、养殖户的环保意识，整体上提高农产品、农副产品、水产品的质量，才能为加工食品质量安全提供切实保障。

（5）HACCP 必须得到有效实施，任何不正常的运转程序只会使 HACCP 陷于不作为或瘫痪。如一些企业建立并实施 HACCP 管理体系，但没有按照规定有效实施，现场操作人员不知道 CCP 点等。实际操作与制度文件不一样，实际没有按规定操作。在 HACCP 计划中，我们应将危害分析、关键控制点确定、关键控制限量的确定作为 HACCP 的研究阶段；应将每一关键控制点的监测系统的建立和运行，验证程序的建立和运行，记录和文件保存系统的建立和运行作为 HACCP 的应用实施阶段。

（6）HACCP 实施不能完全代替成品检验。HACCP 体系本身不是一个零风险体系，对建立 HACCP 体系的企业，还应对成品进行检验。对成品的检验能在一定程度上验证 HACCP 的实施情况，同时也是产品出厂前的一个监督方法，可根据情况适当调整检验频次。

参考文献

[1] 国外食品接触材料法规、标准以及技术壁垒 [J]. 上海包装，2013，12：58-61.

[2] 葛文杰，董淑兰. 国外农产品质量安全体系对我国的借鉴意义 [J]. 中国农业会计，2011，04：36-38.

[3] 美国运输商的食品可追溯管理 [J]. 物流技术与应用，2011，16（06）：70-71.

[4] 高彦生，宦萍，胡德刚，等. 美国 FDA 食品安全现代化法案解读与评析 [J]. 检验检疫学刊，2011，21（03）：71-76.

[5] 何绮霞. 浅谈美国饲料安全监管体系及启示 [J]. 广东饲料，2011，20（11）：9-12.

[6] 胡玭玭，陈黎红. 美国食品安全现代化法案 [J]. 中国蜂业，2014，65（10）：62-63.

[7] 蒋绚. 集权还是分权：美国食品安全监管纵向权力分配研究与启示 [J]. 华中师范大学学报（人文社会科学版），2015，54（01）：35–45.

[8] 袁园，吴金玉. 实探美国食品及农产品可追溯体系 [J]. 世界农业，2015，09：185–187+195.

[9] 闫碧玮. 国外农产品（食品）质量安全管理实践及其启示 [J]. 世界农业，2015，10：77–82.

[10] 胡国瑞，杨泽慧，王京晶. FSMA 农产品法规对我国农产品出口影响和应对研究 [J]. 中国标准导报，2014，03：52–54.

[11] 王爱兰，蔡玉胜. 国外农产品质量安全源头监管法律法规及其借鉴启示 [J]. 农村经济，2014，01：125–129.

[12] 王东亭，饶秀勤，应义斌. 世界主要农业发达地区农产品追溯体系发展现状 [J]. 农业工程学报，2014，30（08）：236–250.

[13] 张少辉. 浅析中美食品监管法律制度的异同 [J]. 上海食品药品监管情报研究，2014，03：9–15.

[14] 韩永红. 美国食品安全法律治理的新发展及其对我国的启示——以美国《食品安全现代化法》为视角 [J]. 法学评论，2014，32（03）：92–101.

[15] 刘俊敏. 美国的食品安全保障体系及其经验启示 [J]. 理论探索，2008，06：133–136.

[16] 宇辰. 美国推进国家动物标识系统项目 [J]. 中国防伪报道，2008，05：51–52.

[17] 高彦生，蔡光英，宦萍，等. 对美国食品保护计划的解读与评析 [J]. 检验检疫科学，2008，04：66–71.

[18] 杜玉琼，肖嵩. 完善中国食品安全保障体系的思考——基于美国食品安全监管体系的经验探析 [J]. 标准科学，2015，12：68–74.

[19] 黄秀香. 发达国家食品安全可追溯体系对我国的启示 [J]. 福建行政学院学报，2015，06：40–45.

[20] 康莉莹. 美国食品安全监管法律制度的创新及借鉴 [J]. 企业经济，2013，32（03）：189–192.

[21] 赵鹏飞. 美国如何通过法律监管食品企业[J]. 食品安全导刊，2013，11：62–63.

[22] 郭丽娜，邢宇，孙伟. 从美国和我国部分城市食品监管体系看我国的食品安全监管 [J]. 中国科技信息，2012，12：184.

[23] 秦利. 美国食用农产品协会产品质量安全治理的做法和经验 [J]. 世界农业，2012，07：45–47+56.

[24] 刘环，焦阳，张雷，等. 美国食品安全检验局进口产品监控计划 [J]. 中国标准化，2012，06：44–50+58.

[25] 张国庆，张雅莉，商春锋，等. 国外食品监管模式对我国食品监管的启示 [J]. 化工时刊，2012，26（08）：51–57.

[26] 刘娟. 试论食品安全可追溯制度 [D].中国社会科学院研究生院，2014.

[27] 黄亚莉. 美国食品安全监管体系及其对我国的启示 [D]. 陕西师范大学，2014.

［28］隋雨泉. 浅议美国《2009 年食品安全加强法案》［J］. 中国检验检疫，2010，No.34005：39–40.

［29］美国召回可能被沙门菌污染的意大利香肠［J］. 中国家禽，2010，32（06）：61.

［30］郑床木，戚亚梅，白玲，等. 美国农药残留监测体系概况及借鉴［J］. 农药科学与管理，2010，31（11）：5–11.

［31］郑床木，王艳，高山，等. 美国农产品质量安全市场准入实践及启示［J］. 世界农业，2010，08：4–6.

［32］冯国忠，陈娜. 美国食品召回制对我国农村构建食品安全体系的启示［J］. 食品与药品，2005，12：18–21.

［33］陈红华，田志宏. 国内外农产品可追溯系统比较研究［J］. 商场现代化，2007，21：5–6.

［34］冯忠泽，陈思，张梦飞. 发达国家农产品质量安全市场准入的主要措施及启示［J］. 世界农业，2007，12：6–9.

［35］邢文英. 美国的农产品质量安全可追溯制度［J］. 世界农业，2006，04：39–41.

［36］李艳军. 美国农产品物流发展对我国的启示［D］. 河北师范大学，2010.

［37］刘志扬. 美国农产品质量安全的几个保证对策［J］. 农业质量标准，2004，06：39–41.

［38］黄桂花. 美国缺陷食品召回制度研究［D］. 湖南师范大学，2011.

[39] 美国种子产业的管理体制及特点 [J]. 世界农业，1997，07：19–21.

[40] 郑火国. 食品安全可追溯系统研究 [D]. 中国农业科学院，2012.

[41] 曾应华. 我国农产品质量安全保障体系研究 [D]. 湖南农业大学，2007.

[42] 许福才，蒙少东. 发达国家食品供应链可追溯制度对我的启示 [A]. 中国农业产业经济发展协会.全国农产品质量控制与溯源技术交流研讨会论文集 [C]. 中国农业产业经济发展协会：2010：3.

[43] 张蓓. 美国食品召回的现状、特征与机制——以 1995～2014 年 1217 例肉类和家禽产品召回事件为例 [J]. 中国农村经济，2015，11：85–96.

[44] 宁苏. 美国要求食品厂建立可靠的问题食品追溯机制 [N]. 中国医药报，2014–05–26003.

[45] 袁园. 美国食品及农产品可追溯体系建设的启示 [N]. 东方城乡报，2015–12–24B06.

[46] 李文枭. 我国食品安全可追溯体系现状与对策研究 [D]. 华中师范大学，2015.

[47] 美国食品药品管理局网站. http://www.fda.gov/.

[48] 美国农业部网站. http://www.usda.gov.

[49] 食品伙伴网. 食品安全现代化法案（中文版）[EB/OL]. （2011–04–13）

http://www.foodmate.net/law/usa/169136.html.

[50] 中华人民共和国驻美国大使馆经济商务参赞处.美国食品领域行业协会简介 [EB/OL].（2016-03-14）

http://us.mofcom.gov.cn/article/ztdy/201603/20160301274984.shtml

[51] 广东省疾病预防控制中心.2011 年美国单增李斯特菌食源性疾病暴发 [EB/OL]（2011-11-25）

http://www.cdcp.org.cn/gdsjbyfkzzx/lm2yy/201111/2038ba7d32574aa9b8d62455e98cd1cf.shtml

[52] 胡颖廉.国外食品安全治理如何尚德守法:"大棒"和"胡萝卜"并举 [EB/OL].（2014-06-12）

http://www.ce.cn/cysc/sp/info/201406/12/t20140612_2964347.shtml

河南农业大学　崔文明

第六章 | 美国食品安全监管的主要方式与特点

食品安全关乎人民大众的生命健康、社会公众的利益以及国家的稳定，任何国家的执政部门都应该把保障社会公众的饮食安全作为头等大事。在上百年的时间内，为了更好地保护本国的食品卫生和安全，美国坚持不懈地对其法律法规体系进行修改和完善，并采用多种监管方式以更好地保障食品安全。例如建立完善的食品安全检查员制度，采取 FDA 食品安全抽检和社区支持农业模式以及自由的信息发布制度，设立第三方检测机构和制定严厉的处罚制度等，以应对不断变化的食品安全监管形势。

第一节 美国食品安全监管的主要方式

一、食品安全检查员制度

美国及欧盟成员国一直非常重视食品安全检查员制度的建设，每年投入大量资金用于食品安全检查员的培训。2011 年，美国出台了《FDA 食品安全现代化法案》，该法案的出台赋予了食品安全检查员更多的责任和义务。该法案规定："美国食品加工过程中的任何环节都必须接受检查员的监督和检查"。为了对新增的食品安全员进行全面的培训并提高对企业的抽查频率，美国政府在该法案实施后的五年内增加了 14 亿美元的资金投入。作为美国食品安全的卫士，食品安全检查员竭尽全力的对食品生产经营企业进行监督和管理，以更好地保障美国的食品质量安全，同时也督促着企业的食品安全管理水平不断提升。

1. 食品安全检查员的要求

食品安全检查员通常要求具有大学本科学历，并且有过在企业工作多年的经历，具备相关专业知识。新增的食品安全员在上岗前还必须经过半年的培训，并且修完从事该职业所必备的各项法律法规、证照管理、采样化验等 20 门课程。美国 FDA 下属的监管事务办公室（ORA）负责检查员的资质审评和培训工作，ORA 定期地邀请相关领域的专家对检查员进行专业知识培训。为了让检查员了解和学习最新的知识和操作规范，该机构还建立了相对完善的教学平台。一名合格的检查员除了遵循培训过程中的要求，按照 IOM（检查操作手册）中的规定进行相应的检查活动外，还需要有较强的沟通交流能力，从而让实际的检查工作能够在良好的氛围中进行。

美国在资质上对检查员采取的等级管理制度在一定程度上极大地调动了他们加强自身专业知识水平和修养的主观能动性。例如，在美国假如你是一名具有三级药品检查证的检查员，那么你将有资格当选为检查团（PI）中的一员；如果能够成为检查团（PI）中的一员，则证明你是一个具有杰出的专业知识、检查技能和实际操作水平的专家。也正是基于这一点，他们都积极努力争取这一资格，并以成为检查团中的一员而自豪。

2. 对企业的检查

FDA 安全检查员一般从以下四个方面展开对企业的现场检查：

①严格控制和管理食品原材料的质量，其中主要包括原材料入库、堆垛、标记及标签、仓储条件等。②重视验证食品生产工艺过程。FDA检查员需要严格地审查和验证每一个新产品的生产过程，建立起完整的验证体系，对使用多年的生产工艺进行回顾性验证。③食品检查员需要对每道生产工艺过程进行严格检查，检查员可参考标准操作规程（SOP）。④重视对生产记录的审查。企业必须要保留相关的原始记录及整套的批记录，包括原材料的入库、检验、发放和生产工艺过程监控等，以供检查员在企业进行随机抽查。

3. 我国的食品安全检查员制度

目前，我国在食品安全检查员制度方面还处于探索阶段。为了进一步加强对食品相关企业的现场监管和处罚力度，国务院办公厅在《2015年食品安全重点工作安排》中明确指出要探索建立食品安全检查员制度。目前国内有些省份已经出台了相关的政策和制度。例如，云南省和黑龙江省食品药品监督管理局同在2015年出台了食品检查员管理办法，在这些文件中就检查员的具体职责、考核、培训以及如何开展现场检查工作等细节做了明确规定。到目前为止，尽管我国部分地区已经建立起了一支食品生产经营许可审查员队伍，但仍存在许多问题，比如检查员现场发现问题和解决问题的能力还不够，因此有必要对他们加强培训以提高其专业化水平，从而更好地服务于食品生产经营监管工作。

二、FDA 食品安全抽检

在美国的食品安全监管领域，美国农业部（USDA）负责肉类和加工蛋制品的供应，FDA负责其余所有国产食品和进口食品的安全、卫生和准确标识。FDA是世界上最早建立的最大的食品与药物管理机构之一，工作透明，公众参与程度高。由 FDA 所监管的企业包括国内及国外的食品生产企业以及数以万计的超市、餐馆、农场和各个杂货店。而其中的监管执行人数还不到四五千人。

1938 年，美国颁布的《联邦食品药品和化妆品法》中明确规定，未通过 FDA 批准、检验和获得相应报告的产品将被禁止销售。在这部法律中还提出，除了肉类、家禽以外，所有的食品、药品、化妆品等在进出口时必须接受美国 FDA 的检查，并且这些产品必须附有英文说明及可信的标识。FDA 对常规食品安全检查没有一个标准时间，通常是在收到一些食品可能被污染的消息以后才有所行动。因此，对同一种食品或生产厂家的检查频率可能是 3 年一次，也可能一次检查都没有，其主要原因是人员及资金不足。但是在一种新的食品添加剂上市之前，FDA 会对其进行严格的安全性检查，在有足够的证据证明其安全性之前，FDA 将有 6 个月的时间对新产品能否被批准上市做出判决。同时，FDA 规定新产品必须配备合适的安全标签。

2007 年 11 月，由美国 FDA 制定的《食品保护计划》公开发布，并在其中首次提出了美国国家食品供应综合保护战略的三大要素：预防、干预和反应。预防是指 FDA 将与企业和其他利益相关方一起全面审查食品供应的敏感环节，从源头预防食品安全问题的出现。干预是指 FDA 在风险分析的基础上利用统计学抽样方法和先进的风险检测手段重点对食品供应链的高风险环节进行检查。反应是指 FDA 在突发事件发生时和发生后的应急反应能力。不管食品污染的原因是什么，都必须实施快速反应，并与其他联邦部门、州和地方政府部门、企业及消费者进行充分交流，这都将有利于快速解决问题。

1. 食品企业登记

《FDA 食品安全现代化法案》规定所有生产、加工、包装、储藏食品的工厂、仓库或设施必须向 FDA 登记，其中包括企业名称、地址、主要用途、生产时间、食品的类别、与食品贸易有关的商标等，并且需要在登记的时候缴付 500 美元的注册费。

2. 食品企业检查

FDA 首先对食品企业的风险情况，采纳预防控制标准，企业合格历史记录及企业认证情况等方面进行分析评价，进而确定对该企业检查的频率。例如对国内的高风险食品厂房及其他厂房的检查频率至少每 5 年检查 1 次，以后至少每 3 年检查 1 次；对国内非高风险企业，至少每 7 年检查 1 次，此后至少每 5 年检查 1 次；1 年内至少巡视 600 家外国设施；一旦出现拖延、限制、拒绝 FDA 检查的情况，该企业产品将被视为"掺杂食品"，FDA 将会增加抽检次数。FDA 对出口企业会按其产品风险进行不定期抽查。如果有证据说明食品企业产品可能会导致人畜产生严重健康问题甚至死亡，FDA 将有权吊销该食品设施的注册。

三、第三方检测机构

美国农业部食品安全检验局（Food Safety Inspection Service，FSIS）和 FDA 肩负着本国生产及进口食品安全的主要职责。尽管 FSIS 和 FDA 拥有最尖端的检测手段以及实验室能力，但是由于所监管的食品生产企业数目繁多且增长迅速，其增长速度已超过 FSIS 和 FDA 检测资源的承受能力。在这种情况下，第三方检测机构应运而生。第三方认证机构是指经 FDA 或相关审核机构授权可对合格实体实施认证评估的机构，它可以是外国政府部门、国外合作社或者其他第三方组织机构。通过委托第三方检测机构可以促使 FDA 更有效地对现有检测资源进行分配。第三方机构可以是美国联邦部门、地方政府机构或者是国外的政府部门及私营实体。通过第三方机构来对食品生产企业进行检测评估具有很多优点。首先，借助第三方审核有助于消除或减少企业和消费者之间、纵向供应链中供应商和零售商之间存在的信息不对称，有助于提高产品品质和增强消费者的信心。其次，利用第三方机构提供的信息可对受检企业所生产的产品进行更深入的审核，审核时间短，通关快。最后，通过引入第三方审核机制可以使政府监管机构在不需要增加财政支出和人力投入的情况下实现监管职能；另外也可以利用第三方机构的审核报告来确定自己对食品生产企业的检查频率以及重点检查领域。

1. 对第三方认证机构的审核

审核机构是指负责对第三方认证机构进行审核授权的机构，它既可以是国外政府部门也可以是私人第三方机构。在某些情况下也可以由 FDA 直接进行审核授权。为了更好的对第三方认证机构开展审核授权活动，审核机构必需拥有足够数量的人员、一流的专业技能水平以及充足的运营资金。FDA 对第三方审核机构如何开展审核授权工作进行以下规定：首先审核机构必须按照 FDA 有关第三方审核认证的相关标准实施。在结束审核授权后，审核机构应立即将第三方认证机构的基本信息如机构的名称、地址及授权时间等上报 FDA。其次，审核机构每年需对所审核授权的第三方认证机构进行评估。最后，审核机构必须保存 5 年对第三方认证机构开据的授予、拒绝、撤销授权范围等相关材料的电子记录。FDA 会随时对上述材料进行抽查，审核机构必须在 FDA 提出查看资料后的 10 个工作日内提交相关资料。

2. 第三方审核机构的要求及适用范围

FDA 规定第三方认证机构必须具备一定的资源，如足够的专业知识、一流的经验技能、足够的人员以及充足的资金保证，以便能充分履行其认证评估的职能。

FSMA 引入第三方审核机制的主要目的是加强对进口食品的安全监控，其监管活动范围主要包括对外国食品加工企业的检查、对外国供应商的验证以及对自愿合格进口商的认证三方面。监督的食品种类包括蛋类、奶制品、鱼、蔬菜、水果、罐头食品、宠物食品、婴幼儿配方奶粉、饮料（包括瓶装水）、焙烤食品、休闲食品、糖果等。

3. 第三方认证机构的评估程序

第三方认证机构提供的认证评估类型包括咨询性评估（consultative audit）和监管性评估（regulatory audit）。咨询性评估是为了核实合格实体是否符合法律规定、相关行业标准和惯例而实施的评估。评估报告的内容主要包括合格实体的名称、地址、评估日期和范围，负责人姓名及联系方式、是否需要采取纠正措施及纠正行动计划等。而监管性评估是指为了确定合格实体生产的产品及相关设施是否符合相关食品安全标准而实施的评估。监管性评估报告的内容主要包括合格实体或设施的名称、地址、评估的日期和范围、食品生产过程的具体操作、食品可能对健康造成的隐患、纠偏情况、2 年内企业相关操作流程设备或者经营的食品是否发生重大变化等。

在对合格实体实施评估前，第三方认证机构需要对拟评估的目标和范围，认证评估的类别以及需要发放认证证书的情况制定出一个完整的计划。随后按照计划对合格实体开展查验资料、现场检查食品设施（操作过程、最终成品）等评估工作。评估完成后，电子版的评估报告需要在 45 天内上报至 FDA 和相应的审核机构。

四、信息发布制度

食品安全信息的公开与交流是保证现代食品安全体系建设的一项重要内容。美国十分重视信息公开在食品监控过程中的地位及作用，目前已经建立了比较完善的食品安全披露体系。美国的《信息自由法》、《联邦咨询委员会法》、《行政程序法》等法律共同保证美国食品安全信息的公开。而负责食品安全信息公开的主要职能部门就是 FDA，它掌握着大量的食品安全信息，并设有专门的食品安全委员会。FDA 公开的食品安全信息主要分为三大类：一是政策性文件，即食品安全法律法规及政策执行信息；二是执法检查信息，主要包括食品安全警告信息、执法检查报告、违反相关法律法规的食品企业名单等；三是食品有关的信息，包括食品营养成分、食品添加剂信息、食品包装信息等。根据《信息自由法》的规定，公民有权向 FDA 或其他监管部门申请公开有关食品安全的相关信息，申请一旦经审查通过，有关部门将依法予以公开。FDA 每年都将接受和处理大量食品安全信息公开的相关申请，并且每季度都会在其网站上公布上一年的食品信息公开各项数据总结。为使公众更高效的查询信息，FDA 在网上建立了电子"阅览室"，包括机构政策手册、相关案例的分析和公开记录的索引。

1. 信息采集

及时有效的信息资源是监督部门开展信息发布工作的基础。食品安全信息的有效采集、分析、追溯及反馈系统为食品安全信息发布提供了强有力的信息资源。美国非常重视食品安全投资，目前已经拥有全球最先进的检测技术，其采集的信息范围广泛、对信息的采集能力很强。美国政府非常重视食品检测技术的研发工作，拥有全世界 31% 的研发中心。美国研发出的设备仪器及检测试剂盒检测数值稳定、准确，可以解决检测越来越低的污染物限量值的问题和应对新的污染物检测的需要。美国信息采集渠道也非常的广泛，在国外、国家、地方、食品企业不同层级均设立了食品安全信息采集点。信息的类型不同，其采集的主渠道也有会差异。例如，食源性疾病监控数据主要来源于疾病，包括疾病报告、发病率报告、环境指数、人口普查及媒体曝光等。国外技术贸易信息主要来源于政府网站、出入境检验检疫局、SPS 国家通报咨询中心、产品退货出口企业等。初始的信息采集数据是凌乱和孤立的，需要进一步加工处理，使之成为规则和符合特定要求的信息，以保证信息的科学性。

2. 公开途径

美国食品药品管理局公开信息的途径非常多，主要通过政府官方网站、电子阅览室、广播电视、图书馆、电子邮件、RSS 订阅等方式，除此之外，FDA 和农业部还以免费热线、在线提问、问卷调查等方式向社会公众及时、准确地发布食品安全信息。通过食品安全信息的有效发布，使得民众能够更广泛、及时地了解相关信息，从而更快地远离危害健康的食品威胁。

3. FDA 信息公开程序

FDA 信息公开程序主要包括以下几个步骤：首先是申请人向 FDA 递交书面申请书，可通过邮寄或传真的方式递交至 FDA 的信息公开部门。递交的申请书中应包括申请人姓名、地址、电话、愿意支付的费用限额以及申请信息描述等内容。其次，FDA 接到申请书后开始审查并在最短时间内作出是否公开的决定，FDA 的各中心均安排有专员负责处理信息公开请求，他们的主要职责就是搜索和审查公开信息。收到申请后，专员应判断申请的信息是否属于豁免公开范畴及存放地点，如果请求的信息不全部属于豁免公开的范围，他们就必须搜索信息，必要时可要求中心其他部门人员协助搜索信息。相关信息搜索完毕，在给申请人答复前还需要对拟公开信息进行处理和审查，并隐藏掉其中的豁免信息。最后，FDA 根据不同用途的公开信息可要求支付不同的费用。支付的费用主要包括检索和审查费、复制费、鉴定费和电子表格费等。如果收取的实际费用超过了申请人预期费用限额，FDA 将会提前告知申请人，对于一些非营利科研机构、公众利益组织和新闻媒体的信息公开发布申请，FDA 将不再收取费用。

4. 信息公开救济制度

依据美国的《信息自由法》规定，公民个人、食品生产者、销售者如不服监管机构对食品安全信息公开的处理决定，可以选择寻求司法救济来保障自己在食品安全信息公开中的权利。其中，美国信息公开救济制度的内容主要包括由被告承担举证责任、重新审查事实、秘密审查文件、对违法责任人的制裁等。美国对该类事件的诉讼已经建立了较为完善的程序规定，可操作性很强。由于美国采取三权分立的政治制度，行政机关、立法机关、司法机关三者相互独立、相互监督共同保障信息公开救济的实现。

5. 美国食品安全事件的处理

（1）单核细胞增生李斯特菌污染事件概况：2011 年 9 月科罗拉多州南部农场爆发了大规模单核细胞增生李斯特菌感染事件。单核细胞增生李斯特菌是一种相当致命的食源性病原体，一旦食物被污染，将会导致食用者出现发热、呕吐等症状，引起脑膜炎、败血症，严重的会致命。

此次李斯特菌污染事件导致美国18个州中有72人受到感染,13人死亡。事后调查发现,该疫情是由一家农场的哈密瓜运送设备卫生条件差造成的。

（2）政府的处理方法：疫情被发现后,FDA迅速做出反应,先后两次对农场展开检查。在第一次的通知检查过程中抽取了 39 份样本,检测发现其中 13 份样本含有单核细胞增生李斯特菌。在接下来的不通知检查中,FDA 对农场的生产环境、加工工艺进行评估,发现了导致单核细胞增生李斯特菌存在的潜在问题。两次调查结果综合显示：①哈密瓜收获后没有及时经过冷库预冷；②哈密瓜的包装车间和设备卫生指标不达标；③农场车间设计不合理,容易积水；④制冷系统中的冷凝水不经处理直接流入地板；⑤哈密瓜未经杀菌处理。

在调查的过程中,众议院的商业委员约见了 FDA 的官员、农场主、第三方审核机构人员以及哈密瓜分销商,详细了解整个哈密瓜供应环节存在的问题,通过深入分析得出结论：此次事件的发生跟第三方审核体系不完善有很大关系。2012 年 1 月 10 日众议院发布哈密瓜感染单核细胞增生李斯特菌事件的调查报告,对整个事件经过、农场在食品安全方面存在的问题以及政府为此所做的工作做了详细阐述。

（3）分析哈密瓜单核细胞增生李斯特菌事件：事件发生后,FDA及时公布疫情并提醒公众注意防范,防止事件的扩大。在事件调查清楚后迅速加大对农场等食品生产经营企业的监管力度,完善第三方审核体系,进而促进 FDA 食品监管工作更加顺利地开展。事件检查报告的公布使得公众对食品安全有了更深入的了解,同时相关企业也加强自律,以防事件的重复发生。因此,食品安全信息的及时公开不管是对公众、企业还是监管部门都有好处。

五、严格的处罚制度

惩罚性赔偿（punitive damages），又称示范性赔偿（exemplary damages）或报复性赔偿（vindictive damages），是指由法庭强制裁定的金额远远超出受害人实际受损数额的赔偿，与普通民事赔偿相比，有其特殊意义。那么，究竟该如何来准确定义惩罚性赔偿制度，成为该类研究工作开展的首要问题。

从惩罚性赔偿制度诞生开始，人们便开始了对它的探索和研究，各种不同的法典和著作分别从不同角度对这一制度的定义和本质进行了诠释与说明。例如，《布莱克法律词典》（*Black's Law Dictionary*）对惩罚性赔偿的解释为："当被告对原告的加害行为具有严重的暴力损害、恶意或欺诈性质，或者属于任意的、轻率的、恶劣的行为时，法院可以判给原告超出实际财产损失的赔偿"；该定义主要侧重于对侵权行为的惩戒。《非专业人士法律词典》（*Law Dictionary for Non-lawyers*）对惩罚性赔偿的解释为："法院判决某人承担并补偿因其恶意或蓄意迫害而使他人受到的损失，该处罚与受害人实际损失关系不大，其目的在于警告，以防止类似行为再次发生"；该定义主要侧重于对侵权行为的警示和预防。《牛津法律大词典》（*The Oxford Companion to Law*）对惩罚性赔偿的解释为："法院（或陪审团）对被告人恶意的、粗暴的侵权行为的否定，并对这种侵权行为做出了价值巨大的、附加的、强制执行的损害赔偿。当被告人违法行为所带来的利益远远高于他应付给原告人的补偿费用时，该项法律更具有针对性。这种赔偿同样适用于对公职人员滥用职权的制裁，以及某些情况下对诽谤罪的惩处"；该定义从侵权人的角度进行阐述，表明惩罚性赔偿旨在剥夺侵权人的非法获利。此外还有众多法律专家对惩罚性赔偿制度进行了解释，他们阐述的角度不尽相同，但所表述的本质内容则非常近似。

通过对现已问世的多部法典中表述内容的归纳总结，我们可以认为：惩罚性赔偿是一种加重的和超额赔偿的法律手段，其目的在于使被告除了因其故意的侵权行为而对受害人承受的损失进行必要的弥补之外，更应对其欺诈、隐瞒、恶意破坏等严重侵权行为进行额外的惩罚与制裁。如：通过对被告进行高额惩罚性赔偿，剥夺被告人因为其侵权行为所获得的所有不法利益，在防止被告人再次犯罪的同时也达到警示他人的目的。此外，若被告人通过精心计算使得收益大于其违法行为所应承担的普通赔偿，即违法成本过低时，则亦应根据其违法行为进行有针对性的惩罚性赔偿；否则，其所承担的普通赔偿仅相当于对其所采取的非常规渠道运作的补偿性手续费和通过金，而且赔偿额度远低于其违法所得，则法律的制裁和惩戒作用无法彻底体现。

作为一项现代法律制度，惩罚性赔偿在人类古代文明早期就有所体现，其最早可追溯至公元前两千年的《汉谟拉比法典》，其明确记载了："若牧羊人通过欺诈手段谋取所有者的牛羊，则应赔付十倍于其所窃物品的金额。"其后的众多西方古代法典也都蕴含了这一思想。相应的，在古老的东方，自春秋战国起，我国古代的律法中也多蕴含了惩罚性赔偿的理念或萌芽。但是，这一法律制度的真正确立和实施，却始于近现代的英、美等国。

惩罚性赔偿制度是英美法中的一种民事损害赔偿制度，是与补偿性赔偿制度相对应的赔偿制度，也是英美系法律中颇具争议的法律制度之一。英国是世界上最早应用惩罚性赔偿制度的国家，可追溯到 1763 年的 Wilkes v. Wood 一案。在该案中，英国国务大臣因怀疑一家英国报社涉嫌诽谤国王，在未得到合法授权的情况下，对该出版商的住宅进行了搜查并对其财产进行了管控。随后，该出版商对国务大臣提起了诉讼，而陪审团认为国务大臣在未获得授权的情况下采取的行为是违反法律的，是对公民自由最严重的侵犯。为了惩戒被告并警示后来者，对被告执行了高额的赔偿性惩罚。此后，惩罚性赔偿制度开始正式被引入英国的司法体系和判决中，并迅速的流传到美国本土，对后世的法律法规产生了深远的影响。

目前在世界范围内具有较大影响力的主要是美国的惩罚性赔偿制度，其承接自英国的惩罚性赔偿制度，在判决时大多援引 Wilkes v. Wood 案。而美国本土有关惩罚性赔偿的判决则肇始于 1784 年的 Genay V. Norris 一案。在该案中，被告与原告在醉酒后发生争执，随后被告在酒中添加了斑蝥干燥剂并诱使原告饮用该酒，导致原告的身体受到严重伤害。案件被审理后，法院认为被告身为一名医生具有相应的医学专业知识，其推诿并不知道会导致相应后果的言行不能成立，故判处被告向原告支付惩罚性赔偿金，以警示他人勿实施类似犯罪行为。此后，在 1791 年的 Coryell v. Colbough 一案中，因被告故意违反婚约，法院对其明确处以惩罚性赔偿，判决指明："实施惩罚性赔偿的首要目的并非在于弥补受害人的经济或精神损失，而是要树立典范，以儆效尤"。在后来的多起案件中，美国法院均启用了惩罚性赔偿措施，有力地打击了恶意侵权行为，保障了受害人的权益。二战以后，美国更是将惩罚性赔偿制度广泛应用到产品责任法领域，保障了美国的食品药品安全秩序，并很好地维护了消费者的合法权益。在惩罚性赔偿案例中，最为著名的案例则是 Grimshaw v. Ford Motor Co.案。

>>> 惩罚性赔偿案例：

案件起因为福特汽车公司所生产的 Pinto 汽车在设计上有致命缺陷，普通交通事故就有可能引起汽车爆炸，而福特公司对这一设计缺陷却置之不理。后来，在一次交通事故引起的爆炸中导致一名小孩严重烧伤并终生残疾。随后，在审理过程中，有确凿证据表明福特公司高层在明明知道其所产 Pinto 汽车有严重设计缺陷的情况下，却因为修改缺陷的支出远远超出发生事故后的赔偿和善后支出，而选择了隐瞒和无视该设计缺陷的做法。福特公司的这种不负责任的做法，深深激怒了法庭和陪审团，随后，陪审团裁决被告应支付损害赔偿 1.25 亿美元，其中 1 亿元为福特公司无视安全隐患所节省的成本，也就是惩罚性赔偿金；而 2500 万元为正常事故所应支付的补偿性赔偿金。福特公司因避免高成本而忽视产品的危害性，正是这种不关心他人生命安全的行为引发了对其的高额惩罚性赔偿。

通过对上述案例的分析我们可以清楚地看到，与普通的补偿性赔偿制度相比，惩罚性损害赔偿制度有其鲜明特点：

1. 目的不同

当补偿性赔偿不能有效的保护受害人权益和有力的打击恶意犯罪行为时，应当启用惩罚性赔偿，通过超额的赔偿金额惩罚犯罪分子、遏制潜在的不法行为，具有惩戒当下、以儆效尤的作用。并且还可以给予受害人丰厚的赔偿；

2. 关注点不同

与补偿性赔偿相比，惩罚性赔偿更关注事件发展过程中侵权人的主观意愿和行为。若侵权人在实施其违法行为过程中，具有明显的主观倾向，如恶意欺诈、胁迫等，则应当对其实施惩罚性赔偿；

3. 适用范围不同

除补偿受害人和惩戒侵权人外，惩罚性赔偿还通过高额惩罚性赔偿剥夺侵权人因其违法行为获得的所有不法利益，使其得不偿失乃至破产，以达到从根本上断绝侵权行为再次发生的目的。

简单来说，就是惩罚性赔偿制度具有补偿受害人、惩处侵权人和威慑其他犯罪行为发生的作用。

近年来，我国食品药品安全问题频发，案件之大、范围之广、手段之恶劣令人发指。究其原因，这一现象的产生，除了目前我国食品药品安全立法和监管体系的缺失和不完善外，对于违法者的惩罚不力也是主要原因之一。比如曾经轰动一时的深圳哈根达斯"黑作坊"事件，最后仅被处以 5 万元罚款了事。其违法成本之低，不及其一天利润的十分之一，也就不难明白其有恃无恐的原因了。所以，建立和完善适用于我国国情的惩罚性赔偿制度，保障我国公民的合法权益，遏制食品药品违法行为猖獗，是我国当前亟待解决的重大问题。而美国赔偿性惩罚制度的确立和显著成效，则为我们树立了学习的榜样并提供了借鉴的内容。

与惩罚性赔偿制度相对应的，则是同样具有重要现实意义的集团诉讼制度。

集团诉讼制度是美国处理大量产生于同一事件的类似诉讼请求的一种独特诉讼程序，其本意是指："在法律上允许一人或多人代表其他具有共同利害关系的主体提起诉讼，诉讼的判决不仅对所有共同利益主体有效，而且对未参加诉讼的主体，以及尚未遭遇损害行为的相关主体，也具有适用效力"。

集团诉讼制度最早出现于 1848 年由费尔得（David Dudley Field）于美国纽约州编纂的《民事诉讼法典》。而后在 1938 年，联邦最高法院经美国国会授权制订了《联邦民事诉讼规则》，其中对集团诉讼制度做出了具体说明；最后，在 1966 年的《联邦民事诉讼规则》中将之确立。与普通人展开的个别诉讼相比，集团诉讼制度自有其特点：首先，集团诉讼应满足其最基本定义——即集团内成员具有一定规模的人数，在美国《联邦民事诉讼规则》中虽然没有明确集团诉讼成员的数量下限，但却是审判时法官考量的一个重要因素；其次，同一集团内成员应当面临相同的法律问题或具有相同的诉讼请求，否则会陷入各执一词、相互掣肘的局面，既影响了诉讼的效果，也无法得到法庭的认可；最后，集团成员应当推举出能够充分代表和保护成员利益的集团代表，并公正、严谨主持诉讼工作，体现集团成员的诉求和抗争。否则，集团成员的利益和诉求就无法得到保障，从而出现成员内部矛盾和倾轧。

那么，作为一种具有救济性质的法律手段，集团诉讼制度又有着什么样的优点呢？

（1）作为一种救助机制，集团诉讼为权利受到侵害的众多社会普通人员提供了进行诉讼请求的途径。集团诉讼群体往往为社会弱势群体，若无集团诉讼制度的保障，很多个人就会因为高昂的诉讼成本而放弃正当法律途径，使得自身权益受到损害；

（2）集团诉讼可以有效的对现行法律规则和条款进行修缮和补充。由于集团诉讼主体通常都是某一个或多个受害群体，因此法官在进行判决时除了考虑判决本身的内容，还要对相关的法律条款和公共政策进行考量和修订，并对将来拟定的法律法规和政策制度做出指导和预判；

（3）集团诉讼可以提高诉讼效率，简化司法步骤，节约社会资源。个人诉讼，尤其是情节不甚严重的诉讼，往往过程复杂而收益不大。因此，将多个具有相同情节的小额个人诉讼合而为一，具有明显的优点。首先可以节省大量受害人的时间和诉讼成本。其次，避免了社会资源的浪费和大量无意义的重复劳动。再次，提高了法院的审判效率和执行力度。并且，集团诉讼给予其他具有相同遭遇的受害人以相同待遇和赔偿，维护了受害人的正当权益；最后，集团诉讼制度还可以避免被告被拖入大量重复性控诉和法律程序，在对其进行制裁的同时也间接维护了被告人的正当权益。

（4）集团诉讼制度可以容纳尽可能多的当事人，将各人的小额赔偿吸纳并累计至可以对被告人产生严正威慑和惩罚。个人诉讼案件，很大一部分其赔偿金额并不高，甚至是较为微薄。那么，单独的诉讼请求难以得到大众瞩目，并且存在得不偿失的可能。而将各个相同情节的个体诉讼吸纳入同一个大的集团诉讼当中，一方面可以降低诉讼成本并提高赔偿金额，从而更好的维护受害者的经济利益和惩戒侵权人；另一方面，也可以扩大诉讼成果，提高社会影响力，使得案件具有社会效益，从而避免类似事件的再次发生。

当然，凡事均具有两面性，集团诉讼制度亦不例外。在拥有多项优点和便利的同时，集团诉讼也存在一些不足之处：

（1）原告律师在集团诉讼中会以个人私利为先，对诉讼进程进行人为干预，使得其个人收益最大化，并且由律师推动的集团诉讼还存在着恶意起诉和扩大案件规模的可能。与之相对的，原告方却会存在收益不大的尴尬结果；

（2）集团诉讼在一定程度上干预并损害了法庭审理案件的正常程序。由于集团诉讼的复杂性和隐含高成本（如花费更多的时间和人力），会给某个具体承接案件的法院带来较大的工作负担，需要面对和解决更多、更全面的法律问题；

（3）集团诉讼会使得被告方背上沉重负担，甚至已超出合理的补偿性赔偿和惩罚性赔偿之总和。并且，存在着被告迫于压力选择庭外和解的可能，而这也会促使恶意诉讼的产生；

（4）如何更加公正、全面而有效的协调集团内部各个成员之间的利益关系，合理而合法的保护受害人的合法权益，也是集团诉讼制度要面对的一个重要问题。

因此，对于该项制度的讨论和修订也一直在不断进行，使之扬长避短，能够更合理有效的为社会服务。

六、社区支持农业模式（CSA）

社区支持农业又可简称为 CSA（Community Supported Agriculture），是一种生活社区与农业生产相互沟通、相互协助的新形式和新手段。简而言之，是指消费者为了获取安全健康的食物，与那些希望建立稳定客源的种植者携手合作，建立经济合作关系。

CSA 的概念和模式最早出现于上个世纪 70 年代的瑞士，究其原因，是在城市化和工业化进程中，消费者由于层出不穷的食品安全问题，而希望与特定农业生产者建立合作和供给关系。其中，消费者预先支出费用，生产者则依据消费者的要求和愿望进行安全可靠和有针对性的农业生产，从而出现生产者保有收益、消费者享受安全健康、符合心意食品的双赢局面。随后，这种 CSA 模式传播到日本，在有了一定发展后进一步扩大规模，目前已经遍及欧洲、美洲、澳洲及亚洲的多个国家和地区，仅北美就有上千个 CSA 农场，为超过十万户的家庭提供安全健康的农产品。

CSA 模式作为一种生产者与消费者零距离接触的模式,其中消费者提供经济保障和消费刺激,生产者提供安全需求,实现了供求双方的信息对等和合作共赢,是一种全新的,更具有生态和谐的模式。与传统农业生产相比,社区支持农业模式具有一些新的特点和优点:第一,该模式下,农业生产者的经济收益得到了保障,免于不可知的生产风险;第二,满足了消费者对安全健康农产品的需求,以及对特定农产品的需要。

目前,在我们国内,就存在着一家非常具有自己特色的、已经成熟运作的 CSA 农场——"小毛驴市民农园"。该农园的创始人石嫣博士是一位资深的农学研究者。

石嫣博士在美国深造期间,并未进入象牙塔埋首故纸堆,而是加入到明尼苏达州的"地升农场"(Earthrise Farm),专门研究一种新型农场经营模式,由此开始了她为期 6 个月的"洋插队"农耕生活,而该经营模式即我们所说的社区支持农业模式。因为地升农场一直强调有机环保的理念,因此他们禁止使用化肥、农药以及除草剂、催熟剂等影响庄稼正常生长的化学药物,并且农场里只有一台小型的拖拉机,几乎所有的农活都要动手进行,劳动强度极大。实现"永续农业",强调生态系统的自我循环和可持续发展是地升农场的最高目标。为了实现这一目标,农场进行严格的垃圾分类,其中第一类储存可以变成土地肥料的垃圾,比如烂掉的菜和吃剩的食物,经过一年的发酵后方可使用,而平时种菜的水则全部使用收集的雨水。在此期间,石嫣博士还感受到了 CSA 的一个重要准则,那就是信任:农场对共享成员诚信,而共享成员则信任农场。

回国后,石嫣博士在其博士导师的帮助下,在北京凤凰岭下创建了小毛驴市民农园。"小毛驴"一直坚持生态健康的最高理念,采取最科学和专业的方法进行农场的日常管理。其所种植的蔬菜全部使用农家肥，并且杜绝使用化学农药。而其在饲养猪时采用的也是自然养猪法，在特殊设计的猪舍内以锯末和农作物秸秆等为垫料，通过微生物的作用分解发酵粪便污物，使猪舍内既无恶臭、无污染，又节约饲料、节省劳力。小毛驴农场有9个固定的实习生和5名管理人员，周一到周五进行耕作和农场管理，周末则配送蔬菜、接待共享成员和参观市民。该农场由于减少机械使用量的理念，几乎全部农活都要依靠手工，每个人的工作量都很大。"小毛驴"的客户目前有两种类型，普通份额和劳动份额，两者都要在种植季开始前与农场签下一个为期20周的协议，并提前付费，由此农场和客户将共同承担农业种植中可能的风险。每到周末则是考察农场一周工作的时候：周六要给普通份额的客户们送菜，劳动份额的客户也要在周末两天来自己的菜园劳作。这样的一个社区支持农场，已经日渐壮大，并取得了引人注目的成绩。

凡事皆有两面，虽然小毛驴市民农场取得了很大的成功，但是在看到社区支持农业模式的特色和优点的同时，我们也应该考虑其合理实施的限制和客观发展的条件：首先，农产品供应地点应该距离城市或需求社区较近，以便供求双方交流互动和传递产品；其次，为满足农产品的安全要求，与传统农业相比，种植者需要投入更多的人力物力，包括对土地的治理和调节，对农作物的精心护理和品质培育，对安全高效新技术的学习和运用，这就要求种植者本身应该具有较高的科学素养；再次，开展社区支持农业模式，需要消费者在资金上的较高付出，即与传统农业生产出的产品相比，消费者需要付出更多的资金来购买安全健康的CSA类农产品，这就需要消费者具有一定的经济基础。最后，还存在一个既容易达到也有很大困难的前提，那就是诚信——农场对消费者的信任和消费者对农场的信任，而这点至关重要。

因此，虽然 CSA 模式出现的时间并不算晚，但是其发展规模和深入程度却依然较小，在较长的一段时间内只是少数人的一种高品质追求。而在近 20 年，随着人们对环境污染和食品安全问题的日益重视，环境污染在被逐步治理，多数农产品的安全性也都得到了一定的提高，尤其是有机农产品概念的提出和进入市场，使得 CSA 模式受到了一定的冲击。因此，社区支持农业模式现在面临一种较为尴尬的局面，如何破局、发展，成为当前 CSA 模式的重要课题。

七、对进口食品的监管

美国是一个食品进口大国，其国内的食品供应大量依靠进口。美国市场有 60%的蔬菜、水果和 75%的海产品依靠进口。美国国内的食品安全深受进口食品影响，每年食源性疾病都导致美国国内发生大量的人员伤亡和财产损失。为了确保进口食品的安全性，美国早就开始加强对进口食品的管理并致力于不断地提升食品安全保护水平，接连出台了很多进口食品管理法规制度。9·11 事件爆发后，美国迅速加强了国内食品安全方面的反恐机制并通过了《2002 公共健康安全与生物恐怖防范应对法案》，根据法案中《食品企业注册条例》的规定，所有向美出口的境外食品企业包括生产商、加工商、包装商和仓储商，在食品出口美国之前必须向美国 FDA 注册。注册程序可以通过填写注册表、网络在线注册或用含有相关注册信息的光盘进行注册。根据《进出口食品预先通报条例》规定，食品进口商在食品到达美国之前均需提前通知，通知的内容包含生产商、发货人和承运人的详细联系信息、发货时间及食品运输过程的详细内容。FDA 主要通过对进口产品进行报关审查、抽样检查并对违规产品处理、产品的放行方式等环节实施监督管理。

（一）报关审查

美国海关的电子登记系统——自动商务系统（Automated Commercial

System，ACS）负责对进口产品进行报关审查，然后由海关与边境保卫署（CBP）确定该进口物品是否属于 FDA 的管辖范围。一旦入境食品企业的报关信息输入自动商务系统（ACS），该系统就会立即报送到 FDA 的 "进口操作和管理系统"（Operational and Administrative System for Import Support，OASIS），并自动向 FDA 发出审查提示。电子报关信息单包括报关单号码、报关日期、报关港口、进口商代码、运输工具、产品数量和产品价值、申报号码、产品的海关协调税则号（HTS）、来源国、国外收货人信息等。

FDA 通过进口操作和管理系统（OASIS）来审查报关信息是否符合 FDA 准则的要求。FDA 的标识符有 "FD0"、"FD1" 和 "FD2" 三种。FD0—表示 FDA 确定产品符合 FDA 法律法规的管制，无需提供进一步的入关资料，直接由海关放行。标记为 FD1 的报关单表示该产品既可受也可不受 FDA 的管辖，报关者可以提供相关资料证明该报告单不属于 FDA 的管制范围，从而 "放弃" 对该入关的管理，否则必须提供 FDA 法律法规所要求的信息。带有标识符 FD2 的入关单表明产品受 FDA 管理且必须提供 FDA 法律法规所要求的信息。FDA 对 CBP 的自动报关行接口/海关自动商务系统（ACS）传送的入关单的电子审查需要填报者提供以下的附加信息，包括：FDA 的产品代码、国外制造商的 MID 编号（包括国外标识码、国外公司名字、地址等信息）、国外承运商的 MID 信息及原产国。进口商品在入关流程的每一阶段的详细情况如采集的样品、抽样、已扣留、已放行、已拒绝等信息，FDA 都会通过进口操作和管理系统（OASIS）生成的一份 "FDA 措施通知书" 进行发布。

（二）抽样检查

申报人递交完电子入关申请后，如收到需要 FDA 进一步审核的消息，则报关者需要向该港口 FDA 辖区办公处提交相应的附加材料。在对报关者提交的申请进行评估后，FDA 将决定是否抽样或检测，如果决定采集样本，则会向报关者、进口商、业主或收货商发出取样通知，并建议入关产品保持完整以待 FDA 抽检。对于不属于 FDA 管辖的港口，由 CBP 决定对其进行检验或取样。在某些情况下，FDA 可以要求海关人员在入关地点抽样然后移交 CBP 的实验室。若货物经抽样检验证实其符合《联邦食品药品和化妆品法》的规定，FDA 会向海关登记的进口商、报关人及 CBP 下达发货通知，抽样及检验费用由 FDA 支付。对于一些无法进行取样的产品或者 FDA 认为产品不需要抽样或检测的情况，FDA 则会发布《放行通知》。但日后如发现该产品不符合《联邦食品药品和化妆品法》或其他相关法案的规定，FDA 仍可采取查封、发布禁令等合法行动。

（三）违规产品的处理程序

1. 产品的扣留、听证通知：《美国食品药品和化妆品法》801 节明确授权 FDA 拒绝违法该法案的任何物品入关。其中 801（a）小节明确规定：如发现被检验的样品存在以下情况，FDA 将采取扣留产品的措施：①该产品生产、加工、包装的环境条件不合格，或生产、包装、贮藏及安装设备不符合《联邦食品药品和化妆品法》520（f）节的要求；②该产品在其生产国、出口国被禁止或限制销售；③产品被掺假、假冒商标或违反《联邦食品药品和化妆品法》505 条款。例如饼干、面条、酱汁、海鲜罐头和功能饮料等产品很容易标签犯规。一旦出现以上情况，FDA 将根据条例规定，扣留有违之嫌的产品并告知申请人、货主和收货人产品违规的详细情况。货主或收货人有权在非正式听证会中向 FDA 提供产品应被准入的证据。货主或收货人将有 10 个工作日的时间来向 FDA 提供证据。

2. 拒绝入关通知书：依据《联邦食品药品和化妆品法》801（a）节

规定，当入关货物涉嫌违规时，财政部长或由其授权 CBP 签发拒绝入关通知书，该通知由 FDA 的地区办事官员负责发布，同时附有 CBP 地区负责人的传真签名。拒绝入关通知书应在以下几种情况下发布：①下达扣留与听证通知书后的 10 日内未得到任何回复并且延期答复未被批准；②未能成功地对被扣留产品进行矫正；③被扣留产品得到矫正，且我方同意其运返出境；④在货物被认定有关扣留指控合法且未提交表格 FD-766。入关通知书发布后，CBP 需要对被拒货物的最终处理进行监督并上交拒绝入关通知书副本。如果收到超过 90 日的延期请求以便货物运返出境或销毁，应当将该请求交于 CBP 办事处进行处理。

3. 矫正：根据《联邦食品药品和化妆品法》801（b）条款的规定，报关人可以请求 FDA 对掺假、假冒商标或违反 505 节规定的货物采取合规措施，包括矫正标签或将其归为非食品、药品或化妆品等。申请人填好"重贴标签和加工改造表格"（FD-766 表格）后以一式四份的形式提交给 FDA，之后 FDA 将对进口商的申请进行审查，以决定是否批准该申请。申请被批准后，申请人需要在指定的时间内完成产品矫正工作并将矫正结果反馈给 FDA 辖区办公室，随后 FDA 对矫正后的货物进行抽检。如果检查合格，FDA 辖区办公室将会发布"放行通知"。

如果申请人对货物的矫正结果达不到 FDA 的要求，则会按照通常的方式发布拒绝入关通知书。在拒绝入关通知发布的 90 天内，产品将在海关监督下销毁、返运或重新出口到其他国家。FDA 通常不予考虑给予其第 2 次矫正的机会，除非进口商能够提供必定成功的理由和保证。

4. 货物的放行：当进口产品经检验符合 FDA 的相关要求，FDA 将按照惯例发布放行通知单并将副本报送 FDA 的地区财政办公室以及 CBP，同时副本也可发送到进口商、收货人、入关申请者。鉴于有关货物放行的情况不同，放行方式也有变化，目前有以下几种放行通知方式：

①直接放行：对于已经发布取样通知书的产品，FDA 认为没有必要过多检查，则 FDA 直接签发放行通知单。②免检验的放行：主要针对已经发布 FDA 措施通知书/取样通知书而无法进行检验的样品。③意见性放行：当进口商品不完全符合 FDA 法案的相关要求而其违规程度又不足以实施扣留时，可以予以"意见性放行"。④扣留后放行：当出现以下两种情况下应发布"扣留后再放行"通知，第一种情况是在 FDA 签发了"扣留和听证通知"后，进口商能够提供其产品符合规定的证据；第二种情况是在收到"扣留、听证通知"后，进口商按照"授权矫正标签或采取其他措施的申请"中的条款规定对产品进行重新改造直至达到 FDA 的满意，或者使产品改造后不在 FDA 相关法案的管辖范围。

5. 进口食品的第三方认证：随着全球市场经济的飞速发展，输美的境外食品生产企业及产品种类的增长速度已超过 FDA 检测资源的承受力，为了缓解 FDA 现有资源下边境监管的巨大压力，第三方检测机构应运而生。美国食品保护计划中明确提出通过对第三方认证机构进行培训和审核，认可具有高资质的第三方检测机构。目前，除了美国，欧盟、日本等国家和地区的检测机构也都相继在我国一些城市建立了第三方认证机构。美国要求中国输美食品必须经第三方检测机构认证。第三方认证机构的出现在一定程度上有利于我输美食品的快速通关，增强了美国市场和消费者对我国食品的信任和认可程度，从而促进两国食品贸易的快速发展。但也可能给我国内的出口检验机构带来一定的冲击，因此还需要对其加以引导和监督。

第二节　美国食品安全监管特点

步入 20 世纪，现代科学技术获得了极大地发展和进步，并深入影响到社会生产生活的各个方面。现代农业和畜牧业在新技术和新材料的带动下，产能得到了极大的提升，在世界范围内食品供应已经不再是困扰人类生产生活的主要问题。然而，在产能提高、物资丰富、人们已经"吃饱"的同时，食品安全问题也日益凸显。

随着现代化工业生产和包装物流介入食品生产领域，食品不安全的因素产生于人类食物生产链条的各个环节，食品在原料生产、工业加工、储存运输、销售直到消费的整个过程中都有可能受到污染，从而产生食品安全问题。近年来，我国食品安全问题频发，从毒奶粉到地沟油再到瘦肉精和毒大米，社会影响极其恶劣。这些食品安全问题的出现，不但损害了人民群众的身体健康和人身安全，也关系到国家的平稳发展和社会的和谐安定。因此，如何行之有效的对食品安全问题进行监管和治理，成为摆在政府面前的一项重要题目。

目前，我国在食品安全方面的立法和质量监管还处于起步阶段，不论是管理经验还是体制建设均有不足。然而，作为当前世界上食品供给最为安全的国家之一，美国已经建立起了一套较为完善的食品安全监管体系和行之有效的食品安全法律法规，从中我们可以学习到宝贵的经验和建设手段。他山之石可以攻玉，对于美国已有食品安全监管体系的学习和借鉴，可以有效地帮助和提高我国食品安全监管体系的建设水平、完善现有机制，因此对我国食品安全行业具有非常重要的意义。

美国食品安全监管确保实现美国食品安全战略计划中的战略目标，确保公众健康与信心，确保食品安全监管高效运行，重视从农田到餐桌的全程控制，形成了强调以科学为基础的风险管理原则、预防性原则、透明性原则以及食品供应者负主要责任原则的食品安全监管理念，从而形成了具有美国特点的食品安全监管模式。美国食品安全监管模式主要是通过一系列的法律法规得以体现出来。通过研究其法律法规及其管理体制，我们发现，其监管模式主要包括以下几个方面：

一、立法先行，动态调整

一直以来，准确、完备的法律法规体系是有效实施食品安全监管的重要基础。经过一百多年的发展，美国已经建立了涵盖各个食品类别和食品链各环节的法律法规体系，为制定相应的监管政策、检测标准以及质量认证提供了有力的依据和支持，并能随着时代的发展动态调整。长久以来，美国联邦政府共制定和修订了 35 部与食品安全相关的法律法规，其中明确的食品安全法令就有 7 部。这 7 部法令中既有综合性的《联邦食品药品和化妆品法》（FD&CA）、《公共卫生服务法》（PHSA）、《食品质量保护法》（FQPA）；也有分门别类的《联邦肉类检验法》（FMIA）、《禽类及禽产品检验法》（PPIA）、《蛋类产品检验法》（EPIA）、《联邦杀虫剂、杀真菌剂和灭鼠剂法》（FIFRA）等。

在历史上，美国也曾经出现过大规模的食品安全问题，假冒伪劣肆意横行，对社会和个人造成了极大的经济和健康危害。尤其是在南北战争后，由于美国开始从传统的农业社会向工业社会转型、加之城市化进程的加快，导致越来越多的城市人口依赖市场供给日用食品，众多不法商贩为了牟取暴利而大量出售掺假或存在安全隐患的食品。正是因为食品安全问题层出不穷，美国联邦政府在多方研究讨论之后，于 1890 年颁布了其历史上的首部食品安全立法《联邦肉类检验法》，开启了美国漫长的食品安全立法进程。此后，经过多年发展，美国联邦政府于 1906 年出台了《纯净食品药品法案》，并成立了美国食品药品管理局对食品安全问题进行管理。1938 年，美国联邦政府又颁布了《联邦食品药品和化妆品法》，该部法律的出台标志着美国食品安全监督管理的日益规范，并且成为美国食品安全方面最全面和重要的法律之一，是美国食品安全法律的框架。

世界总是处于不断发展变化当中，随着科学技术的进步和食品安全问题的不断出现，美国政府非常重视"与时俱进"，不断地对已有法律法规进行补充和修订，对部分内容动态调整。如 1938 年出台的《联邦食品药品和化妆品法》就是对《食品与药品法》的补充和完善，其中强调指出了任何不洁、腐烂或腐败变质的以及在其他方面不适用的食品都属劣质食品。同时该法还对食品生产加工的过程，如：加工场所环境、包装材料、操作流程等的卫生条件提出了明确要求，只要是在不卫生条件下制作、包装食品且不能达到要求的，即使没有污染物质也均视为伪劣产品。这就对加工业提出了"良好操作规范"要求。

在 1958 年，美国联邦政府对《联邦食品药品和化妆品法》做出了重大修改。此次修改主要涉及两个方面：一是食品添加剂的使用，要求生产商在使用食品添加剂时要在"相当程度上"保证对人体无害，凡是人或动物食用后可能导致癌症，或经食品安全性测试后被证明为致癌的食品添加剂均不能使用；二是在 409 部分中增加了德兰尼条款，赋予了环境保护署（EPA）制定农药最高限量的权力，要求所有已经注册、并使用于食用农作物上的农药都必须取得 EPA 认定颁发的使用限量规定。2009 年美国众议院通过《2009 年食品安全加强法》，再次对《联邦食品药品和化妆品法》作出重大修正，赋予 FDA 召回不安全食品的权力。

进入 21 世纪以来，美国也陆续爆发了多起食品安全问题，引起了普通美国民众的强烈不满。其中，2006～2007 年两年的时间内，加利福尼亚州就接连发生了"毒菠菜"事件、"毒生菜"事件，造成大量公民感染大肠埃希菌。并且在 2007 年，加利福尼亚州还发生了问题牛肉召回事件。2008～2010 年间则在多个州内发生了感染沙门菌的"毒番茄"、"毒花生酱"和"毒鸡蛋"事件，一时间风声鹤唳，大量问题产品被召回和销毁。这些食品安全事件的善后工作花费了大量的人力物力，并且引起了广大美国民众的不满和质疑。究其原因，美国现行的食品安全法律法规多为上个世纪前中期制定的，其检验方法和管理手段有所滞后，已无法很好地满足当前食品安全监管的需求。因此，经过多方努力和认真论证，于2011年，美国联邦政府颁布了《FDA食品安全现代化法案》。该法案对食品安全相关执法部门的执法权力进行了扩充和支持，并加强了对美国国内以及进出口食品质量安全的监管力度，对新时期的食品安全问题具有重要的指导意义。

二、统筹兼顾，统一管理

虽然，到目前为止，美国联邦政府已经颁布了多项有关食品安全的法律法规，其法律体系在当今世界已经较为完善和先进。然而，再完善的法律都是要靠人来执行的，没有执行力的法律不过是一纸空文。有法可依的同时还需执法必严，因此，对于法律监管机构的建设也是不容忽视的。

目前，美国联邦政府具体的食品安全管理部门已达十多个，主要可以归为四大职能部门管辖，即：①农业部下属的食品安全检验局和动植物卫生检验局，其主要负责肉、禽、蛋制品的安全；②农业部下属的动植物健康监测服务局，其主要负责动植物疫病；③卫生和公众服务部下属的食品药品管理局，其主要负责肉蛋禽以外的所有食品的安全问题；④环境保护署，其主要负责环境保护和农药残留污染的问题。此外，还有一些主要部门，如：商务部下属的国家海洋渔业局，农业研究局，国家卫生研究院，农业市场局，州际研究、教育和推广合作局，经济研究署，粮食检验、包装与牲畜饲养场管理局，美国法典办公室等部门协作管理食品安全问题，上述部门共同构成了美国的食品安全监管体系。

随着现代科技和工业的发展，为了应对随之而来的新的食品安全问题，美国联邦政府在1998年组成了"总统食品安全管理委员会"，其主要成员分别来自农业部、商业部、卫生部、管理与预算办公室、环境保护署、科学与技术政策办公室等相关职能部门的负责人，而委员会主席则由农业部部长、卫生部部长、科学与技术政策办公室主任共同担任。自该委员会成立之日起，美国的食品安全管理工作就成为其主要工作内容，在肩负起食品安全管理重大职责的同时，还对美国食品安全系统所主要涉及的 6 个管理部门：食品药品管理局（隶属于卫生部）、食品安全检验局（隶属于农业部）、动植物卫生检验局（APHIS）、环境保护署、国家渔业局（隶属于商业部）、疾病控制与预防中心（隶属于卫生部）等机构进行管理，构成了一个"委员会综合协调、各部门分管负责"的综合性监管体系。该体系以联邦和各州的相关立法及生产安全食品的法律责任为基础，与联邦政府授权的食品安全管理机构通力合作，构成一个既综合又独立、相互补充、简洁高效的食品安全监管体系。并且大力推进地方政府、州政府和联邦政府三者间的协作和管理体制，实现先由地方政府和州政府监管，自下而上到达联邦政府；然后再由联邦政府制定出切合实际的措施，和地方两级政府各自独立而又协同地实施监管。

在美国，从监管的职能看是相对明确的，一个部门只负责一个或几个产品的全部安全工作，并在总统食品安全管理委员会统一的指挥和协调下，实现对于食品安全工作的一体化管理。美国的这种一个部门就负责一个或几个产品的全部安全工作的特点，使从农田到餐桌无缝全程监管的责任主体得到明确，操作起来也更加容易和透明。从监管的环节看，美国的食品安全管理很注意强调从农田到餐桌整个过程的无缝隙有效控制监管，其环节包括了从生产收获，到加工、包装、运输和贮存，再到最后的销售等，监管内容包括了农药化肥、饲养饲料、包装材料、运输条件和食品标签等整个流程。通过这种全程监管，对可能给食品安全带来的潜在风险加以预先防范，不仅不会缺失重要环节，也在某种程度上为实现问题食品的追溯打下良好基础。

美国食品安全监管体系各机构职能清晰、分工明确，避免了各部门之间的权利交叠和相互诿过；另一方面，各职能部门采取联邦政府垂直管理的方式，尽量避免了地方保护主义和基层腐败的干扰。按部就班、各司其职、无缝衔接、通力配合是当前美国食品安全监管体系的最大优势和突出特点。

三、信息透明，公众参与

对于食品安全问题的监管，美国联邦政府不仅在立法方面制订了多部具有详细内容和针对性的法律法规；在管理方面也建立了多部门齐头并进、食品安全委员会调度协调的监管体系；而且对于公众的知情权也高度重视。美国联邦政府在制定法律法规、安全监督管理、行政执法过程中均采取了透明公开的原则，建立了高效的食品安全信息系统，并不断更新完善。此外，联邦政府和地方政府之间还紧密协作、明确分工、对食品安全信息进行全面监管的同时将各种信息及时反馈给公众，并且在美国国内建立了全面的信息采集、风险分析以及综合的信息反馈等基础设施。

食品安全信息的内容是非常广泛的，既包括原料产地、产品信息、生产厂家等产品内容，也包含联邦政府对各类违反食品安全法事件的解释说明，以及一些科普知识和法律常识。而广大消费者、生产经营者、和科研工作者等社会主要人员则可以从中获得自己所需要了解的食品安全信息，可以说覆盖面非常广泛。美国联邦政府在其食品安全官方网站上发布了众多信息，其中包括市场上流通食品的安全信息、各类食品的安全备制方法、各种问题产品的检验结果和召回信息、食源性疾病的种类、预防措施及治疗手段等，提高了消费者对食品安全问题的了解，增强了消费者的分辨和自我保护能力。生产经营者从中学习了各种食品法律法规，了解了安全食品的标准和生产方式方法，既提高了所生产食品的安全性、又有效地避免了违法行为和对消费者和社会的危害。科研工作者从中可以获得大量的研究报告和科研分析数据，对开发新技术、更新完善现有技术、总结易产生问题的区域、修缮已暴露的问题和完善相关法律法规均具有重要的意义。相应地，信息披露的内容主要包括消费者教育与培训信息、缺陷产品召回信息、管理部门的管理规则、工作指南、指导方针、食源性疾病信息、食品安全资源信息等。

此外，美国联邦政府还提供了多种途径和信息平台，方便消费者参与到食品安全的监管当中。按照法律要求，美国联邦政府在制定有关政策和法律法规时，本着高度公开和透明的原则，所有相关信息均为公开发布，允许国内外的任何团体和个人对有关政府决策和法律条款进行讨论和建议，而政府部门的职员和技术人员则有责任通过多种途径和方式向社会公众解释制定相关规定的科学依据，确保法规修订是在公正、透明、交互、公开的方式下进行的。若有单位或个人对行政当局的行为或所制定法规存有异议，可以提请司法机关仲裁，由司法机关裁定被质疑政策法规的可行性。对于消费者的高度重视，被贯彻在美国食品安全监管内容的方方面面，在制定各项政策、法律法规的过程中，美国联邦政府鼓励消费者踊跃建言，并充分听取他们的建议，确保其工作能真正维护消费者的正当权益。首先，允许并鼓励消费者积极参与到法律的制定和修订过程中，立法机构会预先针对某条例提案发布一个先期通知，表明将要对当前存在的某一食品安全问题提出解决方案，并征询公众的意见；其次，在法律最终成文并颁布之前，由消费者对法规具体内容开展讨论和并发表评议和意见；再次，当遇到悬而未决的疑难杂症时，邀请立法机构外的专家提出建议，立法机构则会根据需要，通过非正式信息途径召开公众听证会，听取消费者对该特定问题的看法。最后，如果个人、团体或某一机构对立法机构的决策存有异议，可以通过向法庭提出申诉，请求仲裁。

四、风险管理，预防为主

凡事预则立，不预则废。美国联邦政府对于食品安全风险管理和预防方面也十分重视，并积极建立完善的风险管理系统。所谓风险管理，旨在识别可能存在安全隐患的潜在因素，进行管理以使其可存在于食品安全风险尺度之内，并为食品安全目标的实现提供合理保证。对于食品安全的有效风险管理，当以兼具科学性和前瞻性的分析手段以及具有合理性和可行性的管理机制作为制定食品安全系统风险管理政策的基础。理想的风险管理，应当是一系列优先级不同的预案，对危害最大、可能性最高的风险事件优先处理，风险相对较低的事件顺延处理，即花费最少的资源处理最大的风险事件。风险管理的程序应包括"风险评估"、"风险管理措施的评估"、"管理决策的实施"、"监控和评价"等内容。此外，美国联邦政府还非常重视风险信息的传播与交流，既可以通过发布和传播有效的风险信息来降低不安全食品给公众造成的危害和损失；又可以提高风险分析的准确性和风险管理的有效性；此外，可以集思广益、更好的完善风险评估手段和风险管理方式方法。

食品安全风险管理的核心目的是通过选择和采用适当的措施，尽可能将食品风险控制在一定范围内，保障公众健康。1997 年，美国联邦政府发布了《总统食品安全计划》，指明了风险评估在实现食品安全目标过程中的重要意义。这项计划将所有对食品安全负有风险管理责任的联邦政府机构整合，成立了"机构间风险评估协会"，以此来促进风险评估工作的开展，并通过鼓励研究开发新型的预测性模型和其他工具等手段，促进对微生物风险评估工作的顺利进行。这其中，美国联邦政府的一个重要举措是推行了 HACCP，即采用"风险分析和关键控制点"作为新的风险管理工具。HACCP 作为一种控制品质安全的预防性体系，主要由 7 个方面的内容组成：危害分析和预防计划措施的确立；确定关键控制点；建立关键限值；监控每个关键控制点；关键限值偏离时采取的纠偏措施的建立和完善；建立记录保存系统；建立验证程序等。

五、食品供应者负主要责任

食品安全首先是食品生产者、加工者的责任，政府在食品安全监管中的主要职责就是通过对食品生产者、加工者的监督管理，最大限度地减少食品安全风险。按照美国法律，企业作为当事人对食品安全负主要责任。企业应根据食品安全法律法规的要求来生产食品，确保其生产、销售的食品符合安全卫生标准。政府的作用是制定合适的标准，监督企业按照这些标准和食品安全法律法规进行食品生产，并在必要时采取制裁措施。违法者不仅要承担对于受害者的民事赔偿责任，而且还要受到行政乃至刑事制裁。

生产经营者是食品安全主体，是相对政府的监管责任而言的，它不仅强调食品生产经营者在有违法行为后要承担相应法律责任，更强调食品生产经营者有保障所生产食品安全性的法律义务。不仅强调食品生产者要承担食品不安全的不利后果，更强调生产经营者保障食品安全的过程。具体来讲，应当有三方面含义：

（1）保障食品安全首先是食品生产经营者而非政府的义务。食品生产经营者应当积极主动、想方设法采取各种措施，确保其食品的安全。

（2）因食品不安全对消费者产生损失的，首先应当由食品生产经营者承担侵权责任，并不能以原料、添加剂供应商等第三方的过错为由推卸责任。

（3）食品质量发生问题后，首先应当追究食品生产经营者的行政、刑事责任。在此过程中只有当发现失职渎职的情况，才存在监管责任追究问题，而非一发生食品安全事件就启动监管责任追究。

美国 1906 年颁布的《联邦肉类检验法》要求肉制品安全由美国农业部派驻肉类工厂的检验官而非生产厂或加工厂负责，"检验合格"的印章表明产品是安全的。"只要检察官说肉制品是安全的，那么产品就是安全的，生产单位不必为食品安全作任何更多的努力。"这种将本应由企业承担的责任交政府承担的做法，一方面导致企业缺乏保障和改善食品安全的动力和压力，"政府让干什么就干什么，政府不说干我也不必干"，事事依赖于政府的指令和督促；另一方面也导致政府疲于奔命而事倍功半、效果不彰。随着食品生产企业的增多、食品生产工艺的复杂、食品链条的延长和众多危害的逐步浮现，单纯依赖政府的食品安全管理模式已难以为继。而现在的观点认为，确保包括农产品质量安全在内的食品安全，首先是食品生产者、加工者和居于食物链中的其他人（包括消费者）的责任。政府不生产食品，也不能仅靠政府而确保食品安全。政府在食品安全监管中的主要职责就是最大限度地减少食品安全风险，包括制定适当的食品安全标准，实行强有力的管制以确保这些标准得已遵守，以及对达不到标准的企业采取执法行动，美国当前的食品安全法规及制度就是基于这种观念而制定的。

食品安全与生命健康息息相关。食品生产者、加工者对企业承担着责任，也对老百姓承担着责任，更对社会承担着责任。让食品生产者、加工者加入到食品安全监督管理工作中来，认真学习《FDA 食品安全现代化法案》，认识到食品安全问题的重要性。深入领会问题食品召回、信息披露、社会诚信等食品安全监督管理的重要性，加强培养食品生产人员是食品安全"第一负责人"的基础工作观念，让食品生产企业自身意识到食品安全的重要性，通过对自身的监督管理，提高产品质量，保证食品安全，让广大消费者放心。

六、启示

发达国家在食品安全方面建立了较为完善监管体系，包括运转高效的监管体制、完善的法律体系、严密的制度保障，贯穿于食品安全"农田到餐桌"的全过程，为保障食品安全发挥了重要作用，同时，对我国也有很深刻的启示，值得我们加以借鉴。

1. 职能整合、统一管理的监管体制

从发达国家食品安全监管的发展趋势和成功经验来看，变部门分散管理为集中统一管理是大多数国家所推崇的监管模式，并且实践证明是行之有效的。这些国家纷纷将食品安全的监管集中到一个或几个部门，并加大部门间的协调力度，以提高食品安全监管的效率。我国现行的食品监管部门主要涉及卫生部、农业部、环保部、商务部、质检总局、工商总局等十多个具体职能部门。在食品监管的过程中实行"分段管理的模式"，容易产生部门间职能界定不清、管理重叠，有些部门既是法规和标准的制定者又是执行者。在执法过程中经常发生扯皮现象，出现监管漏洞。要解决我国现行体制存在的问题，最有效的方式就是效仿发达国家，建立部门分工明确、职能集中统一的从"农田到餐桌"的全过程监管模式。

2. 较为完善的多层次法律法规体系

西方发达国家大都建立统一的较为完善的法律法规体系。目前关于食品安全立法的模式主要有两种：一是以欧盟为代表的国家的集中立法，例如欧盟制定了一个总纲性的食品安全基本法，在其基础上，制定调整具体食品安全问题的法律法规，形成相互协调，互为支撑的法律体

系。二是以美国为代表的国家采用了分散的立法体制，分门别类的制定大量的食品安全具体法规。由于分散立法存在的弊端较为明显，容易形成职能交叉，法律间发生冲突的情况，所以现在多数国家采用统一立法的形式。我国也应该借鉴这一模式，实施食品安全统一立法，并依据总法在各部门、各地方等层面制定相应配套的法规、规章和相关标准，此外，要统一食品技术标准，提高技术标准的水平和可操作性，以解决食品安全的具体问题，形成一个从"农田到餐桌"全过程的、多层次的食品安全法律体系。

建立统一的食品安全法律法规体系是高效监管的基础。我国目前已出台了《食品安全法》，并将其作为食品安全的基本法。在今后的食品监管过程中已有法可依有法可循了。但是近期，含有三聚氰胺的毒奶粉又再次流入市场，我们不能不深思，这些商家敢冒天下之大不韪，原因何在呢？显然，相关配套法律不完善以及惩处力度不够是一个重要原因。

3. 科学有效的监管制度

在食品安全监管中，各发达国家都建有高效的制度保障体系，其中以风险评估预警、危害分析与关键控制点、缺陷食品召回等制度最具典型，形成了食品安全从"农田到餐桌"的全过程监控制度体系。各发达国家通过广泛应用这些科学管理制度，对影响食品安全的因素进行有效监控，从而保证了政府监管的力度。因此，在食品安全监管制度的构建上我国应借鉴发达国家食品安全全过程监管的理念，形成了事前预防、事中控制和事后解决的食品监管制度体系。

4. 我国食品安全监管体系框架构建的总体思路

通过充分借鉴国外成功经验，结合我国国情，并根据相关经济学、管理学理论，本文认为我国的食品安全监管体系的构建应从"监管体制、监管法律、监管制度"三个子系统的功效入手，以系统理论来分析各子系统在整个食品安全监管体系中发挥的作用，围绕体系整体效应优化的目标，对各子系统进行相应的改善，实现子系统之间、子系统与整个体系、体系与内外环境的统一和谐，从而构建完善的食品安全监管体系。在食品安全监管体系中，监管体制子系统是体系的组织形式，它与其余两个子系统的关系为：体制是法律的执行主体，是制度的应用主体，其改革发展的要求是机构、职能、权力和运行的配置要多层面统一和协调。监管法律子系统是体系的运行依据，它与其余两个子系统的关系为，法律是体制运行的基本依据，是建立制度的基础原则，其改革发展的要求是法律、标准要多层次统一、配套和完善，实现与国际接轨。监管制度子系统是体系的运行保障，它与其余两个子系统的关系为，制度是体制运行的手段和方法，是维护法律权威性的有效措施，其改革发展的要求是相关规范和措施要健全、科学高效，实现管理的全过程覆盖。因此按照这一思路，要构建系统完善的食品安全监管体系，应在进一步统一完善多层次食品安全法律体系的前提下，构建以集中协调的政府监管为主、专业性的行业组织规范为辅、兼容公众积极参与的监管体制，并健全从源头实施市场准入、强化食品安全信息披露、风险评估和技术检测、实施信息可追踪和食品召回、加强信用监督和责任追究等制度保障，实现从"农田到餐桌"全过程的长效监管，形成具有系统性、协调性、有效性、可持续性的监管体系。这个形成的过程是一个随着市场环境的不断成熟而循序渐进的过程。

参考文献

[1] 詹承豫. 食品安全监管中的博弈与协调 [M]. 北京：中国社会出版社，2009.

[2] 陈博文，潘朝思. 美国食品保护和进口食品监管新动向与我国对策建议 [J].

食品科学，2008，29（11）：685-688.

[3] 苏苗罕. 美国食品安全监管的第三方审核机制研究 [J]. 北京行政学院学报，2012（3）：17-24.

[4] 杨依晗，马爱霞. 美国 FDA 信息公开简述及启示 [J]. 中国药房，2009，20（22）：1701-1704.

[5] 陈颖洲，高仁宝. 惩罚性赔偿制度初探 [J]. 法律试用，2000，5：56.

[6] 陈颖洲，高仁宝. 惩罚性赔偿制度初探 [J]. 法律试用，2000，5：57.

[7] 戴维·狄克. 北京社会与发展研究所编译：牛津法律大辞典 [M]. 北京：光明日报出报社，1998.

[8] 朱德堂. 集团诉讼制度的价值研究——兼论我国的代表人诉讼制度 [J]. 河北法学，2007，25：2.

河南牧业经济学院　王钊　陈威风

第七章 | 美国食品安全实践

前面章节全面系统地介绍了美国食品安全监管的法规法律、制度方法等，在这一章里，我们将主要介绍几种食品和食品投入品的安全管理，包括奶类、肉类、果蔬类、粮油、贝类、农兽药、食品添加剂等的安全管理，并结合美国实际食品安全案例分析，来阐明美国食品安全管理的具体应用，希望对我们国家相应领域的安全管理起到一定的借鉴和指导作用。

第一节 奶类食品安全管理

一、美国奶类食品发展概况

美国是全球第一大牛奶生产国，奶业在美国畜牧业中也占据着非常重要的地位，奶业收入在所有畜产品销售收入中位居第二。2013 年美国全国牛奶总产量为合计 9126 万吨，奶牛存栏量为 850.6 万头。美国牧场养殖的奶牛品种中约 94% 为荷斯坦牛，4.5% 为娟珊牛，1% 为瑞士褐牛。美国奶牛养殖的效率较高，牧场人均奶牛养殖数量达到 32 头，人均销售牛奶量达 274 吨。

美国牛奶生产优势区域主要集中在东北部和西部。产奶量前 5 名的州分别为加利福尼亚州、威斯康辛州、纽约州、爱达荷州和宾夕法尼亚州。这些州农业资源丰富，同时也是工业发达和人口密集的地区。美国奶牛存栏前 10 名的州其奶牛存栏占全国奶牛存栏的 72% 左右。原料奶的干物质含量会有差异，主要是由于各个地区气候不同、饲养方式不同、牧草资源不同，比如威斯康辛州人口较少、牧草资源丰富、夏天至秋天都可放牧。

美国奶牛养殖以高效小规模的养殖场为主导，以家庭牧场为主。从第三大奶牛养殖区域纽约州来看，奶牛养殖场的数量在不断下降，单个养殖场的规模在上升，但美国的养殖场规模总体较小，至 2006 年纽约州奶牛养殖牧场的平均规模仅 100 头左右，近 50% 的奶牛存栏都在 50–200 头之间。美国牛奶的产量近 10 年仍有年均复合 1.65% 的增长，原料奶产量的提升主要来自于奶牛单产的提升。美国乳品生产第一大州是加州，生产优质且种类繁多的乳品，包括奶酪、黄油、牛奶等。目前，加州乳制品已在国内市场走俏，如蒙特里杰克、涂抹黄油、切达奶酪等。此外，加州生产的马苏里拉奶酪棒奶香浓郁，食用方便且富含营养，是儿童及上班族的首选奶酪，受到广大消费者的喜爱。另外，所有加州生产的乳品都贴有 Real California Milk（纯正加州牛奶）或 Real California Cheese（纯正加州奶酪）标记。美国以奶农合作社为主导，强化上游对下游乳制品的议价能力。美国的奶业是以家庭农场为基础、以协会或合作社为支架、以公司化生产为枢纽。合作组织把分散的农场主集中起来，为他们提供一系列专业化服务，提高他们在市场中抗风险的能力，以争取最大利益。有些合作社则直接创办加工企业，实行产加销一体化，奶农的利益得到了更好保障。

美国现在拥有超过 57000 个奶牛场，98% 以上为 A 级，拥有超过 1000 个乳品加工厂。美国的原料奶百分之百进行加工，主要产品中奶酪和乳清粉占 36%、液态奶占 36%、脱脂奶粉占 8%、冰激凌产品占 5%、黄油占 4% 和浓缩产品占 5%。美国的牛奶消费以巴氏奶为主，占比约为 99.7%，仅有少量超高温瞬时灭菌（UHT）奶供应于军队，美国所有海外驻军基地的牛奶都是由美国本土采购配送的 UHT 奶。巴氏奶诞生于 19 世纪晚期，主要是为了防止牛奶酸败。

从美国整个乳制品行业来看，销售排行前五名的企业分别为 DFA（Dairy Farmers of America）、迪恩食品（Dean Foods）、卡夫食品（Kraft Foods）、施雷伯食品（Schreiber Foods）、蓝德雷（Land O'Lakes）。其中，DFA 集团是美国最大的牛奶公司，拥有分布在美国 48 个州的 18000 个大型农场，是美国最大的乳制品、食品配料和食品原料生产商之一，出口市场遍布墨西哥、欧洲、中美、南美、亚洲、中东以及太平洋周边国家，是目前全球顶级的牛奶公司之一。在美国本土独立拥有 21 个大型乳制品生产加工基地，致力于生产高品质的牛奶。2012 年 DFA 销售收入约为 120 亿美元。在 2013 年 7 月，伊利集团与美国 DFA 集团共同对外宣布，双方已在奶源建设及产品创新等方面达成战略合作伙伴关系，并正式签署合作备忘录。这是迄今为止中美两国乳业发展史上最重量级的一次战略合作，拉开了两国乳业巨头强强联合的序幕。

二、美国乳品的质量安全管理体系

美国乳品质量安全管理体系由乳品质量监督管理机构、乳品质量安全法律法规体系、质量安全标准体系和质量安全检测体系及奶业支持政策组成。乳品质量监督管理机构主要包括食品药品管理局、农业部等联邦机构、各地方政府及相关行业协会等。法律法规体系主要包括联邦法律及法规、自愿性标准和行业规范等，其中《A 级巴氏灭菌奶条例》（PMO）是美国乳制品安全保障体系中最重要的法令；奶业支持政策主要包括牛奶收入损失合同项目、联邦牛奶销售规程、乳制品价格支持项目、乳品进口分担项目、乳制品出口激励项目、乳品与营养援助项目等。总的来看，乳品质量安全的监管机构、法律法规、标准体系和支持政策间互相关联，各监管机构间互相协作，各法律法规和标准间互相补充，各奶业政策间互相促进，乳品质量安全管理体系运作顺畅高效，充分保障了美国原料乳和乳制品的质量安全。

1. 法律法规体系

美国乳品质量安全的法律法规比较完善，内容也比较丰富。与乳品质量安全相关的管理机构同其他管理机构一样首先必须遵守《行政管理程序法》、《自由信息法》、《联邦咨询委员会法》等法律。另外，相关的食品安全方面的法律法规有《联邦食品药品和化妆品法》、《食品质量保护法》、《营养标签和教育法》和《联邦杀虫剂、杀真菌剂和灭鼠剂法》等。这些法律法规在前面一些章节已经介绍，这里不再赘述。再者，针对牛奶和奶粉在内的乳制品，卫生与公共服务部、食品药品管理局和公共卫生署等部门也联合发布了乳制品生产制作程序的规定。

2. 质量安全标准体系

美国的农产品质量标准包括国家标准、行业标准和企业操作规范。其中，国家标准由农业部的食品安全检验局、农业市场局、粮食检验包装储存管理局、卫生与公共服务部的食品药品管理局、环境保护署以及由联邦政府授权的其他机构共同制定。行业标准由民间团体制定，是美国农产品质量标准的主体。企业操作规范由农场主或公司制定。美国对原料牛乳有严格的质量标准，将原料牛乳分为三级：凡是符合饮用鲜乳卫生和质量标准的被列为美国农业部颁发标准的 A 级；凡是低于该标准，但能用来加工乳酪、冰淇淋、酸奶等软性乳品的为 B 级；其他用来加工干酪、黄油和脱脂奶粉的为 C 级。美国全国牛乳供应量的大约 85% 为 A 级牛乳，其中一半用作饮用牛乳。

联邦机构如国防部、食品药品管理局、消费者产品安全委员会、环境保护署、职业安全与健康管理局和国家安全部等经常参照自愿性标准，而不制定相关的技术要求。只有当自愿标准无法满足管理和采购要求时联邦政府和州和地方政府及机构才会自行制定相关标准。制定乳品安全标准的机构主要有：

（1）美国官方分析化学师协会（AOAC）：该协会的前身是美国官方农业化学师协会，于 1885 年成立，1965 年改用现名。其宗旨是促进分析方法及相关实验室品质保证的发展及标准化。标准内容包括：肥料、食品、饲料、农药、药材、化妆品、危险物质和其他与农业及公共卫生有关的材料等。在美国，新药、生物制品和某些器械的安全性和有效性必须得到美国 FDA 的批准，食品中农药残留量不能超过 EPA 制定并由 FDA 执行的安全容量，而 FDA 进行实验室检测的主要依据就是 AOAC 标准，乳品的检测也如此，制定的标准主要有《AOAC 官方分析方法》，《微生物学方法集成》，《食品分析方法》，《营养品标签分析方法》等。

（2）美国奶制品学会（America Dairy Production Institute，ADPI）：美国奶制品学会于 1986 年成立，由美国乳粉学会和美国乳清产品学会合并而成，1997 年又吸收美国炼乳协会，进行奶制品的研究和标准化工作，制定产品定义、规格、分类等标准。制定的标准主要有：乳粉等级及分析方法标准，乳清及乳清制品的定义、组分及分析方法标准等 6 项。

（3）美国公共卫生协会（APHA）：APHA 主要制定工作程序标准、人员条件要求及操作规程等。标准包括食物微生物检验方法、大气检定推荐方法、水与废水检验方法、住宅卫生标准及乳品检验方法等。

（4）三协会标准化技术委员会制定的标准：三协会是由牛奶工业基金会（MIF）、奶制品工业供应协会（DFISA）及国际奶牛与食品卫生工作者协会（IAMFS）联合组成。三协会标准是三协会卫生标准委员会制定的关于奶酪制品、蛋制品加工设备清洁度的卫生标准，主要包括牛奶及其制品贮罐的卫生标准等，现行标准数量 85 项。

（5）农业部农业市场服务局（AMS）制定的农产品分等分级标准：AMS 负责包括乳品、水果和蔬菜、家畜及育种、家禽和棉花烟草 5 个方面的标准化、分级和市场服务以及其他工作。截至 2004 年，AMS 制定的农产品分级标准有 360 个，收集在美国《联邦法规汇编》的 7CFR 中。其中，乳品分级标准 17 项。这些农产品分级标准是依据美国农业销售法制定的，对农产品的不同质量等级予以标明。新的分级标准根据需要不断制定，大约每年对 7%的分级标准进行修订。制定的标准有：美国黄油分级标准；美国乳清粉分级标准；美国切达奶酪分级标准；美国脱脂奶粉（喷雾法）分级标准等 17 项。

（6）美国公共卫生署（USPHS）：《美国 A 级巴氏杀菌乳合格标准和管理条例》是由 USPHS 下属的 FDA 颁布的。乳品卫生工作是 USPHS 关注时间最长、关注程度最高的一项工作。1924 年，USPHS 制定了《乳品标准规范条例》，作为一个规范样本，以帮助各地州、市有效启动、并深入开展乳品卫生管理工作，以有效控制乳品卫生问题所产生的疾病。USPHS 对乳品卫生的格外重视主要源自两方面的因素：一方面，对于维护人体健康，特别是对儿童和老人而言，乳品在提供营养方面的作用超过其他任何一类食物，也正是因为这个原因，USPHS 多年来一直鼓励多食用乳品。另一方面，乳品也容易成为疾病传播的载体，以往发生的一些疾病的流传正与乳品卫生有关。此条例由各地州乳品监管机构自愿执行。对加工、包装、销售 A 级乳及乳品（包括乳酪及其制品、乳清及其制品、浓缩乳和乳粉类产品）做出了规范要求，并利用新知识、新方法来完善公共卫生工作的管理实践。该条例有以下三方面的适用情况：①可用作联邦政府关于乳和乳品购买方面规范的补充性参考文本；②可用作规范洲际间乳和乳品运输者卫生要求的标准；③可作为广受公共卫生管理机构、乳品行业组织等认同的全国性的乳品卫生安全标准。随着本条例使用面的拓宽以及各界对其作为统一标准的认可，本条例的使用和推广将能继续有效地保护好公众健康，同时不会对"管理机构"或乳品行业组织造成额外过重的监管负担。条例在制定时已充分考虑到了普通大众目前的文化知识和经验认识水平，在可操作性和公正性上都适合作为一个全国性的乳品卫生安全标准。此条例尤其强调乳品生产过程控制的重要性。条例监管以下几方面内容：A 级乳和乳品生产、运输、加工、处理、采样、检验、标识、销售；对以下对象的检查监管：奶（牛）场、乳品厂、收奶站、中转站、奶槽车清洗设施、奶槽车、原奶收集/采样员；认证和收回认证的对象为：原奶收集/采样员、奶槽车、奶槽车清洗设施、乳品厂、乳品运输企业、收奶站、中转站、运输入、分销商等，另附处罚措施。该条例覆盖了从农田到餐桌的全部乳品生产销售环节，并经过多年的实践证明，对控制乳品安全是有效的。此外，美国已经将 HACCP 成功运用到乳品行业中，从而使得美国乳品安全保障体系更为完善和全面。

3. 质量安全检测检验体系

美国的乳品食品安全保障体系中最重要的法规为"A 级巴氏灭菌奶条例"（PMO）。该法规包括对 A 级乳及乳制品的生产、运输、加工、处理、取样、检查、贴放标签及销售的管理，对农场、收购站、乳厂、中转站、乳罐车、乳罐车清洗设备、散装乳搬运工和检验员的检查，对牛乳生产商、散装乳搬运工和检验员、牛乳运输公司、乳罐车、乳罐车清洗设备、乳厂、收购站、中转站、搬运工、销售商的许可证颁发和撤销及相应的处罚条例。可以说，PMO 覆盖了从农田到餐桌的全部乳品生产销售环节，为美国乳品的检验检测提供了可靠的依据。然而，尽管多年的实践证明，PMO 对控制乳品安全是有效的，但是它还是不能把所有乳源性疾病完全控制住。美国的乳品质量安全体系客观上起到了促进美国乳品生产和发展进出口的作用，这些经验都对我国制定相关规范具有借鉴意义。

4. 美国乳品安全监管

美国对奶业的监管覆盖整个产业链。乳制品的安全监管主要由美国食品药品管理局、农业部和各州政府负责。

（1）FDA 制定了各种食品、药品与化妆品法的法律法规来规范乳制品的质量。它要求乳品生产必须遵守政府食品、药品与化妆品法和良好生产规范。

（2）美国农业部对产品分级和规格进行监管，它制定乳品加工企业认证和分级的总说明书以及牛奶生产和加工规范。通过美国国家州际奶运输协会和食品药品管理局的合作，州政府监督调控 A 级乳品的生产和加工，并依据州政府相关法律法规，为乳品生产和加工企业颁发许可证，并进行全程监管。

（3）各州一般设有食品安全部门，保障食品从农田到餐桌的安全生产与销售，为消费者提供安全、优质的食品，同时也为食品企业提供教育、咨询等服务，为其生产安全、优质食品保驾护航，并回应消费者的关注和信息需求。一旦出现重大食品安全问题，国会相关分委会必要时可开听证会、制定必要的法规。美国各州食品安全管理部门要求生鲜奶总产量万吨以上奶牛场和所有乳品加工企业都要有州相关部门颁发的营业执照；所有 A 级奶牛场、加工企业以及散装奶罐车除了有营业执照外，还要求具备 A 级许可证。食品安全管理部门主要检查农场和加工企业的运作情况，检查收奶和运输奶的状况，测试巴氏杀菌设备运作及密封状况，实验室检验以及牛奶认证等情况。其中巴氏杀菌设备测试及密封状况是乳品加工企业公共卫生防控的重点。A 级产品的检查由州政府负责，州政府和企业负责采样，州政府和联邦政府负责监管。检查频率为：A 级加工厂每 3 个月检查 1 次；A 级农场每 6 个月 1 次或视营业状况而定；散装奶罐车每年检查 1 次；牛奶运输公司每 2 年检查 1 次；牛奶和水质检验实验室每 2 年检查 1 次；A 级产品需要每 3 个月检验 1 次，每 6 个月检查 1 次保质期和密封包装；非 A 级产品每年至少要进行 1 次检验，在保质期和密封包装的检查方面，如果该企业享有美国农业部的分级服务，那么每 6 个月就要进行 1 次检查。以威斯康辛州奶业法规为例，A 级产品包括牛奶、酸奶油、奶油、酸奶以及其他液态奶产品；加工级产品包括干酪、冰淇淋、黄油以及其他类似的乳产品。

A 级乳制品抽样分析的指标主要有以下几方面：

（1）乳品加工厂的原料奶中细菌总数不应高于 30 万 CFU/ml；从奶农手中收购时，原料奶中细菌总数不应高于 10 万 CFU/ml。

（2）巴氏灭菌奶中细菌总数在保质期内不高于 2 万 CFU/ml，炼乳、乳清、乳清制品、乳清粉以及脱脂奶粉中细菌总数上限是 3 万 CFU/g。

（3）A 级巴氏灭菌乳产品（不包括发酵乳产品）中大肠埃希菌数不

高于 10 个/ml（10 个/g），散装奶罐车中的大肠杆菌数不高于 100 个/ml。

（4）每升奶中磷酸酶含量低于 350ml/U。

（5）巴氏杀菌乳生产的白软干酪中酵母菌和霉菌数不超过 10 个/g。

乳品加工厂会对 A 级奶牛场生产的原料奶进行抽样分析，对每个奶牛场各批次原料奶进行抽样，每月检验标准平板计数细菌数（SPC）、体细胞数（SCC）、药物残留以及奶温。通常由州政府指定的实验室检验分析，检验结果上报州政府。一般 SPC 不高于 10 万 CFU/ml，SCC 不高于 75 万个/ml，奶温不高于 7℃，不得检出药物残留。乳品加工厂收购的每批原料奶都要检验药物残留，至少要检验 β–内酰胺类药物残留。

美国的乳品安全监管是由多部门共同协作完成的。美国宪法规定由政府的立法、执法和司法三个部门共同负责国家的食品安全工作。为保证供给食品的安全性，国会和各州议会制定和颁布食品安全法令，建立国家级保障体系，并授权行政执法机构强制执行法令。国会给予立法机构制定食品安全法规的广泛权力，但同时对制定的法规也作了一定的限制：美国农业部、美国食品药品管理局、美国环保署、各州农业部等执法部门有权发布一些食品安全方面的法律法规并负责执行和根据实施情况修订这些法律法规。但是监管机构的职责主要是按产品和污染物两块划分的。目前在美国，食品安全监管体制逐步趋向于统一治理、协调、高效运作的架构，强调从"农田到餐桌"的全过程食品安全监控，形成政府、企业、科研机构、消费者共同参与的监管模式；在治理手段上，逐步采用"风险分析"作为食品安全监管的基本模式。监管部门与各州和地方政府的相关部门配合，形成食品安全治理网络。

乳制品行业存在一种特例。多种类别产品，例如液体牛奶、白软干酪、酸奶油、咖啡伴侣或类似项目目前直接用牛奶箱及牛奶车运至销售或服务（零售、食品服务）点，通常不需要粘贴任何标签。个别项目出于溯源目的或根据生物恐怖主义法案规定可能包含某种形式的标签与批号。

美国乳制品的监管模式还有 HACCP 体系的建立和推广，HACCP 可以让企业在生产的过程中实施关键控制点重点监控，加强生产的全过程监控，因此从 20 世纪 80 年代开始，美国开始推行 HACCP 管理。美国的乳制品企业按照各自实际情况，建立 HACCP 体系并且严格执行相应的要求，切实做好生产过程的监控，把危害风险降到较低水平。

第二节　肉类食品安全监管

一、美国猪肉生产情况

美国是畜牧业生产的超级大国，各种畜产品的产量都居世界前列，畜产品绝对数量大，人均占有量高。据国际畜牧网 2012 年 4 月 27 日报道，美国农业部的最新统计数据显示：2011 年美国商业生猪屠宰量总计为 1.109 亿头，同比增长 1%。其中 99.2% 的生猪都是在联邦政府检验监督之下进行屠宰的。2011 年美国猪肉总产量达 225.99 亿磅，高于 2010 年的 222.75 亿磅。

在生产成本上，由于采取规模化生产，美国生猪养殖和猪肉屠宰加工的成本低于中国，成本的大幅降低不仅可以带来丰厚的利润，还可以明显减轻因食品价格上涨而导致的恶性通货膨胀。在出口收益方面，

2011 年美国全国共出口 225 万吨猪肉，出口额 61.08 亿美元，比 2010 年增长了 28%，平均每头出口增值超过 55 美元。

在美国，菜比肉贵是一种常态，最便宜的是鸡肉，有时可以便宜到不足 1 美元一磅。因为美国肉类食品生产规模大，生产成本较低。20 世纪 80 年代以来，新技术的出现和生猪养殖专业化程度的提高，大大降低了养殖成本，生猪价格和猪肉价格随之下降，大量的小生产者被市场淘汰，生猪养殖场数量下降，出现了规模变大、地理分布趋向于集中的局面。养殖企业与加工企业签订长期合同的方式很快就取代了原来的公开市场交易方式。美国肉类生产的主要特点：

1. 具有完善的安全监管和市场体系

在企业自己抓安全的基础上，政府部门负责监管。美国农业部在各个地区都设有办事机构，这些机构负责对当地的肉类产品进行检验检疫，防止不健康的产品流入市场，最大限度地确保了消费者的食品安全。大市场是指美国的市场体系非常完善，如生猪屠宰场每天将生猪收购价格直报美国农业部，农业部综合国内国际市场价格直接反馈给屠宰场和养殖户，让市场信息第一时间发挥作用，美国的猪肉、牛肉等畜牧产品在国际的销售市场大，出口多个国家和地区，其中包括中国，仅爱荷华州的猪肉产品就出口到 34 个国家。

2. "四化"即良种化、标准化、规模化、自动化

良种化是采用人工授精、胚胎移植等生物技术，对动物进行遗传选育，提升生产能力，增产增效，目前美国商品猪生产基本实现了三元杂交全覆盖。标准化最主要是有法可依，畜牧业管理法规比较健全，从饲料、种畜禽、兽药（疫苗）生产，到饲养、加工、运输环节，都有法规可循，严格依标准进行生产。仅在畜产品安全卫生方面，就有《联邦肉类产品检查法》、《联邦禽类及禽产品检查法》、《联邦蛋类产品检查法》等多部法律法规。规模化体现在美国畜牧业的生产规模较大，集约化程度高。自 20 世纪 70 年代开始，美国的畜牧业生产规模化发展加快，各类养殖场的规模不断扩大，数量不断减少。在规模效益和利润的推动下，大型的一条龙生产企业迅速成长，产能巨大，集约化生产水平相当高。自动化体现在自主研发或者引进先进的机器设备和设施进行生产，在生产中实现智能化、机械化管理。

3. "三结合"，即农牧结合、牧工结合、工商结合

农牧结合就是农业生产和畜牧业生产有机结合，农区种植业为畜牧业提供牲畜所需的饲料，同时畜牧业所产出的牲畜排泄物又可以作为发展农区种植业所需的肥料；爱荷华州的标准化猪舍饲养猪 2400头，对应的土地有机质含量高，农作物产量也高。牧工结合是指畜牧业采取企业化的运作模式，农牧民同时也是产业工人，畜牧业以追求经济效益为根本目的。工商结合是指畜牧业在各个细分市场建立联动的零售批发机构，与这些机构保持紧密联系，进行畜产品的销售和流通。

4. 资源富集、技术富集

资源富集是指生产肉类产品所需的资源十分集中，畜牧养殖所需的饲料原料十分丰富，生态环境良好。技术富集是指美国畜牧业企业非常重视新技术的发明和利用，将科学研究作为高效率畜产品生产的重要组成部分。

5. 综合生产能力强

美国畜牧业的劳动生产率很高，生产能力较强。从品种上看，不断进行品种培育和研发，提高品种质量；从饲料喂养上看，将乙醇提炼过程的副产品作为养牛饲料，或经过干燥处理后作为猪饲料，明显地降低了喂养成本；从动物疫病防治上看，按照免疫程序进行定期检查和淘汰；从畜牧设备和设施上看，简单实用，造价低廉。

二、安全控制体系

美国的肉类安全控制体系，概括起来主要包括法律法规体系、组织机构与职能分工、动物卫生控制、残留监控、食品源性微生物的监测及往加工厂推行 HACCP 计划几个方面。

（一）法律法规体系

美国的《联邦肉类检验法》已有近百年的历史，经过不断修改完善，已经形成一套完整的法律、法规体系。

1. 法律

相关法律包括《联邦肉类检验法》《禽类及禽产品检验法》。

2. 法规

美国《联邦法规汇编》是一部综合性的法规汇编，其中第 9 章第 2 卷介绍了美国食品安全检验局（FSIS）的职责范围，涉及肉类、禽肉、禽蛋产品的检验法规。

3. 规章

包括各种规程（Procedure）、标准（Standard）、手册（Handbook）、指令（Directive）。

（二）组织机构与职能分工

美国负责动物产品和食品的安全的组织机构非常健全，他们各司其职、积极合作。涉及的部门主要有农业部（USDA）、卫生和公众服务部（DHHS）、环境保护署（EPA）、商务部（DCl）和司法部（DJ）。各部署下设立了负责检验检疫或食品安全卫生的机构，如农业部下的动植物卫生检验局（APHIS）和食品安全检验局（FSIS）、卫生与公众服务部下的食品药品管理局（FDA），依照美国《联邦法规汇编》分别实施检验检疫。

美国国家猪肉委员会（NPB）包含市场部、科技部和生产者服务部3个办事机构。其中，市场部包括渠道销售、消费者广告策划、生猪信息局、国外市场拓展等部门；科技部包括专业从事维护食品安全、猪肉质量、动物福利、动物保健和生态环境方面的部门；生产者服务部包括从事教育培训、生产研究、制造商交流沟通等几个部门。该委员会致力于为猪肉企业创造持续健康发展的环境，保障生产出既安全又富有营养的猪肉产品，保护动物福利和维护公共卫生安全，同时为员工提供安全卫生的工作环境，改善猪肉生产企业的交际平台。

农业部动植物卫生检验局（APHIS）负责动物疫病的诊断、防治、控制以及对新发生疫病的监测，保护和改善美国动物和动物产品的健康、质量和市场能力状况。其中兽医服务处（VS，Veterinary Service）负责对进口动物及动物产品的管理，保护国内动物及禽肉的健康，消灭输入性疫病，并实施国内动物疫病消灭计划。负责出口动物和动物产品的检疫证书，对生物制品及其生产厂家进行检查，并签发许可证。

农业部食品安全检验局依照美国《联邦肉类检验法》、禽产品检验法和蛋产品检验法对国内及进出口的肉类、禽和蛋产品实施检验，保证食品的安全卫生和适当标记、标签及包装。FSIS 全国大约有 9100 多人，其中 1100 多人是兽医，此外大约有 7400 个联邦检验员，对 6200 个左右经注册的生产厂家进行检查。

人类健康服务部下属食品药品管理局主要是负责除肉类、禽蛋产品以外的所有食品和药品、化妆品、医疗器械、动物饲料和兽药的安全、卫生检验。海产品和鱼类安全检验可以根据自愿的原则，向国家海产品渔业局申请检验、出证。

FDA 负责研究食品污染的检测和预防方法，收集有关食品添加剂和环境因素（如杀虫剂）的资料；制定其检验范围和检验标准，并敦促联邦在食品标签、食品颜色添加剂、食品卫生和安全等方面的立法。FDA 对其职责范围内的食品加工厂，进口食品和饲料厂等实施检查，并对非安全或受污染食品、非法流入市场被没收的食品等进行监测，以确保食品的安全、卫生。

由上可知，USDA、FDA 以及 FSIS 共同承担了大部分美国的食品安全监督的责任，但是区别谁管什么的规定比较复杂。以鸡蛋为例，FDA 负责监管带壳的鸡蛋，USDA 负责监管含鸡蛋的制品，包括液体、冷冻、脱水的鸡蛋等。FDA 负责检查鸡吃的饲料，而管理饲养工厂的责任则是 USDA 的。理论上，USDA 负责的是肉类、家禽和鸡蛋制品的安全，而 FDA 负责其他所有的食物安全。香肠肉是归 FSIS 检查，但是肠衣却由 FDA 负责的，因为肠衣并不含任何肉的成分。FSIS 负责每日常规食品安全检查，FDA 的检查则没有标准时间。FDA 大部分是在收到一些食品可能被污染的讯息之后才出动的。所以对同一个生产厂家的检查可能是 10 年一次，或者根本就不检查，但这并不是因为他们不想检查，只是资金不足。在这样的制度下，一个香肠披萨可能在出厂之前经过 3 次检查，而同厂生产的素食披萨可能一次检查都没有，但是婴儿食品是个例外。检查罐装鸡肉是 FSIS 的责任，但是检查罐装苹果酱却是 FDA 的工作。虽然两样物品的检查次数不均，这并不影响他们的安全系数。

（三）动物卫生控制

屠宰加工染病动物不仅会导致动物疫病的传播，如果动物患有人畜共患病或者是人类条件性致病菌的携带者，还会直接威胁人类的健康，同时动物卫生状况直接影响兽药的使用，与肉品种的药物残留问题有着十分密切的关系。因此，动物卫生在肉类安全卫生控制中具有十分重要的地位。美国试图用一系列的动物疫病根除计划、监测计划、预防计划来解决肉类安全卫生控制中的动物卫生问题。如美国对痒病的监测和根除计划，国家家禽改善计划及补充条款等。APHIS 对从农场运到屠宰场的动物并不出具动物卫生证书。其最高目标是让所有从农场到屠宰场的动物都是健康的。另外，尽管美国没有疯牛病和口蹄疫，但仍然投入大量的人力和财力去研究预防疯牛病和口蹄疫传入的技术和政策措施。

（四）动物源性食品有害残留监控体系及实施

美国政府通过建立完善的残留监控体系并制定统一的程序和指导方针对食用动物中有害残留物质进行控制，肉类的残留监控是国家残留监控计划的重要部分，国家残留监控计划所涉及的残留物的种类分别有：兽药、农药和环境污染物。国家残留监控计划包括：年度残留监控抽样计划，确定残留监控具体项目，监控取样，实施测试。具体监控计划包括：国内的兽药临控计划及特殊项目的监控，进口食品的兽药残留监控计划，国内农药残留监控计划及农残特殊项目的监控，进口食品中农药残留监控计划，国内和进口食品中环境污染物监控计划及特殊项目的监控。残留监控计划的实施包括两个取样阶段：监控阶段和监视阶段。在监控期间，从动物体组织中随机抽样进行残留分析，其分析结果用来预测可能存在残留物质危害，也可用于判定是否符合法律、法规和监控措施。当发现有残留可疑样品存在时，便进入监视过程。在监视阶段，驻厂监视人员，对可疑动物进行现场临控测试，采用的测试方法主要是：快速抗生素筛选法（FAST）、磺胺测试法（SOS），分别用来确定动物组织是否受抗生素和磺胺侵害，并注意收集受药物危害的根据，如注射部、化学物质的味道、内脏的颜色，疾病症状等。在一批动物中，可选择代表性畜体进行检验，以估计整批动物的情况，畜体需被扣留到现场测试结果做出为止。

（五）微生物的检测与控制

由于食品结构发生了根本性变化，特别是速食食品品种的急剧增加，食源性疾病不断威胁着美国国民的食用安全，统计结果表明，每年患沙门菌病、弯曲杆菌病仍在很高的水平。因此，如何科学、有效地控制食品性病原微生物的污染是美国 USDA 的重大战略任务之一。通过与农业部 Texas FSIS 培训中心的交流，目前美国 USDA 对原料奶、奶制品监控的重要指标是：细菌总数，判定肉制品的一般污染状况；大肠菌群，划定加工过程粪源性污染的状况；病原微生物，包括沙门菌、大肠埃希菌 O157、单核李斯特菌、空肠弯曲杆菌和耶尔维森菌。

（六）HACCP 在美国肉类加工企业的应用和实施

根据美国 HACCP 法规和消除病原体计划的规定，大型的工厂（500人以上）必须在 1998 年 1 月起强制性实施 HACCP，小型的工厂（10～500 人）必须在 1999 年 1 月起强制性实施 HACCP，极小型的工厂（10人以上）必须在 2000 年 1 月起强制性实施 HACCP，也就是说现在美国的肉类加工厂都必须强制性地实施 HACCP。根据美国肉禽 HACCP 法规，美国把需要实施 HACCP 管理的肉禽加工企业分成以下九类：

①屠宰：所有的种类

②生的产品：非绞碎的产品

③生的产品：绞碎的产品

④热加工的产品：商业无菌的罐头产品

⑤未经热处理的产品：保质期稳定的产品

⑥经过热处理的产品：保质期稳定的产品

⑦经充分加热保质期不稳定的产品

⑧经过加热但加热不充分：保质期不稳定的产品

⑨二次加入抑制剂：保质期不稳定的产品

为了更好的实施 HACCP，美国农业部充分认识到对企业和自己员工培训的重要性，为此，他们采取了各种培训的方式。USDA—FSIS 在美国德克萨斯农业和机械大学设有专门的培训中心，对 FSIS 检验员和企业人员进行各种各样的培训。除此之外，美国农业部鼓励其他各种形式的 HACCP 培训，如大企业对小企业的 HACCP 培训，FSIS 检验员对企业人员的培训，小型和极小型企业因没有时间只能按照美国农业部编写的自学教材和录像带进行自我培训等。

三、美国肉类检验检疫管理体制

美国肉类检验检疫管理体制的主要特征是法律法规体系完善。美国的肉类检验检疫法已有近百年的历史，经过不断修改完善，已经形成一套完整的法律、法规体系。据国际畜牧网 2012 年 5 月 4 日报道，美国农业部日前公布了一条新的检测方针，能够在全美食品链中追踪受大肠埃希菌感染的家禽及其他肉类产品，以便更好地保护消费者，使其免受污染食物的侵害。美国农业部称，当例行检测发现大肠埃希菌污染时，新的追踪方针能够让食品安全监管者在最短时间内采取行动，确认供应商的身份，并将受污染食品下架。在现行体系下，食品安全监管人员对家禽及其他肉类产品的大肠埃希菌进行例行检测时，需要持有一份"确认呈阳性"的检测报告才能够展开追踪工作。而在新的条例下，只要家禽和其他肉类产品的检测结果为"可能呈阳性"，追踪程序便可以展开，这意味着有关部门可以在 24～48 小时之内展开工作。同时，新的条例要求家禽及肉类加工商、养殖户以及零售商建立起一套有效的召回制度，当发现食品受污染，并且需要妥善记录受污染食品的控制措施时，上述单位需要在 24 小时之内联系相关联邦管理机构。

（一）国内动物产品的检验检疫

美国农业部食品安全检查局（FSIS）负责对肉类、禽蛋产品的检验检疫；APHIS 负责肉、禽蛋产品以外的动物产品的检验检疫；在自愿的前提下，渔业局负责对海产品、鱼类产品的检验；州政府兽医负责检验检疫州内生产供本州销售的肉类，禽蛋类产品，而联邦政府兽医负责州与州之间的运输，销售以及进出口的肉类、禽肉产品的检验和签发安全证书；APHIS 和 FSIS 分别对检验检疫职责范围内的生产厂家进行驻厂检验检疫和监督管理，如 FSIS 全部实行驻厂检验管理，由驻厂兽医和检验员实施检验并签发检验证书。病原微生物的检验亦实行细分工负责制，生产厂家对大肠埃希菌实行检测（通常 FSIS 鼓励和支持生产企业做沙门菌的检测），FSIS 对沙门菌进行抽样检测，并对生产加工过程的检验实行监测，同时 FSIS 派出巡视员或监督官员不定期对生产厂家进行监督检查及进行评估和疫病监测工作，联邦政府为州及当地政府检验检疫部门提供科技、信息咨询及培训帮助，保证双方运作能等同，并符合法律、法规的要求。

（二）进出口检验检疫

美国 FSIS 负责美国国产和进口肉类和禽类产品的检验检疫，并对产品进行准确的标识，以确保这些产品的安全。美国联邦肉类检疫法令和禽类产品检疫法令要求，凡向美国出口肉类和禽类产品的国家应建立和美国对等的检验检疫体系，并且向美国出口肉类和禽类产品必须通过严格的检查合格后方能向美国出口，美国食品安全检查局还要对产品检查合格的国家的兽医卫生检疫体系进行检查，以确保其与美国的检疫体系等同。产品进入美国后，在进口港对产品实施再检疫是对出口国家的检验检疫工作有效性的进一步检验。美国食品安全检查局为对出口国家进行评估制订了专门的程序—这些程序包含在联邦肉类和禽类产品检疫条例中，包含两个步骤：文件检查和现场检查。

1. 文件检查

文件检查包括对一个国家在肉类和禽类产品生产、加工、出口方面所使用的法律、法规、条例、法令以及其他规定等进行审核，食品安全检查局将在污染、疾病流行、生产和加工程序、农药残留、商业信誉和经济诈骗记录 5 个风险方面帮助出口国组织有关材料。FSIS 的技术专家负责对有关标准、操作、人员、执法强度等情况进行评估，从而确认上述 5 个风险方面的关键点符合要求，在很多情况下，向美国出口产品的国家必须修改其条例或特殊的公共法令以达到与美国的要求一致。

2. 现场检查

当文件检查合格后，即可进行第二步即现场检查，现场检查由专家小组负责进行，专家包括有食品技术专家、微生物学家、化学家、统计学家和兽医，专家小组对出口国制定的检疫程序的各个方面进行评估，包括其培训计划、设施和设备等情况，在这个过程中实验室以及单个生产企业允许 FSIS 对所有的领域进行详尽的分析并观察，以检查检疫体系每日的运行情况。在考察出口国是否能向美国出口产品时，FSIS 将检查该国政府的某些强制性条例与美国的有关条例是否对等，包括：宰前检验、宰后检验、政府对企业（工厂）机构和设备及设施的控制、检查员对屠宰和加工过程的直接和连续的管理，对所有出口企业和含有出口和非出口加工但相互完全分离的工厂的单个检疫和卫生标准，官方控制的不可使用的产品的处理等。如果文件检查和现场检查的结果都确认出口国检验检疫体系提供的管理措施与美国的对等，FSIS 将准备一份联邦注册通知，拟同意该国为合格国家，通过公众评论后，该国将被宣布为可以向美国出口产品的合格国家。

3. 对合格国家的继续监督

一个国家成为向美国出口产品的合格者以后，FSIS 每年对合格国家的检疫体系进行 1—4 次检查，以确保他们的检疫程序一直能满足美国的要求，检查者将参观已获得证书的企业和进行检疫管理的机构，检查的重点是检疫体系对 5 个风险方面控制的情况，检查频率取决于该厂历史上的情况，包括工厂检查和出口产品进境后再检查的结果。当合格国家的工厂准备向美国出口产品时必须向本国检验检疫部门提出申请，对符合申请标准的企业，由该国首席兽医官向 FSIS 签发证书，同意该企业的产品向美国出口。如果一个国家停止了与美国对等的检验检疫制度，那么这个国家将从向美国出口产品的合格国家名录中除去。当 FSIS 不能从出口国得到必要的信息资料时，这个国家也可能从合格国家名录中除去。

4. 美国对肉禽蛋产品进口的检验检疫程序

检查输出国的检验检疫体系是否是与美国的体系等同；确保进口肉、禽蛋产品在与美国等效的检验、检疫体系下生产、加工；确保进口到达入境口岸实施检验检疫时有恰当的证书，证明产品符合美国的标准；货物到达口岸时，信息输入口岸自动进口信息计算机系统（AIIS），并在其指导下对进口产品实行采样检验。检验数据不但用于决定以后特定国家、特定工厂所生产的产品进行采样的频率，还用作评估该国检验检疫系统的补充信息。美国农业检查员在货物到达口岸时实施验证验货，在 AIIS 系统将进口信息发送到全国口岸的同时，指示不同的检验检疫机关在目的地对进口产品实施检验检疫。

5. 出口肉、禽蛋产品全检验检疫

出口肉、禽类产品生产厂家（含生产、加工、存放单位），全部在

FSIS 监督之下。产品出口时由 FSIS 驻厂兽医实施产品直接出口的签发检验证书，货物到达口岸时，一般实行验证放行；产品出厂后需运往冷库暂时存放的，驻厂兽医实施检验检疫后在产品外包装上贴上检验标记，出口肉类存放冷库建立严格的进出库纪录，并全部由 FSIS 批准，产品出口须向 FSIS 申请，由联邦兽医实施检查，签发出口检疫证书，出口肉类检疫证书都建立在严格的签证管理程序上。

第三节　果蔬食品安全监管

一、果蔬生产概况

（一）美国水果产业发展的特点

1. 专业化生产规模大

美国果品专业化生产以区域化布局为基础，每一树种甚至品种，均安排在最适宜区集中栽植，使得自然资源得到合理充分地利用，为果品的优质高效打下了良好的基础。如华盛顿州的自然条件最适宜苹果生长，其苹果产量就占到全美鲜食苹果的 50% 以上。俄勒岗州的胡德河地区是梨的最适宜区，梨园也连成一片。华盛顿州的果农每户平均果园面积也在 20.3hm^2（50 英亩）左右。而加利福尼亚州每个农户的经营面积都在 25hm^2 以上。区域化布局和专业化生产，使水果成为美国当地的主导产业，并带动了一系列配套设施的发展。

2. 产业化经营配套

美国的水果产业是农、工、贸一体化的体制，产、贮、加、销配套成龙。冷库、气调库、选果包装间及相应的各种机械等配套设施齐备。装果品的是大木箱，每箱可装果 400kg。这些装箱的果品都要及时运到贮藏库。进库前用含杀菌剂的药水冲淋清洗，并按计划出库的时间，分别进冷库或气调库贮藏。所有果品在销售前都要经过包装处理，在机械生产线上清洗、打蜡、贴标、分级、装箱。装果的纸箱按果品的数目而设计。果型较小的每箱装 100 枚，最大的每箱可装 48 枚。果品则用托盘侧放，分级时若达不到鲜食苹果国标特优、优、一级 3 个等级的苹果，在分级线上便会被分离出来，用于加工为果酱、干品、浓缩果汁、饮料及冰冻产品等。由此形成的产业链，其各个环节相互依托，形成不可分割的整体，共同推动着水果产业的发展和完善。

3. 优质化管理

要求严格为提升优质果率，美国果园都采用较为合理的栽植密度，行间宽，既利于通风透光，也便于机械操作。果树品种优良纯正，如苹果主要品种有"红元帅"（Red Delicious）、"黄元帅"（Golden Delicious）和"格兰力·史密斯"（Granny Smith）等。树型多为纺锤型或成架的"V"字型，确保光照充足。果农们都具有较强的质量意识，果园普遍实行无公害栽培，不断扩大有机法栽培果树。果品成熟前要不断进行测试，严格按成熟度适时分期采收。政府对果品质量把关也很严。在果品运销之前，食品药品管理局等部门都要进行检验，以保证安全标准的实施。对果品气调贮藏质量也有严格要求，条件合格的气调库及操作人员取得政府农业部门颁发的执照后才能进行操作。果品在出库包装时，政府农业部门还要检查包装线上的每组果品，符合标准要求的才能在每个果品箱加上"CA"（气调）标记和果库号码。经检验合格的果品务必在 2 周之内送到市场销售，否则必须重新检验，若不合格，就把"CA"标记拿走。

4. 社会化服务组织紧密

美国水果产业服务组织主要类型：（1）以教学科研单位在果区设立的机构为核心组成的技术服务网络。如美国加州大学在全州设立了 20 余个研究推广中心，这些中心主要负责对当地果品公司、果园和包装间的技术人员进行培训和指导。每年至少召开 2 次会议，3 月份主要交流果园管理技术，12 月份主要交流果品采后处理信息。他们的研究课题来自于果品产销实践，研究成果又被果农和果商及时采用。如此以技术培训指导和科研成果的推广为纽带，就很好地把果农及果商联结起来，这些做法值得我们借鉴。（2）由果农参加和资助的行业协会组织。水果协会利用其组织的力量和优势将单个果农组织起来，通过其对水果产销全过程的参与而进行企业化运作，在市场准入、技术服务、信息咨询、规范经营行为、价格协调、调解利益纠纷、行业损害调查等方面发挥着重要的作用。办成了单个果农想办但办不成的事，促进了水果产业的发展。果协的主要工作有：①标准制定与生产的标准化。制定各类果品的质量标准是美国果协组织的一项职能。在美国，新鲜食品的标准已多达 150 种，这些经美国农业部颁发的标准，其中大部分都是根据各协会组织中种植者的提议制定的。②产销信息化和产品的档案管理。为确保水果的均衡供应，美国都利用现代信息技术，建立了全球性的水果产销信息网络及严格的水果质量档案管理及可追溯体制。这对水果质量的稳定、协会信誉度的提高和水果品牌的树立都起到了重要作用。③争取政府支持。组织起来的果农利用其合法地位，根据政府扶持农民合作组织的相关法律，能及时地争取到政府在信贷、税收和财政等方面的扶持。

5. 果业设施先进

果园都在树下装有微喷灌溉系统，可根据树体需要，适时适量灌水，也可用于施肥。果园内是四通八达的柏油马路，充足的电力供应确保了各种电动机械的正常运转。果业配套设施齐全先进，华盛顿州拥有可贮 1 亿多万箱果品的果库，能把所产水果全部贮藏起来。果品清洗、打蜡、贴标、分级、装箱、加工、运输、销售等设施，均为世界一流水平。这些都为水果产业化的发展提供了良好的条件。

（二）美国蔬菜产业的发展特点

美国共有 50 个州，其中 37 个州生产蔬菜，因地制宜，高度专业化，根据地理位置、气候条件、土壤特质的不同，形成了几个蔬菜产区，在同一区域内生产一种或几种蔬菜。西南的加利福尼亚州蔬菜产量居全国首位，产值占全国蔬菜总产值的 43.9%；中部的得克萨斯州及新墨西哥州，是美国冬季蔬菜的重要产区；东南蔬菜产区集中在得克萨斯州东。美国是世界上最早将无土栽培应用于蔬菜生产的国家，主要种植的蔬菜品种有番茄、黄瓜、生菜等。蔬菜基本都由大型农场种植。美国每年人均蔬菜消费量约为 200kg，马铃薯、番茄、洋葱等是最受美国家庭欢迎的蔬菜，蔬菜消费占美国人食品支出的 17%～20%。美国蔬菜进口量大，每年都要从墨西哥、中国、加拿大进口番茄、西兰花等蔬菜，蔬菜出口量只有进口量的 18% 左右。

美国蔬菜产业的专业化程度很高，这得益于大规模的大型化、自动化机械的使用，从整地、播种、收获到后期的深加工全部由机械操作，不仅克服了美国蔬菜产业劳动力不足的问题，而且有利于提高蔬菜的产量和质量。所以，美国的蔬菜供应主要是由几家大公司负责，这些公司规模庞大，子公司分布在世界各地，不仅在蔬菜的流通、保鲜和加工技术上有着雄厚的实力，更便于在全球市场上经营管理。

美国的蔬菜产业服务体系分为产前、产中、产后 3 大部分，产前主要是提供农业信息咨询和农业物资；产中进行技术指导，也有专业人员参与耕地、播种、施肥、除草、采收等多项工作；产后主要负责蔬菜的采购、包装、加工、运输和销售。提供服务的有种子公司、肥料农药销售商、运输公司、加工厂、农业协会等，各自分工不同，只负责蔬菜产业链中的一个环节，但是各环节衔接非常紧密，保证了蔬菜产业链的正常运行。蔬菜生产对气候依赖性强，龙卷风、干旱、洪水等自然灾害都会导致蔬菜减产。美国农业部风险管理局实施的净收益波动保险，既能在农作物受灾减产时补偿生产者的损失，也能减少市场价格波动对生产者的不利影响。如果出现产量过剩的情况，将由农业部统一收购，保证蔬菜的价格稳定，避免生产者遭受重大损失。对于没有进入保险范围的蔬菜，也可以通过非保险农作物灾害援助项目获得救助。投保者只需缴纳小额的管理费，一旦由于自然灾害导致蔬菜减产超过 50%或者播种面积减少超过 35%，都能获得赔偿。

美国还大力开展信息建设，农业部建立了一项长期的"水果和蔬菜计划"。该计划提供新鲜和加工果蔬产品的分级和检验服务、产品流动和价格信息，监督有关贸易是否公平等，为果蔬生产者提供多方面的帮助。同时，美国政府还非常重视蔬菜安全风险信息的发布和交流，以确保消费者能够及时获得蔬菜质量安全信息，减少蔬菜安全事故，并加强蔬菜可追溯制度。有关食品质量安全的信息通过《联邦公报》公告、公众集会、全球电子通讯系统以及互联网等渠道，向蔬菜业者和消费者发布。

二、美国加工果蔬质量分级

美国果蔬分级标准是按照美国 1946 年《农业销售法》制定的，旨在对果蔬及加工产品的质量等级予以标明。《农业销售法》授权美国 USDA 的 AMS 发布果蔬产品分级标准。其中，新鲜果蔬、罐装果蔬、冷冻果蔬的质量分级标准较多。除分级标准外，还有一些加工果蔬检验用的分级指南和手册，对分级标准作了详细解释，并给出了产品分级的评定程序。这些标准可供生产者、供货商、购买商和消费者使用。质量分级标准为买卖双方提供了便利，有助于制定质量控制计划，对整批货物进行估价，从而促进了市场秩序的规范化。分级标准也是联邦检验机构对农产品进行分级和检验的依据。可以为所有果蔬加工产品进行生产线（工厂）检验或批量检验。标准中一些特定要求和公差的验证，只能通过生产线检验才能完成。总之，都可以通过对产品最终特性的检验进行分级。

三、果蔬生产良好操作规范

《FDA 食品安全现代化法案》"第 419 节农产品安全标准"的内容中要求 FDA 为水果和蔬菜的种植和收获建立一套基于科学的标准，即制定未经加工蔬菜和水果的 GAP 和安全生产与收获指南以及安全生产和收获的最低标准。

（一）美国果蔬良好操作规范的发展进程

1998 年 10 月 26 日，美国 FDA 和美国 USDA 联合发布了《关于降低新鲜水果与蔬菜微生物危害的企业指南》。在该指南中，首次提出良好农业规范概念。GAP 主要针对未加工或最简单加工大多数果蔬的种植、采收、清洗、摆放、包装和运输过程中常见的微生物危害控制，其关注的是新鲜果蔬的生产和包装，但不仅仅限于农场，而且还包含从农田到餐桌的整个食品链的所有环节。FDA 和 USDA 建议鲜果蔬生产者采用 GAP。其具体内容主要包括如下八项原则：

（1）对鲜农产品的微生物污染，其预防措施优于污染发生后采取的纠偏措施（即防范优于纠偏）。

（2）为降低新鲜农产品的微生物危害，种植者、包装者或运输者应在他们各自控制范围内采用良好农业规范。

（3）新鲜农产品在沿着农田到餐桌食品链中的任何一点，都有可能受到生物污染，主要控制的生物污染源是人类活动或动物粪便。

（4）无论任何时候与农产品接触的水，其来源和质量规定了潜在的污染，应减少来自水的微生物污染。

（5）生产中使用的农家肥应认真处理以降低对新鲜农产品的潜在污染。

（6）在生产、采收、包装和运输中，工人的个人卫生和操作卫生在降低微生物潜在污染方面起着极为重要的作用。

（7）良好农业规范的建立应遵守所有法律法规，或相应的操作标准。

（8）各层（农场、包装设备、配送中心和运输操作）的责任，对于一个成功的食品安全计划是很重要的，必须配备有资格的人员和实施有效的监控，以确保计划的所有要素运转正常，并有助于通过销售渠道溯源到前面的生产者。

《关于降低新鲜水果与蔬菜微生物危害的企业指南》主要针对的是控制食品安全危害中的微生物污染造成的危害，并未涉及具体农药残留造成危害的识别和控制。自要求颁布之日起 1 年内，发布已更新的良好农业规范（更新版）以及针对特定类别新鲜产品的安全生产和收获的指南。

（二）《FDA 食品安全现代化法》对果蔬良好操作规范的要求

1. 建立以科学为基础的最低标准

法规要求针对种植、采摘、分拣、包装、储存等方面，包含以科学为基础的有关土壤改良、卫生、包装、温度控制、种植区内动物情况以及水的最低标准。相对于《关于降低新鲜水果与蔬菜微生物危害的企业指南》，增加了土壤改良、温度控制、种植区内动物情况的要求。

2. 涵盖传统危害和蓄意污染

法规要求考虑自然发生、无意引入或蓄意引入的危害，包括恐怖主义行为导致的危害。危害的范围由原来的微生物危害，扩大到了食品安全和食品防护。食品安全着重于食品在种植、加工和储藏过程中，在生物、化学和物理危害的影响下受到的一种偶然的污染。食品安全危害主要类型包括生物、化学和物理性危害。食品防护着重于保护食品防止遭到故意的污染，包括恐怖主义行为。这些故意的污染通过人为的一系列化学、生物制剂或者是其他有害物质来对人们造成伤害。这些制剂包括一些非天然存在的物质或者是常规不检测的物质。攻击者的目的可能是造成人身伤害、损害企业形象或扰乱经济等。

3. 分类别实施

法规要求颁布一年内，针对未经加工的水果和蔬菜以及水果和蔬菜的安全种植和采摘，建立最低标准，列明具体大类。对于已知的风险（可包括食源性疾病暴发的情况和严重性），可以在特定的未加工水果和蔬菜率先实施本规定。根据水果和蔬菜的风险类别不同，建立相应的标准。对于风险程度高的水果和蔬菜将率先实施。

4. 记录检查

法规增加了关于记录检查的要求：企业应保留有关生产、加工、包装、配送、接收、存贮或进口环节的所有记录;保持记录的真实性、规范性、可追溯性和一致性。

四、美国果蔬卫生安全检疫要求

美国针对蔬菜、水果的检验主要是农药残留量以及含有的有毒成份。美国果蔬残留最大限量标准在美国《联邦法规汇编》40CFR180 中，涉及近 200 种农药，分别规定了 70 余种（类）果品的农药残留最大限量，有的果品还分时段（如采前、采后、开花期等）设定了指标值。这些果品包括阿月浑子、澳洲坚果品、板栗、巴西坚果、菠萝、菠萝蜜、薄壳山核桃、博伊森树莓、草莓、灌木坚果、鳄梨、大蕉、番石榴、番木瓜、费约果、柑桔、橄榄、柑桔类水果、海枣、核桃、核果类水果、醋栗、红桔、黑莓、灰胡桃、坚果、接骨木果、浆果、宽皮桔、金柑、橙、蓝莓、荔枝、梨、李、露莓、龙眼、大杨莓、芒果、梅、欧洲榛、柠檬、苹果、葡萄、乔木坚果、葡萄柚、人心果、仁果类水果、石榴、山核桃、树莓、酸橙、穗醋栗、酸樱桃、桃、甜樱桃、藤本浆果、榅桲、无花果、西印度樱桃、西番莲、香蕉、小苹果、小粒水果和浆果、杏、杨桃、杏仁、腰果、椰子、樱桃、英国核桃、油桃、中华猕猴桃、越桔、莲雾及其制品（如干、渣等）。

美国农业部动植物卫生检验局（APHIS）于 2008 年 7 月 30 日最新发布的《美国植物检疫处理手册》，具体详细说明了植物检疫包括水果蔬菜检疫的各种检疫方法和要求。其中化学检疫处理，包括对熏蒸剂、气雾剂和微细粉尘、消毒水、粉尘、喷雾剂的检疫处理方法和要求;非化学处理，包括热处理、蒸汽处理、蒸馏处理、强加热处理、冷处理和辐射处理；手册还包括对残留物监控的处理。

美国负责蔬菜水果进出口安全管理的主要职能部门是美国农业部（USDA）下属的美国动植物卫生检验局（APHIS）。《最终法规：美国水果蔬菜进口法规修改》是对美国进口水果和蔬菜病虫害风险评估和快速批准的最终规定。具体规定了对于 6 种水果和蔬菜产品包括茄子、黄秋葵、青椒、肯尼亚甜玉米和胡萝卜以及南美的虎耳草科酷栗属的植物进行以风险为基础的审批程序。指定的检疫措施有 5 种：收获后处理、入境检查、产品来自无病区的检疫证明、产品不携带特定病虫害的检疫证明以及与商品相关的风险通过商业行为进行防止。对上述 6 种产品的检疫可采取上述 5 种措施之一或更多的措施。并允许美国农业部动植物卫生检验局（APHIS）将新产品的商业进口作为一项防止病虫害的措施，从而使安全进口的水果和蔬菜的审批更快捷。

出口果蔬企业在向美国出口水果、蔬菜时，首先应遵循下列申请程序：由出口国动植物检疫部门提供证明，证明该水果、蔬菜的原产地没有美国政府规定的禁止进入的病虫害；由出口企业或出口部门向美国农业部动植物卫生检验局（APHIS）提出准许进口申请，详细描述产品特性、原产地、发货季节、预计每季交易量、运输方式、到货口岸、预计销售地区等。

美国对进口水果、蔬菜检验检疫方面的规定程序有：果蔬中有关化学残留物的规定，如进口水果蔬菜中最高化学残留物含量指数、化学残留物种类、添加剂使用情况等；进口果蔬有关标签的规定，规定凡是经过热处理或化学处理的食品均不得在标签中使用"新鲜"两字，否则禁止其销售或没收产品；有关对进口果蔬检验、检疫标准和方法的规定，参照中美双边贸易协议中有关园艺产品进出口检疫协议；对果蔬中病虫害的限制规定，凡带有病虫害和一切有害昆虫的水果、蔬菜均不得进入美国境内，已进入的需立即离境或就地销毁，暂时不能处理的要向 APHIS 申请，采取措施防止病虫害扩散，否则将受到法律惩处。

根据美国《联邦法规汇编》7CFR319 中关于"果蔬进口限制"的规定，美国进口果蔬的相关基本政策：果蔬进口如果没有经过美方的（风险）评估分析并获认可，进口商一般就不可能获得进口许可证而实现贸易。而只要符合下列情况之一，都可认为是无风险的，出口企业可获得许可证，经许可证制定口岸，可以进口；在原产国不受到包括果蝇等在内的害虫的危害；按照美国检疫局认可的不同条件下的有关程序，在原产国经过或即将经过害虫杀灭处理；从原产国没有任何有关害虫发生的一定地区进口；从原产国没有一定害虫发生的一定地区进口，只要这些地区的所有其他害虫通过处理或可能由美国检疫局认可的其他任何方法被杀灭，这样的进口能被认为无风险。

五、美国蔬菜的质量管理体系

美国的食品安全监管体系分为联邦、州和地区 3 个层次，由联邦机构实行垂直管理方式。

（一）部门及职能

美国政府负责管理食品安全的权力由 12 个政府机构组成。在联邦一级主要是美国农业部的食品安全检验局、人类与健康服务部的食品药品管理局和美国国家环境保护署。与蔬菜的生产、流通和消费有关的活动主要由农业部负责。农业部农作物市场管理局的新鲜产品部负责制定新鲜蔬菜的官方等级标准并开展公正的分级、检验和认证服务，制定蔬菜进出口法规并实行检疫及病害的监控，证明蔬菜在国内和国际市场的质量状况，同时负责收集市场上蔬菜的杀虫剂标准数据。农业部的国家农业统计局负责及时、准确、客观地收集、发布州和全国蔬菜生产中杀虫剂使用的数据。农业部的动植物卫生检验局负责蔬菜病虫害控制，包括病虫监测和检疫。与蔬菜质量安全管理有关的重要部门还有EPA 和 FDA。EPA 负责监管农药，包括农药的登记审批、农药在蔬菜及环境中的残留检测、饮用水、新的杀虫剂及毒物、垃圾等方面的安全，制定农药、环境化学物的残留限量和有关法规，如果蔬菜中含有未被 EPA 标准列出的杀虫剂残留或残留量超过规定标准的，一律不准上市。FDA 主要负责美国国内和进口蔬菜产品安全和蔬菜生产环境中化学残留的检测，其职能是保护消费者食用蔬菜的安全性、有益性和标签的准确性。

（二）蔬菜质量安全法律法规体系

美国有关食品安全的法律法规非常繁多，与蔬菜质量安全管理有关的法律主要包括《联邦食品药品和化妆品法》《公共卫生服务法》《食品质量保护法》《联邦杀虫剂、杀菌剂和杀鼠剂法》《公平包装和标签法》《营养标签与教育法》《产品责任法》《食品卫生运输法》及与进口蔬菜安全检疫有关的《植物检疫法》和《联邦植物虫害法》等法律。这些法律既有综合性法规，也有非常具体的法律，它几乎覆盖了蔬菜从"农田到餐桌"的全过程，为蔬菜安全制定了非常具体的标准以及监管程序。这些法律对蔬菜从种植到销售中的每个环节都进行了明确的规定，并且有着详细严格的监管程序。有些法律法规，因为与蔬菜质量安全有关的管理部门必须遵守，即使它没有关于蔬菜等农产品质量安全方面的内容，然而也支撑着蔬菜质量安全方面法律法规的实行。

除了以上食品安全管理法令，还有一些法律法规，如《行政管理程序法》、《联邦咨询委员会法》、《自由信息法案》，虽然它们没有蔬菜等农产品质量安全方面的内容，却对蔬菜质量安全方面的法律法规的实行起着支撑性的作用。如《行政管理程序法》对联邦机构制定、修改或废除某项规章的程序、批准利益集团申请颁布、修改或废除某项规章的程序等的过程提出了特定的要求。此外，还有一些规程。如上市蔬菜销售规程，它一般综合政府、生产者、加工厂商和消费者的意见而制定，并经2/3以上的蔬菜生产者通过，最后由农业部长审定公布，颁布后即具有法律效力，生产者必须依法执行。

此外，还有一些规程，颁布后也具有法律效力，生产者必须依法按照其规定执行。某些法律条款在社会的发展中不再适用，相关法律部门要根据实际情况对其进行修改并及时颁布。法律的修订程序是公开的，其相关规章的制定、修订和颁布过程允许且鼓励消费者、蔬菜行业和其他人员参与。在制定新法规和修订现有法规时，管理机构经常通过发布，向公众征求初步讨论和意见，所有重要的公众意见必须在最后的规章中得到表达，当遇到特别难解的问题时，就需要向管理机构以外的专家进行咨询。另外，美国对这些安全法规、条例和政策制定的重要方法一直是以危险性分析为基础，注重与公众健康专家通力合作，定期邀请来自于政府外的科学家，对管理者使用的科学技术方法、执法过程、分析手段等提出一些建议。

（三）蔬菜质量标准体系

20世纪60年代初美国就发布了较多果蔬质量标准，美国的蔬菜标准与法规密切结合，大多数标准与法规结合的方式被收集在《联邦法规汇编》第七卷中，与农业市场服务局的标准、检验和销售法规结合在一起，不单独发布。

美国蔬菜标准体系包括常规蔬菜标准体系和有机蔬菜标准体系。目前，美国制定了大量的蔬菜产品和服务标准，几乎覆盖了从蔬菜生产到流通和贸易的各个环节。美国蔬菜质量安全管理的主要标准有：①蔬菜识别标准。它是美国 FDA 发布的基础食品标准，主要保护消费者不受伪劣产品或误导标签的欺骗。不是所有蔬菜都有识别标准，其中一些识别标准由质量标准和容器填充标准进行补充。②蔬菜质量标准。由 FDA 发布，是产品的最低标准，它能够保护消费者在不知情的情况下不购买缺陷程度大的产品。质量标准不同于美国农业部发布的生鲜蔬菜的分级标准。质量标准只是最低标准，而分级标准却将蔬菜从一般到优良进行分类。级别标准不必在蔬菜标签上声明，若声明了级别产品就必须符合所声明级别的规范。③蔬菜容器填充标准。由 FDA 发布，容器填充标准规定容器应填多满，还要在标签上标明，以避免欺诈消费者。在描述任何容器填充标准时，一定要对新鲜蔬菜在储藏和运输过程中的自然收缩进行充分考虑，并且要考虑到必要的包装和保护材料。④蔬菜质量分级标准。它是一项推荐性标准，由美国农业部制定，这些分级标准是 USDA 进行蔬菜分级检验和认证的依据。当美国农业部的蔬菜质量等级标准正式生效，就编入《联邦法规汇编》第七卷中，供蔬菜从业人员、农业部农产品分组员、州联邦检验服务人员及一般民众使用。它的作用是为买卖双方提供便利、建立质量控制计划、对整批货物进行估价，从而促进市场秩序的规范。美国制定分级标准的一个特点是因地制宜，根据各地差异和栽培条件，定出不同蔬菜质量标准。标准的修订与标准的制定类似，只是难度相对较小。分级标准的内容不仅包括对生产过程管理方面的要求，还延伸到对收获、加工和包装、标签等方面的要求。现在蔬菜质量等级标准的目标不仅限于贸易的要求，而且对蔬菜的食用安全性也有更高的要求，对新鲜蔬菜在生产和储藏、运输过程中的农药、化肥、食品添加剂、防腐剂等的使用进行了严格的限制。⑤联邦规范和商品条款描述。实施政府范围的食品保障计划，由 USDA 的食品质量保障处管理，USDA 发布的新鲜蔬菜、冷冻蔬菜、切割蔬菜的联邦规范较多。

（四）政府非常重视蔬菜的安全管理

在蔬菜安全管理措施上，政府一方面要求生产者严格按照国家或各州的有关标准和法规生产安全的蔬菜，另一方面十分注重有害生物风险分析，注重检测蔬菜采后处理加工过程中有害病源微生物及其他有害物的污染，保护公众免遭由于食用蔬菜而引发的食物中毒等问题，政府要求蔬菜种植主及企业制定适用于蔬菜生产、加工、包装或储存的良好操作规范，推行自愿遵守的优良农业准则与优良生产准则，以尽可能减少和预防蔬菜安全问题的发生。为了确保消费者能够及时获得与蔬菜质量安全相关的众多信息，减少食用蔬菜风险发生的概率，美国政府除十分重视蔬菜产品标识，帮助消费者鉴别蔬菜的质量和安全性。在蔬菜安全管理中，政府除加强蔬菜可追溯制度实行的效率外，还非常重视风险信息的发布和交流，通过公众集会、《联邦公报》上的公告、全国及全球电子通讯系统、向消费者及其他利益相关者投寄以及互联网等渠道，发布大量与消费者、食品生产经销者以及食品质量安全研究机构有关的食品质量安全信息；为了使蔬菜生产链所有的工人及蔬菜消费者担负起确保食品高度安全的责任，美国政府非常重视生产者和消费者的食品安全教育。对于消费者而言，食品质量安全教育告诉人们关于如何降低感染食源性疾病风险的科学知识，使得人们免于不安全食品的危害。美国政府资助了很多教育计划来培养消费者科学健康的饮食习惯和传播有益的食品质量安全的相关知识。美国的食品质量安全教育和培训计划的制定与实施职能分布于各个相关机构，美国卫生部的食品药品管理局负责对行业进行消费食品质量安全处理规程的培训，美国疾病预防和控制中心负责质量安全实施研究和教育计划，国家农业图书馆食源性疾病教育信息中心主要负责维护有关预防食源性疾病资料的数据库以帮助教育者、从事食品行业的培训人员、消费者等得到有关食源性疾病的资料。为了保证以上管理工作的有效展开，美国政府投入了大量资金作保障。

第四节　贝类食品安全管理

一、概述

美国是世界海鲜消费大国，2014 年海鲜消费量 2809 万吨。美国海鲜消费的不断增长也刺激了美国水产养殖业的迅速发展。美国沿海州都开展贝类养殖，但三个主要生产中心都位于东北部沿岸地区、墨西哥湾和太平洋西北沿海，主要是华盛顿州。贝类（牡蛎、蛤类、贻贝）占美国海水养殖产量的三分之二，其次是鲑鱼（占 25%）和对虾（占 10%）。本节主要是对美国贝类食品安全管理的探讨，以期对我国的贝类生产提供借鉴。

二、美国贝类卫生管理体系主要法规

（一）国家贝类卫生计划

《国家贝类卫生计划》（National Shellfish Sanitation Program，NSSP）是美国各州共同遵守的贝类食品安全控制法律法规。该计划的主要参与者包括联邦政府部门、贝类生产州（23 个州）政府机构、非贝类生产州政府机构及贝类产业从业者。NSSP 从贝类安全的科研计划，转化为美国的贝类食品安全控制法律法规。该法规于 1925 年从管理哈德逊河入海口水域的贝类卫生控制开始逐步制定和完善。美国州际贝类卫生委员会（ISSC）按照美国贝类卫生的状况对 NSSP 进行了多次修改。2005年，ISSC/FDA 再一次修订了 NSSP。该计划规定了双壳贝类卫生计划，

风险评估和风险管理，实验室，原料贝生长区，原料贝暂养，贝类养殖，在批准和条件批准生长区的湿贮存，贝类采捕的控制、运输，对贝类加工者的总要求；对去壳和包装，去壳贝类的再包装，原料贝的运输、转运、净化、捕后加工还同时涵盖了对加工者 HACCP 体系方面的要求。该指南每 2 年进行一次更新修订。对于进口的贝类产品，美国采取签署双边协议或 FDA 与外国之间达成谅解备忘录的形式，在同意遵守 NSSP 的前提下，可实现向美国出口生的软体贝类。目前，韩国、加拿大、智利、新西兰和墨西哥五国建立的贝类控制体系已被 FDA 认可。

（二）联邦法规法典

《联邦法规汇编》（CFR）是美国联邦政府的行政部门和机构在联邦登记上发布的永久性和完整的法规汇编。其中《食品药品和化妆品法案》项下收纳的是授权美国食品药品管理局（FDA）制定的食品和药品行政法规。其中，与贝类卫生管理有关的是第 7、101、110、123 和 161 部分。

（三）其他

《强制性政策》规定了适用于由 FDA 依照《食品药品和化妆品法案》以及其他制定的法律所发起的申请强制执行的诉讼的操作规章和程序，对扣留、违法犯罪等作了具体要求。《食品标签》对食品标签的一般条款、特定要求、营养标签的要求、除营养内容标识和健康标识之外其他描述标识的特定要求作了规定。《食品生产、包装、分销现行良好操作规范》规定了食品企业的通用卫生规范。《水产品 HACCP 法规》分为3 个部分：（1）总则，对 GMP（良好操作规范）和 SSOP（卫生标准操作程序）做出了规定，并将 HACCP 原理中的危害分析、关键控制点、纠偏措施、验证和记录等要素规范化，还对培训、对进口产品的特殊要求做出了规定；（2）烟熏或有烟熏味的水产品；（3）生鲜的软体贝类。《鱼类和贝类》规定了牡蛎罐头标签内容上有关重量的声明。解析：以NSSP为代表的贝类卫生控制体系的程序性文件十分完善，可借鉴操作性强。

三、美国贝类质量的管理机构及主要职能

美国贝类监管为分级监管，贝类质量安全管理机构有国家层面（联邦政府）、州层面（州政府）以及地方政府层面（县政府和市政府）。代表联邦政府管理贝类质量安全的部门是FDA，其主要职能为：①常规核查州计划，决定NSSP符合性。主要包括检查州法律与法规；实施代码审核、评价加工厂、生长区、暂养区和实验室；复审州计划实施记录情况及与各州政府一起工作，重建计划的符合性。②为各州提供培训和技术指导。③公布各州注册贝类运输商名册。④实施支撑NSSP的安全限量研究。

在地方及州政府层面，美国各地方及州政府都设有贝类质量安全监管机构。地方监管部门通过制定规则、检验检测、对贝类产品的收获、加工、运输销售等环节进行监管，对违法违规业主进行处罚，保证公共安全法律的实施；同时制定培训计划，对执法人员、养殖生产者、贝类采捕者、运输商、经销商等进行培训。贝类加工、经销商要到所在州的主管机构登记备案，领取执照才能进行贝类产品的运输销售活动。地方监管部门的具体职能包括：①制定法律和法规；②发放贝类养殖、运输和加工企业执照；③实施水质检测和分析；④实施污染源调查；⑤分类和管理生长区；⑥建立生物毒素控制计划和实施监测；⑦巡查关闭生长区和防止采捕；⑧注册和检查贝类加工厂；⑨管理和维护实验室符合NSSP要求；⑩实施疾病调查和产品召回。县、市主要管理本辖区内贝类质量安全，执行联邦政府和州政府制定的贝类管理计划，进行日常的

与州政府贝类管理职能相配套的贝类管理工作。主要检查管理贝类生产、运输和流通领域卫生状况，包括养殖场、运输商、加工厂和超市等。县、市管理贝类质量安全的部门主要有县、市公共卫生局等相关部门。

四、美国贝类卫生管理体系的内容

首先，在美国的贝类管理中，按照 NSSP 的要求，所有从事贝类生产、运输、加工、销售的单位均需向各州公共卫生部门申请证书，没有申请证书的企业不得从事贝类生产、加工和销售。证书分为 3 类：A 类为从事贝类生产的企业，B 类为从事贝类加工的企业，C 类为小规模和临时性从事贝类生产、运输和销售的企业短期证书。A、B 类证书的有效期为 1 年，需要继续从事贝类经营的单位必须重新提出申请，经过复查合格后重新发证，证书不得转让。从事贝类生产、加工、流通等各类人员需要按照食品加工企业的人员健康要求进行管理；加工企业、加工过程、养殖区域、捕捞船只、运输工具、零售等环节的基础设施以及操作均需按照食品加工企业通用的卫生要求进行管理。

1. 贝类养殖区域划分及管理

美国贝类质量安全管理的基本做法是在贝类养殖生产前进行全面环境评价，并通过对养殖环境的评价开展海区分类。海区划分的标准，美国在 NSSP 中，规定海区划分是以海水水质为划分条件，划分指标为微生物指标，在进行海区划分时，同时须进行海区污染源、水文和气象条件的调查。对于从各分类海区采捕的贝类，其贝类质量必须同时满足 FDA 规定的产品质量标准要求。

美国贝类海区划分的卫生调查涉及所有环境因素，评价项目和目标包括海水水质，海岸线实际和潜在的污染源，海区的水文、潮汐等。大肠菌群类如海水中埃希菌属、排泄物中的链球菌，还包括一些持久性化合物如 Cd、Hg 等重金属、多环芳烃类有机化合物、多氯联苯等，必要时还进行其他有害物的检测。环评符合养殖要求时才进入发证程序，并且环评项目中包括养殖对生态和环境的影响因素。具体内容包括：①海岸线调查：对养殖区域范围内的任何气象、水动力、地理特征和水质环境进行评价，对细菌、水域水质等进行调查，确定和评估污染源可能对养殖区的实际和潜在的影响，确定是否有有毒有害物质严重影响养殖区，包括野生动物或居民生活对养殖地区可能产生的不利影响，以及候鸟种群的存在。②卫生调查的频次：各养殖区域卫生调查至少每 12 年进行 1 次全面的评估调查，并形成书面卫生调查报告。养殖区域的分类完成后，3 年 1 次进行再评价。发证养殖区域每年应重新评估。

美国贝类养殖水域划分为 5 类区域：（1）批准区域：当卫生调查信息和海洋生物毒素监测数据表明粪便污染、致病性微生物、有毒或有害物质在生长区域为可接受的含量时，生长区域划分为批准级别。从生长区域捕捞的贝类可以直接销售给公众生食或蒸煮消费。（2）条件性批准区域：当该区处于开放时应符合批准生长区分类；当该区处于关闭时应符合限制和禁用分类。如果处于关闭的生长区符合限制分类标准，则应在管理计划中规定是否能采捕原料贝用于暂养或净化。（3）限制区域：卫生调查显示为有限的污染程度，即粪便污染、致病性微生物、有毒或有害物质的水平处于原料贝只有通过暂养、净化或作为低酸性食品加工原料可被人类安全消费的水平。主管部门应采取有效控制，以确保从限制生长区采捕的原料贝只能通过特殊的许可，并在主管部门的监督下进行暂养或净化。（4）条件性限制区域：当条件性限制生长区处于开放时，应符合限制生长区分类；当条件性限制生长区处于关闭时，应符合禁用生长区分类。在管理计划中规定采捕的原料贝是否进行暂养或净化。(5) 禁用区域:主管部门应禁止任何对禁用生长区的原料贝的采捕,确保来自禁用生长区的原料有效避开人类消费。对于禁止区域可以进行贝类的苗种生产。第 5 类区域主要为:①没有开展卫生调查的区域;②卫生调查确认,生长区域邻近存在对公共健康有危害的污水处理厂出水口或其他点状污染源出口的区域;③污染源可能不可预料地污染生长区的区域;④生长区被粪便污物污染,贝类有可能成为疾病微生物的载体的区域;⑤生物毒素的浓度足以引起公共健康风险的区域;⑥生长区被有毒有害物质污染引起贝类食用风险的区域。美国贝类质量安全管理对贝类养殖水域的划分细致合理。贝类生长水域的分类规定了来自该区的原料贝如何使用,生长水域的状态规定了该海域的贝类能否进行采捕。对于一类海域的产品允许直接上市,对于二类海域的产品需要净化或暂养。

美国贝类的日常管理以州和地方管理为主,养殖者是管理的主体,养殖者必须根据相关法规的要求进行日常记录,养殖者每天应记录养殖场的气象、水文、降雨量、贝类采捕情况,同时每周送样进行 1 次水质检测,检测指标主要为海水盐度、粪大肠埃希菌,确保贝类产品的质量。联邦政府主要采取日常巡视的形式对养殖场进行监管。FDA每年至少 1 次对养殖场进行巡视,州贝类卫生主管部门在贝类采捕季节,根据风险大小,每月巡视 4～16 次。巡视一般在贝类采捕季节进行,事先不通知养殖者,主要对养殖场的生产情况、水质和环境等进行检查。美国贝类卫生要求见表 7-1。

表 7-1 美国贝类卫生要求

产品	标 准
即食食品 (消费者稍蒸煮)	产肠毒素的大肠埃希菌(ETEC):$< 1×10^3$ETEC/g。LT 或 ST 阴性,单核细胞增生李斯特菌:不得检出 霍乱弧菌:不得检出产毒 01 或非 01 型 副溶血性弧菌:$< 1×10^4$/g(神奈川阳性或阴性) 创伤弧菌:不得检出

续表

产品	标　准
所有的水产品	沙门菌：不得检出 金黄色葡萄球菌：1. 葡萄球菌肠毒素阴性；2. 金黄色葡萄球菌 < 1×10^4/g（MPN） 肉毒梭菌：1. 活的芽孢或营养细胞不得检出；2. 毒素不得检出 PSP（麻痹性贝毒）：< 0.8mg/kg，以石房蜂毒素计 ASP（健忘性贝毒）：< 20mg/kg，除邓杰内斯蟹的内脏 < 30mg/kg，以软骨藻酸计
进口的新鲜或冻的蛤、牡蛎和贻贝	微生物：1. 大肠埃希菌 MPN 法<230/100g（样品的平均值或 5 个样品中 3 个以上）；2. 好养平板计数法<500000/g（样品的平均值或 5 个样品中 3 个以上）
国产的新鲜或冻的蛤、牡蛎和贻贝	微生物：大肠埃希菌或粪大肠菌群 MPN 法<330/100g（样品的平均值或 5 个样品中 4 个以上 好养平板计数法<1500000/g（样品的平均值或 5 个样品中 4 个以上）
新鲜、冻的或罐制蛤、牡蛎和贻贝	NSP（神经性贝毒）：<0.8ppm（20 鼠单位/100g）

　　美国在开展贝类养殖区划分时，要求对贝类养殖区进行监控，监控应具有连续性，并注意对数据的积累和统计分析，并要求有 12 年的连续监控数据。在连续监控中，水域环境和产品安全性好的区域适当可以减少检测次数。监控地点应选择具有可持续性、相对固定，且有标记清楚的检测地点图表。监控不仅针对养殖区域划分主要依据的微生物指标，还应监控重点贝类（藻类）毒素、重金属、多环芳烃类和多氯联苯等有机化合物，同时涵盖影响食品安全和产品质量的大多数有害化合物，不仅针对养殖贝类产品，也包括环境水域中的水质。只有环评符合养殖要求时才进入发证程序。

　　在美国，政府在发放养殖许可时，只有在海区调查合格并进行海区分类后，才允许发放许可证，一般贝类海区许可证有效时间为 25 年。未经海区分类的海区不能从事贝类生产活动，同时由各州、县地方贝类管理部门负责对禁止养殖区的监管，不允许从该地区捕捞贝类。第 5 类海区（禁止养殖区）的管理主要由州政府负责。禁止养殖区可以在各地贝类主管部门的监管下，开展非食用贝类的养殖，可以从事贝类的苗种生产。

2. HACCP 体系

美国贝类 HACCP 体系的要求比较具体，具有可操作性。美国 HACCP 体系包括：卫生控制——针对原料贝暂养、贝类养殖、在批准和条件批准生长区的湿贮存、贝类采捕的控制、运输。HACCP——针对贝类加工者，去壳和包装，去壳贝类的再包装，原料贝的运输、转运、净化、捕后加工中明确规定了对关键控制点和关键限值的要求。HACCP 体系以危害分析和关键控制点 7 个原理为基础。美国的 HACCP 必须包括以下内容：（1）必须列明确定的、有可能发生的，并且在所有水产品中必须加以控制的食品安全危害；（2）针对每个已经识别的食品安全危害列出关键控制点，包括用于控制来自工厂内部环境的食品安全危害的关键控制点及用于控制来自工厂外部环境（包括捕捞前、中、后）的食品安全危害的关键控制点；（3）列明在每个关键控制点必须达到的关键限值；（4）列明为保证符合关键限值而用来监控各关键控制点的程序和频率；（5）列明针对关键控制点上关键限值的偏离需要采取的各种纠偏措施；（6）列明加工者将采用的验证程序和验证频率；（7）建立记录保持系统，使对关键控制点的监控文件化，记录应包含监控过程中所获取的实际数值和观察情况。

热处理验证，如果加工者选择热处理工艺来降低 1 种或几种目标致病菌或与公众健康有关的所有致病菌水平，加工者应该有主管部门批准的加工 HACCP 体系，以确保加工后产品中的目标致病菌处于危险人群的安全水平。（1）对于控制创伤弧菌的工艺，加工后产品中的创伤弧菌应不能检出（＜30MPN/g）。（2）对于控制副溶血性弧菌的工艺，加工后产品中的副溶血性弧菌应不能检出（＜1CFU/0.1g）。（3）对于控制其他致病菌的工艺，加工后产品中这些致病菌的水平应该低于 FDA 规定水平；如果没有这些致病菌的水平指标，应该低于 ISSC 规定水平。（4）征得 FDA 的同意后，能有效降低目标致病菌的工艺能力应该由主管部门认可的研究来证实。（5）HACCP 体系应包括：确保每一批都能符合终点标准的工艺控制；定期验证符合终点标准的取样计划。

3. 贝类采捕和运输环节的管理

在美国，贝类生产实行许可制度，所有采捕者在从事原料贝类采捕活动时应有有效的执照，执照期限不超过 1 年，市场上销售的贝类产品只能来自生长区划分后符合要求且处于开放状态的水域，主管部门应定期对贝类海区进行巡视，以阻止非法采捕。采捕的贝类只能由"州际贝类运输商名单（ICSSL）"上确定的运输单位或加工者进行运输和经营。被送到市场的原料贝必须有所必要的信息，这些信息包括该批贝类的捕捞地点、捕捞日期、捕捞者或捕捞小组。同时，贝类的采捕船和运输工具必须符合相关的卫生规定，贝类采捕者应对采捕的贝类进行标签标记，对采捕活动按有关要求进行记录。各州贝类卫生主管部门负责从事贝类生产和运输商的确认，并通知 FDA 把名单列入 ICSSL 中，在互联网等上面公开。ICSSL 清单每 3 个月更新 1 次。在贝类的运输和经销过程中，经销商对运输贝类的拒绝或接受条件都有明确的规定，从而使得贝类产品在流通的各个环节能够相互衔接、相互监督。贝类的运输标准为：①运输有标识或标签，并且有运输文件进行确认；②原料贝是活的并且冷藏，其内部温度冷却到 10℃以下；③去壳的或捕后加工的贝类冷却到 7.2℃以下。

4. 贝类暂养、净化及销售过程的监管

在美国，从第 1、2 类关闭状态、第 3 类和第 4 类开放状态收获的

贝类都必须经过暂养和净化过程后才能上市销售。暂养地点、净化工艺和设施必须由监管机构通过对整个加工过程的每个阶段进行严格监督之后做出评定。暂养和净化过程必须在监管机构的有效监督之下进行。运输到净化工厂的贝类在采捕和运输过程中必须进行必要保护，以防止进一步的污染和可能降低净化效率的不良生理活力。在运输、净化和净化完成后，贝类必须进行标识和包装，以帮助区分每批贝类在净化过程中净化与未净化的贝类，防止非法混合。净化工厂的设计、建筑、操作必须符合食品加工企业通用准则要求，并有足够的检查措施来发现和监督违反行为，及时阻止可疑贝类的出售。贝类净化过程必须符合HACCP 的基本要求，工厂设施的卫生必须达到相关法律法规的要求。净化是一个复杂的生物学过程，不同贝类种类操作标准不同，其中包括水浑浊度、盐度和温度、贝类在筐里的深浅和水池设计等不同的方面，因此应该在有效研究的基础上，建立过程有效控制。美国有一套完整的监督检查制度，各类检查都有详细和完善的表格，单位信息、检查结果均能通过各种方式使公众了解贝类管理以及贝类质量安全的总体情况。

5. 贝类的质量安全信息发布与标签管理

美国在贝类质量安全信息发布方面有一套完整的体系，发布部门有联邦层面的由 FDA 负责，各州、县贝类卫生管理部门也负责本管辖区内贝类卫生的信息发布。比如在加利福尼亚州洛杉矶县，负责贝类信息发布的主要为洛杉矶公共卫生管理局环境卫生部门。当发现贝类可能存在安全风险，应立即向公众发布警示性的安全信息，使公众可以根据安全提示采取相应措施，防止贝类质量安全事故的发生。例如每年的4～10月，生食产于墨西哥湾的牡蛎可能存在创伤弧菌风险，容易引发疾病，洛杉矶公共卫生管理局环境卫生部门针对墨西哥湾牡蛎的安全状况会及时发布提示性公告，并规定在4～10月间未经处理的产于墨西哥湾的牡蛎不得进入洛杉矶市场销售。信息发布包括通过网站发布及在牡蛎销售商店和饭店门口张贴警示公告等形式。

6. 贝类标签

在贝类标签管理方面，根据 NSSP 的要求，从贝类的采捕开始就严格实行标签的跟踪管理。在捕捞、净化、销售等环节，均能看到贝类的标签，并从标签上可以了解到贝类的基本信息，溯源贝类的来源，一旦发生贝类质量安全事件，州或联邦政府可以从标签中查找到贝类的产地、质量安全等情况，实现贝类质量安全的溯源。在美国，贝类标签的内容必须包括采捕日期、地点及位置，采捕者的姓名、船的名称或注册编号以及贝类控制当局签发的采捕者编号。对于去壳贝类，标签还应标明"保持冷藏"或等效声明，提供保质期或去壳日期。贝类销售者必须将标签保留 90 天。

7. 进口需要市场准入

外国向美国出口生的软体贝类可采取签署双边协议或 FDA 与外国之间达成贝类卫生谅解备忘录（MOU）的形式并同意遵守 NSSP。MOU规定了出口国与 FDA 在确保满足 NSSP 的所有条款中各自承担的责任。MOU 签署后，FDA 将用与州贝类卫生控制项目等同标准定期评估国外的贝类卫生项目。

8. 可追溯性要求是重点

美国可追溯性的要求是：不管是养殖贝类还是加工产品，均可通过标签溯源到原料贝类的产地。

第五节　粮油产品安全管理

一、美国粮食生产和贸易

1. 美国粮食生产情况

美国地处北美洲南部，三面环海，属温带气候，土地肥沃，很适合粮食生长。美国人少地多，人均占有耕地约一公顷，农业机械化程度高，抗自然灾害能力强，虽然只有 2.4%的人务农，但粮食产量居世界前列，生产效率高。美国粮食产量居世界首位，年产量一般在 3.3～3.8 亿吨，是世界上最大的粮食出口国，出口量占世界粮食出口量的 50%，但每年仍有其总消费量 40%左右的粮食进入储备。美国的粮食作物主要有小麦、玉米、大豆、高粱、大麦和其他小杂粮等，粮食总产一般稳定在 3.3～3.5 亿吨，其中小麦约 6～8 千万吨，玉米约 1.8～2.0 亿吨。

2. 生产组织形式

高度规模化生产是美国谷物生产、谷物加工以及养殖业方面具有的一个鲜明特点。美国粮食生产则以家庭农场为主，约占粮食生产总量的80%，其农场主的经济规模较大，不少农场主拥有的耕地在 700～800公顷以上。另外，不同于我国粮食品种种植杂乱，美国粮食品种相对单一，质量均匀，品质比较稳定，便于粮食质量的快速检验和粮食的单收单储。例如，在谷物生产方面，Greenwood Farm 合作社，其成员农场的平均规模为 4473hm^2（约合 6600 亩）左右，远远超过其他国家家庭农场的规模。在加工业方面，美国的企业与公司的规模也都很大，美国谷物生产、谷物加工以及养殖业方面的高度规模化是以高度专业化为前提的，因为农业生产只有在专业化的基础上才能做到扩大规模。在高度专化分工的条件下，农业领域中各个环节才能取得最高的生产效率。如访问的 William J Horan 农场土地规模多达 1504hm²（约合 22200 亩），却只种植玉米和大豆两种作物。

3. 粮食流通、管理和储藏

美国十分重视粮食流通与管理。美国是高度发达的市场经济国家，政府对粮食这一关系国计民生的重要商品实行间接调控。粮食的流通程序是：农户生产、收纳库、中转库、港口库、装船、出口。收纳库（收购点）是基层库，承担收购农户谷物的职能。收购点基本上按照商品流通和方便农民出售自然形成，布局合理，收购点的粮食通过内陆火车或集装箱运输到较大的中转库，中转库主要承担粮食集散任务，并根据收缴的粮食品种和质量状况进行分级定等。港口库一般规模较大，产品质量把关严，主要承担粮食出口和大宗转口任务。为了保证粮食质量，在收购时对水分要求很严格，入库时先检测水分，达到安全水分的粮食可直接进入筒仓储藏，水分高的则需烘干降到安全水分再入库储藏。小麦入库时水分一般都在 11% 左右，不需烘干；玉米入库时水分多在 25% 左右，需烘干后降到 13%～14% 再入库配有烘干设备。入库粮食一般不清理杂质，而是在加工之前进行清理，销售结算时已扣除杂质差价及相应的运输费。出口粮食在装船之前必须检验质量，每 250～1600 吨为一批，在称重过程中实现自动取样，每 20 秒钟取一次，样品量为 50 克；规定黄曲霉毒素 B 是玉米的必检项目。各协会根据质量检查情况及驻外国办事机构提供的用户反映，及时提出报告供农民和联合公司参考和改进。粮食经营，以质论价。粮食检验一般采用快速水分测定仪、杂质分离筛、容重器、FOSS 公司产的近红外粮食品质分析仪、黄曲霉毒素测定仪等。检测项目主要有水分、杂质、容重、蛋白质、损伤粒、黄曲霉毒素、呕吐霉素及农药残留等。质量指标的检测一般一次仅需几分钟，完全自动化。

美国的粮仓多为立筒库，一个大型的立筒库群储藏能力有 10 多万吨。大型筒库的管理现代化程度较高，库区设一个设备齐全的中央控制室，通过显示器了解仓房的库存情况，粮食进出库情况，筒仓内粮温和水分情况，所有进出库粮食的取样分析均自动完成。粮食的运输、储藏几乎全部为散装。

美国是粮食消费低于粮食生产增长的国家，有约占总消费量 17%～18%的储备粮。其粮食储备大致有四种，①正常储备，是粮食生产者和加工商正常经营的周转性库存；②缓冲储备，是从一个生产年度到下一个生产年度调节供求的粮食储备；③农民自有储备，是指参加自有储备计划的农民储存的粮食，这些农民可从商品信贷公司获得补贴并取得低息贷款，但在 3 年内须保证储备粮食质量，当市场粮价剧涨时，农民须在规定时间内归还贷款，迫使农民抛售粮食；④政府储备，政府为保持粮食安全的储备，由美国商品信贷司经营，只有年市场价大大高于农民投放价时，才可投放市场。

在管理方面，政府对农民生产什么、生产多少、怎样生产都不加干涉，但对公共领域却有严格而有力的措施。他们定期或定量地检测土壤、河流中有害物质的含量，严格控制养殖场废料的排放，以保护环境。他们还要求各农场对所生产的转基因产品必须进行申报，以保护消费者的利益除了这些规范性措施以外，政府还为农民提供权威性的信息服务。美国农业部有 10 万人分布到全国各地，这还不包括各州农业厅和县农业局的公务员人数，其农业统计系统对各农场每一块耕地上所种植的作物品种、面积、长势、产量都了解（这是我国农业统计部门所无法做到的），所获取的信息经过总处理，由政府定期发布，这些信息具有很高的权威性，对农户生产经营具有重要的指导作用，甚至还能直接影响芝加哥期货交易所的市场行情。此外，政府还通过制定保护价，实行休耕补贴等措施保护农民的利益。

二、美国粮食质量管理

（一）机构体系

美国粮食质量管理由 5 个机构共同监管：粮食检验、包装与牲畜饲养场管理局（Grain Inspection，Packersand Stockyards Administration），商品期货交易委员会（Commodity Futures Trading Commission），美国国际贸易委员会（U.S. International Trade Commission），农业部外事服务办公室（Foreign Development Services）和农业信用管理局（Farm Credit Administration）。美国粮食质量管理与检验把关的职能由美国联邦谷物检验局（FGIS）专职承担，其业务基本涵盖了粮食生产、流通和进出口贸易等环节。FGIS 于 1976 年成立，为美国农业部下属的一个机构，其主要职责为：（1）负责粮食市场质量管理、检验与计量；（2）制定并具体执行粮食标准；（3）负责粮食检验仪器设备的标准化工作。在粮食质量管理工作中，该局与其他联邦政府机构，包括卫生检疫部门、食品与药物管理部门既有合作，又有分工。美国的粮食检验体系是由联邦、州和私营化验室和企业内设实验室构成，并在联邦谷物检验局（FGIS）的直接监督管理下工作。州和私营化验室为国内市场提供一般性服务，而设在各个谷物出口港的联邦和州立化验室进行强制性的计量和检验工作。当装载出口货物的船只要正式出港离境时，化验室要实施五项主要的作业：装载检查、检斤计量、采样、检验和出证。

美国的粮食检验体系是由联邦、州立、私营实验室和企业内设实验室构成，并在 FGIS 的直接监督管理下工作，私营实验室为国内市场提供一般性服务，联邦和州立实验室进行强制性的计量与检验工作。对装载出口粮食的船只在正式出港离境时，实验室要实施的主要作业为：装载检查、检斤计量、采样、检验和出证。FGIS 还设有预警计划，在粮食收获前进行取样，做到有问题早发现早处理。

美国联邦粮食检验署负责粮食质量检验监督。它的主要职能是依据国家发布的质量标准，对销售粮食的品质质量进行检验，制定、修订国家粮食质量标准，出口粮食质量的检验监督。为了充分发挥检验人员的监督作用，明确规定了检验人员的职责范围，还规定每三年对各级检验人员进行一次培训和考试。同时实行分级管理制度，联邦检验署重点是对华盛顿地区销售的粮食进行质量检验和人员培训，包括外国来华盛顿的人员培训。检验署在各地及港口设立分支机构，负责当地及港口的质量检验监督。美国最初是在华盛顿地区制定质量标准，以后发展为划分地区分别制定不同品种的质量标准，如红冬硬质麦标准由在曼哈顿的农业部谷物市场研究所负责制定，杜伦麦标准由在北达科他州的法戈大学制定，由联邦政府批准发布。美国联邦政府对粮食、食品法规的执行有三个独立的机构。粮食检验署只对品质质量进行检测监督，害虫由联邦动植物卫生检验署负责，霉菌及药物由联邦食品药品管理局负责。

美国谷物出口认证系统，美国农业部设置美国联邦谷物检验局，负责美国谷物品质检验及出口认证，同时对美国国内其他检验认证机构实施国家行政管理职能，其检验及认证体系相当完善。美国对出口谷物的检验，属强制性的法定检验。为确保检验抽样及检验结果的客观性、代表性及可靠性，在出口货物到达出口港口后到货物装上出口运输船舶，美国联邦谷物检验局要进行三次抽检。美国出口谷物的法检项目为水分、容重、霉变率三大指标，并按出口合同接受委托检验，其出具的证明属美国联邦政府官方证书，可直接为商务仲裁采用。其认证的可靠性、准确性、客观性、独立性应是相当充分的。除联邦谷物检验局外，美国还有众多的第三方独立检验机构，可接受包括转基因、熏蒸证明、黄曲霉菌等多种委托检验。相对于美国联邦谷物检验局，其检验收费要高一些。整体来说，美国出口谷物的检验、认证体系及结论，应是相当独立及客观的。我们若有进口，可考虑放心将其认证书作为可接受的议附文件。

（二）标准体系

美国谷物的国家标准是以公共意见为基础的，而不是由单方面所制定的法规。联邦谷物检验局在建立或修订任何标准或规则前，必须在美国政府法律报纸《联邦注册报》上公布其建议修订的内容。通常在《联邦注册报》上的建议有 60 天的评议期。在此期间，联邦谷物检验局向谷物行业如育种者、生产者、经营者、出口商和进口商等各方面听取及收集各方面观点和意见。联邦谷物检验局把有关建议转达给世界各地的美国大使馆农业处，并在联邦谷物检验局的网站上发布新闻稿刊登有关建议的内容。在美国现有的国家谷物标准有 12 种，包括：玉米、小麦、大豆、高粱、大麦、燕麦、黑麦、亚麻籽、葵花子、黑小麦、混合谷物和油菜籽。

1. 美国大豆等级标准

美国大豆质量标准是按容重、破碎粒、损坏粒（热损、总损坏粒）、杂质、异色粒分为 4 个等级。其中杂质、热损及总损坏粒数被确定为重要质量指标。水分、蛋白质、含油量是仅供参考的质量指标和建议采用的大豆贸易合同质量规格。美国规定大豆标准品是美国 2 号黄豆，出口的标准也是 2 号黄豆的标准。现在随着出口质量的不断提高，已大部分接近美国 1 号黄豆标准。此外，美国特殊等级大豆和特殊等级大豆要求：

（1）有大蒜气味的大豆是指 1000 克样品中含 5 个或 5 个以上绿色蒜瓣或相同数目的干和半干蒜瓣的大豆。（2）紫斑或着色大豆则是指用 FGIS 系列对照比较图片在大约 400 克样品中所确认的含粉色或紫色种皮的大豆。

2. 美国玉米标准

美国是世界上最大的玉米生产国，也是世界上最大的玉米出口国，年产量的约 20%全部用于出口，作为世界第一大玉米生产国，它的玉米标准反映了一种国际标准。此外，美国特别等级玉米和特别等级玉米要求：（1）硬质玉米：硬质玉米含量超过 95%以上的玉米。（2）硬质和马牙玉米：所含硬质和马牙玉米混合物中硬质玉米含量超过 5%，但少于 95%的玉米。（3）蜡质玉米：根据 FGIS 指令规定方法进行测定，含有 95%或 95%以上蜡质玉米的玉米。

3. 美国小麦标准

美国小麦年产量约为世界小麦总产量的 10%，仅次于中国，小麦出口量则排世界第一位。美国国家标准"小麦"是在其"谷物标准法"的基础上制定的，首先对与小麦质量相关的术语均进行了非常严谨的定义和界定，包括水分、石子、整粒小麦、容重以及小麦及其不同类型和亚类的定义，以及各种受损伤和污染的籽粒、外来杂质等的描述。标准规定了小麦分类标准以及定等分级指标，包括不同类型小麦的不同等级对容重的最低要求，对杂质、其他类型小麦和石子的最高质量限量，以及其他外源物质包括动物排泄物、玻璃、蓖麻子、石头等最高个数限制等。在此基础上，美国建立了完善的质量保障体系，包括扦样、分样、气味和昆虫检查、水分测定、机检杂质清理、容重测定以及所有受损粒的测定等等，统一采用由美国联邦谷物检验局规定的仪器和方法。为保证出口小麦质量的均一性，在出口小麦检验程序中，还提出了"均衡性装船方案"。此外，为满足国内市场需求和国外贸易的需要，FGIS 还提供其他官方标准中规定的品质检验项目，包括蛋白质含量、呕吐毒素、黄曲霉毒素、降落数值、杀虫剂残留等与小麦质量安全密切相关的指标。为了进一步推进国内外贸易，美国每年还组织对小麦质量进行测报，除了各类小麦产量定等指标以外，还包括蛋白质、灰分、水分、籽粒大小、单籽粒性状、降落数值等非定等指标，小麦粉的测试数据（包括出粉率、色泽、湿面筋含量、面筋指数、粘度和淀粉损伤等），面团特性（粉质、拉伸、吹泡）测试结果以及不同类型小麦面包、饼干和蛋糕等烘焙食品的评价，并随着东方小麦市场的扩大，增加了对白麦的中国北方馒头和台湾型馒头的质量评价等。美国同一类型小麦的质量比较一致，不同类型小麦有不同的加工用途。为了推动粮食市场的发展，适应国内外粮食市场的需求，美国农业部谷物检验、包装及货场管理局在科学研究的基础上，于 2005 年对"小麦"国家标准进行修订。除了修订硬红冬麦和硬红春麦的对比类型的定义以外，还将样品大小（sample size）列入样品等级指标。

美国小麦标准规定了小麦分类标准以及定等分级指标，包括不同类型小麦的不同等级对容重的最低要求，对杂质、其他类型小麦和石子的最低重量限量，以及其他外源物质包括动物排泄物、玻璃、蓖麻子、石子等最高个数限制等。

美国小麦特别等级和特别等级要求：

①麦角病小麦，小麦含有高于 0.05% 的麦角菌。②野蒜味小麦，每1.000g 小麦种，含有多余两块新鲜的野蒜小鳞茎，或相等数量的干或半干的野蒜小鳞茎。③轻微黑穗病小麦，小麦含有可辨别的黑穗病气味，或在每 250 克小麦种含有的黑穗病球，部分黑穗病球或黑穗病孢子的平

均数多余 14 个或少于 30 个。④黑穗病小麦，每 250 克小麦种含有的黑穗病球，部分黑穗病球或黑穗病孢子的数量多于 30 个。⑤经处理的小麦，小麦曾受擦打、石灰处理、清洗、硫化处理，其真正品质不能通过登记评定或美国样品标准决定。

4. 美国油菜籽标准

美国油菜籽分为 3 个等级。此外，美国特别等级油菜籽和特别等级油菜籽要求：有大蒜气味的油菜籽是指 500 克样品中含 2 个以上绿色蒜瓣或相同数目的干和半干蒜瓣的油菜籽。

美国大约每五年就修订一次质量标准，其依据是：1. 联邦政府的要求；2. 公众的要求。3. 国外用户的要求。有时还采取公众投票方式，如多数人要求修改质量标准，政府就可以决定是否改变。每当新法规、新标准出台之前，都要进行宣传，印发各种背景材料，使广大消费者了解有关法规、标准的内容，增强自我保护意识。质量问题受到社会监督，同时也提高了销售商的信誉。由于有了质量保证，对食品加工、饲料加工、原料的合理利用都起了很重要的作用，这是值得我们借鉴的。

（三）检测体系

1. 检测人员

首先从事粮食质量的检验人员必须经过统一培训持证上岗，并随时准备接受上级政府职能部门的抽查与测试。为了保证检验人员能够按照规定检验方法与操作规程作业，确保检验结果的准确与可靠，联邦检验局在各地的实验室派驻经过专门培训的资深检验员作为质量监督员。当质量检验发生争议时，最终由联邦谷物检验局的仲裁审查委员会裁决。这个审查委员会的成员大部分由技术专家组成，这些技术专家同时也监督所有检验员的工作。

2. 仪器设备

美国各实验室仪器设备的配置是分层次的，一般州立以上的实验室配备有快速水分测定仪、酶标仪、近红外粮食品质分析仪、黄曲霉毒素测定仪、液相色谱仪、气相色谱仪等分析仪器设备；企业内部实验室一般配备容重器、筛选器、分样器、水分测定仪、黄曲霉毒素测定仪等常规仪器设备，但实验室对感官检验配置的灯光、实验室台等要求很严格。对使用中的仪器设备由堪萨斯谷物研究中心统一组织，强制性的每半年校准一次，以保证仪器设备准确计量，正常工作。

3. 样品

实验室在粮食样品的管理上，对留存样中抽样和送检样品采用不同颜色的标签以示区别，留样一般采用双层纸袋包装，保存在低温干燥的环境中。样品保存期限为内销粮样品保存 30 天，外销粮样品保存 90 天。另外，为了客观、准确反映抽样所代表的原始货位情况，联邦谷物检验局为一线的抽检人员配备了摄像机、手机等现代化的办公设备，以保证在第一时间内完成并排除许多质量分析方面的问题，抽检工作客观、公正。

第六节　农兽药使用和食品添加剂管理

一、美国农药管理

（一）美国农药管理相关法律法规和组织机构

1. 美国农药管理法律法规

（1）联邦法律法规

美国 20 世纪初开始开展农药管理立法工作。《联邦杀虫剂、杀真菌剂及灭鼠剂法》（FIFRA）是美国最重要的农药管理法规。FIFRA 对美国农药管理体制以及农药登记、销售和使用管理都做出了明确规定。同时，《联邦食品药品和化妆品法》（FD&CA）授权环保署（EPA）设定食品或动物饲料中农药的最高残留量（MRLs）或允许量标准；《食品质量保护法》（FQPA）作为 FIFRA 和 FD&CA 两个法律的修正案，为确保使用的农药产品达到现有法律法规所规定的安全标准，要求对用于食用作物的农药品种已有的 9721 个残留限量进行再评估。除上述 3 个最重要的法规外，《濒危物种法》（ESA）、《生物技术法规协调规程》、《农药登记改进法案》（PRIA），以及其他一些环境保护规程和条例也为农药管理提供了依据。但各州必须符合 EPA 制定的联邦法律最低要求。限制使用的农药只能由有农药资格证书的施用者使用或在有农药施用资格证书人员的监督指导下使用。根据 1973 年的《濒危物种法》，联邦机构和 EPA 必须确保他们执行的任何法案不能危害濒危种群名单中濒危种群的生存或改变濒危种群的栖息环境。因此，要求农药使用标签或使用说明标明这样的信息，如果标签或使用说明上没有这样的信息，通过对各州的例行检查包括农药生产厂、销售商或检查怀疑有不符合农药标签要求的农药。农药的不合理使用将通过例行检查识别。美国渔业和野生生物服务中心有权对农民使用农药危害濒危种群的行为采取行动，目的是保护美国联邦列出的濒危生物以免被农药污染危害，使农药污染最小程度影响森林、农业和其他利益。佛罗里达州的农药使用者被强制要求遵守佛罗里达濒危生物保护项目，EPA 将通过农药标签上的限制性农药规定执行该项目，这些细致的农药分类参照县公报。

（2）各州法律

FIFRA 授权 EPA 和各州具体制定各自的农药法律制度，但必须保证联邦法律的最低要求。每年 EPA 颁布全国统一的农药合作协议指导，是各州农药法执行的总纲，EPA 也颁布监控战略来确保执行活动的一致性。因此，各州政府以联邦农药管理法律法规为依据，根据各自区域特点、农业生产、环境及水资源保护等方面实际需要，也制定了相应的州农药管理法律法规。如《南卡罗莱纳州农药法案》、《加利福尼亚州食品和农业法典》、《加利福尼亚州病虫害防治法案》及《马里兰州农药使用法》等。

2. 相关主要管理机构和职责

在立法的基础上，美国有关职能部门对农药的安全使用明确分工，各司其职。EPA 负责全国农药执法工作，主要职责是农药的注册登记和对化学农药公司进行控制以及农药残留允许标准制定。美国农业部（USDA）和食品药品管理局（FDA）负责检测农产品的农药残留是否超标。农业部合作推广局、州县农业推广中心和农业大学推广中心负责全国农药技术培训和考试。州政府农药管理部或农业和消费者服务部农药办公室等是州农药执法单位，负责全州农药使用监督管理、农药使用许可证发放、食品质量安全监督等。EPA 在全国的十个派出机构负责保证公众健康和保护环境使其免受杀虫剂的影响，负责提供更安全的方法对害虫进行管理。州政府农业相关部门农药管理办公室专门有农药使用管理巡视员，经常巡回检查，一旦发现违法，轻则批评教育，重则给予很重的处罚。

从美国农药使用制度的执法机构来看，美国的农药生产、批发零售相关主要执行机构有 EPA 及其分支机构、各州农药管理部或农药管理办公室等相关机构为执法单位。以印第安那州为例，具体对农药的注册、零售、使用证书的注册由所在州化学办公室的农药部执行，代表 EPA 执行农药法，农药违规使用案例被直接转交至农业推广站作为培训案例。

（二）美国农药登记管理

在农药登记管理中，高度重视风险评估，实行分类差异化管理和严格的再评审登记制度；在农药使用管理中，重视农药经营许可，施用人员许可，农药使用许可管理，实行病虫防控咨询师制度和农药施用报告及监管制度。

美国农药登记实行联邦和州两级登记管理制度，即农药产品取得联邦登记许可后，再由各州政府指定的单位进行再评价登记，只有获得联邦、州两级登记许可后，方可在相应的州销售和使用。各州农药登记管理由政府授权，相关单位依据联邦农药管理法案和各州农药管理法案进行。目前，大多数州由农业部门负责。有的州由环保署或教学单位（南卡州等）负责。美国农药登记有 6 个特点。

1. 州农药登记在联邦登记基础上进行

各州农药再评审登记的对象是已获得联邦登记的农药品种。州政府可以登记农药新的使用范围，以满足本地区的需求。但联邦层面禁止登记的农药，州政府层面不能许可登记。在联邦登记基础上，各州根据各自实际情况，进行农药再评审登记侧重点不尽相同。如加州则更加注重对地下水和空气等的保护，而马里兰州重点关注农药的防治效果。

2. 农药登记评审高度重视风险评估

农药登记所需资料，由农药生产企业自行联系相关资质单位，按照良好实验室规程（GLP）开展试验并提供登记评审时，重点是对健康风险和环境风险进行评估。健康风险评估主要关注农药残留膳食摄入、职业健康和居民健康风险等。环境风险评估主要关注陆生生物、有益昆虫、非靶标植物、地下水和地表水等影响。

3. 农药登记实行分类差异化管理

根据毒性、残留等不同，将农药分为限制性使用农药和常规使用农药两大类，并通过标签进行严格的差异化管理。

限制性使用农药产品标签必须说明对人、非靶标生物和环境等造成的危害，而且在标签上不得有淡化危害的表述。并明确规定该类农药仅限于获得州级农药施用资质证书的使用者使用。或者获得其他施用许可的使用者在病虫害防控咨询师指导下使用。常规使用农药管理相对宽松，尤其是非限制性使用农药除兽用等特殊用途外，使用不受限制。而对性诱剂等无害化的产品，可直接用于有机农业，不需要登记。美国一个农药品种登记一般需要 3~4 年时间，但紧急情况下，如为避免重大经济损失、防控检疫性病虫、保障公众健康等需要。联邦和州政府均可依法启动特殊登记评审程序，15 天内完成相关农药的登记评审工作。

4. 农药产品标签标注严格要求

农药标签使用者必须遵守法规。根据美国 FIFRA 法的规定，每个农药产品获准登记后，登记产品的拥有者还需单独申请农药标签核准，并交纳相应的费用。农药标签一经核准，不得任意改变标签上的信息。每个农药产品的标签是一本厚厚的产品使用说明书。不仅包括生产企业、产品名称、有效成分含量、毒性、生产日期等基本信息，还包括防治对象、适用作物、使用量、使用方法、安全防护、注意事项等使用技术内容，并附在每一个农药产品的外包装上。各州在农药再评审登记过程中，如认为企业提供的使用技术不符合本州的农业生产实际，可以向美国环保署（EPA）提出更改标签的请求。

5. 政府出资加快小宗作物用药登记

为解决小宗作物和小范围发生病虫害防治缺少登记农药难题。自 1963 年开始，农业部设立了跨州的小作物研究计划，由联邦政府和州政府资助，组织生产者、农药生产企业、公益性科研机构等，根据生产实际需要，对选定作物和药剂按照良好实验规范（GLP）进行试验，并提交试验数据和评价报告。EPA 根据试验结果，组织制定残留最大允许值，从而实现产品的扩大登记。

6. 实行严格的农药再评审登记制度

为确保农药符合不断发展的管理政策要求，达到最新的安全标准，对已登记农药实行再评审登记制度。"按照法律规定，每 15 年对已登记的农药产品进行一次周期性再评审"。美国的农药再评审类型主要包括农药再登记及残留限量再评估、登记再评审和特别再评审。当发现已登记使用的农药产品可能对人或环境产生严重负面影响时，美国环保署（EPA）可依法启动特别评审程序，对相关产品作出保留登记、限制性使用或撤销登记等决定。

（三）农药使用管理

农药销售、使用是农药管理链条中的重要环节。联邦政府农药使用管理由农业部负责，各州农药使用管理部门由政府授权确定，大多数州由农业部门承担，也有部分如加州、南卡州等由环保或教学机构承担。虽然各州在农药使用管理上存在一定的差异，但均实行农药销售许可制度和严格的施用者许可、使用申报许可、使用后报告制度，并加强农药施用过程监督和在田农产品质量安全监管工作。

1. 实行农药经营许可管理

美国农药经销商必须获得州农药管理部门颁发的许可证书，方可经营销售农药。在美国农药经营许可虽然没有设定相应的门槛，只需要依法纳税即可：多数农药经销商具备病虫防控咨询师资质，一方面依法开展农药经营销售，据实做好农药销售台账记录，明确农药流向；另一方面，为种植者出具病虫防治产品或技术推荐报告，指导农药施用者开展田间农药喷施作业。

2. 实行施用人员许可管理

农药施用管理非常严格。尤其是限制性使用农药，施用者必须获得州政府颁发的施用许可证书方可喷施。而要取得施用许可，申请者必须通过州农药管理部门组织的测试。有的如南卡还必须参加专门的培训。测试内容通常包括农药产品标签区分、病虫种类识别、综合防治知识、防治设备应用技能、防控作业保护等。各州考试通过率控制在 70% 左右。许可证书的有效期一般为 2～3 年。许可证书持有者必须在证书有效期内，完成最小量的继续教育学时并再次通过测试，才能继续持有许可证书。部分州（如加州）县级政府也可组织相关测试，并颁发县级农药施用许可证书，但该类证书只能为自己拥有的土地上种植的作物喷施常规使用农药，如喷施限制性使用农药必须在病虫防控咨询师指导下进行，不能像州政府颁发的证书那样参与商业化喷施作业服务。

3. 实行病虫防控咨询师制度

农药使用必须由病虫防控咨询师提供书面的推荐报告，否则不能购买或施用限制性使用农药。另外，商业化喷施作业服务也必须在病虫防控咨询师指导下才可进行限制性使用施药作业。要获得病虫防控咨询师证书，首先要具备植保、农学、生物学，或者其他自然科学方面的学士学位，须修满专门课程的 42 个学分，并通过相应的考试；具备相关方面博士学位的人员则只需要通过考试即可；若无学士学位的，必须拥有两年以上相关工作经验，修满专门课程的 42 个学分并通过相应的考试方可获得。病虫防控咨询师可开展有偿服务，为需要防治病虫的种植者、农药经销商以及施药人员推荐病虫防治产品或技术（包括非化学技术）。推荐必须形成书面报告，需要留有备份，并至少保存 1 年以上。

4. 实行使用农药许可管理

种植者使用限制性使用农药必须根据病虫防控咨询师建议，提前向县级农业部门提出申请，获得批准后方可使用。如在加州种植者使用限制性农药，应在 24 小时前通过网络系统向县农业特派员（CAC）提出申请。申请内容包括种植者身份、处理面积、具体位置、种植作物、防控对象、拟使用农药名称和使用方法等。同时，附具一份地图或对周围情况的详细描述如河流、学校、医院、居民点、动物栖息地，敏感作物等。农业特派员收到申请后，将评估是否会影响环境或公众健康，是否可以不使用限制性农药，是否可以采取非化学的方法防治，并迅速给出意见。种植者只有拿到使用许可后。方可到农药经销商处购买获得批准的农药并在病虫防治咨询师指导下，由持证的施药人员严格按照产品标签规定施用。喷施后，田间地头必须设置明显的警示标志，防止人畜进入。

5. 实行农药施用报告制度

农药使用后，种植者必须做好详细记录，并在一周以内通过网络系统向县农业特派员报告。报告内容包括种植者姓名、施药日期、施药地点、施用品种、作物种类、防控对象、农药种类和使用数量等。县农业特派员定期（一般每月1次）通过网络州农药管理机构报告情况。农业部的书记员负责搜集全州或全县的防治农作物以及与饮食有关农作物病虫害的农药使用数据信息，包括蔬菜和水果。农药使用信息的搜集应该依据农药使用者的农药使用记录。农业部的书记员应该配合帮助环境保护机构的管理者完成调查设计、数据信息的汇总结果。

6. 实行严格的农药使用监管制度

农药管理执法人员在对农药生产企业、农药经销商家进行现场检查的同时，重点加强对农药使用情况现场检查。农药施药过程中会随机抽查一定数量的农场。检查农药是否在申请的田块使用、是否严格按照标签规定使用、喷施人员是否具备资质，以及周边环境有无敏感的动植物等。如果发现违法行为，将对种植者或施药人员依法进行处罚。同时，对施药后田间农产品进行抽样检测，查看是否存在农药残留、细菌污染等问题，较好的保障了消费者购买的农产品质量安全。

7. 农药的包装残余处理

农药生产商在生产农药申请时须提供关于安全运输处理方法和剩余农药及包装的处理，否则生产申请将得不到批准，并在农药标签上注明。州政府颁布关于农药包装物的回收和再使用处置办法，如果农药被取消注册登记资格，生产商应该负责将农药召回并在 60 天内递交详细召回计划，农药包装物在回收时应处理包装物内的农药残留。州政府相关机构负责上述规定的监督执行，包括监控空气、水、土壤、人群、动物等。另外，政府相关机构应该通过政府采购和政府政策推广给农药使用者推广综合病虫害管理技术，以减少农药污染和风险。下面以缅因州的农药包装物处理为例说明。自 1983 年，缅因州对农药容器的处理有相关法律规定。多年来，确保毒性最大的农药包装物被回收并得到完全清洁和正确处理。然而，法律并没有对普通农药包装容器处理进行相应规定，也没有任何预处理就在公共垃圾填埋场或焚化炉焚烧处理。自 1991 年，为了使农药包装物完全和普通垃圾分离，阿鲁斯图克县采取了以下措施：在严格自愿的基础上，农药销售商和非赢利农业容器回收委员会着手回收高毒农药包装物和普通农药包装物，用来制造特殊的对包装材料纯度要求不高的产品。在农药控制委员会的管理和合作下，塑料包装容器，被收集运送到中转站，捆绑并销售、回收利用作为非消费者产品，如铁路路枕、运货板、篱笆桩和路面减速带。2007 年，州农药控制委员会和农业容器回收委员会建立了 2 个新的股份中转站：一个在德克斯特，另一个在麦卡斯，这有助于帮助南部地区的农药容器回收。

二、兽药的使用与管理

目前，世界最大的动物保健品市场在北美洲，占整个动物保健品市场的 30% 以上，其中又以美国最具代表性。经过几百年的发展与进步，美国兽药管理体系已成为世界公认的成功管理体系。基于此，本文通过探究美国兽药管理制度成熟的管理经验及其优势，旨在借鉴其先进的兽药管理模式，为中国兽药管理的法制化、科学化、系统化和现代化提供参考。

（一）美国兽药管理体系

1. 法律、法规体系

美国兽药管理法律、法规体系同其他方面的法律法规一样也分为联邦法和各州法，联邦规定权力最高，联邦法优于各州法律。美国兽药管理法律的制定和实施相互独立，且其过程实行公开化和透明化，为美国兽药管理提供了具有较强实施性的法律基础。美国现行的与兽药管理相关的联邦法主要有：《联邦食品药品和化妆品法》《病毒、血清、毒素法》（VSTA）、《联邦杀虫剂、杀真菌剂和灭鼠剂法》《联邦管制物质法》（CSA）和《国家环境政策法》（NEPA）等。联邦法是美国兽药管理最重要的法律依据，是美国兽药管理法律、法规体系的基础。美国州法案是依据联邦法修改制定的，彼此规定不同，职权分明，州法案的管理权限只限于管理其本州内的兽药生产和销售。当各州法案与联邦法出现不同时，以联邦法为主。同时，美国还形成了可操作性强的兽药配套规章。由联邦法案、州法案、规章，以及其他指导方针和指南等构成了美国完整的兽药法律、法规体系。

2. 管理机构

美国兽药管理机构主要有：食品药品管理局（FDA）、美国农业部（USDA）、毒品管制局（DEA）、环境保护署（EPA）、联邦贸易委员会（FTC）及州药事委员会（SBP）。各个管理机构的具体职能如下：

①美国管理兽药的机构主要是食品药品管理局（FDA）。FDA 的管理内容很广，兽药只是其辖权范围内的一小部分。FDA 是最主要的联邦管理机构，其他部门只在其辖区内与 FDA 合作并协助其管理。FDA 总部设有兽药中心（Center for Veterinary Medicine，CVM），具体实施新兽药审批、巡视监督、研究和化学分析等工作，保证美国市场上提供的兽用产品是安全、有效的，从而满足公共卫生和动物卫生需要。美国《病毒、血清、毒素法》授权美国农业部兽医服务局、兽用生物制品中心负责管理兽用生物制品及畜产品的兽药残留检测与监测管理工作。毒品管制局负责强制执行麻醉药等特殊药物管理。联邦贸易委员会法（Federal Trade Commission Act）授权联邦贸易委员会管理除处方药和医疗器械外其他所有产品的广告，包括药物（人药和兽药）广告。《联邦杀虫剂、杀真菌剂和灭鼠剂法》和 FDA 授权环保署负责杀虫剂、真菌剂和灭鼠剂的审批和管理。州药事委员会是具体到美国各个州政府的药物管理机构。美国 50 个州几乎都有药事委员会，隶属于州政府卫生部门，其管理药物的权威来自于相应州的药物规章和条例，管理权限仅限于本州范围内，负责州内药物的生产、销售以及其他相关活动的监督与管理。美国药典会为独立机构，负责制定药品标准。根据美国联邦食品药品和化妆品法规定，FDA 有权对药品质量标准、检验方法、载入药典的条文等进行评价、审核，必要时通知药典会修订。由美国药典会编纂的国家药品标准有美国药典（USP）（含兽药）、国家药方集（NF）、美国药典增补版；另外，还出版有配制药剂信息、用药指导、美国药物索引及期刊

药学讨论等。

②美国农业部主要负责对兽用生物制品的生产、销售、运输、进出口以及对违规情况进行处罚等管理法规的制定和执行,具体执行由农业部下属的动植物检验署及其下设的兽医局承担。

③美国毒品管制局在对兽药麻醉药管制方面发挥了积极作用,有效制止了麻醉药滥用现象的发生。

④环境保护署内设污染、杀虫剂和有毒物质办公室,其中负责了杀虫剂在食品或动物饲料中最大残留限量或耐受量的规定。

⑤联邦贸易委员会通过监管兽药广告,打击处理一些违法、不实的兽药广告,确保美国兽药市场的公平合理的竞争。

⑥州药事委员会负责本辖区内的兽药生产、销售及其他相关活动的管理,以确保兽药的安全有效性。

美国形成了统一的政府管理机制,药政、药监和药检 3 个体系各司其职、彼此协调、相互监督,共同构成了美国完整的兽药监管体系,为美国兽药产业的健康发展提供了有力的保障。

3. 健全的兽药评审制度

美国兽药中心设立了新兽药评审办公室,主要负责审评新兽药的相关材料,评估新兽药的安全性及有效性的相关工作。美国对洲际贸易的兽药实行联邦集中统一审批制度,主要由兽药中心进行审查,同时报 FDA 批准。美国通过一套完整科学的兽药评审制度保证了负责兽药评审制度的专职人员足够满足兽药评审工作的需要，同时注重评审的所有活动严格遵守《国家环境政策法》。美国健全的评审制度使得美国兽药评审规定具体明确，程序清晰，有明确的时限要求，有力地保障了美国兽药评审工作的需要。

美国的新药审批被世界公认为是最严格的。兽药研究实验室要通过质量认证（GLP 认证），新兽药在获得 FDA 批准之前，必须在临床上进行有效性和安全性试验。兽药中心设有新兽药审评办公室，具体负责评审新兽药产品上市和生产许可的证明药物符合批准标准的说明性材料，评价药物的有效性和在动物源性食品中的残留对人的安全性以及兽药对环境的影响，新兽药的材料是否合适，评价新兽药生产的方法和过程。新兽药报批者必须负责进行所有合理的试验以确定药品的有效性和安全性。在申报注册时，新兽药申请书要与试验数据（包括药物的副作用）一同提交。FDA 对申请者提交的新兽药基本研究资料和其主要研究结果和结论，均在 FDA 网站上进行公布。新兽药经审核批准后，才能生产上市。另外，兽药中心还设有较少使用和少数动物兽药发展办公室（Office of Minor Use & Minor Species Animal Drug Development），该办公室负责授权较少使用和少数动物用的新兽药上市；增加未批准新兽药准予合法上市用于较少使用和少数动物的药物清单。

4. 美国的兽药生产管理

美国对动物药品生产企业实行审批管理制度，主要实行的是企业生产许可和兽药产品的生产许可制度。联邦食品药品和化妆品法规定，在美国制造、制备、加工、合成兽药时，必须取得 CVM 核发的兽药生产许可证;联邦病毒、血清、毒素法第 102 条规定，在美国生产兽用生物制品必须取得美国生物制品企业许可证。法规规定只有授权了生产许可证的企业才能生产已注册登记取得生产许可的兽药。兽药产品的生产许可即兽药审批与注册登记内容，要求兽药必须通过审批检查，并获得授予的批准文号才能进行生产。除具备生产许可证外，兽药生产企业同时还要通过美国药物 GMP 认证。美国要求兽药生产企业必须根据 GMP 的要求组织生产，否则，其生产的产品将被认为是掺假产品。

美国主要是采用法律手段对药品质量进行监督管理，任何人触犯药品法有关条款将被处以 10 年以下监禁或 25 万美元以下的罚款或两刑并罚。比如，如果是故意欺骗或误导，将被处以 2 年以下监禁、1000 美元以下罚款，而其中故意违反进口药品规定，出售、购买或买卖某种药品或药品的样品或为这类药品样品提供方便者，将被处以 10 年以下监禁或 25 万美元以下的罚款或两者并罚。

5. 美国对药房和药剂师的管理

美国对于药房与药剂师的管理根据药房和药剂师法，该法规定了药房的开设条件、场地要求、有关记录要求以及药剂师申请从业执照的条件和应承担的相应义务等。如果不遵守药房和药剂师法，则会受到严厉的民事和刑事处罚，同时还会被撤销营业执照。对药物实行的是处方药和非处方药分类管理制度。对一些存在毒性或潜在危险的兽药，如果没有专业人员的指导，使用是不安全的，被列为处方药。处方药标签必须标明注意联邦法律禁止无处方配药，如果处方药的标签不符合规定，将视为假标识兽药。如果根据兽药标识上的说明可以安全使用（安全使用包括靶动物安全、操作者的安全和药物对环境影响的安全）的兽药被列为非处方药，非处方药必须附有详细的使用说明，要求在标签上注明非处方药字样。考虑到安全性和有效性的因素，处方药物必须凭兽医处方购买和使用。处方药在销售和分发之前，其制造、运输、储藏、批发、零售必须由合法的专人负责。

6. 上市兽药的药物不良反应（Adverse Drug Reaction，ADR）报告计划

美国 FDA 兽药中心认为将 ADR 称为 ADE（Adverse Drug Experience）较为客观，并将 ADE 定义为兽药的任何副作用、伤害作用、毒性或过敏反应（或缺乏预期药效）。该计划目的是提供准确的药物安全资料、检查药品的非安全性使用、对影响产品安全性的污染和生产问题进行早期监测及对药物的有效作用和非期望作用提供更全面的评价报告。 FDA 鼓励新药用户在使用新药过程中认真记录和及时报告所出现的任何不良反应，包括损伤、毒性、药物敏感性、疗效和其他不可预见的副作用。为了避免或消除不良反应，FDA 的科学家会对副反应进行详细的分析，并建议厂家对产品标签和使用剂量进行相应的调整。如果新药的副反应极为严重，FDA 会撤销已批准的药品文号。不过由于药物在上市之前都已做过详细的实验，所以该类情况极少会发生。 FDA 也鼓励兽医在使用过程中及时发现和报告新药物所出现的不良反应，兽医应该及时将已发现的不良反应记录在 FDA 设置的新药不良反应、缺乏疗效或产品缺陷报告表上，或者通过电话报告兽药不良反应。

7. 完善的残留监控体系

美国政府高度重视食品安全问题，因此建立了完善的兽药残留监控体系。美国的兽药残留管理机构由农业部、食品药品管理局及国家环境保护署共同组成，各部门间职责明确、协调良好，共同为美国畜产品的质量安全提供保障。同时，美国注重加强兽药残留技术和监测方法研究工作，积极利用免疫法、液相色谱法、气相色谱法等手段检测动物性产品是否存在残留。同时，美国兽医协会也为美国兽药产业的健康发展提供了技术支持。

三、添加剂的管理

食品添加剂在食品行业中占有重要地位，它的使用直接关系着食品的性能与安全，食品添加剂对食品的质量、品质、营养结构、加工、储藏等都产生极大的影响。科学合理的使用食品添加剂，可以成为推动食品工业快速发展的动力，若食品添加剂使用不当，则可能成为食品的不安全因素，危及消费者的身体健康和生命安全。这使得食品食品添加剂安全监管体制在整个社会法制体系中的地位显得日益重要。美国对食品添加剂的监管体系，对完善我国食品添加剂管理法律法规具有重要的借鉴意义。

（一）美国食品添加剂的定义和分类

1. 美国食品添加剂的定义

根据美国《联邦法规汇编》（CFR）及 FDA 法规，美国食品添加剂的定义为：食品添加物指有意使用的，使用后会影响食品的特征或者其自身可直接或间接成为食品成分的物质。主要包括在生产、包装、加工、准备、处理、运输、贮藏等过程中使用的物质，以及具有此类用途的各类放射源，但不包括通常认为安全的物质、色素添加剂和膳食补充物。如果使用一种物质不会成为食品的成分，但是使用这种物质会给食品带来不同的风味、组织结构或者改变食品的其他特征，这种物质也称为食品添加剂。

2. 美国食品添加剂的分类

按照食品添加剂的功能，CFR 将可以直接加入食品中的食品添加剂分为 32 类，包括：抗结剂和自由流动剂、防腐剂、抗氧化剂、着色剂和护色剂、熏制和腌渍剂、面团增强剂、干燥剂、乳化剂和乳化盐、酶、固化剂、风味增强剂、香料及其辅料、面粉处理剂、配方助剂、熏蒸剂、保湿剂、膨松剂、润滑剂和脱模剂、非营养性甜味剂、营养补充剂、营养性甜味剂、氧化剂和还原剂、pH 调节剂、加工助剂、推进剂、充气剂和气体剂、螯合剂、溶剂和载体、稳定剂和增稠剂、表面活性剂、表面处理剂、增效剂、组织改良剂。

（二）美国食品添加剂法律法规体系

美国的食品安全立法已有一百多年的历史，其食品安全法被公认为是较完备的法规体系。关于食品添加剂的法规既有《联邦食品药品和化妆品法》、《联邦法规汇编》等综合性法律，又有《食品添加剂补充法案》、《着色剂补充法案》等具体性法规。

《联邦食品药品和化妆品法》是美国食品法的基础。该条例于 1958 年进行了一次修改，修改的内容主要针对食品添加剂的管理。该条例要求生产商使用添加剂应在"相当程度上"保证对人体无害。美国联邦食品药品和化妆品法第 402 款规定，只有经过评价和公布的食品添加剂才能生产和应用。并规定美国食品药品管理局是负责管理食品添加剂的国家机构，负责食品及食品添加剂标准及法规的制定、食品添加剂和色素添加剂上市前的审批工作、监管食品市场、召回缺陷食品等。

FDA 的大部分法律都被编入美国《联邦法规汇编》第 21 章，其中的 70～74，80～82 部分是关于色素添加剂的管理规定，170～186 部分是关于食品添加剂的管理规定，包括通则、标准、适用范围、使用量、包装、标识和安全性评估等。随着科学技术的进步、现代分析技术的提高和毒理学资料的积累，每隔一段时间，食品添加剂的安全性会被重新评价和公布，美国每年都要对 CFR 中的内容进行修订，第 21 章的修订版一般是每年的 4 月 1 日公布。

此外，美国关于食品添加剂的法律还有《食品添加剂补充法案》和《着色剂补充法案》。《食品添加剂补充法案》是于 1958 年通过的，由美国食品药品管理局（FDA）和美国农业部（USDA）贯彻实施。该法案规定了食品添加剂的允许使用范围、最大允许用量和标签表示方法。《着色剂补充法案》于 1960 年议会通过，将色素从食品添加剂中划分出来单独管理，并将色素分为有证及无证两种，前者是人工合成色素，后者是天然色素，两者的生产者均要向 FDA 证实其纯度及安全性。

在美国，食品添加剂的产品规格必须符合美国《食品用化学品法典》（Food Chemicals Codex，FCC）。该法典在美国具有准法规的地位，是 FDA 及检测机构评价食品添加剂食品成分质量是否达到标准的一项重要依据。FCC 问世于 1966 年，历经补充和修正。FCC 是一个国际公认的确定食品成分纯度、质量、鉴定、分析方法、分析标准等的汇编。FCC 主要由 2 部分组成：专论及附录，专论内容包括食品级化学品、加工助剂、香精、维生素及功能性食品配料等。FCC 作为食品添加剂行业的权威标准，在国际范围内得到了广泛认可，许多食品用化学品的制造商、销售商以及用户将 FCC 中的标准作为他们签订销售或购买合约的基础。

（三）美国对食品添加剂的监管

美国的监管模式比较简明，分工清晰。主要由 FDA 和 USDA 两个部门负责食品安全。

1. 实行严格审批新食品添加剂申请

美国法律规定，由 FDA 直接参与食品添加剂法规制定和管理。美国的食品添加剂在生产、销售和使用环节都需要经过 FDA 的严格审批。根据《食品添加剂补充法案》的规定，只有符合安全标准、经过评价和公布的食品添加剂才能生产和应用，没有经过审批认定和没有科学数据证实认定的新食品添加剂都被认为是不安全的。一般而言，新的食品添加剂使用者还需要向食品药品管理局提供该食品添加剂在制定食品中的安全数据等资料，经过严格的审查确定该食品添加剂使用的安全性。FDA 在审批食品添加剂时，要考虑它的成分、特性、使用量，可能的长期作用及各种安全因素，根据获得的科学资料判断食品添加剂在使用条件下是否安全。一种新的食品添加剂被批准后，FDA 会发布并将其编入美国《联邦法规汇编》，规定其使用范围，最大添加量及其在食品标签上的标注形式等。

FDA 食品添加剂安全办公室（Office of Food Additive Safety，OFAS）的申请审查部（Division of Petition Review，DPR）主要负责在食品中具有功能作用的食品添加剂上市前的审批工作。为了完成法规义务，DPR 主要由三部分组成，即消费者安全官员（CSOS）、化学审查专家和毒理审查专家。COSS 是申请管理和申请者与 FDA 联系的窗口，同时负责回答有关食品添加剂和色素添加剂有关的咨询和 FDA 有关这些物质的要求。化学审查专家和毒理审查专家负责对申请者提交的科学资料和指派给 DPR 的其他申请进行评价。

（1）直接食品添加剂申请需要提交的化学和工艺资料建议：

①特征或鉴别信息：应该提供食品添加剂独有特征的信息，主要包括：正式的化学名称、常用名或者商品名、CAS 号、化学式和结构式，分子量、食品添加剂的组成，对于混合物应提供每个组分的详细情况以确定混合物的组分，此外还应提供混合物中每个组分的比例、对于天然来源的食品添加剂，应提供来源信息（例如学名、属、种、气候或者其

他地理因素方面的特征等）、其他进一步的特征信息，例如食品添加剂的理化特征（如熔点、沸点、比重、折射率、旋光、pH 值、溶解性等）和色谱或者分光光度资料等。

②生产工艺资料：申请者应当说明生产加工过程能够控制、减少或者浓缩有毒物质的可能性。关于生产工艺的材料应该包括所用试剂、溶剂、催化剂、加工助剂、净化剂和特殊设备的清单，并对加工过程本身进行详细的描述，包括所有的反应条件（例如时间、温度、pH 值）和产品控制（包括用于控制反应副产物和其他杂质出现的步骤）。申请者还应了解申报食品添加剂的其他可能的加工方式，如果可能，应提供更多关于其他方法的描述。食品添加剂的生产者应该符合良好生产规范的要求。

③食品添加剂的特征和纯度质量规格标准：申请者应该提供申请食品添加剂的特征和纯度质量规格标准。如果有已经公布的质量规格标准，则应该引用或者尽可能的参考这些已有标准。本部分资料应当对食品添加剂进行一个完整的成分分析，建议质量规格标准包括以下内容：（1）食品添加剂的描述，对于天然来源的食品添加剂，来源本身也应该明确。（2）食品添加剂的鉴别试验，包括使用的方法或者参考合适的方法。（3）食品添加剂纯度的分析，包括使用的方法或者参考合适的方法。（4）食品添加剂的理化特征（例如灰分含量、水分含量、熔点、密度、折光指数、pH 值）。（5）与食品添加剂的颗粒大小、形状和表面特征相关的参数，在特定情况下，食品添加剂的颗粒大小对食品添加剂的特征和功能是非常重要的。（6）杂质和污染物限量，主要包括对残留反应物、反应副产物和溶剂残留的限量，铅，砷等重金属的限量，对于天然来源的食品添加剂来说，已知天然毒素或者微生物污染的也应进行限量。镉和汞，在需要控制时也应制定限量。

④食品添加剂的稳定性：提交材料中应当包含食品添加剂稳定性的资料，尤其是当食品添加剂对水分、空气或者温度等环境条件敏感时或者稳定性不好时尤为重要。在食品添加剂的预期使用条件下，应当测试食品添加剂在食品的整个货架期中的稳定性。对稳定性试验的描述应该简单易懂，材料应该详细，应该提供所有原始资料包括仪器使用记录的复印件、数据汇总和分析方法。

⑤预期工艺效果和用途：使用食品添加剂是为了达到一定的工艺效果。对食品添加剂的预期用途和使用量的描述资料应当包括：（1）食品添加剂将要用在哪些食品类别中。申请的食品添加剂使用类别应尽可能的广，申请者应该提供资料证明所有申请的使用情况是安全的。如果申请者不想承担过多的义务，只想局限在特定食品类别，那应对预期使用的食品类别进行详细说明。（2）在每个食品类别中的使用量。最大使用量应该以浓度（按重量）的形式标识。（3）清楚说明在食品中的预期工艺效果。如果工艺效果于食品添加剂的颗粒大小相关，则应说明添加剂的颗粒特性如何影响其功能（例如，溶解性、黏性、稳定性、抗菌特征、抗氧化特征等）。（4）添加剂在储存和加热过程中形成的分解产物的特征和量。（5）有关使用方法的介绍、建议和指南，包括标签样本所提供的资料应该能够标明申请的量能够达到预期的工艺效果。为了说明能够达到预期工艺目的的最小量，应该描述几个高于和低于建议使用量的水平时添加剂的使用效果。一些食品添加剂具有工艺自限性，也就是说食品添加剂在食品中有一个最大浓度，超过这个浓度食品会变得味道不好、令人反感或者不适于人群消费。在这种情况下，应该提供几个高于或者低于这个自限水平的使用量时食品添加剂的使用效果情况。

⑥食品中食品添加剂的分析方法：如果需要通过限定食品中含有的食品添加剂的限量才能保证食品添加剂的使用安全，那么应该提供食品

中该物质定量的检验方法，以保证不会超过限量规定。对食品中的物质进行定量的可行分析方法是经过培训的人员在恰当装备的实验室能够很容易操作的方法。方法必须具体、准确、精确、可靠。

⑦估计的摄入量：食品添加剂管理规定中的申报程序还要求对消费含有食品添加剂的食品时所带来的消费者对食品添加剂及其副产物的摄入量，也就是通常所说的每天估计摄入量（EDI），用于代表食品添加剂的长期摄入（一生中平均每天的摄入量）情况。OFAS 通常根据申请者提供的下列信息计算食品添加剂的 EDI：（1）使用食品添加剂的食品类别；（2）在每类食品中的通常使用量和最大使用量；（3）通过使用食品添加剂会受到特别影响的亚人群（例如用于婴幼儿配方食品或者低能量食品的食品添加剂）；（4）对基于现在法规中食品添加剂规定申请增加新的使用范围或者增加使用量的，可能带来的摄入量的增加；（5）如果申请的食品也是天然存在的物质，通过申请食品添加剂使用可能带来的摄入量的增加。

⑧毒理学资料要求：用于食品中直接食品添加剂或者色素添加剂的安全性评价包括根据食品添加剂的化学结构估计其潜在的毒性特征，然后根据毒性特征信息和估计的累积暴露量将申报的食品添加剂划归于不同的关注水平（低（CL I），中（CL II），高（CLIII）。在具体判断时首先根据申请物质的结构预测其潜在的毒性，根据食品添加剂的结构信息，将食品添加剂划分为三个大类别，类别 A（structure category A）表示具有的潜在毒性低（low toxicological potential），类别 B（structure category B）表示具有的潜在毒性中等（intermediate toxicological potential），类别 C（structure category C）表示具有的潜在毒性高（high toxicological potential）。

2. 一般被认为是安全的物质

法律规定了两类食品添加剂是免于审批的：①"前批准"食品添加剂是指经 FDA 或农业部（USDA）在 1958 年修正案前已确定其安全性的所有添加剂。如午餐肉中使用的亚硝酸钠及亚硝酸钾。②"通常被认为是安全的"（即 GRAS）添加剂。是指根据这类添加剂在 1958 以前的安全使用史及发表的科学论文已承认其安全性的添加剂。例如：盐、糖、调味品、维生素、味精等物质都属于这类食品添加剂。当然，这样的豁免不是绝对的，如果有证据证明 GRAS 添加剂或者"前批准"食品添加剂是不安全的，联邦政府可以采取行动禁止使用或要求进一步确定其安全性。

FDA 推行了一项 GRAS 物质的通报系统，生产商有权根据其产品的使用条件，向 FDA 提交申请，要求将其产品根据其用途认定是否属于 GRAS 物质的范畴。GRAS 物质列在美国《联邦法规汇编》第 21 章的第 182 部分：一般被认为是安全的物质；当一种物质被重新评估后，则从该部分删除，列在相应部分。

3. 色素添加剂

美国将食用色素从食品添加剂中分离出来，单独管理。美国 CFR 第 21 章的第 70～74，80～82 部分是关于色素添加剂的管理法规。规定了在食品、药品、化妆品及某些医疗设备中使用的色素上市前必须经过 FDA 批准，与其他食品添加剂不同的是，该修正案规定以前允许使用的色素也必须经过进一步的检测，验证其安全性后才能继续使用，原先使用的 200 种色素中只有 90 种通过了审批。食品添加剂和色素添加剂的修正案中均有规定，禁止批准使用对人类或动物致癌的物质，该规定以国会提案人 James Delaney 的名字命名，通常被称为"Delaney 条款"。

4. FDA 的食品原料安全评估

FDA 负责食品中使用的食品添加剂等食品配料是否安全的评估和监管。一般来说，只要是获得批准使用的食品配料，就可以被认为是安全的。FDA 监管的主要依据是《食品配料安全评估毒理学原理》（Toxicological Principles for the Safety Assessment of Food Ingredient）。该文件规定了包括食品添加剂、色素添加剂、GRAS 物质等食品配料的安全性评估及上市前的审批工作程序及规范。

5. 食品添加剂的分类管理

美国的食品添加剂使用规定于《联邦法规汇编》第 21 章的 172～178 部分，分为直接食品添加剂（direct food additive）、次级直接食品添加剂（secondary direct food additive）和间接食品添加剂（indirect food additive）的使用规定。

（1）直接食品添加剂的使用规定这类食品添加剂是指有意添加到食品中、在终产品中起特定功能的食品添加剂，如防腐剂、乳化剂和甜味剂等。这些食品添加剂的使用规定在《联邦法规汇编》第 21 章的第 172 部分，分为总体规定、食品防腐剂、食品被膜剂及相关物质、特殊膳食和营养添加剂、抗结剂、风味物质及相关物质、胶基及相关物质、其他特定用途添加剂、多功能添加剂等 9 节，详细规定了每种食品添加剂需要达到的质量规格标准、允许使用的食品范围及使用限量、为了保证食品添加剂的安全使用应注意的事项等内容。

（2）次级直接食品添加剂的使用规定这类食品添加剂是在食品的生产加工过程中加入、但不在终产品中发挥功能作用的食品添加剂，如酶制剂、离子交换树脂等。这些食品添加剂的使用规定在《联邦法规汇编》第 21 章的第 173 部分，分为食品处理用聚合体和聚合体助剂，酶制剂和微生物，溶剂、润滑剂、释放剂和相关物质，特定用途添加剂等 4 节，详细介绍了这些食品添加剂的使用规定。

（3）间接食品添加剂的使用规定这类食品添加剂是不通过直接添加、而是通过迁移进入食品的食品添加剂，如食品包装材料物质。这类食品添加剂的使用规定在《联邦法规汇编》第 21 章的第 174～178 部分。分别介绍了间接食品添加剂使用的总体规定、粘连剂和覆料成分、纸和纸板成分、聚合物、助剂和消毒杀菌剂等的使用规定。

6. 对部分重点食品领域实行双重管理

美国的监管分工明确，主要由 FDA 和 USDA 负责食品安全。FDA 直接参与食品添加剂法规的制定和管理，肉类由 USDA 管理。因此用于肉和家禽制品的添加剂需得到 FDA 和 USDA 双方认证。食品添加剂立法的基础工作往往由相应的协会承担。如食品香精立法的基础工作由美国食品香料和萃取物制造者协会（FEMA）担任，其安全评价结果得到 FDA 认可后，以肯定的形式公布，并冠以 GRAS 的 FEMA 号码。随着科技进步和毒理学资料的积累及现代分析技术的提高，每隔若干年后，食品添加剂的安全性会被重新评价和公布。

7. 强调政府管理的公开透明

美国的相关法律法规在规制食品添加剂的过程中，特别强调政府管理行为的公开透明。其主要方式是通过公众监督得以实现，美国《行政程序法》、《联邦咨询委员会法》和《信息公开法》都特别规定了食品安全管理过程中要受到公众的社会监督。这样的规定使得政府对食品安全的管理规制更加谨慎，防止出现权力滥用和玩忽职守的现象。

8. 规范食品添加剂质量标准

在美国，食品添加剂的产品规格必须符合美国《食品用化学品法典》（FCC），它是 FDA 评价食品添加剂质量是否达标的一项重要依据。FCC 作为食品添加剂行业的权威标准在国际范围内得到了广泛认可，许多食品用化学品的制造商、销售商以及用户将 FCC 中的标准作为他们销售或购买合约的基础。

第七节 启示

一、奶类食品安全监管启示

美国的乳品安全监管注重从源头到餐桌的全程监管，职责明确，相关部门互相协调和配合，有效地保障乳制品安全。受三聚氰胺事件的影响，我国乳业出现了较大的食品安全信用危机，要想真正让消费者喝上放心牛奶，美国的乳品安全监管经验给了我们不少有益启示。

（一）高度重视原料奶生产的安全性

对于乳品的安全来讲，原料奶质量尤为重要。重视奶源建设，加强对奶源的安全控制，是乳品企业的生存之本。高标准的饲养环境、高品质的奶牛品种、严谨科学的榨奶环节以及严密的冷链系统和运输环节都直接影响着每滴原奶的品质。监管方针也要从源头抓起，推进建立严格的原料乳生产及供给质量安全控制体系，尤其加强卫生监管和冷藏温度管理。同时，可以探讨乳制品标签原料奶等级标注制度，并加强监管，促进原料质量安全水平的提高。

（二）实行按质论价

原料奶的收购计价方式对提高原料乳质量安全水平有着重要的影响。原料奶的收购检测主要分四种：检测含杂量、比重、酸碱度以确定等级；使用乳脂测定仪测定脂肪，按脂论价；检测非乳脂固体的含量，计算出总干物质含量，分级计价；检测细菌总数、体细胞数等生物指标及药物残留检验，分级计价，严重超标者拒收。后两种检测分级方法与原料奶质量安全水平有着密切关系，而这也正是决定原料奶质量安全的关键。因此，应进一步改进原料奶检测分级方法，完善相关标准体系，从源头上把好原料奶质量安全关。

二、肉类食品安全监管启示

改革开放三十多年来，我国人民生活水平不断提高，肉类食品消费能力不断增加，肉类食品已经成为人们生活必需品，然而，随着社会经济高速发展，我国肉类食品安全问题日益突出，同时，在养殖、生产、销售环节存在着诸多问题，致使我国肉类食品安全形势不容乐观，出现了诸如口蹄疫、禽流感等动物疫情和"瘦肉精"、违禁药物等养殖制作环节的问题，这些问题严重威胁着人民群众的生命健康安全。建立规范、健全的肉类食品质量安全控制体系和肉类食品安全标准体系十分重要。

1. 动物养殖过程中的监管

为动物提供良好的生长环境，采用规范的方式进行动物饲养。作为肉制品生产的原料，用于肉类产品加工的动物是肉类食品加工质量安全的重要保证，所以做好动物饲养工作对于保障肉类食品安全非常重要。在饲养过程中，要坚决按照相关的规定执行，不能采用在饲料中添加违禁药物，同时，要在动物饲养基地建立监管体制，形成对动物饲养环境和方式的有效监控，把好肉制品生产安全的原料关。

2. 肉类食品加工环节的规范化操作与管理

肉类食品加工环节是影响肉类食品安全的重要环节。在当前我国肉类食品加工过程中，长期存在卫生、质量安全隐患，导致加工出的肉类产品不合格。产生这类问题的原因主要有：①我国肉类食品加工环节存在着不容忽视的严重问题，比如部分加工工厂规模较小，加工水准低，设备简陋，存在卫生问题，甚至出现一些无加工资质的黑作坊，加工出的肉类食品没有安全保证。②乱用食品添加剂。我国一些肉类加工工厂为了使肉制品保质期更久，颜色更好看，违规使用一些食品安全法明文禁止的添加剂，这种肉制品严重影响着人体健康，导致人体患癌的几率大增。近年来引发社会热议的"瘦肉精"、"苏丹红"、"注水猪肉"等问题就是在加工环节中违规使用添加剂的典型案例。

3. 做好肉类产品的运输工作，做到实时监测

肉类产品的运输是肉类产品容易出现质量安全事故的薄弱环节。因为肉类食品容易变质，很多产品需要冷藏，在这方面我国应该建立完善的检测监管体系，对肉类产品运输团队进行严格的资质审核，同时要加强监测，保证食品的新鲜安全。

4. 加强肉类产品销售环节的监管

在销售环节中，相关部门要具有高度的责任意识，加大监管力度，着力对销售环节中是否具备完善的冷藏、保鲜设备和措施，是否存在着售卖过期肉类产品的监督工作，维护好肉类产品市场的经营秩序，保证

肉类产品质量安全。

5. 加快肉类食品安全标准体系建设

做好肉类食品安全标准的制（修）订工作，完善肉类食品安全标准体系。鼓励企业申请 ISO9001 质量管理体系认证、ISO22000 食品质量安全管理、ISO14001 环境管理认证、OHSMS18001 职业健康安全管理体系、GMP 良好操作管理体系的认证，积极采用国际先进标准。

6. 加强宣传教育，提高消费者食品安全意识

我们应该加强肉类产品质量安全的宣传力度，使消费者深刻认识到质量安全的重要性。同时，要提高消费者的维权意识，发现销售三无产品或存在质量问题肉质品的行为，消费者要及时向有关监管部门举报，只有充分发挥群众的力量，才能使制假、售假的肉类产品商家无所遁形，保证我国肉类食品安全。

三、食品安全监管启示

由上可知，美国蔬菜生产已实现规模化、专业化和产销一体化的生产服务和流通体系，使美国蔬菜生产者已实现科学化，这都有利于政府推行蔬菜全过程质量控制及相应的系统管理，也是高效蔬菜质量安全管理的前提。所以，美国政府高度重视食品安全和完善的农产品质量安全体系及严密的管理组织机构，美国在解决食品安全问题上不但使用法律手段、经济手段，还使用行政手段，设立了总统食品安全委员会，对农药残留实施严格的行政监控、实施"绿色"补贴计划等。美国蔬菜安全管理给予中国的启示为：

1. 政府责任重大

美国蔬菜安全管理的实践证明，政府不仅参与有关的立法和制定蔬菜质量标准，而且有关职能部门直接监管蔬菜质量安全。政府通过宣传和教育民众、给安全蔬菜生产者以资金支持、加强安全蔬菜技术研究等方式有力地促进了安全蔬菜的发展。另外，美国很早就建立了有害生物风险分析模型，对所有首次输入美国的植物或植物产品都要进行风险分析，保护了农业生产的安全，有效限制了国外不合格农产品的进口。

2. 针对性强的法律法规体系

逐步完善的法律法规是美国蔬菜质量安全管理体系发展的重要基础。美国蔬菜质量安全管理相关的法律、法规制定得比较细致，内容比较丰富，蔬菜等农产品质量安全法律法规体系呈网状结构，最大限度地覆盖了从蔬菜生产环境、生产资料到蔬菜生产、加工、流通和贸易的各个环节，并且技术法规数量众多，使管理法制化，形成规范而有效的监督管理体系。

3. "农田到餐桌"的一体化管理

虽然，长期以来美国蔬菜质量安全管理的权力分散在不同的政府机构，但有较为明确的管理主题分工及通过各部门之间的协调一致的行动来避免机构间的扯皮问题。并且，美国政府当前蔬菜质量安全的管理机构主要集中在 USDA、FDA、EPA 3 个部门，且对蔬菜质量安全的管理越来越趋向于集中到农业部门进行综合管理，从农业生产资料的管理、农业生产的指导、农产品的加工、运输、营销与贸易以及食品的安全和检验等实行一体化管理，以保证对"农田到餐桌"全过程的监督。

4. 公开与透明的工作方式

蔬菜质量安全关系到每一个人的切身利益，在制定有关蔬菜质量安全法律法规、质量标准和政策时要由相关的企业、机构、消费者参与。公开性与透明性是蔬菜质量安全体系的基本要求。美国的蔬菜质量安全管理体系具有较高的公众信任度也是由于其公开透明的工作方式、良好的公众参与制度和以科学为根据的决策机制，所以获得了消费者、生产厂商等相关利益群体的积极合作，使得相关法规及时与技术知识的更新、生产厂商、消费者等群体的需求保持一致，因而使美国制定出来的法律法规和质量标准更具有操作性，并因广大的消费者直接参与对蔬菜质量的监督而显著地降低了监督成本，提高了监督质量。

5. 重视科技的重要作用

重视和依靠科学技术是美国发展安全蔬菜的重要特点。美国蔬菜质量的检测水平、生产水平和科技含量水平总体较高，蔬菜生产过程都基本实现机械化，蔬菜生产品种专业化程度高，生产中农户运用各类"减化肥、减化学农药的栽培技术"，实行作物轮作和休耕。

6. 蔬菜质量标准制定和发布的法制化、分级、规格标准化

美国蔬菜标准都是在法律授权下制定的，注重与法规的密切结合，标准的制定和发布遵循严格的程序性法规，注重标准内容的量化可操作性，从而使标准的引用和实施方式灵活适用，又体现了标准的配套性和完整性。如任何蔬菜，只要叫某一名称，因既有识别标准，又有最低质量要求和蔬菜分级标准，其质量保证在任何地方是一样的。美国蔬菜标准的制定体现以科学为基础，以市场为主导，以贸易需求为核心的原则。如美国注重标准体系的动态管理和信息交流，积极参与果蔬国际和区域

性标准化活动，标准和法规修订频繁，既保证了标准的高水平，并始终保持与生产、销售及食品安全需求同步。又如，美国将蔬菜分级标准作为其法规"销售协议"和"销售条例"的一部分，在所有与果蔬有关的商业法规中，蔬菜分级标准是其运作的关键部分，充分体现其市场导向性原则。

7. 完善的中介服务体系

从蔬菜质量安全管理体系看，中介机构在美国蔬菜质量安全管理中发挥着不可替代的作用，除了在制定和修订蔬菜标准外，中介机构还广泛地参与标准的实施，比如标准的宣传、出版、发行以及认证等活动。

8. 重视信息交流和教育

在蔬菜质量安全问题趋于全球化的今天，扩大区域间和国际间的风险信息交流，加强消费者、生产者等利益主体之间的有效沟通，才能以最低的信息成本提高蔬菜质量安全信息管理的效率。美国蔬菜质量安全管理的实践表明，蔬菜质量安全信息交流是确保消费者、生产者、经营者和相关的利益群体的国家获得信息、减少危险发生的重要途径。另外，针对消费者、生产者和蔬菜质量安全教育和研究者进行的安全教育，能够在一定程度上影响消费行为和市场产出结果。公众、生产经营者等群体的蔬菜质量安全意识的提高，减少了蔬菜质量安全事故的发生概率，切实保护了消费者的生命安全和健康。

9. 推行良好农业规范，建立可追溯体系

实施良好农业规范GAP也是深入开展农业标准化及其示范区建设，全面提高农业综合生产能力的有效途径。推行 GAP 是国际通行的从生

产源头加强农产品和食品质量安全控制的有效措施，是确保农产品和食品质量安全工作的前提保障。通过推行良好农业规范，使种植企业树立产品安全观念，确保原料的农药残留、重金属、污染物质等食品安全指标符合相关标准，种植、采摘、分拣、包装、储存等方面的操作满足相关要求。建立种植、加工、包装、运输、分销、接收、储存、进口企业等相关记录以及文件记录检查的相关制度。

总之，中国果蔬 GAP 的发展应借鉴美国危害管理、食品防护、可持续发展思想、可追溯性、内部审核机制及文件和记录控制要求，同时结合中国实际情况、法规要求和技术支持不断完善。果蔬种植企业应不断提高种植设施和卫生等方面的条件，对质量安全进行严格的要求和控制。

四、贝类食品安全监管启示

（一）贝类可追溯体系的建立与完善

根据美国对于贝类生产的可追溯性，我国应开展建设贝类质量监管可追溯体系的试点，指导贝类养殖企业建立健全生产记录和销售记录制度，使贝类在采捕和运输时加贴标签，完整记录包括采捕日期、地点和位置、品种和数量、采捕者姓名及船的名称或注册编号等信息，推动贝类市场准入制度。建立部、省级信息平台，将贝类养殖区域划分结果、贝类养殖许可证发放、贝类生产企业名单、养殖区处于开放或关闭状态等信息纳入平台，及时向社会公布，逐步实现贝类产品的全程监管和质量的可追溯。经登记的贝类捕捞船只能在官方划定的批准海域区内进行贝类捕获，对渔获物加示的标签上注明品名、规格、捕捞海域、捕捞时间、捕捞船登记编号、捕捞量。贝类运输要进行时间、温度控制，符合运输卫生要求。贝类加工厂与贝类养殖厂签订的"购货协议书"上应注明装运卫生条件，并查看货物的外包装标签或捕获记录以及捕捞许可证，检查货物是否来自官方批准的捕捞区域，捕捞时间与运输温度是否符合要求，填写原料验收记录，并对货物进行感官、理化检验。

（二）建立符合中国国情的 HACCP 体系

我国在建立 HACCP 体系时，应充分考虑双壳贝类的预期用途。美国以生食为主，我国以熟食为主，所以在建立 HACCP 体系时，从生食和熟食 2 个层面制定符合我国实际要求的 HACCP 体系。如用于制作罐头的双壳贝类，在原料验收时，可不必将致病菌的危害作为关键控制点。加工企业至少有如下记录：贝类收购记录、原料验收记录、关键控制点的监控记录、纠偏行动记录、验证记录、SSOP 实施记录、贮存过程温度控制记录、贝类标签以及贝毒检测记录。

（三）建立贝类出口示范基地

我国各地发展水平相差较大，全面建立贝类卫生控制体系，目前还有难度。尽管海洋渔业部门和检验检疫部门做了大量工作，但在短时间内中国的贝类卫生控制体系还有待完善。所以应在现有的监管体系的基础上开展"区域性"贝类卫生控制体系认证，阶段性地对建立贝类卫生控制体系的海域进行认证，通过认证的海域的贝类可以流通进入消费领域和加工出口，逐步提高我国贝类卫生控制水平，有效实施贝类卫生控制体系。采取政府引导、企业为主体的示范基地建设，选择重点养殖区域、养殖品种、有一定基础的企业，建立从种苗、养殖、加工、出口一体化的大型企业集团和示范基地，逐步淘汰一批管理水平落后、环境状况差的养殖企业和养殖区域，形成我国统一的贝类产品出口基地，以提高产品质量和安全卫生水平。

(四)贝类卫生管理框架体系的建设

结合我国实际情况,开展美国贝类卫生管理体系研究。美国的贝类卫生管理在海区卫生调查、海区分类、贝类运输和销售、贝类采捕管理、信息发布等方面均有一套完整的管理体系,根据研究结果,提出符合我国实际情况的贝类卫生管理框架体系,使我国的贝类质量安全管理与国际接轨,是我国的贝类养殖产业可持续发展的需要。同时,贝类质量安全监管体系的建设需加大基础性科研支持力度。我国是世界贝类生产大国,过去大量科研工作主要关注贝类增殖产量问题,在贝类微生物、化学污染物以及生物毒素的毒理、毒性和安全性评价等方面缺少研究。今后应加强我国贝类质量安全监管工作,随着贝类质量安全问题受到各方的关注,今后应加强贝类质量安全监管的基础性科研。另外,我国也可以参考美国对贝类海区的分类方法,对海区细化划分。

五、粮油产品安全监管启示

我国粮食品种繁多,质量参差不齐,收购企业很难进行单收单储,不可掉以轻心。借鉴美国经验,提出以下建议。

1. 进一步完善粮食质量监管法律体系,使粮食质量监督检验有法可依

在对流通领域的粮食质量监管上,实行粮食质量强制检验制度,强制检验包括:出入库检验、监督检验,并对检验项目实行强制管理。收购质量检验按质量指标即水分、杂质、不完善粒、容重等进行检验,对出入库的固定形态的粮食检验,储存期间的粮食检验除质量指标外,另增加品质指标即脂肪酸值、面筋吸水量、粘度、品尝评分值及卫生指标,如农药残留、微生物毒素等。在对粮食质量监管中,应严格实行粮食储

备企业自检与粮食质检机构监督检验分离制，确保对储备粮质量检验的公正性和权威性。

2. 尽快完善全国粮食品质测报

总结和完善统一、快速的检测方法，提高测试数据的准确性，建立规范化的全国样品采集、信息统计分析和质量信息发布体系，一方面为粮食宏观调控和市场分析预警提供质量信息，另一方面通过发布质量信息，引导农民调整粮食种植结构，扩大单一品种的种植规模，逐步改善粮食品质，提高我国粮食的市场竞争力。

3. 加强对粮油质检人员的管理及质检体系建设

粮食检验工作不仅涉及粮食储藏、加工、化学分析等多学科的综合技术与理论应用，同时又是一项政策性很强的工作。这就要求我们要有一支撑掌握粮食质量法规和检验技能，业务精、敢负责、分层次的质检队伍，这是保证粮食质量安全的关键。所以，必须加强质检队伍建设，实行统一培训、统一考核、持证上岗的粮食质检人员职业资格制度。建立粮食检验师，粮食检验员等粮食检验职业资格，并将其作为粮食经营企业、粮食质检机构检验人员从事粮食检验工作的必备条件。

粮油质检机构是粮食行政管理部门依法管理粮食质量的技术依托机构，质检机构承担着贯彻执行粮食质量标准、市场粮食的质量监督检验和协调、仲裁粮食质量争议、粮食质量测报技术工作、粮食标准的制修订和检测新技术、新方法的研究与开发等职能，所以务必加强各级质检机构的软硬件建设。在硬件建设中，要集中力量重点建好省级粮油质检机构，一方面加大对检测环境的改善，另一方面对质量定等、品质鉴定和卫生指标快速分析等仪器设备的配制要到位。同时，根据市、县一级质检机构的基础条件和发展情况，配备粮食质量定等快速检测仪器和品质鉴定仪器，以形成职责明确、资源配置合理、层次分明的粮油质检体系。

六、农兽药使用和食品添加剂监管启示

（一）农药监管的启示

美国农药登记及使用监管具有健全的法律法规，执行严格的生产、经营和使用许可制度，通过对农户使用农药进行严格的培训及资格认证、农药施用信息记录制度、严格的农药检测和惩罚等措施规范了农户施用农药的行为，最大程度确保了农药施用的规范化、标准化，减少了过量施用农药或施用禁用农药等行为。在有效控制病虫害、保障生产安全的同时，最大限度降低农药对农产品质量、生态环境以及水资源的污染，也大幅度减轻了后期农产品农药残留检测等质量安全监管压力。借鉴美国好的做法和经验，我国农药登记及使用管理需做好以下几个方面的工作。

1. 推进农药监管立法进程

明确农药生产、销售经营主体与监督管理主体分支机构和人员。

2. 建立农药分级管理制度

美国农药登记实行联邦和州两级登记制度，即农药产品取得联邦环保署登记许可后，再由各州政府所属环保或农业部门进行再评审登记，只有获得州登记许可后方可在相应的州销售和使用，不仅提高了农药使用区域适应性，也有效防范了农药使用风险。我国幅员辽阔、生态环境

各异、区域种植结构差异大，目前实行农药统一登记销售制度，应从完善管理体系入手，建立国家部、省两级农药登记管理体制，形成分级负责管理机制，增强农药使用的针对性、有效性和安全性。

3. 推行农药经营许可制度

美国农药经营实行许可制度，农药经销商大多具有有害生物防控咨询师证书，并聘用一定数量的咨询师开展开方卖药和防控指导服务，同时做好销售台帐记录、明确农药流向。针对目前我国农药经营缺乏必要的准入门槛和监管手段，从完善管理制度入手，尽快全面推行农药经营许可制度和高毒农药定点经营制度，建立农药生产、销售和使用全程可追溯机制，满足保障农业生产安全、农产品质量安全现实需要和建设生态文明、实现农业可持续发展长远需要。

4. 加强对农资店主和农户安全农药使用知识宣传

农户购买安全农药和施用安全农药是果蔬农药不超标的根本所在，我国绝大部分农户规模小且农户众多，让农户培训考试取得农药使用资格证书目前不切合我国农村实际，但对有限的乡村农药零售商进行严格的培训考试发放农药使用资格证书和农药经营证书是可行的。特别是在无公害果蔬基地让具备农药专业资格的零售商或农业技术推广人员推广基本的农药使用技术知识，从农民的认知视角改变其错误的农药认知，改善无公害果蔬基地农民因对农药技术的无知施用禁用农药或过量使用农药的现状。

所以，我国对农户使用安全农药的管理应该以指导及宣传为主，处罚为辅。我国农户农田的种植的分散性导致对每个农户进行农药残留检测的成本过高且不具备可操作性。以蔬菜种植基地为例，蔬菜收购商收购蔬菜时以小规模多户方式收购,即使被抽样检测出农药残留超标,也很难追溯农药超标具体农户来源。因此,要下大力气使蔬菜生产者掌握、理解与遵守安全用药的规定,这才是民众吃上放心菜的根本。

5. 落实农户农药使用记录管理

美国对农户的农药使用记录管理规定值得我国农药使用管理借鉴学习。目前,我国对农药在农业生产投入缺乏全面准确的数据统计和相应的数据库。因而无法准确评估农药对环境的污染状况,也无法对农药残留超标的农产品进行责任追溯。根据美国农业部NASS 和 EPA 数据库显示,美国农作物使用农药情况详细准确,具体到每种农药的化学成分使用量和每种作物,这对于掌握作物的生产投入情况和环境评估等提供了坚实的数据支撑,也为农产品农药残留追溯提供了依据。因此,我国应该在无公害果蔬基地推广农户农药施用记录制度和收购商收购果蔬来源的编码制度,并将农户农药施用记录和收购商对收购果蔬编码规范化、制度化。可以通过对农户进行施用农药记录进行必要的补贴等措施激励农户填写农药使用记录。目前,现实中的操作困难是,农户分散而众多,农户填写后众多的数据信息搜录工作量大,统计部门是否有足够的人力和财力进行统计也是需要解决的。

6. 探索有效的农药包装残余处理方式

目前我国在农药的施用后控制方面,即农药包装物的回收处理管理急需加强。目前很多农户对农药包装物的处理措施主要是直接丢弃在田间地头和普通垃圾堆,将农药包装卖给废旧物资回收商贩和冲洗后作为自用容器使用的占到调查农户的 8.51%。我国应该借鉴美国的农药包装回收措施,探索农药包装的回收方式,如上海市政府 2009 年规定农药包装由农药销售商负责回收，由政府或农药生产企业给予回收包装的农户和销售商适当补贴，由农药包装生产企业或其他以农药包装为原料的生产企业负责回收再利用。

（二）兽药的使用与监管启示

1. 建立健全法律体系，提高法律效力

与美国兽药法律、法规体系相比，中国《兽药管理条例》尚未上升为法律，其效力有限，由此引发的执法、监督力度明显不足。中国应该积极推进兽药管理的立法进程，可在《兽药管理条例》的基础上，组织制定兽药法律，进一步完善相关法律制度，以提高中国兽药管理的法律效力。

2. 配套规章

中国兽药配套规章尚不完善，如兽用处方药和非处方药分类管理办法、兽药非临床研究质量管理规范（GLP）、兽药临床试验质量管理规范（GCP）、兽药使用规范（GUP）、兽药不良反应监测报告等制度尚未完善，而配套规章的不完善制约了中国《兽药管理条例》的实施，使得兽药管理体系无法协调统一。同时，兽药管理的配套规章内容不具体，可操作性不强。此外，相关政府部门也应在配套规章建设等方面有所作为。

3. 完善的监管机构，提高执法力度

中国兽药管理机构应该积极借鉴美国监管模式，按照分工明确、职责清晰、互相协调、互相监督的原则，构建完善的兽药监管机构，同时

积极建立责任追究制度，使得各系统、部门之间进一步加强监督，从而形成彼此制约机制。并加大监督执法体系中国监督执法力量不足、能力较弱，普遍存在缺人员、无经费的困难。因此，在监管机构健全的基础上，应大力推进兽药监督执法体系建设，严格兽药行业监督执法。一方面，积极整合执法资源，大力推进畜牧兽医综合执法工作；另一方面，建立区域间、部门间沟通协调、密切协作工作机制，形成监管合力，提高执法效能，积极打击兽药市场上违法违规行为。

4. 兽药评审制度

中国兽药评审机构和队伍不健全。加强技术支撑和服务体系应重视健全兽药评审制度，加强对新兽药、进口兽药进行技术审评及兽药上市后的再评价工作，同时进一步建立健全兽药注册专家评审及回避制度，制定相关技术指导原则和技术规范，保证兽药注册评审工作的依法、科学、规范、公正。

5. 完善兽药残留监控体系

中国兽药残留监控没能有效实施，制定的残留限量标准及兽药残留技术措施体系与美国等发达国家存在一定差距，一定程度上阻碍了中国畜牧业的发展和中国畜产品在国际上的地位。因此建议：①积极制定与国际接轨的、符合中国国情的兽药残留标准体系，积极促进中国限量标准和残留检测方法标准接近发达国家水平。②各地方根据国家兽药残留监控标准，制订辖区兽药残留监控方案，建立残留超标产品追溯制度，积极扩大兽药残留抽检范围和批次。③加强兽药残留技术和监测方法研究工作，不断提高兽药残留监控技术水平。

（三）添加剂的监管启示

1. 立法层面

我国虽然也有相关的食品添加剂安全标准，但是仍然存在标准缺失的弊端。在种类、用量和使用范围等方面，标准的制定也不够全面和完善。比如，部分食品添加剂未制定国家标准，或者国家标准内容不够具体细致，这样极易导致添加剂的滥用，以及监管部门在行政执法中无据可循。借鉴美国对食品添加剂的法律监管经验，我国首先应该健全和完善关于食品添加剂质量标准、使用标准、限量、标识等方面的法律法规，尽快弥补标准缺失，尝试对食品添加剂作出合理分类，确保我国食品工业目前使用的每一种食品添加剂都有清晰具体、明确可查的安全使用标准。另外，发达国家的食品添加剂产品标准更新周期短、频率高。我们也应该基于我国工业化发展水平不断提高的国情，从立法层面加强食品添加剂的规范，加快相关领域食品添加剂标准的出台，缩短相关标准修改完善的周期。

2. 监管层面

我国食品添加剂的监管在管理力度、管理程序上仍有待完善。另外，我国也需要加强公众监督的作用，在源头上杜绝违规使用食品添加剂的行为。要以法律形式明确规定非法使用食品添加剂的责任形式、惩处方式，在现有基础上加大对相关主体的处罚力度；同时完善对执法方式、程序、职责等问题的相关规定，切实追究行政部门监管不力的责任，避免法律形同虚设、执法不严等情况的发生。我们要坚持"立法与监管并重"的理念，严格落实食品添加剂的生产许可制度；同时加强滥用食品添加剂、违法使用食品添加剂标识等行为的处罚力度。

（1）规范管理部门的职权：我国可以适当改变对食品添加剂监管职责的划分标准，比如可逐步调整为依据食品类别划分职责范围，明确各类食品的责任部门，并将部门分工、职责范围明确写入法律法规。同时，公开政府的监管过程，用社会舆论监督的方式防止政府的权力滥用和玩忽职守。

（2）加强风险评估：在食品添加剂评估和检测方面，要学习发达国家的经验，发展评估、检测技术；完善我国的专家治理模式，以法律法规形式严格规定评估、检测程序，增强专家委员会的独立性、专业性、公正性和公平性，确保评估检测工作实质上的有效性。我国食品添加剂的风险评估结果也是制定、修订相关安全标准和实施监督管理的科学依据，必须严谨对待。特别是需要进一步加强我国对食品添加剂毒理学安全评价、暴露量的风险评估等工作。另外，检测方式不能仅仅选择突击式抽查，不能只重视成品检测，更要加强对生产源头的控制。最后，由于风险评估的基础是风险监测，对于监测计划的制定和实施也要严格把关，以确保监测数据的真实准确。

总之，不断完善食品添加剂的法律法规，加强食品添加剂监管体制的建设，才能有效的制约、控制食品添加剂的使用，保证食品生产、流通与销售各个环节顺利、高效、安全地进行。

参考文献

[1] 郭明若. 美国乳业安全管理措施及对我国的启示 [J]. 中国乳业，2013，3（135）：73.

[2] 黄景晟. 中国乳制品与美国乳制品监管的比较及建议 [J]. 广东化工，2012，18（39）：73–77.

[3] 刘艺卓，王丹. 国际乳品生产大国乳品质量安全管理经验及启示 [J]. 中国乳业，2013，2（134）：23.

[4] 石敏，任利民. 从美国肉类检验检疫体系看我国动物防疫监督建设 [J]. 湖南畜牧兽医，2003，4：10-12.

[5] 美国肉类食品安全控制体系 [J]. 肉类研究，2006，11：51-52.

[6] 孙桦楠，李秀菊. 美国肉类安全检验检疫体系简介 [J]. 吉林畜牧兽医，2004，10：24-26.

[7] 孙福泉. 美国对进口肉类和禽类产品的管理规定 [J]. 中国检验检疫，2001，7：49-50.

[8] 欧晓宇. 浅谈肉类食品安全存在的问题及解决措施 [J]. 商场现代化，2013，12（717）：47-48.

[9] 农业部肉类生产考察团，杨振海. 美国肉类生产概况 [J]. 世界农业，2013，8：7-11.

[10] 孙静，姜丽. 美国、日本蔬菜产业的发展特点[J]. 世界农业，2012，9：36-38.

[11] 吕青，谈洪桥等. 美国果蔬良好农业规范的最新进展 [J]. 食品安全质量检测学报，2012，9：12.

[12] 杨丽. 美国加工果蔬质量分级标准研究世界 [J]. 标准化与质量管理，2005，2：15-17.

[13] 张永智，孙裕晶等. 发达国家蔬菜生产质量控制技术与保障措施[J]. 农机化

研究，2014，1：6.

[14] 孔凡真. 美国蔬菜质量安全管理的成功经验及启示 [J]. 农业产业化，2006，2：45–47.

[15] 蔡友琼，宋怿等. 中美国贝类质量安全管理[J]. 中国渔业质量与标准，2011，1（1）：7–11.

[16] 吕青，孔繁明等. 美国贝类卫生管理体系及其借鉴研究 [J]. 渔业现代化，2008，3（35）：42–45.

[17] 何秀荣. 美国谷物生产、加工与贸易的特点及启示 [J]. 国外农业，2000，3：19–21.

[18] 王文枝，刘彩虹等. 美国粮食质量管理体系与标准概况[J]. 标准科学，2014，6：70–73.

[19] 孙辉，吴尚军等. 我国和美国、加拿大小麦质量标准体系的比较 [J]. 粮油食品科技，2006，14：4–5.

[20] 张雪梅. 美国粮食流通及质量管理对我们的启示 [J]. 粮油仓储科技通讯，2004，6：4 .

[21] 张俭波. 美国食品添加剂管理介绍（待续）[J]. 中国食品添加剂，2009，6：45–49.

[22] 郭莹，刘筠筠. 食品添加剂法律规制的中美比较研究 [J]. 2014，12（5）：41.

[23] 何才文. 魏启文. 美国农药管理及其对我国农药管理的启示 [J]. 中国植保导刊, 2015, 3 (35): 86-90.

[24] 王永强, 朱玉春. 美国农药使用制度对我国果蔬种植基地农药使用的启示 [J]. 中国科技论坛, 2011, 3: 58.

[25] 游锡火, 王倩倩等. 美国的兽药管理 [J]. 世界农业, 2013, 4 (408): 4-6.

[26] 卢军锋. 中国与美国兽药管理体制的比较 [J]. 中国兽药杂志, 2008, 42 (8): 55-58.

[27] 刘筼筼, 杨嘉玮. 美国食品添加剂的安全监管及其启示 [J]. 食品安全质量检测学报, 2014, 1 (5): 154-156.

郑州轻工业学院　安广杰

后记

近年来，河南省食品药品监督管理局多次派员赴美国学习考察其先进的经验做法，以结合实际加快推进食品安全监管工作改革和发展。为了将学习考察成果更好地转化到监管实践中，达到学以致用的目的，河南省食品药品监督管理局组织编写了本书，力图全面、系统、准确地介绍美国的食品安全状况及政府监管和企业管理情况，为河南乃至全国食品安全工作提供借鉴。

河南省食品药品监督管理局副局长余兴台同志担任本书主编，统筹组织全书编审工作。谢岩黎（河南工业大学）撰写第一章；刘欣欣（郑州大学）撰写第二章；白艳红、王小缓（郑州轻工业学院）撰写第三章；迟菲、苗珊珊（河南理工大学）撰写第四章；王钊、陈威风（河南牧业经济学院）撰写第五章；崔文明（河南农业大学）撰写第六章；安广杰（郑州轻工业学院）撰写第七章。

河南省食品药品宣传教育中心张明宛、罗宏君、易勋等同志承担了本书出版发行等联系协调工作。郑州大学公共卫生学院张晓峰对本书编写做了部分基础工作，中国医药科技出版社赵燕宜等同志对本书的编写提出了宝贵意见，并对本书的出版发行做了很多具体工作。在此，对他们的支持和辛勤劳动表示感谢！

由于编写水平和时间所限，资料收集难免有疏漏和错讹之处，敬请批评指正。

编　委　会
2017 年 7 月